高效毁伤系统丛书 · 智能弹药理论与应用

毁伤效能精确评估技术

Accurate Evaluation Technology on Damage Effectiveness

徐豫新 欧渊 赵鹏铎 著

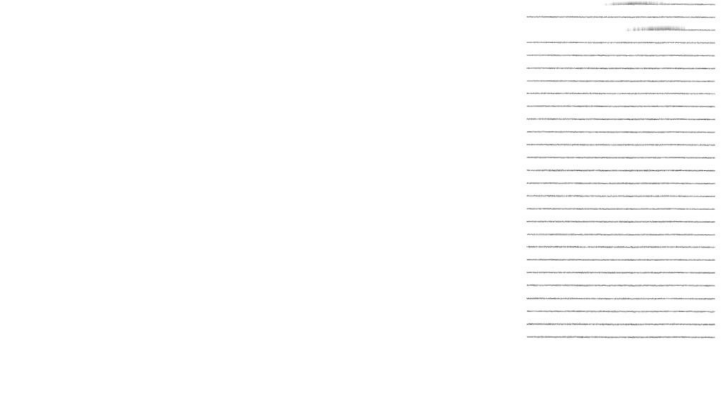

北京理工大学出版社
BEIJING INSTITUTE OF TECHNOLOGY PRESS

内 容 简 介

本书以弹药毁伤效能精确评估理论方法为主题，面向新时期作战所面临的新问题，以毁伤效能精确评估实现所涉及的原理与方法、计算模型与参量、战斗部威力场表征与评价、目标易损性及数字化模型、数据规范和评估软件系统框架为主线，系统介绍了弹药毁伤效能精确评估计算相关的原理、理论、方法及实例。

本书是对已有弹药毁伤效能评估方法的发展与完善，首次引入了有限元微分化思想，提出了基于结构化网格的弹目交会及毁伤幅员计算方法，创新单位制系统自动转换，实现了多威力场、毁伤效应算子的插拔式共架计算。全书围绕毁伤效能评估研究，概念明确、条理清晰、重点突出、内容翔实，可供从事弹药及毁伤效能评估、目标毁伤效果评估、目标易损性研究的科研人员和技术人员学习参考，也可供高等院校武器系统、弹药工程等相关专业学生作为教材或参考书使用。

图书在版编目(CIP)数据

毁伤效能精确评估技术 / 徐豫新，欧渊，赵鹏铎著
. -- 北京 ：北京理工大学出版社，2021.6（2025.5重印）
(高效毁伤系统丛书. 智能弹药理论与应用)
ISBN 978 - 7 - 5682 - 9937 - 4

Ⅰ. ①毁… Ⅱ. ①徐… ②欧… ③赵… Ⅲ. ①弹药 - 击毁概率 - 评估 Ⅳ. ①TJ410.6

中国版本图书馆 CIP 数据核字(2021)第 125231 号

出　　版 / 北京理工大学出版社有限责任公司
社　　址 / 北京市海淀区中关村南大街 5 号
邮　　编 / 100081
电　　话 / (010) 68914775（总编室）
　　　　　(010) 82562903（教材售后服务热线）
　　　　　(010) 68944723（其他图书服务热线）
网　　址 / http://www.bitpress.com.cn
经　　销 / 全国各地新华书店
印　　刷 / 北京虎彩文化传播有限公司
开　　本 / 710 毫米 × 1000 毫米　1/16
印　　张 / 26.25
彩　　插 / 3
字　　数 / 456 千字
版　　次 / 2021 年 6 月第 1 版　2025 年 5 月第 3 次印刷
定　　价 / 92.00 元

责任编辑 / 孙　澍
文案编辑 / 孙　澍
责任校对 / 周瑞红
责任印制 / 王美丽

《高效毁伤系统丛书·智能弹药理论与应用》
编写委员会

丛书序

智能弹药被称为“有大脑的武器”，其以弹体为运载平台，采用精确制导系统精准毁伤目标，在武器装备进入信息发展时代的过程中发挥着最隐秘、最重要的作用，具有模块结构、远程作战、智能控制、精确打击、高效毁伤等突出特点，是武器装备现代化的直接体现。

智能弹药中的探测与目标方位识别、武器系统信息交联、多功能含能材料等内容作为武器终端毁伤的共性核心技术，起着引领尖端武器研发、推动装备升级换代的关键作用。近年来，我国逐步加快传统弹药向智能化、信息化、精确制导、高能毁伤等低成本智能化弹药领域的转型升级，从事武器装备和弹药战斗部研发的高等院校、科研院所迫切需要一系列兼具科学性、先进性，全面阐述智能弹药领域核心技术和最新前沿动态的学术著作。基于智能弹药技术前沿理论总结和发展、国防科研队伍与高层次高素质人才培养、高质量图书引领出版等方面的需求，《高效毁伤系统丛书·智能弹药理论与应用》应运而生。

北京理工大学出版社联合北京理工大学、南京理工大学和陆军工程大学等单位一线的科研和工程领域专家及其团队，依托爆炸科学与技术国家重点实验室、智能弹药国防重点学科实验室、机电动态控制国家级重点实验室、近程高速目标探测技术国防重点实验室以及高维信息智能感知与系统教育部重点实验室等多家单位，策划出版了本套反映我国智能弹药技术综合发展水平的高端学术著作。本套丛书以智能弹药的探测、毁伤、效能评估为主线，涵盖智能弹药目标近程智能探测技术、智能毁伤战斗部技术和智能弹药试验与效能评估等内容，凝聚了我国在这一前沿国防科技领域取得的原创性、引领性和颠覆性研究成果，这些成果拥有高度自主知识产权，具有国际领先水平，充分践行了国家创新驱动发展战略。

经出版社与我国智能弹药研究领域领军科学家、教授学者们的多次研讨，《高效毁伤系统丛书·智能弹药理论与应用》最终确定为12册，具体分册名称如下：《智能弹药系统工程与相关技术》《灵巧引信设计基础理论与应用》《引信与武器系统信息交联理论与技术》《现代引信系统分析理论与方法》《现代引信地磁探测理论与应用》《新型破甲战斗部技术》《含能破片战斗部理论与应用》《智能弹药动力装置设计》《智能弹药动力装置试验系统设计与测试技术》《常规弹药智能化改造》《破片毁伤效应与防护技术》《毁伤效能精确评估技术》。

《高效毁伤系统丛书·智能弹药理论与应用》的内容依托多个国家重大专项，汇聚我国在弹药工程领域取得的卓越成果，入选“国家出版基金”项目、“‘十三五’国家重点出版物出版规划”项目和工业和信息化部“国之重器出版工程”项目。这套丛书承载着众多兵器科学技术工作者孜孜探索的累累硕果，相信本套丛书的出版，必定可以帮助读者更加系统、全面地了解我国智能弹药的发展现状和研究前沿，为推动我国国防和军队现代化、武器装备现代化做出贡献。

《高效毁伤系统丛书·智能弹药理论与应用》
编写委员会

前 言

武器弹药毁伤效能评估理论、方法及其技术是当前及未来信息化、智能化战争背景下兵器科学与技术领域中的一个研究热点，研究所形成的能力是信息与武器装备和作战毁伤融合提升军队作战能力的有效途径之一。武器弹药毁伤效能评估研究具有多学科深度交叉融合的特点，涉及面广、内涵丰富；同时，其发展与进步也可对高效毁伤技术发展产生积极的影响和推动作用。

另外，武器弹药毁伤效能评估具有鲜明的工程实践特征和时代特点，其研究所涉及战斗部威力、目标易损性、毁伤效应及弹目交会分析、目标毁伤效果评估等多方面内容无不来自工程实践，而且近年来武器弹药发展快、毁伤模式多样、战场目标日新月异，都给武器弹药毁伤效能计算及系统架构带来了巨大的挑战。近年来，计算机科学与技术、大数据、人工智能技术的快速进步也给武器弹药毁伤效能评估研究带来了许多新的技术、方法和手段，也是武器弹药毁伤效能评估发展的一个新特点。

据已有文献，武器弹药毁伤效能评估在国内已有了近 40 年的研究历史，最早起始于武器弹药论证与设计，起源于对美国和苏联的理论的学习与消化；因此，时至今日基础理论方面已经有了深厚的积累，理论体系不差于国外，但数据积累等始终零散和有限，面向实战的应用不足，无法满足从“粗放型”作战向“精细化”作战转变的时代发展需求。本书在已有研究基础上，从武器弹药毁伤效能精确评估实现原理与方法出发，在武器弹药毁伤效能计算模型及参量、战斗部威力场表征与评价、目标易损性及数字化模型构建、毁伤元毁伤效应计算与输入/输出参量、武器弹药毁伤效能评估系统框架及研制等方面介绍了一些经验和或许并不完善的结论。因武器弹药毁伤效能评估流程中所涉及的目标易损性模型建立存在毁伤等级划分及部件权重设置等主观过程，如何提高研究的科学性与严谨性也值得后继深入探讨。同时，武器弹药毁伤效能评估方法和技术因需求牵引正在飞速发展，相关领域的科技工作者辛勤劳动并不断取得许多新的成果和积累，也必将推动武器弹药毁伤效能评估研究向更精确、更科学的方向发展。本书的内容仅仅是一个不算完善的开始，也许会有很多方法和论述未来可能会被证实是谬误的，本书中谈及的问题可能会有更严谨、更高效的实现方法，但希望在此能引起读者的关注和思考，并为武器弹药毁伤效能评估技术的推广尽一份微薄之力。

本书系统归纳了作者及合作者十多年来在武器弹药毁伤效能评估领域的研究成果，更多在精确性和系统性的实现，虽进行了长期的研究，但仍感觉刚刚起步。不同单位的多位研究人员参与了本书的编写，本书也是所有参研成员汗水和心血的结晶，在此表示感谢！本书可作为兵器科学与技术学科本科生、研究生的专业课教材，以及相关研究人员的技术参考。本书归纳了马晓飞博士，高鹏、蔡子雷、李建广、黄松、刘建斌等多位硕士的部分研究成果，全书共分7章，第1章主要由中国人民解放军32801部队欧渊编写，第2、3、4、6、7章由北京理工大学徐豫新进行编写，第5章主要由中国人民解放军92942部队赵鹏铎和北京理工大学的徐豫新共同编写，全书由徐豫新进行统稿。

书稿完成之际，感谢我的硕士论文指导教师王志军教授，从2005年起就在他的指导下开始了相关研究，硕士论文《破片杀伤式地空导弹战斗部杀伤概率计算》是我第一次较为系统地开始相关研究；感谢我的博士论文指导教师王树山教授，他在武器弹药毁伤效能评估方面有着深厚的造诣，给我很多的指导和帮助，他的指导使我在很多理论方面得到了进一步的升华，书中很多理念也来自他的启发；感谢北京理工大学的马峰副研究员、魏继峰副教授长期以来给予的指导；同时，感谢北京理工大学的刘彦教授、陆军研究院的杨晓红研究员在该方面研究中给予的帮助。

感谢我的研究生尹鹏、王潇、高鹏、刘建斌、蔡子雷等人的努力工作，尹鹏硕士、高鹏硕士在毁伤场景可视化和杀爆战斗部动爆威力计算等方面开展了一些研究工作，王潇硕士在反舰弹药对舰船毁伤效能评估方面开展了一些研究，刘建斌硕士在破片速度衰减规律方面开展了不少工作，蔡子雷硕士在基于结构化网格划分和毁伤效能评估方面做了很多工作；中北大学的李建广硕士也参与了很多软件应用方向的研究工作，在此同时表示感谢！另外，感谢北京神州普惠科技有限公司的齐彬、晏江，华夏为人（北京）科技有限公司的岳群磊等在软件开发中的工作，感谢博士研究生焦晓龙、硕士研究生李永鹏、张健以及中北大学的李旭东讲师在本书章节整理中付出的辛勤劳动。

很多在研究工作中提供有益帮助的学者在此不再一一列出，一并表示感谢，若有不周，请见谅！

感谢中国人民解放军32801部队、63961部队、63863部队、空军研究院、92942部队、中国兵器科学研究院、航天一院、航天二院、航天三院、航天科工九院弹头所、中国兵器207所、中国兵器工业导航与控制技术研究所、晋西工业集团有限责任公司等单位为项目研究提供的资金支持，这些都是本书研究可以完成的重要基础。

因作者能力和水平有限，本书编写过程中难免有不妥之处，恳请读者批评指正，再次向各位读者和参与本书的工作者表示衷心的感谢！

最后，感谢妻子和女儿长期以来给予的支持，书稿多在假期完成，对她们的支持表示感谢！

目　录

第 1 章

绪　　论

1.1 问题的提出

首先介绍毁伤评估技术。毁伤评估技术的内涵要比毁伤效能评估技术更为丰富，主要用于解决弹药毁伤效能和目标毁伤效果的评价与估量问题；通过方法建立、模型构建、工具开发、手段形成等工作支撑武器弹药论证、研制、试验鉴定和作战运用，是一个具有鲜明实践特点的工程技术研究领域，可与战斗部威力与毁伤效应测量、计算机、人工智能、物联网、大数据等方向相融合，促进技术进步与发展，具有很强的学科交叉性和时代性。

国内外该方向研究是最近几年来的一个“热点”，表明有着强烈的需求和很大的技术进步空间以及对未来战争改变的推动力。尤其是近些年来，面向实战的演习、训练需求强烈以及信息化作战对毁伤方案精准定制提出了新的要求，必然牵引毁伤评估技术成为未来重要的、前沿的和学科交叉的发展领域。可以预见，毁伤效能评估技术发展以及与信息技术的交互融合，必然可以产生“设计战争”的效果，提升作战效能和战斗力，促进未来战争转型。

目前，广义定义的毁伤评估所涉及研究范围比较广，这里不再过多介绍。从传统意义上讲，毁伤评估主要研究涉及战斗部威力分析、弹药毁伤效能评估和目标毁伤效果评估三个方面：最近，还拓展了炸药装药爆炸能量输出性能评价；因弹药毁伤涉及具体目标，还应包括目标易损性（Vulnerability）等研究，且目标易损性方面的研究十分重要，是弹药毁伤效能评估以及目标毁伤效果评估的核心支撑；同时，为战斗部威力分析与评估提供靶标设计依据。因此，目标易损性分析也是毁伤评估乃至高效毁伤的核心基础问题，目标易损性研究核心是最佳毁伤模式及毁伤准则和判据的获取，是基于大量毁伤效应数据分析获得的，难点在于对真实目标研究需要大量的毁伤试验，该方面深入分析下去，主要涉及冲击动力学等基础研究，是一个内容丰富、工作量巨大的研究方向，目标易损性研究水平及数据的掌握程度会在很大程度上制约毁伤评估技术的发展，乃至高效毁伤技术的发展。显而易见，目标易损性研究将是一个长久的基础工作，需要不断深入和积累的过程。目前，如何借助大数据和人工智能方法促进目标易损性研究的深入化和普适性是一个值得深入探讨的问题，该方面研究刚刚起步，具有很大的发展空间，可以解决很多毁伤判据难以给出的现实问题。如图1－1所示。

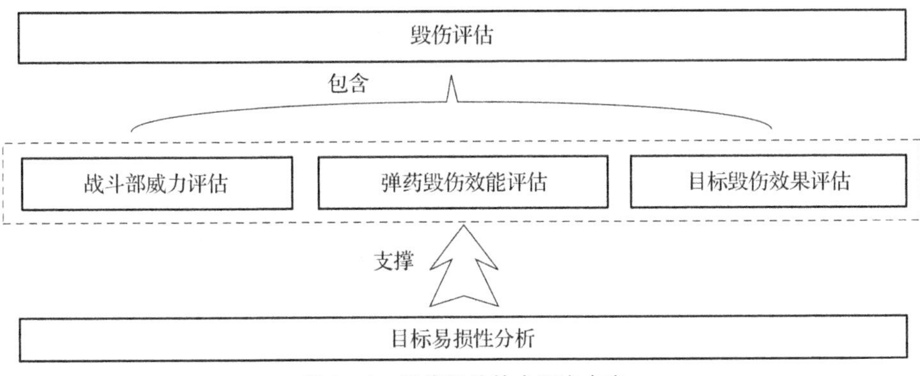

图1－1 毁伤评估技术研究内容

战斗部威力分析与评估主要是对各类战斗部威力进行表征、分析、评价以及估量，并构建各类战斗部的威力场，通常不考虑弹目交会条件以及对真实目标的毁伤效应，但有时需要考虑对效应靶（如钢板、松木板等）的毁伤能力。目前，战斗部威力分析与评估包括战斗部静爆、动爆威力分析与评估。战斗部静爆威力分析与评估技术目前较为成熟，动爆威力分析与评估技术刚刚起步，主要应用于精确制导弹药，在破片场分布测试与计算方面，技术相对比较成熟，但对于冲击波场计算、测试、构建及评估方面传统理论尚存不少不足，尤其是在复杂地形下的温压、云爆战斗部爆炸冲击波场结构及威力评估，无论是从测试，还是从理论分析角度都存在一定的难度和亟待解决的问题。

弹药毁伤效能评估主要是综合考虑武器弹药性能、目标易损性、作用环境等因素，在对毁伤过程及目标响应进行深入研究的基础上，对弹药毁伤目标的能力进行表征、评价与估量，对于不同的战斗部，毁伤效能的表征与评估方法不尽相同，主要取决于战斗部对目标的毁伤模式与机理。目前的难点在于“精确”估量，并给出实战条件下可信的评价结果。因此，精确定量地掌握弹药毁伤效能是一个重要研究内容，尤其对于具有小样本量特征的毁伤试验以及难以开展的实战试验，精确评估弹药对目标的毁伤效能只能通过仿真计算获得，但仿真的置信度和可靠性评估方法研究薄弱，评价方法不多，尚难以对评估结果的可信度进行评价，是目前难以在作战中应用的原因之一。

目标毁伤效果评估主要是综合考虑目标易损性，在目标结构与功能毁伤量效关系研究基础上对战场目标的毁伤效果进行评价与估量，包括预评估、实时评估和战后评估。预评估类似于弹药毁伤效能评估，是一个问题“矛盾”的两个方面，一个是从目标角度评价目标毁伤效果，一个是从弹药角度评价弹药的毁伤能力；实时评估是在炸点获取基础上，耦合战斗部威力场结构与目标易损性，估量目标的毁伤效果；而战后评估，则是根据战场各种传感器获得的信息对战场真实目标的毁伤程度进行评价与估量。目前，最具前沿和需求最大的方向是基于多维异构信息耦合弹药性能数据预测给出目标的毁伤结果，但其评估准确与否是与基础数据掌握的准确程度有关的；所以，无论如何基础数据的掌握是最重要的。

面对弹药毁伤效能评估亟待解决的问题和新的需求，必然需要新的技术予以支撑。本书是在多年科学研究的基础上进行总结，主要介绍弹药毁伤效能评估技术，将传统毁伤效能评估技术融合有限元思想、通过计算机“中间件”共架手段，采用新的数字化技术和手段实现毁伤效能的快速精确化评估，用于支撑武器弹药的毁伤规划或毁伤方案制订和目标毁伤效果预测，从技术层面实现快速、准确的毁伤效能评估，为弹药打击火力规划、筹划提供支撑；同时，也可服务于战场目标的毁伤效果评估与战斗部威力的表征、评价与验证。

1.1.1 新时代所面临的新问题

1. “用弹量”在现代战争火力计划中的急迫需求

“用弹量”在不同领域有着不同的叫法，如“成爆弹量”，但其本质是一致的，都是致使目标达到毁伤期望所需弹药数量的数学期望，只是有些时候细分了是否考虑突防条件。这个量早在20世纪就是作战参谋的核心数据，是支撑作战打击、后勤保障的重要保障，目前更是亟须，原因如下。

经过多年的发展，国内武器弹药技术已经从仿俄、仿美逐渐发展为并跑以及自主创新的领跑，各军兵种武器装备弹药呈突飞猛进的增长。因作战地形与情况复杂，作战形式多样，（仿俄、仿美以及自主创新的）武器装备、弹药种类丰富（如一些新研武器就配备了十几个弹种，包括杀爆、侵爆、爆破、子母等多种）。作战参谋，尤其是联合作战部参谋，在制订火力计划阶段，需要根据作战需求，估算出动兵力（表面上是多少旅、团的问题；结合部队编成实质上为武器类型及数量的问题），面对复杂的目标系统、巨大的目标体系和丰富的武器弹药种类，如果缺乏精准毁伤效能数据或信息化规划工具装备支撑，作战参谋难以决断。这就需要空基的单机、多机，陆基的火力连、营及编群以及海基的单舰、多舰对各种真实目标的火力毁伤效能数据。最后，体现在不同类型弹药对真实目标毁伤所需的“用弹量”以及瞄准点上，如图 1－2 所示，当然这并不是唯一支撑，还应有目标的发现概率、武器的投放成功概率等的影响，但理想情况下的“用弹量”是必要的，是无法回避的问题，是一个最为基本的问题。

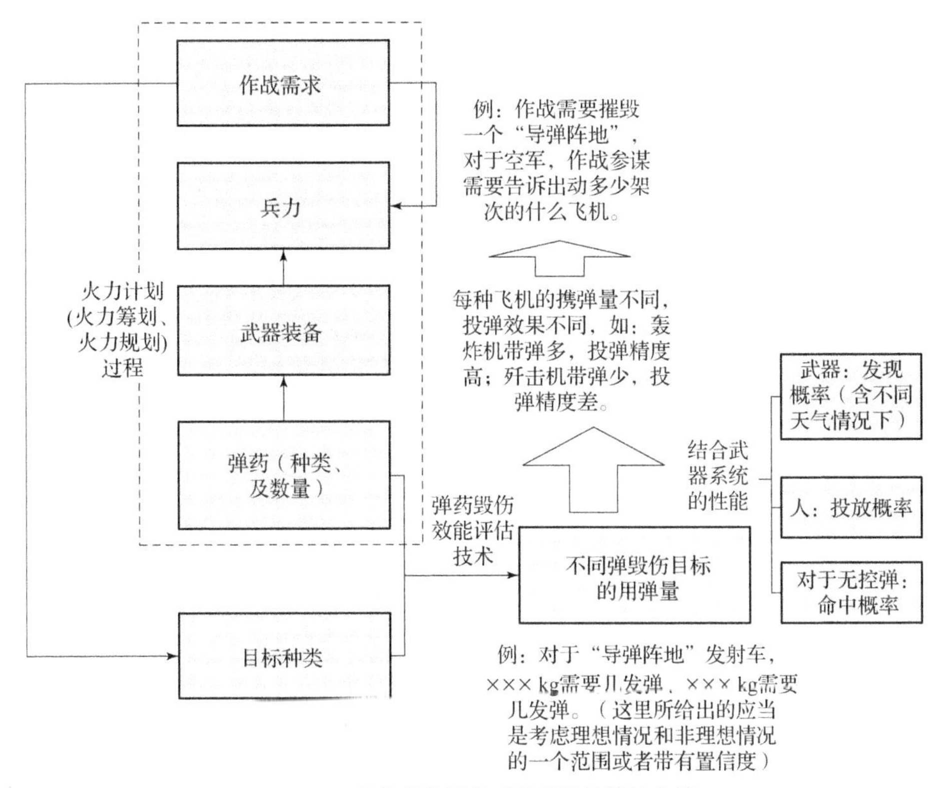

图 1－2　毁伤效能评估对用弹量计算的支撑

2. 制导弹药的突飞猛进使毁伤规划成为可能

毁伤规划（或称为毁伤方案/策略制订）是目前毁伤效能评估一个重要应用方向，也是最为亟须的。无控弹药打击时，毁伤并不考虑规划问题，只讲武器打击火力规划或筹划，没有精确到毁伤，也就是 20 世纪五六十年代，当时火力筹划也基本上是粗线条的。但随着精准作战、精确打击要求的不断提升，毁伤也需要规划，规划的是用弹量以及每个弹药的“瞄准点”、落速、落角和引信起爆时间等参量，其实质是规划弹药毁伤模式、末端弹道以及炸点坐标，使弹药恰到好处地发挥作用，对目标产生最佳的毁伤效果，即“毁得好”。

传统情况下，仅仅导弹这类高价值弹药需要考虑规划问题，但细致程度也没有达到现在的需求，尤其是多枚导弹（如弹道导弹和巡航导弹）联合攻击问题，需要精细化的毁伤效果评估结果予以支撑。但随着空军、陆军以及海军各类常规弹药“精打”技术的快速发展，弹药远程化、精确化技术开始被重视且技术不断进步。时至今日，虽然激光、高功率微波、赛博毁伤等新概念武器弹药不断出现，但远程精确制导弹药仍是重要的发展领域，并且更强调通用化、自主化等关键技术，向着智能化方向发展，这也就是我们常说的“打得远”和“打得准”。目前，很多制导武器已经实现了上百千米外仍具有几米（圆概率偏差，CEP）的命中精度，压制弹药长了“眼睛”就可以实现“一次打击、多点攻击”，但也价格昂贵。同时，现代战争要求“首发命中、命中必毁”，这就对“毁伤规划”有了现实的需求，精准定义应当是“瞄准点规划”，即通过毁伤规划形成毁伤策略，实现“打得巧、毁得好、无附带毁伤”。因此，慢慢地火箭弹、炮弹等压制弹药，航空炸弹等空面弹药也开始考虑毁伤规划问题，即作战中弹药应用问题，如何又快又准地根据目标（特性）规划瞄准点、落角、落速以及引信起爆参数，并反推弹道及平台位置等，形成一个高效的打击方案是一个发展方向。问题源于一个需求，就是对于“豪车”我们需要一本“使用手册”，以便于指导基层部队能用好制导弹药［如美军有 JDAM（联合直接攻击弹药）手册］。但这本手册并不是 *Weaponeering: Conventional Weapon System Effectiveness*（《常规武器系统效能》）介绍的《联合弹药手册》（JMEM），因为后者不是给战术层面用的。在这里所述的这本手册应能支撑用弹量的计算；最终，也能支撑 JMEM 的研编（JMEM 强调的是联合）和弹药的应用。因为，通过“瞄准点规划”，对于单个目标进一步就可得到用弹量，如图 1－3 所示。现在这个“使用手册”（可以叫作“单个弹药毁伤效能手册”）若没有，则无法为上层的火力计划清单下达提供可靠的数据。这就突显了毁伤效能评估的重要性。这也是毁伤效能评估成为“热点”的根本原因之一，从根本上讲又快、又准、又适用的毁伤效能评估技术已成为面向未来战争军事上的亟须。

1.1.2 新问题带来的三个关系

1. 毁伤性能鉴定试验、作战鉴定试验与演习间的关系

毁伤评估是一个多学科交叉与融合的研究领域，毁伤效能评估离不开理论、更离不开试验研究；在毁伤相关的试验方面，可以大体归纳为三方面：一是机理探索试验；二是性能鉴定试验；三是演习或训练。目前，机理探索试验

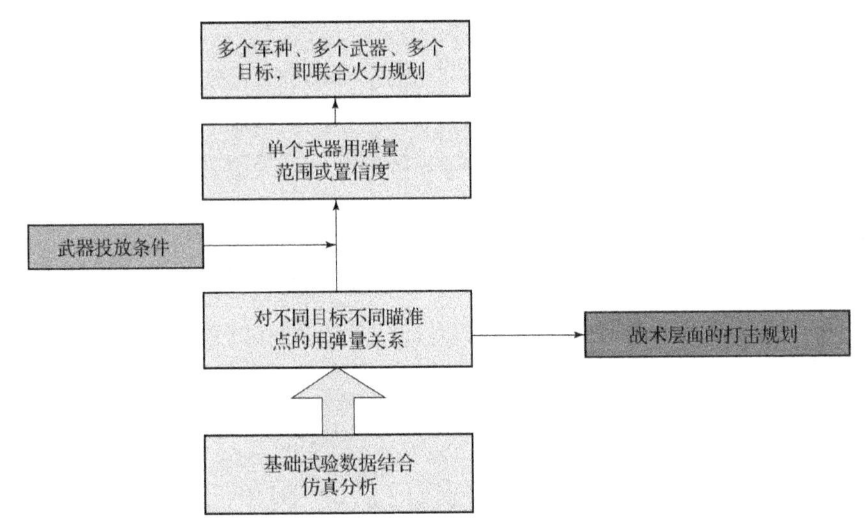

图1-3 单个弹药毁伤效能手册对联合火力规划的支撑

多是研究层面的，在型号研制阶段，传统毁伤试验多以性能鉴定试验为主，通过性能鉴定试验获得战斗部威力场以及对靶标的毁伤效应数据或等效目标的毁伤效果数据。多数情况下都是战斗部静爆条件下的性能鉴定试验，即战斗部威力试验，并没有考虑战场环境或者实际末端弹道的动态情况。另外，演习和训练中的毁伤试验也是近年来加强的，其实这个试验得到的是弹药单次作用下对目标的毁伤效果，不能完全算是毁伤效能试验，只能算是毁伤效果试验，得到的是弹药对等效目标的毁伤效果。性能鉴定试验因为是一种靶场进行的理想条件下的局部试验，试验测试是可控的，可得到许多细节数据，并可后续对数据进行细致分析，支撑理论模型的建立。演习和训练不同，因时效性、安全性等原因，测试难度大，许多细节数据无法获得，或获得的不完整，难以很好地支撑模型建立，但演习可以综合得到弹药对目标的毁伤效果，尤其毁伤效果比较直观，是近年来所热衷的；但如何快速、有效地测试演习中的数据、利用演习数据是目前的难点，也是未来发展的方向。

近几年，介于性能试验和演习之间，国外大力发展作战鉴定试验，尤其是美国等军事强国，将作战鉴定试验作为一个重要的发展方向。通过作战试验，一方面持续开展建模仿真数据与真实系统/真实环境性能数据的比对，以加强模型的验证、确认与鉴定（Verification，Validation and Accreditation，VV&A）；另一方面，进一步前置建模仿真工作，促进“模型-试验-模型（Model-Test-Model）”迭代改进机制高效运行。那么，在没有战争的情况下，作战鉴定试验可能是连接毁伤性能试验与演习或实战之间的重要桥梁。这主要是因为：首先，作战鉴定试验是从作战角度去得到武器对目标的毁伤效果，评价的应当是武器的效能，它更能体现实战情况；其次，它不同于演习和训练，试验测试可控，可得到细节数据，可对数据进行细致分析。在毁伤效能评估研究中，这可以理解为：性能鉴定试验得到弹药的威力（无真实目标，无动态、无环境等影响）；结合仿真的作战鉴定试验得到弹药在战场上的毁伤效能（对真实目标，有动态、有环境的影响），演习应当是直接验证弹药的毁伤效果，间接验证弹药的毁伤效能（如：达到毁伤程度的用弹量），如图 1-4 所示。这里需要强调一点，因为作战鉴定试验过于复杂，能测到的数据往往十分有限，理论分析还是需要性能鉴定试验；当然实战演习能测到的数据就更有限了，多为宏观的数据。

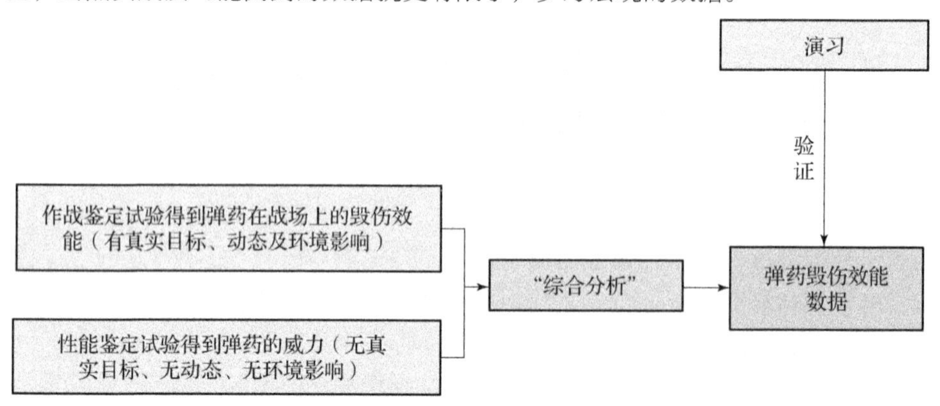

图 1-4　毁伤性能鉴定试验、作战鉴定试验与演习间的关系

2. 基础试验与鉴定试验的关系

毁伤效能评估需贴近实战，并不意味着它不需要基础，基础做得越扎实，毁伤判据等基础数据越准，那么毁伤效能、毁伤效果评估结果越准确。通过 *Weaponeering：Conventional Weapon System Effectiveness* 里介绍的《联合弹药手册》及相关理论推测，早在 40 前年翻译的美国 AD（武装部队技术情报局文件）报告上就十分清楚地描述了软件的整套算法思路；目前，美国人在思路上并没有比国内先进，从 20 世纪 90 年代蒋浩征、蔡汉文等人起，弹药毁伤效能研究的思路就基本确定了，只是当时服务于弹药的立项，且工作做得较现在扎实。但是其基础工作的体系性、规范性和查表创新性的差距是国内难以比拟的。当时，通过软件的大小和运算速度，推测出软件中并没有用这些基础数据（如破片的质量分布、破片的初速、破片的速度衰减系数以及毁伤元对目标的毁伤判决等），这些基础数据是通过计算得到的一些中间变量［如 MAE（Mean Area of Effectiveness，平均有效面积）或 EMD（Effective Miss Distance，有效偏差距离），即对用于打击地面目标的常规弹药，通过测量毁伤区域的形状和尺寸来作为计算的基础，每个弹药在不同落速、落角下对应目标的 MAE

或 EMD 是明确的］应用于软件计算，在软件计算中可根据弹目交会情况将弹药对目标的毁伤面积与真实目标的等效、易损面积（AE、AV）进行叠套，多次随机抽样计算就自然有了概率。复杂的基础计算难以直接应用于作战计划中用弹量的快速计算，起码在 20 世纪 90 年代是这样。这主要因为计算机的计算水平还是有限的。目前，国内基础试验的测试尚没有体系化和标准化，如何成体系地归纳得到（就一个弹而言的）这些基础数据是最难的事情，也是制约弹药毁伤效能计算精准性的核心问题。因为，国内很多时候并不要求这些基础数据，但大场景、对真实目标的毁伤效能计算是需要的；鉴定试验不可能对所有工况都进行试验，也不能对每种目标均进行试验，这就需要基于基础试验数据进行仿真，如图 1－5 所示。其实，从另一个角度说，性能试验是基础工作的信息化建设及集成；这么多年来，基础工作做了不少，但如何做到数据积累和应用仍是难点和痛点，通过数据平台建设实现数据的积累工作做得不够扎实、数据积累有限、不够深入是目前的主要问题。

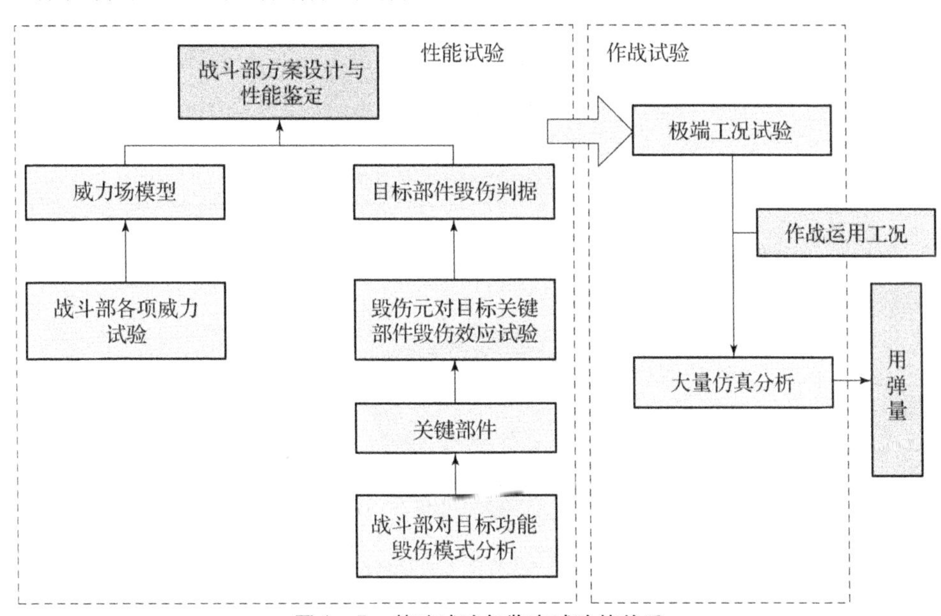

图 1－5　基础试验与鉴定试验的关系

3. 大场景仿真与各类试验的关系

若不是直瞄武器，弹药对目标的毁伤效果测试（因为考虑射击精度）与毁伤效能分析总是在“米”量级尺度的大场景进行，大场景的毁伤试验测试是很难进行的，场景越大，不确定性越高，人力、物力的花费越大，有限经费下得到的数据越有限（现实中传感器可能都布置不过来），对此仿真是一个很好的解决途径，也是目前唯一的解决途径。战斗部静爆威力和毁伤效应的仿真一直被人们深入研究，这么多年来，基于 Dyna、AutoDyn 软件的仿真技术已基本成熟，且清华大学、北京大学、北京理工大学、中国工程物理研究院、中国科学院力学所等单位也各自开发了自己的有限元仿真软件，只不过针对的对象有所侧重而已。但是，大场景下的仿真不同于上述的有限元仿真，因为有限元仿真需要划分极细的网格以采用刚度矩阵的方法进行求解，计算时间要求高以及计算需要输入参量过多，这在大场景下难以实现，研究较为薄弱；起码在有限的计算机 CPU 资源以及时间上是难以实现的，如图 1－6 所示。这里面就有一个“尺度真空”，解决“米”以上量级的计算，只能用大场景的毁伤效果仿真进行，那么就需要将多个经验公式进行串联，通过经验公式实现实时和高精度的结合。该方法在国外十分成熟，起码已有大量的文献报告，且也应用于民用的安全距离计算上，如图 1－7 所示；国内对空中目标以及地面面目标较为成熟，其余的尚有待深入。

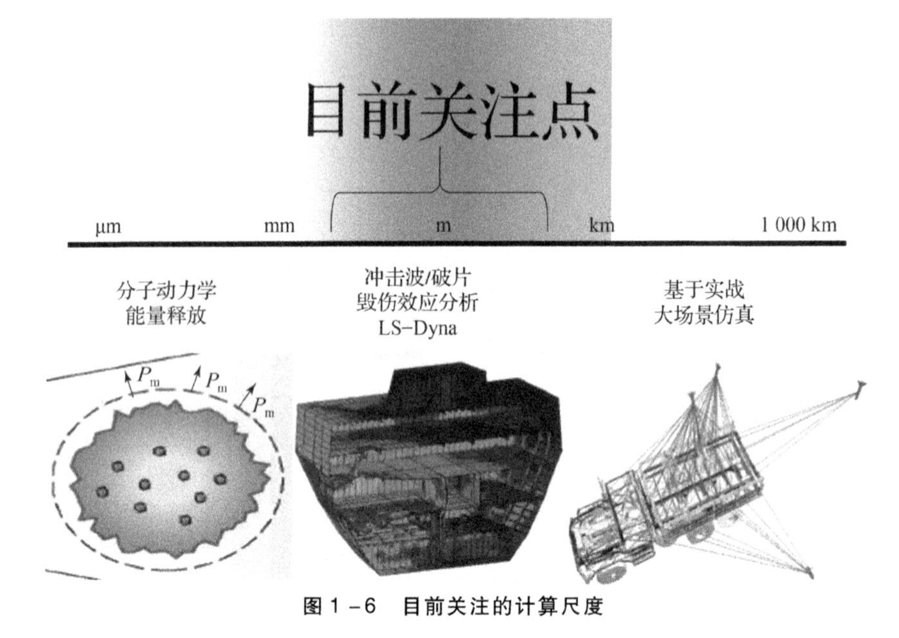

图 1－6　目前关注的计算尺度

目前的技术条件，可在末端弹道环境中做一些极限（落速、落角）弹道条件的毁伤试验测试，通过极限条件去验证大场景仿真结果，通过仿真得到全射程的毁伤效果数据，并基于射击精度和引信启动规律计算毁伤效能数据，是解决不同工况下用弹量的唯一有效方法途径，如图 1－8 所示。因此，大场景毁伤效果仿真平台的研发仍是国内目前最为薄弱的环节，但大场景仿真离不开总体的设计和系统的集成，这也是目前很多软件难以集成的主要原因，如何做到计算机技术与毁伤计算的融合是亟待解决的。

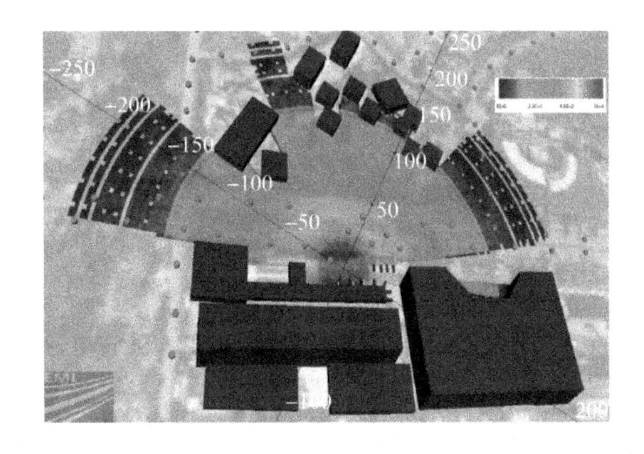

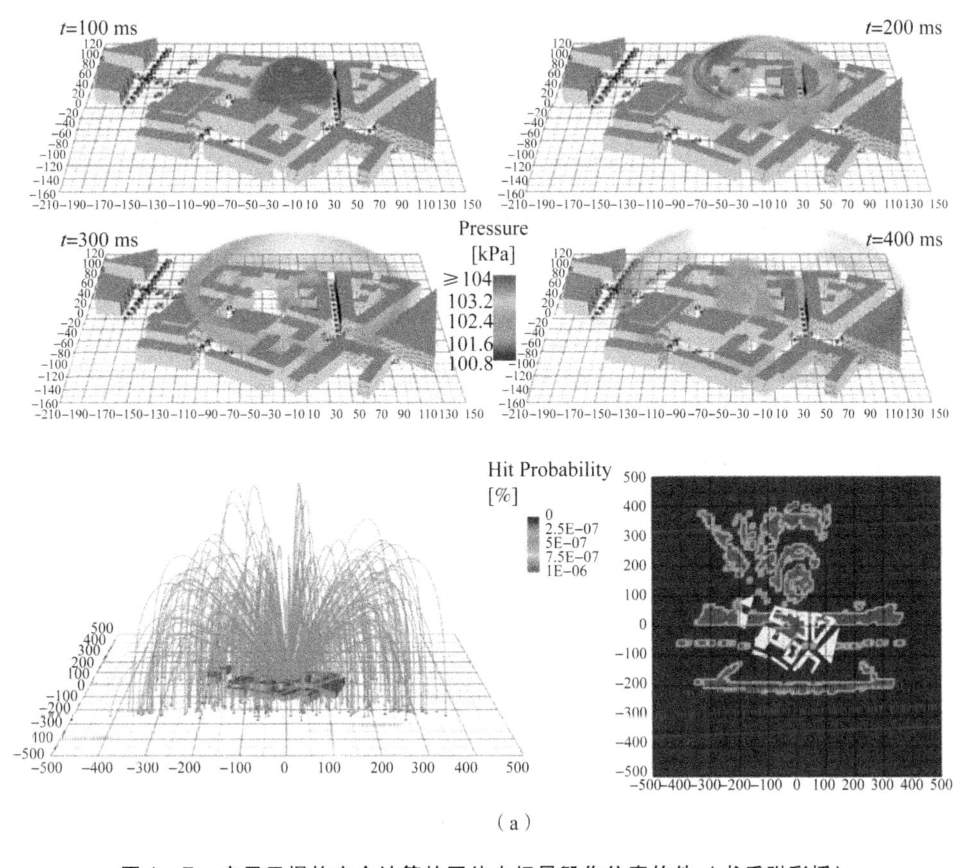

（a）

图 1-7　应用于爆炸安全计算的国外大场景毁伤仿真软件（书后附彩插）

（a）城市街区爆炸威力场

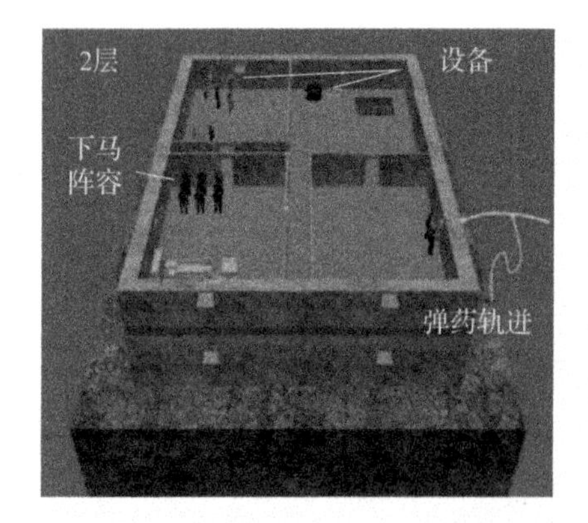

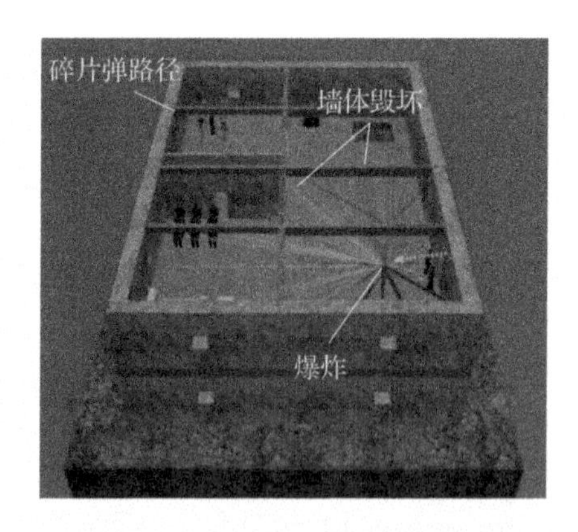

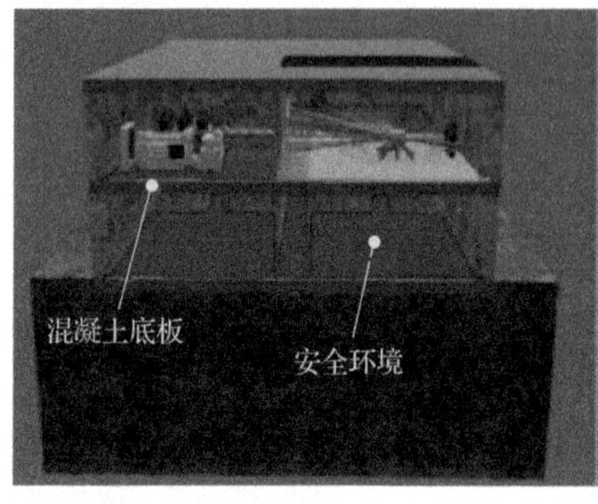

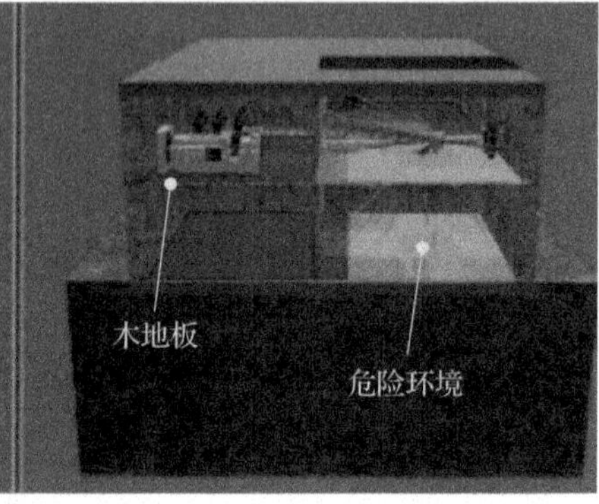

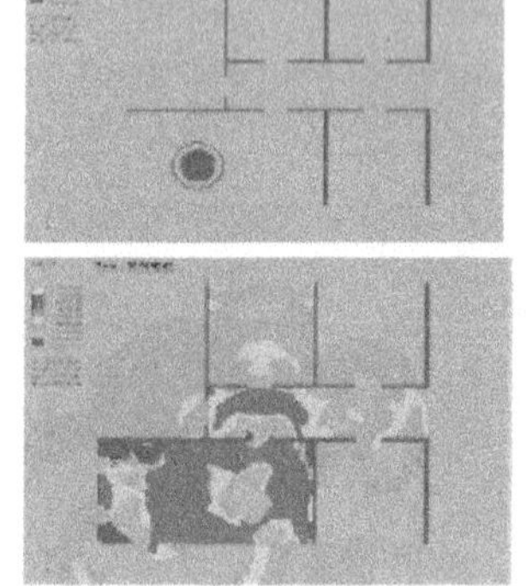

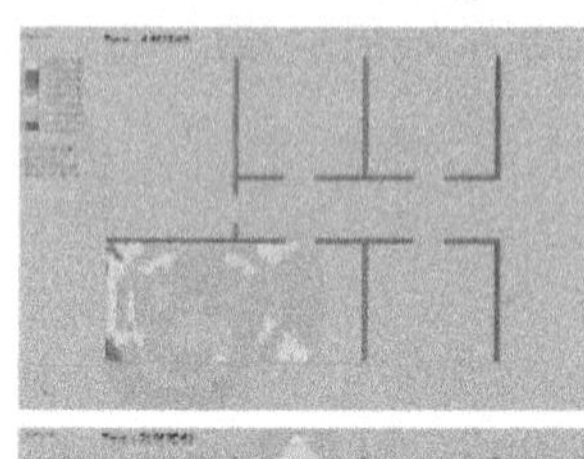

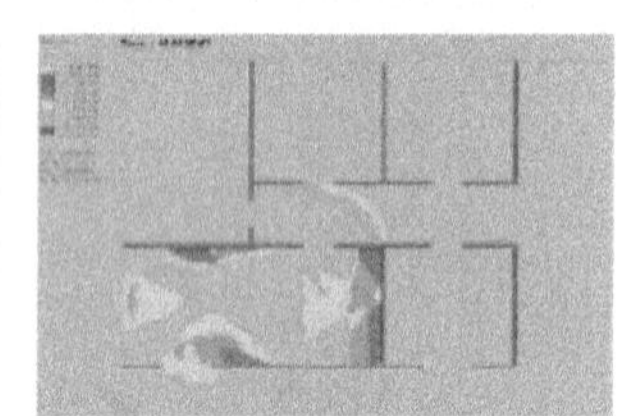

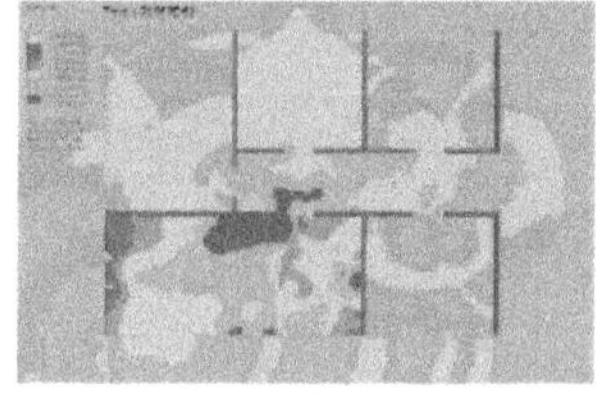

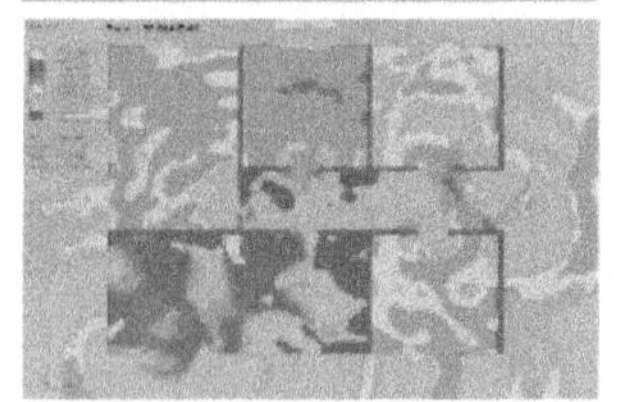

（b）

图 1－7　应用于爆炸安全计算的国外大场景毁伤仿真软件（续）（书后附彩插）

（b）房屋内爆炸威力场

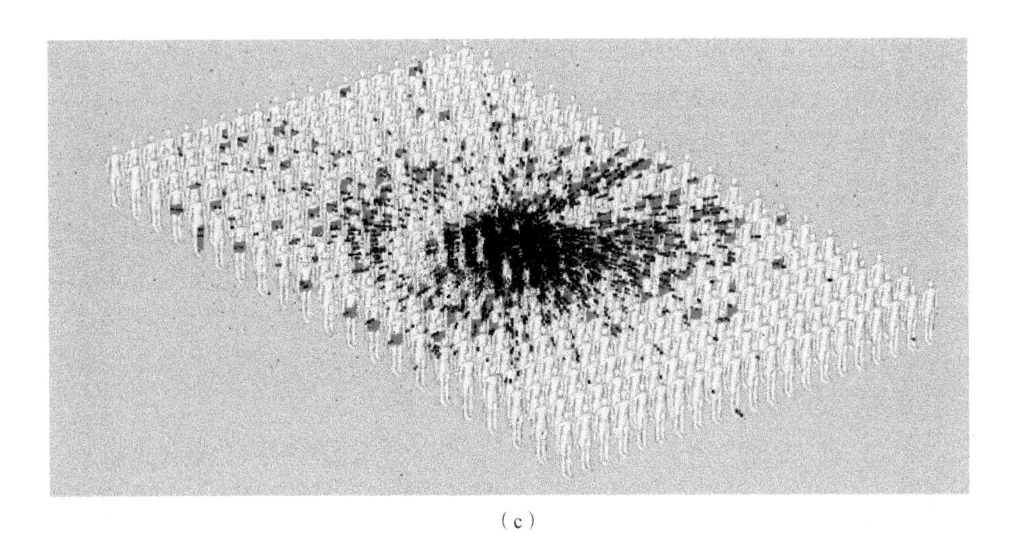

(c)

图1-7　应用于爆炸安全计算的国外大场景毁伤仿真软件（续）（书后附彩插）

(c) 人群中爆炸威力

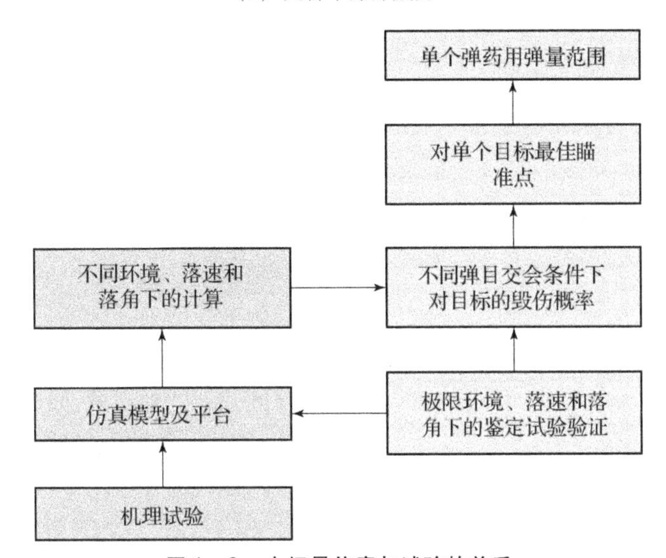

图1-8　大场景仿真与试验的关系

1.2　国外毁伤效能评估技术研究现状

武器弹药的毁伤效能评估源于军事攻防对抗需求，起源较早，多年来在新的毁伤技术推动及目标概念深化的牵引下不断发展与完善。据史料记载，早在

1860 年，英国就曾实施线膛炮对地面防御甲板的实弹射击试验。当时，分别采用质量为 37 kg 的阿姆斯特朗炮弹（Armstrong Projectile）和另一种 19 kg 的炮弹对安装在砖石工事内的 20 cm 和 25 cm 厚的生铁防盾进行射击试验。随后，19 世纪六七十年代，针对弹丸的穿甲能力及目标的防护能力又开展了一系列试验。如：1865 年，通过对地面工事的射击试验，认为冷硬铸铁制成的弹丸具有优异的性能，卵形弹丸比钝形弹丸具有不可比拟的优越性；1871 年进行的模拟舰船防护试验，表明双层防护甲板比单层具有更好的抗穿甲能力，这些早期的试验其实就是为了评定弹药的威力或掌握弹药对目标的毁伤效果以便于作战。

目前，国外在武器弹药毁伤效能评估方面，组织更加完善、投入更多。下面从美国毁伤效能评估研究管理机构、毁伤效能评估技术以及战斗部威力分析与评估、目标易损性分析技术和毁伤效果评估技术等方面进行该方向技术发展趋势的简介。

1.2.1 美国毁伤效能评估产品及管理

美国作为世界军事强国，十分重视目标易损性、战斗部威力、武器弹药毁伤效能评估方法与应用技术的研究工作，且成果显著，这得益于其管理机构。目前，从公开的资料可见，美国有一套完整的毁伤效能评估技术研究的管理机构，对美国的毁伤效能评估研究起到了非常重要的促进作用，下面就美国毁伤效能评估技术研究管理机构设置进行介绍。

美国从事毁伤效能评估技术研究的机构包括各大军方实验室（如美国的弹道研究实验室、陆军研究实验室和空军战斗装备实验室等）、研发与工程中心、国防局等单位，主要集中在军方，也有工业部门的参与，主要体现在弹药毁伤效能评估方面。美国弹药效能评估技术研究工作的归口管理部门是 1968 年成立的弹药效能联合技术协调小组（JTCG/ME）。该小组编制上隶属联合后勤司令部，负责人是二星级将官（少将军衔），成立的初衷是确保国防部所有常规弹药效能评估数据准确无误，并负责《联合弹药效能手册》（JMEM）的编写、分发和定期更新工作。弹药效能联合技术协调小组现已发展成为毁伤效能评估技术研究工作的综合管理机构，直接接受美国国防部部长办公室的领导，具体职能如下：

（1）编写并出版《联合弹药效能手册》。

（2）开发、维护和更新各种数据库，包括武器效能数据库、武器性能指标数据库、打击精度数据库、可靠性数据库、易损性数据库。

（3）统一建模与计算方法。

（4）开展联合实弹试验研究和实战装备数据收集工作，并召开《联合弹药效能手册》工作研讨会。

弹药效能联合技术协调小组机构设置如图1－9所示。由图可见，美国有一套清晰的分工，包括其出版物的管理。

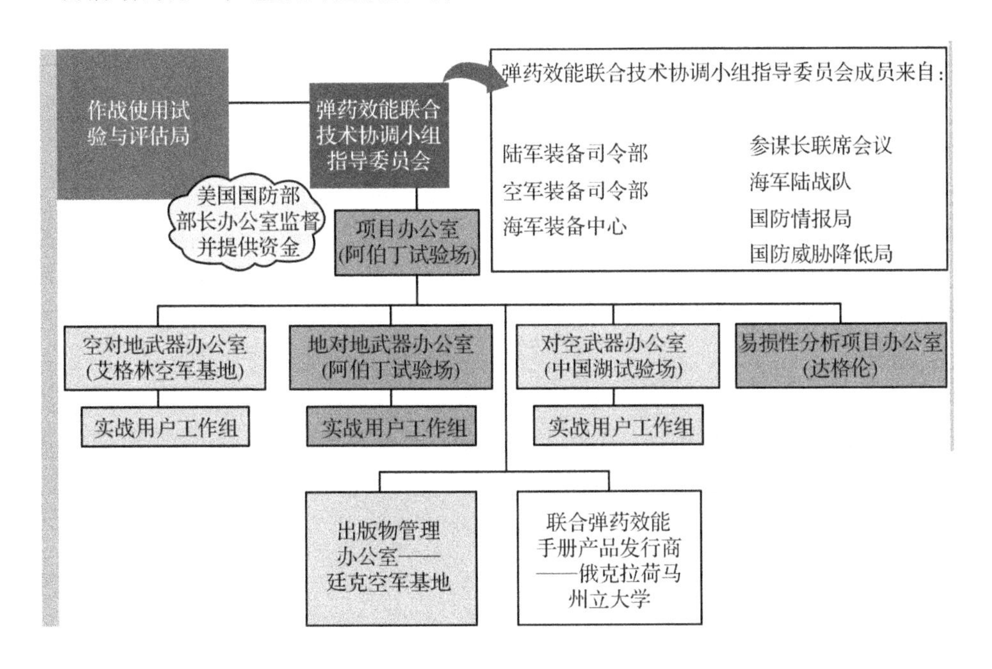

图1－9 弹药效能联合技术协调小组机构设置

协调小组开展相关工作的资源（如人力、物力、经费等）由美国国防部部长办公室作战使用试验与评估局提供。弹药效能联合技术协调小组下设指导委员会，指导委员会的成员来自参谋长联席会议（J－8）、国防情报局和国防威胁降低局、陆军装备司令部、海军装备中心、空军装备司令部、海军陆战队等单位。为了在常规武器弹药研发与部署过程中提供正确、科学的指导，该委员会还从整个国防部吸纳了武器/弹药领域的技术专家（军职或文职）。除指导委员会外，弹药效能联合技术协调小组下设4个负责产品集成工作的办公室，分别为空对地武器办公室、地对地武器办公室、对空（包括空对空和防空）武器办公室和易损性分析项目办公室。另外，廷克空军基地（Tinker AFB）设有弹药效能联合技术协调小组出版物管理办公室，负责相关出版物的出版、发行及数据更新工作。由于涉及大量敏感信息，弹药效能联合技术协调小组推出的产品均严格按照涉密资料管理，出版物管理办公室负责根据客户的类型，选取合适的产品和出版物，确保客户不需要或无权知悉的数据已清除。

据公开文献可知，美国的毁伤效能评估技术研究由统一的管理机构负责武器、目标数据库开发、建模与计算方法统一以及实弹试验研究、实战装备数据收集工作和《联合弹药效能手册》的编写和出版，已形成了多个产品。

1.2.2 毁伤效能评估技术

武器弹药对目标的毁伤效能评估可表征弹药的实战能力和对不同任务场景的适用程度，是弹药研发和运用过程中的重要环节之一。通过毁伤效能评估研究，既可以计算出各类武器弹药对同一目标的毁伤效能，提出合理用弹种类、数量以及末端弹道条件和引信参数，也可计算出同一武器弹药打击不同目标的毁伤效果，给出各类武器弹药最佳匹配目标。因此，相关工作得到国外的高度重视。

国外毁伤效能评估技术研究工作较好的国家主要有美国、俄罗斯、德国、英国、荷兰、瑞典等，其中，美国于20世纪40年代最早启动研究工作，拥有世界上任意目标的毁伤模型、内容丰富的数据库，并建立了为构建毁伤模型需要进行试验的试验设计准则、提取数据的方法流程以及根据模型使用效果对其进行修正的闭环程序，已融入美军的武器弹药发展和作战使用工作中。目前，其仍在针对新型弹药战斗部结构和毁伤模式以及新的作战环境和作战方式开展毁伤效能评估技术研究工作，完善武器弹药毁伤效能评估技术体系。

1. 美国研究现状

根据20世纪六七十年代美国的AD报告，就可看出美国的毁伤效能评估技术研究是系列化、体系化发展的，但毁伤效果评估研究却未见很多技术类的文献报道。自1991年海湾战争以来，美国国防部（DoD）越来越关注时间敏感目标或机动目标（TCMT）带来的威胁。针对这类目标，美国采用蒙特卡洛仿真模型、GENEric灵巧间射火力武器系统作战效能仿真（GENESIS），在单一通用仿真环境下对多套系统、概念和技术进行评估。首先，假定一种时间敏感目标战场环境；其次进行系统描述；再次进行系统效能模拟；最后得出结论。

时至今日，美国毁伤效能评估技术研究中涉及的战斗部威力和生存力（主要为易损性）建模、仿真、测试、数据采集工作均成体系地进行研究。在科索沃战争后美军将战斗毁伤评估（Battle Damage Assessment，BDA）体系作为优先发展项目，其类似于上述的战场目标毁伤效果评估，并组织实施了多项计划，但战斗毁伤评估并不是工业部门关注的重点，而是美国军方所关注的，如：美国从2008年开始重视从目标捕获到目标毁伤效果评估各个方面的建模与分析工具研究，2013年4月，美国陆军研究实验室完成灵巧武器"端对端"性能模型开发工作，5月，移交给美国陆军武器研发与工程中心系统工程处开始应用。

通过对比分析可见，美国毁伤效能评估工作具有以下技术特点。

1）所需数据获取、共享和通用性

从已有资料来看，美国目前毁伤效能评估技术研究所需数据除部分仿真数据可以通过模型、算法生成外，主要通过大量试验获取。数据共享有利于减少试验次数、节约资源，美国还试图从北约盟国搜寻在类似研究中积累的数据，以减少本国试验；同时，从战场上收集毁伤（判据、准则以及效果）数据是美国毁伤效能评估技术研究体系的另一大特色，也是其他国家难以比拟的。

此外，美国国防部认为，不能试图在试验与评估之后对数据进行规范以实现标准化和通用性，而应当在规划试验与评估工作时就予以考虑。数据单位不同则很难进行整合。以规范方式向试验与评估数据库录入所有数据和参数，有利于简化测试工作，有效发挥测试的作用。

2）毁伤效能评估体系化、系列化产品

在美国的毁伤效能评估成果体系中，《联合弹药效能手册》是这些产品的核心，内容涵盖武器及武器系统物理特征和性能详细数据等。根据2002年公布的资料，《联合弹药效能手册》光盘集成产品包括5个部分［各一张CD－ROM（光盘只读存储器）光盘］，分别是联合对空作战效能－空中压制2.0（J－ACE－AS 2.0）、联合对空作战效能－防空1.0（J－ACE－AD 1.0）、联合弹药效能模型/飞机生存力武器运用工程系统2.2.1（JAWS 2.2.1）、联合弹药效能手册－武器效能系统2.0（JWES 2.0）以及特种作战目标易损性与武器运用工程手册2.0。2007年，弹药效能联合技术协调小组发布了DVD（数字化视频光盘）版联合弹药效能武器运用工程系统（JWS v1.2），集成了空对地和地对地武器效能评估相关工具，内含新增/更新战斗部数据、投放/打击精度数据，近280种新增目标的易损性数据，以及新版建筑物分析模块（其中包括小直径炸弹、制导多管火箭系统等新/老弹药装备）。同时，该小组又推出CD－ROM版联合对空作战效能－空中压制3.2.1，与老版相比，新版增加了F－22飞行性能数据和一些新型空空导弹、防空导弹性能模型。2012年，《联合弹药效能手册》已更新至v2.1版。此外，美国还建立了大量相关的评估模型、建模软件、内嵌程序和针对性强的数据库，如图1－10～图1－13所示。

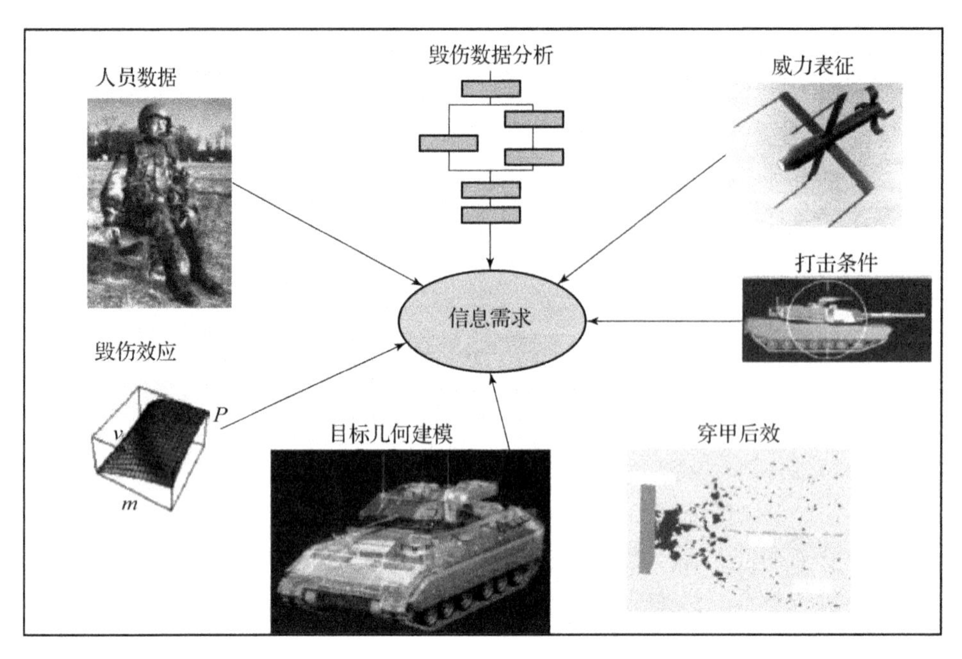

图 1－10　弹药与目标相互作用的信息需要

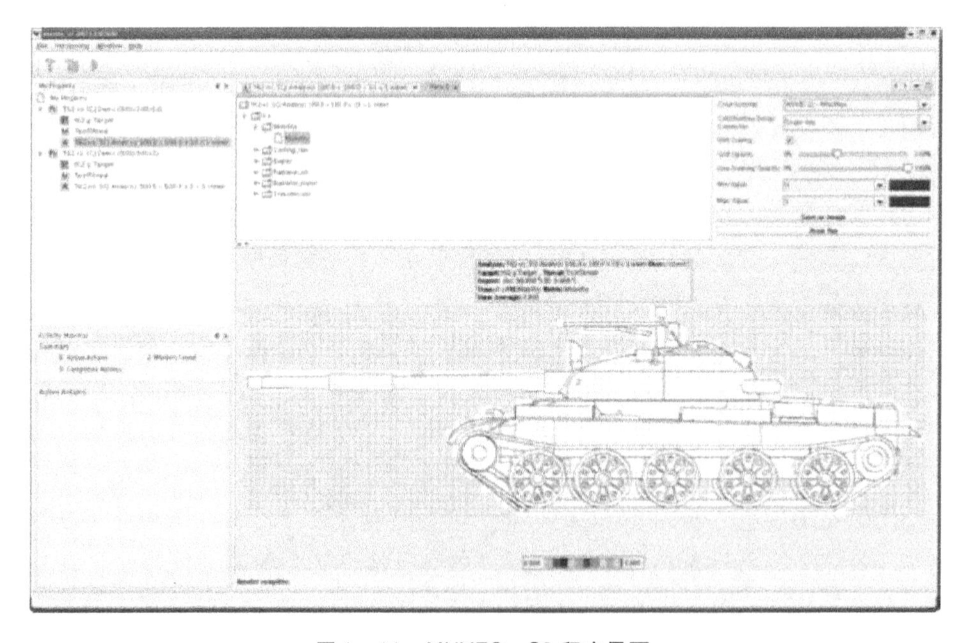

图 1－11　MUVES－S2 程序界面

图1-12 装甲车辆易损性模型

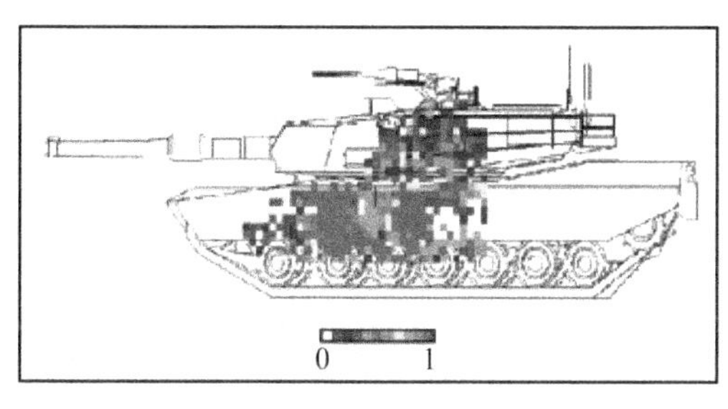

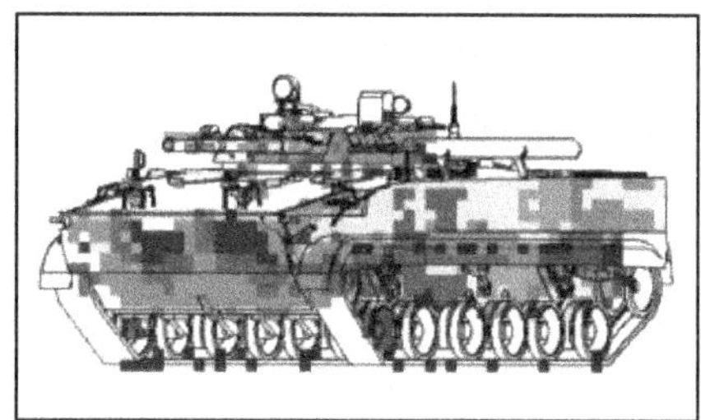

图1-13 装甲车辆的毁伤效果

3）美国毁伤效能评估技术研究总结

综上所述，美国毁伤效能评估技术研究具有以下特点。

（1）毁伤效能评估技术研究以作战为牵引，成体系，研究内容明确，支撑关系清晰，且技术方法实用性强。

（2）毁伤效能评估研究围绕对外作战而构建，由专门的管理机构进行统一规划和数据积累，注重毁伤效能评估分析及计算中所需数据的共享和通用性，研究具有延续性和继承性。

（3）重视仿真、建模、工具、数据库的开发和积累等基础性工作，打造可共享、可维护、可升级、可拓展的毁伤效能评估产品集成平台。

（4）重视试验测试（尤其是实弹试验研究和实战装备数据的收集和整理），试验测试结果是毁伤效能评估以及毁伤效果评估数据的重要来源，尤其是用实战实弹试验测试数据验证相关模型、算法的有效性；实弹试验数据也是评价目标毁伤效果的直接依据。

（5）注重体系建立，美国的JMEM是一系列体系化工具最终的结果，包括情报的收集、几何模型的建立、功能分析以及最后的毁伤效能等，如图1-14所示；手册也并非一个手册，而是一个系列化的产品，如图1-15所示；同时，美国的毁伤效能评估技术研究也同样面临不断拓展的需求与可用资源之间的矛盾，如图1-16所示。

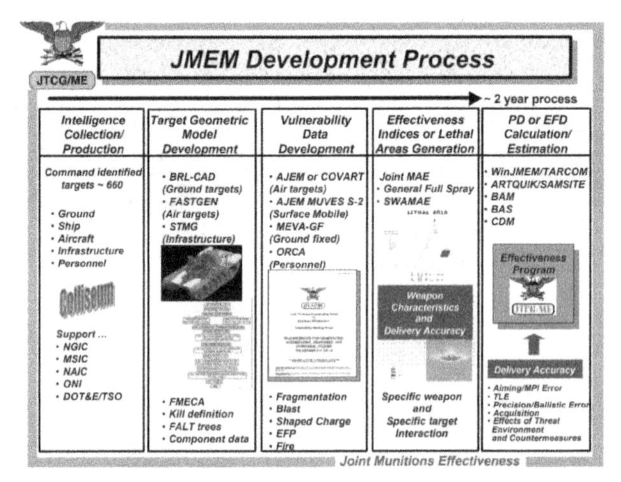

图 1－14　JMEM 发展过程

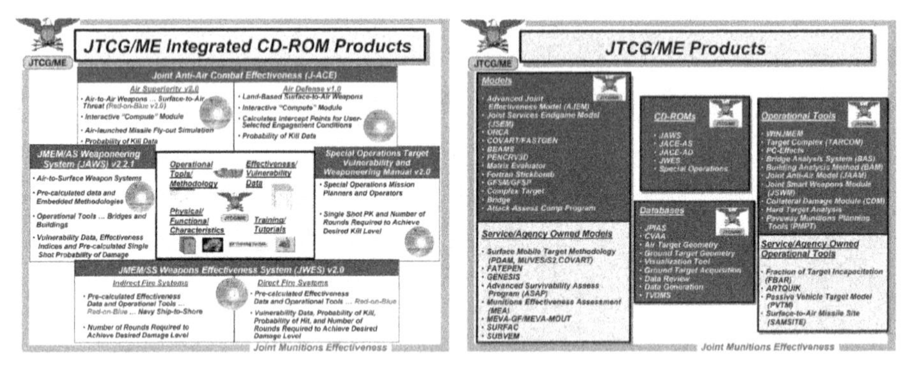

图 1－15　JTCG/ME 系列化产品（模型、数据库、光盘和工具等）

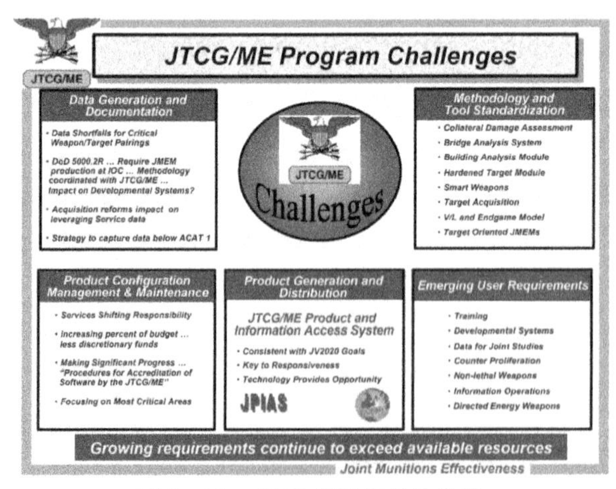

图 1－16　JTCG/ME 项目的挑战

2. 俄罗斯研究现状

作为另一个军事强国，俄罗斯的武器弹药毁伤效能评估技术研究和应用工作开展也较早，也已经达到了较高的水平。早在20世纪40年代，苏联毁伤效能评估技术的研究工作就已经取得了实效，并且在武器弹药发展和采购中得到应用。

1940年，苏联专家B. C. Путачев的著作《空中射击》问世标志着空中射击效能理论的诞生；1945年，A. И. 高尔莫嘎洛夫（A. И. Колмогоров）发表了两篇对作战效能具有划时代意义的论文，第一次提出以下论述：

（1）射击的目的不是把弹药投向目标而是杀伤目标。

（2）射击效率的指标可采用对目标的杀伤概率。

（3）为了计算射击效率的指标，必须知道给定弹道的条件杀伤规律/概率。

上述论述也形成了武器弹药毁伤效能分析的雏形，20世纪40—60年代茹科夫空军工程学院成为苏联研究作战效能的中心之一。当时，E. C. 温特查理（E. C. Вентцель）是茹科夫作战效能研究的精神领袖，其在1961年出版了苏联第一本作战效能和军事运筹学教科书《作战效能的理论基础和运筹学研究》，与1964年出版的专著《现代武器运筹学导论》一起奠定了现代武器装备系统效能评估的基础；随后，Ю. Г. М. ильрам与И. С. Попов于1970年共同完成了《航空作战技术效能和武器运筹学研究》，运用系统分析方法对系统的层次化做了定性的分析，特别对大目标和复杂目标，考虑到了火力组织的因素、损伤的累积效应等；20世纪80年代，E. П. Калабухова出版了《空中射击和轰炸效能评估的理论基础》，从而填补了射击效能评估理论的空白；21世纪H. A. Макаровец院士等著的《多管火箭武器系统及其效能》中详细阐述了多弹药武器系统射击效能及解析求解方法，并以效能指标论证多管火箭武器系统的性能、战术、技术和经济指标。

我国目前采用的弹药采购和储备基数（弹药基数）的计算方法就是20世纪五六十年代从苏联引进的，并一直沿用至今。据估计在近年俄罗斯作战部队所配备武器弹药的种类和数量也是通过提前分析进行测算和确定的。从已有的文献可知，俄罗斯的具体方法并不同于美国，多以公式的解析法为主，更注重计算的时效性。

3. 其他国家研究现状

对于武器弹药毁伤效能评估技术研究，各国的研究思路是相同的，即考虑弹药威力与目标部件或系统易损性两方面的因素，在确定弹目交会条件下评估弹药对目标的打击程度；在给定的交会条件下，根据确定的毁伤准则（毁伤模式）计算系统层面的单次打击毁伤概率，即单发毁伤概率。其他各国基于上述研究思路也开展了大量研究，形成了丰富的研究成果，并建立了多种模型，如常见的北约成员国杀伤力/易损性评估模型中各功能模块、子功能模块及其流程如图 1－17 所示。功能模块有交会模型、易损区域代码、单次打击模型等；子功能模块有目标模型、弹道发生器等。这些功能模块和子模块往往也是可独立运用的软件工具。

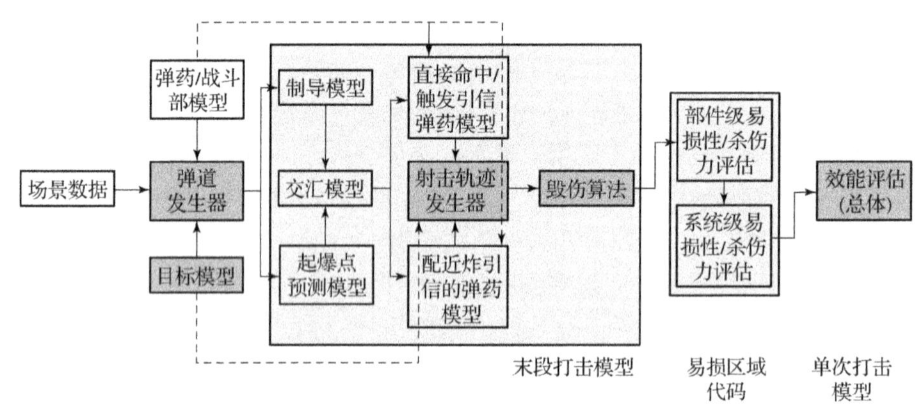

图 1－17　杀伤力/易损性评估模型中各功能模块、子功能模块及其流程

此外，以荷兰、瑞典、德国等为代表的欧洲国家非常重视毁伤效能评估的研究工作，发展自己的毁伤效能评估技术，研究成果多样，虽在体系化程度和水平方面不如美国、俄罗斯等军事强国，但也各有特色。

荷兰 TNO 实验室对破片弹道采用射线跟踪的方法描述战斗部破片威力场，通过破片威力场数学模型描述、动态威力场表征与数字化建模，在充分考虑实战弹道/弹目交会姿态及环境因素的情况下，实现了在物理毁伤层面对导弹战斗部的毁伤效应和目标的防护能力的评估，如图 1－18 所示。

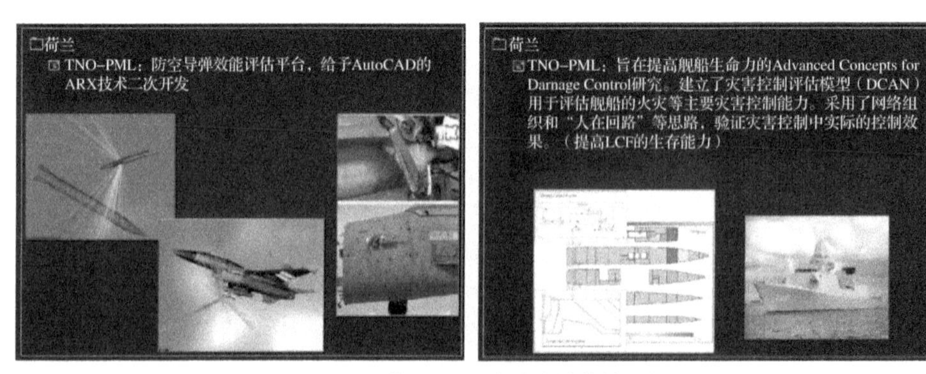

图 1－18　荷兰 TNO 实验室的软件工具

瑞典研制的 LIBRA 等杀伤效能评估系统，ITT 公司 AES 机构研制的 PEELS 大气层内外毁伤效能评估软件，均可以计算弹药的毁伤效能；此外，AVAL 软件可进行三军通用的易损性分析，如图 1－19 所示。

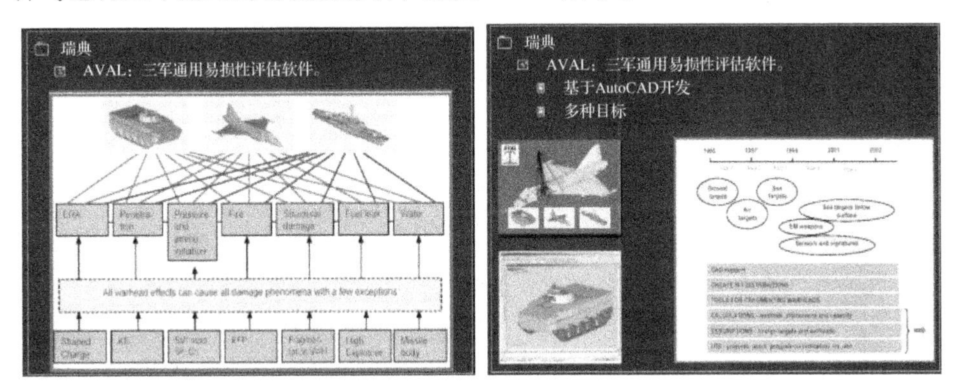

图 1－19 瑞典 ITT 公司的软件工具

德国 IABG 公司发展了 UniVeMo 通用软件，具有如下特点：①获得的连贯性基础数据能用于任务和武器规划；②能对武器和目标进行比较分析；③数据、算法及方法均经过检验和验证，确保能够获得符合实际的结果；④由 BAAINBw 德国采办局控制的数据管理系统提供高质量信息。UniVeMo 中模型的结构、方法、功能等都可以与其他北约成员国开发的易损性/杀伤力模型进行比较，其功能框图如图 1－20 所示；目前，研究人员正在对 UniVeMo 中的模型进行升级改造。

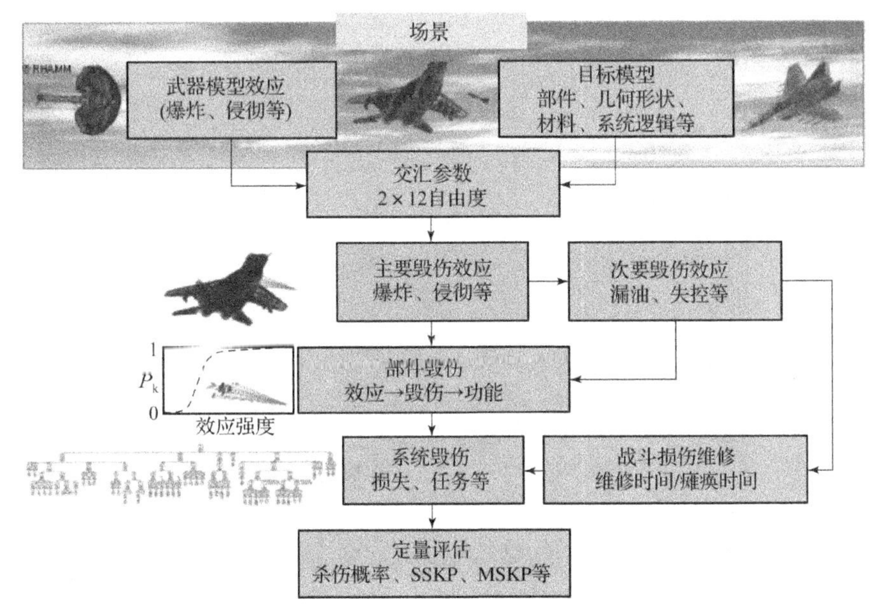

图 1－20 UniVeMo 的功能框图

1.2.3 战斗部威力分析与评估技术

战斗部是弹药类武器毁伤目标、完成最终作战任务的执行机构或分系统，是武器弹药的有效载荷。战斗部威力是战斗部所具备毁伤能力的具体反映。战斗部威力是毁伤因素中最为核心的性能，可以从不同角度和不同方面进行描述与表征，通过单一参数或多参数集合的形式体现。毁伤威力是战斗部的固有属性，不与具体目标相对应，不考虑引信启动以及制导精度，只表征其自身特性与能力。

在战斗部威力分析与评估方面，美国、俄罗斯等军事强国已开展了现役多种弹药研究，并建立了相应数据库；同时，也在进行新研弹药威力分析及评估工作，动态地完善相关数据库建设。例如，美国科学应用国际公司（SAIC）对无破片精确制导武器聚焦杀伤弹药威力的确定方法是：①收集静态爆炸的聚焦杀伤弹药威力、附带毁伤数据等，原始数据资源包括布置在真实作业场景中的人体替代模型等；②研究对单个人员毁伤机理以求更科学的表征威力，包括爆炸压力脉冲（用推动物体移动距离衡量）、爆炸超压（数据可测量）、热辐射（用烧伤等级衡量）以及辅助碎片的穿透能力；③拍摄现场照片，以便与测试前设置相比较；④验证标准和评估程序的有效性，首先，用逻辑回归模型初步确认威力评估标准的合理性；其次，为确认有效性，对标准的应用进行独立验证。

目前，对于战斗部威力分析与评估有试验法和数值仿真法，最为常用和准确的是试验法。试验法又分为静态威力评估和动态威力评估，现阶段多为静爆试验，如图 1-21 所示，但考虑落速和落角的动态威力评估是未来发展的方向（图 1-22）。同时，战斗部对真实目标的威力表征总是令人关注的，如对人员目标，冲击波不仅仅考虑超压，还需要考虑比冲量，这些对各类战斗部研制时指标的确定有重要的指导意义。

图 1-21　弹药静爆威力评估典型试验

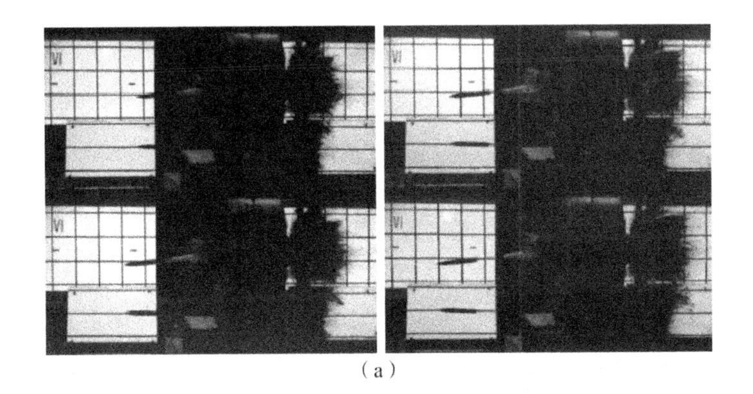

（a）

（b）

图1－22 典型的动态威力评估（书后附彩插）

（a）侵彻弹通过动态威力评估掌握侵彻深度；

（b）杀爆弹通过动爆威力评估试验掌握破片场

试验虽然比较准确，但战斗部威力试验总是代价昂贵的，且周期较长，具有很高的危险性。随着计算机技术的发展，数值仿真成为分析与评估战斗部威力的一个新手段，如图1－23所示。但数值仿真的精确度一直是大家关注的对象，也是不断努力的目标。

1.2.4 目标易损性分析技术

目标易损性是毁伤效能评估技术领域的基础性问题，也是核心问题。关于

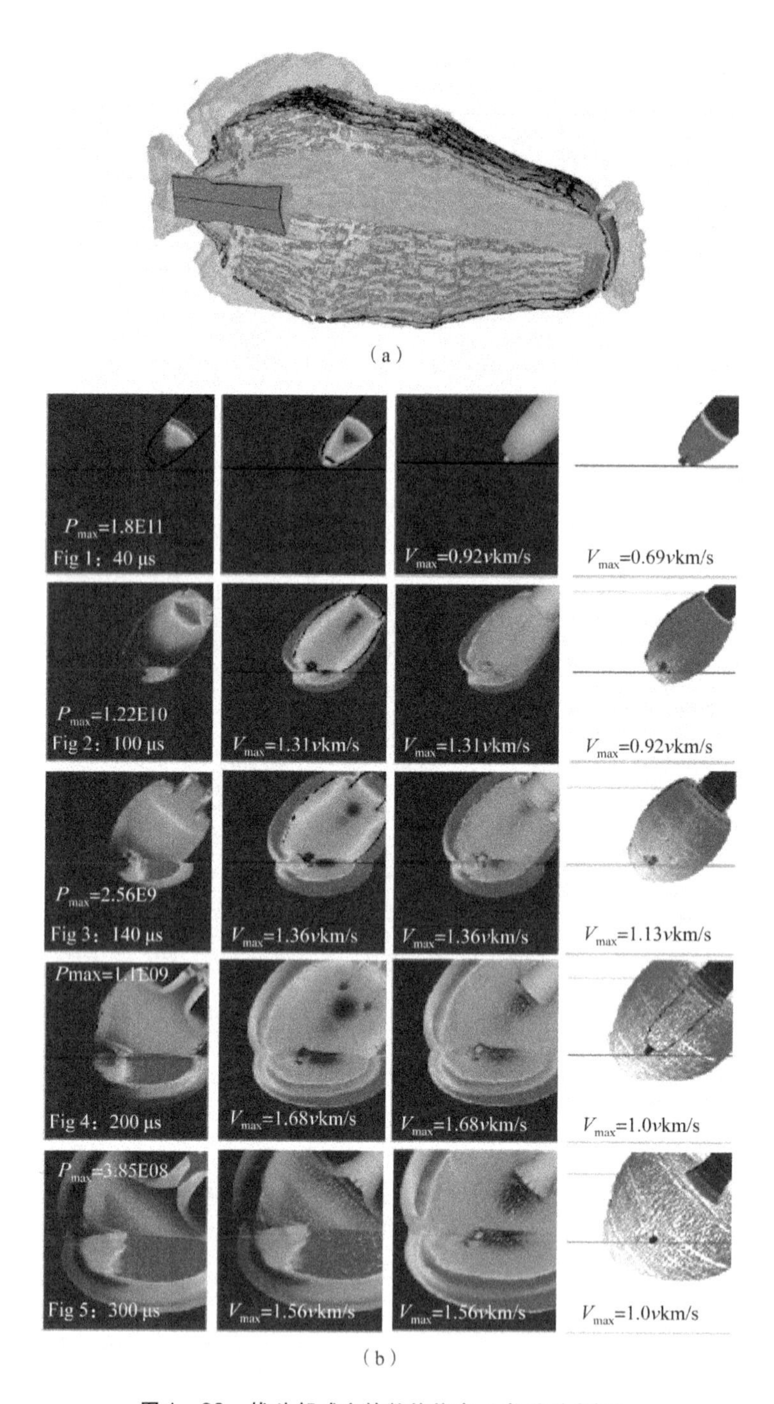

图 1-23 战斗部威力的数值仿真（书后附彩插）

（a）爆炸驱动下的弹体破碎；（b）杀爆弹药近地面爆炸威力场

目标，美军参联会在《目标选择与打击联合条令》中指出目标是一个地区、一座综合性建筑物、一个设施、一支部队、一种装备、一种战斗力、一种功能或某种行为。因此，对战争进程与结局以及达成战略、战术目的有影响并作为武器（弹药）打击对象的人和物均构成目标，如有生力量、作战平台（装甲车辆、飞机、舰艇）、武器与技术装备、军事设施、工业设施、交通设施、通信设施以及其他政治、经济设施等。

目标易损性研究源于军事攻防对抗需求，前文已提过，早在1871年，英国就曾实施模拟舰船防护试验，通过试验证明双层防护甲板比单层具有更好的抗穿甲能力。可以看出，19世纪进行的易损性研究以实物试验为主，其研究结果可靠，研究范围及研究成果具有明显的局限性。20世纪以来，武器系统多样化发展、科学技术尤其是计算机技术的发展及其在军事上的应用，极大地促进了目标易损性研究的发展与完善。在该领域里美国和俄罗斯始终走在世界前列，这是由它们雄厚的综合国力以及作战需求所决定的。

美国早在第二次世界大战时期就开始重视目标易损性研究，1937年陆军弹道研究所成立后，就提出了武器装备的“易损性”概念。1945年7月，根据军械办公室主任的指示，弹道研究实验室（BRL）制订了目标易损性研究计划，开始系统地研究陆军武器系统的易损性。另外，美国十分注重以靶场毁伤效应试验技术为基础的毁伤机理与易损性研究，期望在全系统实弹试验子样数极少的情况下获得更多的目标易损性数据，提高武器毁伤能力评估的可靠性，相似系统试验及单独战斗部毁伤效应和机理试验研究进行得十分广泛，如：1959年在加拿大进行了称为“CAREDE”的试验，用400发反坦克弹药对装甲车辆进行了实弹射击试验；1964年进行了破甲战斗部对装甲运输车的实弹射击试验（110发）；1971年进行了高爆弹丸对坦克的实射弹击试验（228发）；1975年进行了30 mm弹药对坦克的实弹射击试验（153发）；1976年进行了大口径动能弹丸对坦克的实弹射击试验（6发）等。此外，针对毁伤准则，美国的研究对象也不同于苏联的整个装备系统，而是针对系统的组成构件进行单个器件的详细分析，且更关心于构件的损伤和功能性毁伤，从20世纪60年代至今，美国各研究机构的研究对象几乎包括了战场上所有的目标，如图1－24所示。

目前，从易损性分析的角度研究目标，通常将其分为人员类目标、装备/设备类目标和土木建筑物类目标三大类别。目标易损性分析的研究内容主要包括目标毁伤等级划分、目标结构/功能特性研究以及目标等效准则与等效靶设计、目标毁伤准则和判据、各类复杂系统易损性评估技术、目标易损性

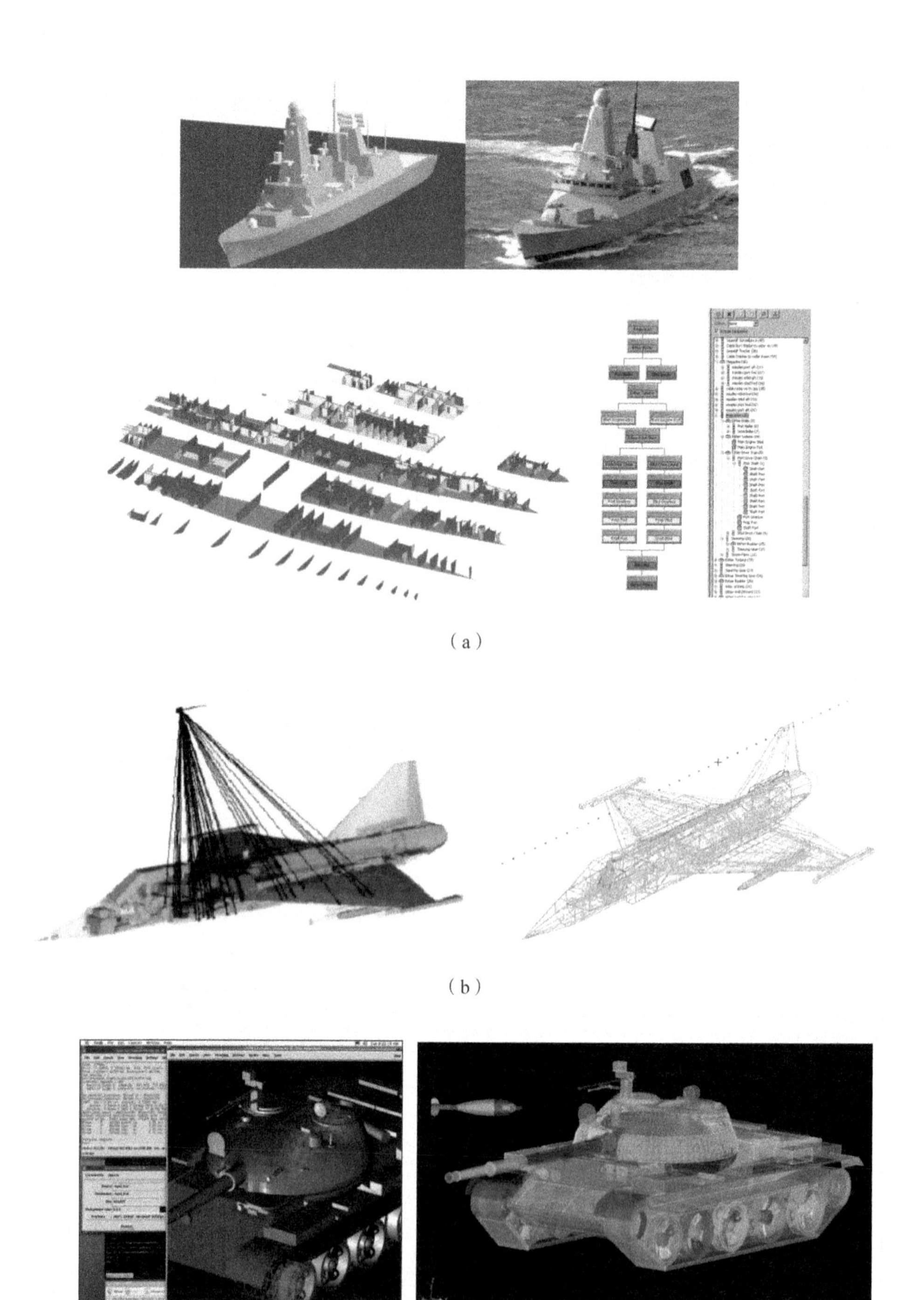

图 1-24　典型目标易损性模型（书后附彩插）

（a）舰船；（b）战斗机

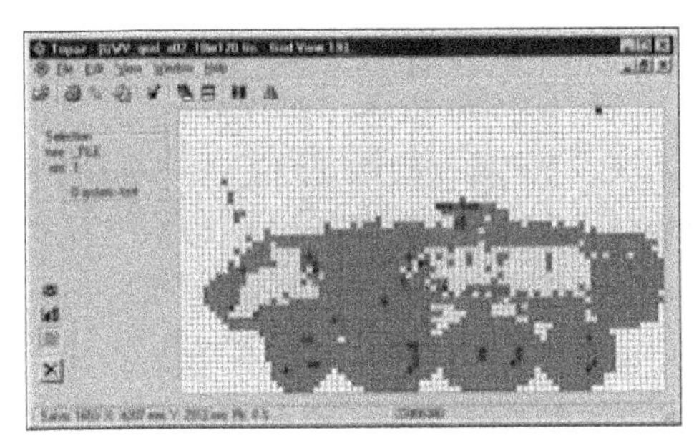

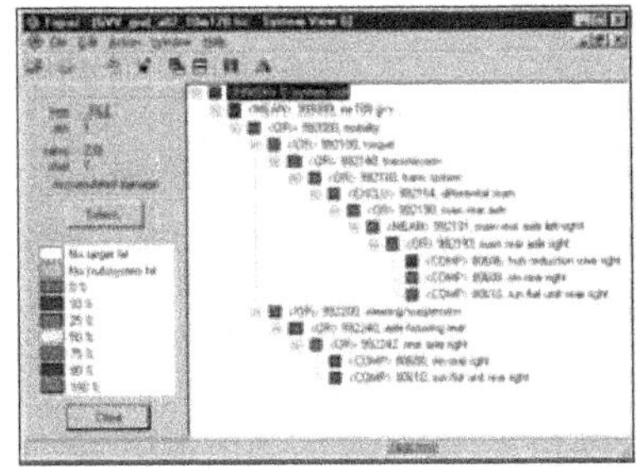

(c)

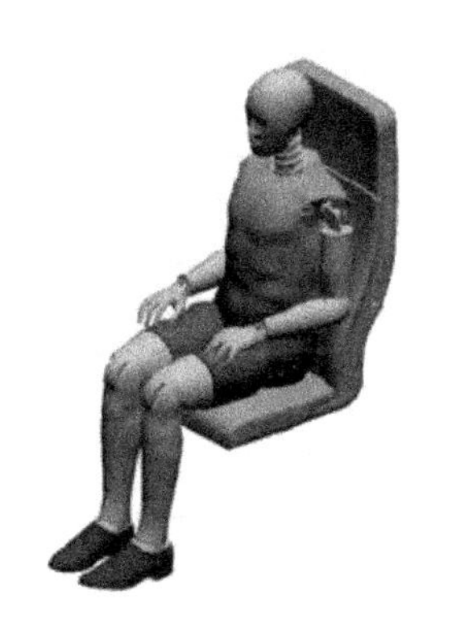

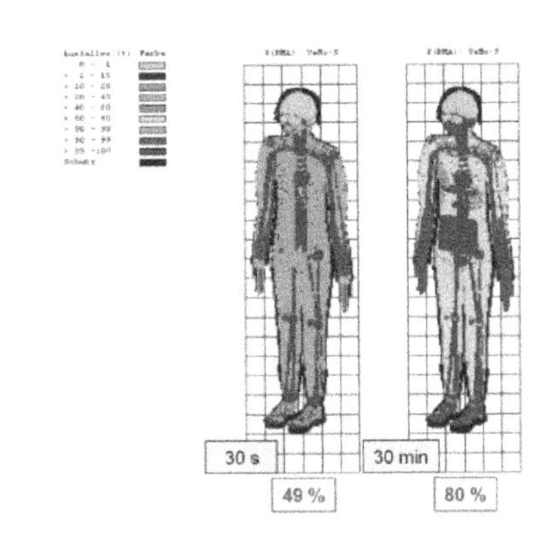

(d)

图1-24 典型目标易损性模型（续）（书后附彩插）

(c) 装甲车辆；(d) 人员

数据平台建设等。最初，美国成立的弹药效能与飞机生存性联合技术协调组（JTCG）采用目标易损性的概念系统地研究了目标受各类弹药作用下的易损性，开展了大量的基础理论研究工作；1984年，美国国防部情报分析中心将1970年成立的作战数据情报中心（CDIC）和1981年成立的飞机生存能力模型数据库（ASMR）合并，在赖特-帕特森空军基地设立了生存力/易损性信息分析中心（SURVIAC）专门研究目标易损性，负责收集和整理目标易损性数据，开发生存力/易损性模型与计算方法。目前，美国生存力/易损性信息分析中心是目标易损性建模与仿真研究最好的机构；然而，该中心当前库存的模型不能为所有的生存力和杀伤力领域提供全面的仿真；除持续更新当前模式的版本之外，该中心还建立了纳入新模式的程序；新的模型在纳入生存力/易损性信息分析中心前需要获得政府的审核和批准；飞机生存力联合项目生存力评估小分组和弹药有效性联合技术协调小组易损性委员会是模型登记的主要机构；该机构已建立了各种标准，用来确定一个模型是否能够纳入生存力/易损性信息分析中心的资源中；当完成一个模型的评估时，需填写完整一份评估表格并将其提交给生存力/易损性信息分析中心技术协调小组（TCG）。此外，生存力/易损性信息分析中心还出版了 *The Fundamentals of Aircraft Combat Survivability Analysis and Design*，*Fundamentals of Ground Combat System Ballistic Vulnerability/Lethality* 等与目标易损性评估方法相关的著作。近年来，每一届国际弹道学术会议（International Symposium on Ballistics）都将易损性和生存力（Vulnerability&Survivability）作为一专门的领域进行学术交流，论文集内有许多关于美国弹道研究所等相关单位研究工作的报道。

对于目标的描述是目标易损性分析的一项基础工作，目标描述的准确性与详细程度直接影响目标易损性分析结果的准确性。但是完整的、详细的目标描述不仅需要目标的详细资料，而且耗用大量时间，尤其是结构的数字化表征以及与毁伤判据的关联，TNO－Prins Maurits 实验室给出的目标易损性分析步骤如图 1－25 所示。此外，通常对同一目标会有不同的描述方法；因此，国外统一组织，尽可能采用同一的方法，建立统一的数据结构，实现各军兵种共享相同的目标模型。如美国弹道实验室目前正在开发一种灵巧目标模型产生器（STMG），其目的是建立一种为易损性研究提供信息的标准目标语言。

综上所述，国外在目标易损性分析方面已建立了比较系统的方法体系，积累了多种类的多个目标易损性模型，建立了更多的目标易损性模型数据，形成了多种目标易损性分析软件，并不断深入地进行各类目标易损性研究。

1.2.5 毁伤效果评估技术

毁伤效果评估主要服务于作战，是现代精确打击作战体系中的一个重要环节和关键步骤，融合了雷达、卫星、武器视频等图像信号的分析处理和地面人员情报收集的综合处理等多项技术。根据该评估结果，作战指挥人员可以判断已实施的火力打击是否达到预期毁伤效果，是否需要再次打击，并为制订火力毁伤计划提供科学依据。其通常包括以下几方面内容：

（1）物理毁伤评估。主要是根据视觉或报告的一些目标毁伤信息，做出对目标物理毁伤的评估，这些评估多是定性的，主要由各作战部队完成，作战司令部、联合司令部、国家军事联合情报中心（NMJIC）等机构为各作战部队提供情报信息支持，其评估结果呈报有关各级机构。

（2）功能毁伤评估。在物理毁伤效果评估几个小时或几天之后，根据更为详细的目标毁伤信息对目标功能进行评估。功能毁伤效果评估主要由各作战司令部的作战毁伤评估小组负责。

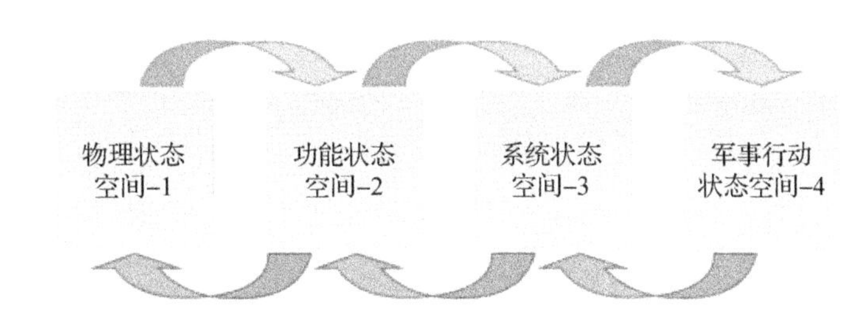

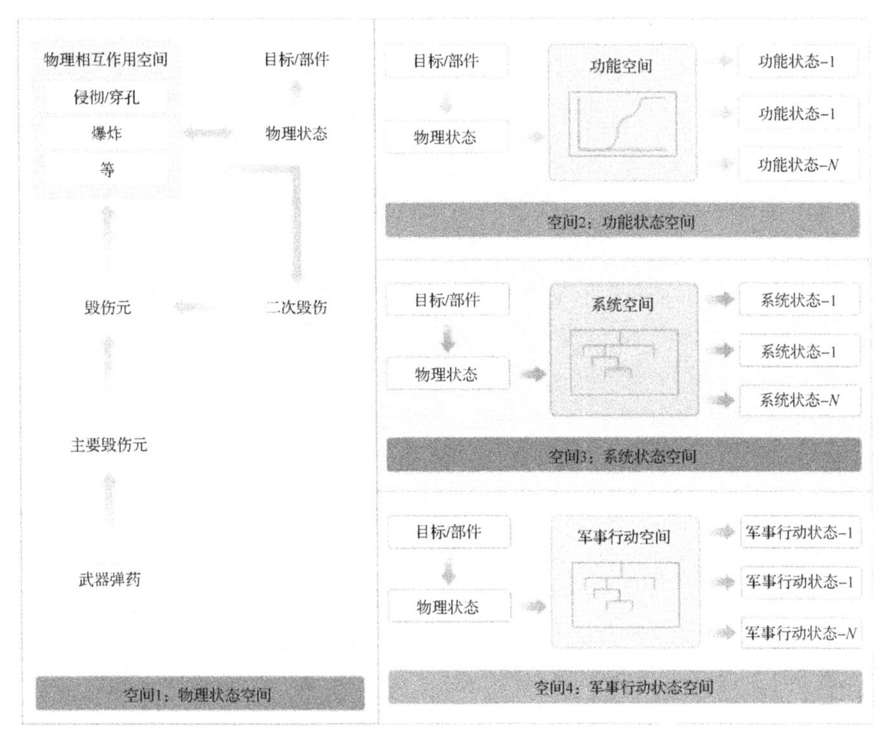

图1-25 TNO Prins Maurits实验室采用的易损性分析步骤

（3）目标系统毁伤评估。在一定作战阶段，各作战司令部的作战毁伤评估小组根据战斗冲突的实际、战斗的节奏和必要的情报信息，对相关目标系统进行大范围评估，该过程中其他各机构为其提供信息及情报支持。

目前，毁伤效果评估方法主要有基于航空/航天侦察图像变化检测和基于武器/目标信息的战斗部威力/目标易损性分析两种方法。其中，基于图像变化检测的评估一般分为4个步骤：图像预处理、目标识别与定位、变化特征检测与描述和分级毁伤评估。利用目标毁伤指标对作战毁伤效果评估的模型主要有层次分析法、模糊综合评判法、概率模型、贝叶斯网络（Bayesian Network）决策法和 RBF（径向基函数）神经网络分析法等。已有报道的模型及相关产品如下：

（1）目标毁伤效果评估贝叶斯网络决策模型。1999 年，美空军 Daniel 上校提出目标毁伤效果评估贝叶斯网络决策模型。该模型可用于战时目标毁伤效果实时评估，它可以综合战前各种预测信息、战场上收集到的各种目标毁伤信息及专家的经验对目标毁伤效果做出综合评估，因而提高了目标毁伤效果评估的准确性。同时它可以不必等待侦察卫星收集到的目标毁伤信息就对目标毁伤效果做出相对准确的评估，从而提高目标毁伤效果评估速度。

（2）目标毁伤效果评估概率模型。这是由美海军研究生院的 Donald 和 Patricia 共同提出的一种目标毁伤效果评估概率模型。他们认为不同的目标毁伤效果评估正确率将影响目标毁伤结果，即目标毁伤效果评估正确率高，评估结论可信，所做出的打击决策正确，最终的毁伤概率就比较高；反之，毁伤率则较低。

（3）陆军目标毁伤效果评估系统。美国陆军的 Glenn Dickenson 上校开发的陆军目标毁伤效果评估系统，可实现目标毁伤效果评估过程自动化，并为将目标毁伤效果评估自动计算能力结合到“全部信息来源分析系统”（ASAS）中奠定基础。该自动化系统可以对部队的现有兵力进行计算，从而大大减少目标毁伤评估小组的工作量，使小组成员可以专注于数据质量控制，并确保战斗部队及时报告所需信息；同时，它还可将计算结果与文字处理文档相连，并转化为超文本标识语言（HTML）发布在网络上，供作战部队访问，随时了解敌军兵力情况。

（4）《军事行动的联合情报支援》（JP2－01）。美军联合参谋部 1996 年发布的《军事行动的联合情报支援》（JP2－01）规定“联合司令部所属的联合情报中心（JIC）为满足各地区作战指挥官及其下级指挥官的作战情报需要，负责提供包括目标毁伤评估在内的目标情报支持”。

（5）《目标确定联合条令》（JP3－60）。美军联合参谋部 2002 年发布的《目标确定联合条令》（JP3－60）继续充实了目标毁伤效果评估的相关理论，明确了目标毁伤效果评估在联合目标选择与打击工作中所处的阶段和地位及其包括的内容，并规定“各级情报部门（J－2）在为所有的作战行动提供情报收集、分析和目标毁伤效果评估方面负有主要职责”。

（6）《为目标选择与打击提供情报支持的联合战术、技术和方法》（JP2－01.1）。美军联合参谋部 2003 年 1 月发布的《为目标选择与打击提供情报支持的联合战术、技术和方法》（JP2－01.1）详细地阐述了目标毁伤效果评估的目标、方法、职责分工、报告样式及相关培训等问题，同时也使情报部门更好地理解目标毁伤评估对作战评估和联合目标工作的重要性。

(7)《目标毁伤评估快速指南》。由美国国防情报局制定，主要用于为目标毁伤效果评估提供行动指南。

(8)《目标毁伤评估参考手册》。由美国国防情报局制定，主要用于为目标毁伤效果评估的用户建立通用的知识基础。

据上述公开文献可知，美国已体系化地建立了大量的毁伤效果以及效能评估模型、建模软件、内嵌程序和针对性强的数据库，涉及战斗部数据、目标易损性数据以及武器系统性能数据。

1.3 国内研究现状及差距

国内在武器弹药毁伤效能评估技术方面的研究较国外起步较晚，大致始于20世纪80年代，但在最近几年随着人们重视程度的提高，在该方面的研究得到了飞速的发展。国内各相关研究所及高校都对该项技术进行了一定的研究，并取得了一些成果，如：航天二院的张志鸿结合防空导弹引战配合研究开展了战斗部实战威力理论模型推导；北京理工大学的蒋浩征、蔡汉文等教授指导博士生翟晓丽、赵文杰、余文力等开展了破片战斗部对空中目标、地面目标的毁伤能力研究，王树山教授指导研究生龚苹、郭华、陈颖瑜、孟庆锋、李园、宋磊、葛成建以及马晓飞等开展了杀爆战斗部对雷达阵地，导电粉末、碳纤维战斗部对电力系统，超空泡射弹对鱼雷目标，破片战斗部对反坦克导弹目标，杆条战斗部对弹道导弹目标，坦克装甲车辆拦截型弹药对反坦克聚能弹药目标的毁伤效应研究；中国工程物理研究所的钱立新、刘彤等在“九五”期间完成的“防空战斗部威力评定方法研究”，对战斗部威力评定建立了基于射击迹线(Shot - Line)的高精度破片战斗部威力评估模型，为开展高精度目标毁伤评估研究奠定了基础；南京理工大学李向东教授指导研究生焦晓娟、张凌、梁国栋等开展了AHEAD弹、聚焦战斗部对导弹类目标，钻地弹对地下目标毁伤效能计算与仿真工作；中北大学王志军教授指导硕士生陈超、尹建平、邹德坤、徐豫新分别开展了智能雷对装甲目标、子母战斗部对大型水面目标、破片战斗部对战斗机类目标的杀伤概率计算研究，这些研究对促进技术的进步有着重要的作用。

近年来，在目标易损性、导弹武器作战效能分析和评估方面，也出现了一些著作，如《目标易损性》《地地导弹武器系统效能评估方法》《地地弹道式战术导弹效能分析》《舰载武器系统效能分析》《机载导弹武器系统作战效能评估》《野战火箭武器系统效能分析》等；此外，关于毁伤评估的著作也不少，如《导弹毁伤效能试验与评估》《武器毁伤与评估》《武器弹药终点毁伤评估》《内爆作用下钢筋混凝土框架结构及承重件的毁伤与评估》。

但这些研究工作及成果主要针对实际应用背景，且在计算机仿真试验技术、毁伤效能评估系统设计技术、典型目标易损性与通用毁伤准则、毁伤效能精确化评估及武器系统动态威力评价鉴定试验技术等方面基础薄弱，系统性与实用性与国外差距较大。其存在的主要问题如下：

（1）毁伤效能评估技术作为毁伤科学与技术体系中的有机组成部分同时也是自成体系的研究领域，尚存在模糊认识，毁伤效能评估与毁伤体系、武器总体、作战应用之间的需求对接不明确。

（2）毁伤效能评估的研究基础和成果积累十分薄弱，工程应用的有效性和可靠性不足，还不能对毁伤技术创新、产品工程研制等形成广泛的支撑作用，某种意义上说已成为毁伤科学与技术进一步发展的制约因素。

（3）研究工作缺乏整体统筹规划和长期支持，没有形成稳定的管理和研究队伍，尤其是数据积累和算法积累的建设没有形成合力。

这些问题的存在，给武器弹药毁伤效能评估成果的应用与发展决策带来了很大的困扰。亟须研究建立精确化的评估理论、方法和手段，进行与装备作战直接相关的火力打击效果评估、火力打击规划等。最终，掌握全要素数据，构建全过程、全级别的精确准毁伤效能评估模型，满足多源数据的分析处理要求，实现毁伤效能评估技术研究的系统性、整体性和协同性，让研究成果更多、更广泛地服务于应用，并反过来促进高效毁伤技术的发展。

1.4 毁伤效能评估技术发展趋势

分析国内外毁伤效能评估技术研究现状，结合未来作战的需要及技术发展特点，可以预测未来武器弹药毁伤效能评估技术具有如下的发展趋势。

1. 毁伤效能评估技术的适用范围将拓展到新作战场景、新武器、新目标

低附带、无附带的城区、复杂环境作战行动正逐渐成为现代战争和未来战争的主要形式之一，武器弹药毁伤效能评估工作也需要从原来对传统武器和

目标的相互作用进行评估，拓展为对新型城区作战武器、城区建筑物及其内部隐藏的有生力量等新目标毁伤效能进行评估，另外还要评估其对平民和无辜人员的附带毁伤效果，并将该指标纳入弹药的毁伤效能，形成新的指标体系。与此同时，定向能武器、非致命或低致命武器、效应可调弹药、高功率微波武器等应用新型毁伤机理的武器正逐步在战场上投入使用，而目标也更多地采用新型主/被动防护系统等防护措施，且目标成体系化发展。对于体系目标如何击点摊体，实现“打得巧”，是对武器系统提出的新的技术要求，也是武器弹药毁伤效能评估的重要方向。因此，毁伤效能评估工作需要紧紧跟随这一新变化，更准确有效地预测和评估新型武器和目标的相互作用，建立分析模型，构建软件工具。

2. 精确打击弹药毁伤规划牵引评估技术将向多功能、全时域、定量化方向发展

精确打击弹药可以做到“指哪儿打哪儿”，结合现代战争时效性、高效性要求，对毁伤规划提出了更高的要求。各类演习为仿真评估系统的发展提供了大量的试验数据，可建设具备更强的开放性、可扩展性和互通性，且加入战场信息的仿真评估系统，并与作战部队指挥自动化系统互连互通，使指挥员或指挥机关对目标毁伤情况进行多功能、全时域毁伤规划成为可能。随着计算机智能技术的发展及系统分析理论、模糊工程、灰色系统理论和技术的广泛应用以及毁伤模型的发展和成熟，以计算机为基础的自动毁伤策略制定将成为评估人员的基本辅助工具，可降低人为因素造成的毁伤效能评估结果不准确性，使目标打击方法定量化发展。此外，未来战争转瞬即逝，部队非常需要战略、战术和命令的快速修改模型，只有充足的细节模拟才能够接近实时地修改命令、计划和军事训练，需要有一个多系统或超系统的规划、新的输入参数、输出性能衡量标准和评估新的超系统功能关系，这就必然牵引评估技术向多功能、全时域、定量化方向发展。

3. 毁伤效能评估技术将与计算机仿真技术紧密结合

从各国的毁伤效能评估成果可以看出，毁伤效能评估技术已经不仅仅是对已有毁伤试验数据的总结与研究，还在已有试验数据的基础上，建立战斗部的威力模型和武器弹药对目标毁伤效应模型，结合目标易损性模型、弹药的末端弹道参数和战场环境，得到弹药对目标的毁伤效能仿真模型；依据毁伤效能仿真模型，得到比物理试验结果更多的毁伤效能数据和目标毁伤效果数据，能够更好地用于毁伤规划和目标打击决策支持。因此，毁伤效能评估技术与计算机

仿真技术紧密结合是武器弹药毁伤效能评估技术的一大发展趋势。

4. 未来的毁伤效能评估技术将与数据技术深度融合

以美国为例，可清楚地发现，毁伤效能评估的准确性是以战斗部威力、目标结构以及毁伤效应数据掌握程度为基础，未来随着测试手段发展，能够获取更丰富和更有价值的数据。例如，为了掌握不同类型弹药战斗部对不同类型靶体的毁伤判据，目前需要掌握弹药战斗部与目标介质相互作用过程中战斗部的动能以及炸药爆炸能量转换成目标材料与结构的弹塑性变形与破坏。未来，可通过已有的大量试验，结合仿真数据进行分析和外推，计算未进行过试验的各类战斗部对目标的毁伤效应，使模型的计算范围更宽更广、更准，使得毁伤效能评估研究更为精细、结果更真实准确，从而推动毁伤评估工作迈向更高的台阶。

第 2 章

弹药毁伤效能精确评估实现原理与方法

2.1 基本概念与内涵

2.1.1 基本概念

1. 效应、效能、效果与效率

效应、效能、效果和效率是最为常见的4个词，在武器弹药毁伤效能评估中，很多研究人员往往不加以区别；在此，并非要将其定义成标准的概念，只是针对本书，建立相应的概念体系，以便于后面的应用。本书中这些概念的定义如下。

1）效应

效应指在有限环境下，一些因素和一些结果构成的一种因果现象，多用于对一种自然现象和社会现象的描述。“效应”一词的使用范围较广，并不一定指严格的科学定理、定律中的因果关系。例如：温室效应、蝴蝶效应、毛毛虫效应、音叉效应、木桶效应、完形崩溃效应等。

2）效能

效能最基本的解释为达到系统目标的程度或系统期望达到一组具体任务要求的程度；对于武器而言，是指武器执行规定任务所达到预期目标的程度，是武器系统内蕴含的和表现出对用户有益（或有利）的作用。简单地说，效能就是系统内蕴含的能力和使用中表现出的效果。

3）效果

效果是由某种动机或原因所产生的结果或后果，强调的是结果，是效应所产生的果。

4）效率

效率指给定资源条件下，单位时间完成的工作量，即用户所能获得效益的量度。简言之，效率为输出效益与输入资源定量指标的比值。

显而易见，4 个词的意义具有很大的差别。“效应”是对因果现象和因果联系的描述，“效能”是对因果联系中“因”的功能和能力的度量，而“效果”是对因果联系中“果”的描述或评价。“效率”则强调定量的指标，可用于表征“效能”或“效果”。

对于效能，根据研究问题的需要，可分为单项效能和系统效能。

（1）单项效能：是指运用武器系统时，就单一使用目标而言，所能达到的程度，如毁伤效能、射击效能、探测效能、指挥效能、通信效能、抗干扰效能等。单项效能对应的作战行动是目标单一的作战行动，如射击、侦察、通信和后勤保障等。毁伤效能为武器的单项效能，对其的评估即对武器系统在毁伤方面的单项效能进行评估。

（2）系统效能：又称“综合效能”，是指武器系统在一定条件下，满足一组特定任务要求的可能程度，是对武器系统效能的综合评价，一般通过单项效能进行综合计算获取，如：导弹武器系统在考虑使用可用性及可靠性条件下的突击效能、毁伤效能等。

2. 武器系统效能与作战效能

武器系统效能应区分于作战效能。目前，关于作战效能的定义较多，我国军标给出的定义是：“在预定或规定的作战使用环境以及所考虑的组织、战略、战术、生存能力和威胁等条件下，由代表性的人员使用该装备完成规定任务的能力。”有的定义是指在规定条件下，运用武器系统的作战兵力执行作战任务所能达到预期目标的程度。其中，执行作战任务应覆盖武器系统在实际作战中所能承担的各种主要作战任务，且涉及整个作战过程，因而其也称兵力效能。如同样对于武器的突击，从作战角度是导弹部队在一定战场条件下，综合各种作战行动效率时的突击效能。在实际过程中，因战场环境的随机性和武器使用功能的单一性，作战效能分析有时则局限于武器系统的火力毁伤效能。所以，“作战效能”这一概念具有广泛的内涵。首先，它与武器系统所要担负的作战任务密切相关，并受到作战条件、时间的制约。其次，它主要体现武器系统完成预定作战任务的能力，与其系统组成、结构有直接关系。最后，它与系统组成的各个子系统的可靠性、可用性的状态有关，关系到系统能否完成预定的作战任务和战术指标。综上，武器系统效能与作战效能是从不同的角度来反映武器系统的效能。两者在反映武器系统的效能方面有相互联系，甚至相似的地方。但是，两者在概念和内涵上并不是完全一致的，列于表 2－1。

表 2－1　武器系统效能与作战效能的概念及差别

评估类型	基本概念	评估主要步骤	总结
武器系统效能	①与武器系统的组成、结构有关，它反映的是整个武器系统在规定任务范围内达到预期目标的能力。 ②与执行任务过程中系统各组成部分的状态有关，包括：系统在给定条件下能否根据任务需求及时投入运行，各组成部分在运行过程中正常工作的概率，能否达到预期的任务目标。 ③与执行任务的时间、范围等有关	①确定系统效能参数。 ②分析系统的可用性、可靠性和能力。 ③评估系统效能	武器系统效能多以单项效能综合分析获得
作战效能	更强调动态化，即对抗双方的作战能力随时间变化。 ①与武器系统的组成、结构有关，它应指整个武器系统参与作战任务的能力。 ②与作战过程中系统各组成环节的状态有关，指明武器系统能否满足作战要求，能否完成既定的作战任务，各环节在作战过程中的状态是否发生变化。 ③与作战的时间与任务、战场环境、目标特性有关。 此外，作战效能与武器系统效能在分析步骤上存在不同	①确定作战效能的构成。 ②拟制作战想定。 ③评估作战效能指标。 ④对作战效能进行分析或仿真	作战效能因考虑了真实作战环境，多以仿真研究为主

由上述可见，作战效能因考虑了真实作战环境，多以仿真研究为主，武器系统效能多以单项效能综合分析获得。通过分析获得武器系统效能与作战效能的联系，如图 2－1 所示。

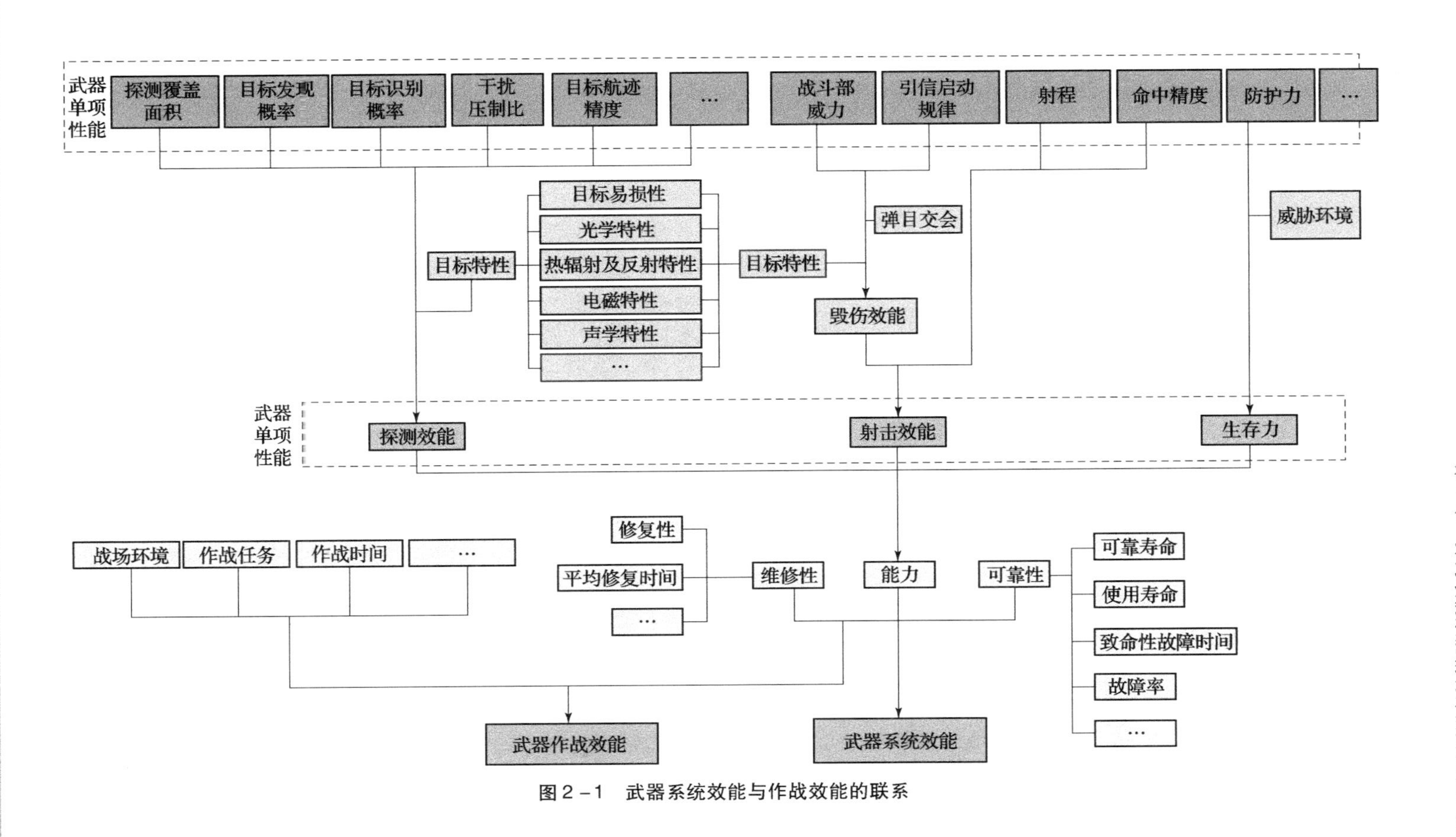

图 2－1　武器系统效能与作战效能的联系

3. 射击及其方式

射击可更广泛地理解为投掷。弹药通过射击实现对远距离目标的毁伤，弹药的射击方式不同，误差分析方法也不尽相同。因此，射击方式是武器弹药毁伤效能分析中一个重要的约束条件。对于单个武器，射击方式通常分为独立射击和非独立射击，对于多个武器齐射则分为多瞄准点射击和单瞄准点射击。

1）单武器独立射击

单武器独立射击：两次以上射击，不同瞄准点，完全独立，如：飞机飞过目标，投放一枚炸弹，然后环绕飞行，投放第二枚炸弹。因为两次投弹是独立瞄准的，所以第二枚炸弹的弹着点与第一枚的无关。再如：一辆机动坦克对敌军坦克射击，继续机动，重新瞄准大炮，对相同目标发射第二发炮弹。两发炮弹是独立瞄准的。

2）单武器非独立射击

单武器非独立射击：两次以上射击，相同瞄准点，不完全独立，如：大炮对同一目标发射3发炮弹，每发炮弹的瞄准误差相同，所以每发炮弹不是独立的；再如：飞机向期望目标的坐标投放两枚GPS/INS（全球定位系统/惯性导航系统）制导武器，每个武器的命中误差相同，所以每个武器不是独立的。

3）多武器多瞄准点射击

多武器多瞄准点射击：多个武器一次发射多弹药只对多个瞄准点进行同时射击，如火箭炮群一次对阵地多个瞄准点进行射击。

4）多武器单瞄准点射击

多武器单瞄准点射击：多个武器一次发射多弹药对一个瞄准点进行同时射击，如：火炮群一次对阵地一个瞄准点进行射击，若不考虑弹药威力场耦合效应，可以近似成为单武器的非独立射击。

4. 末端弹道与弹目交会

末端弹道及弹目交会参数是弹药毁伤效能评估计算的输入条件，根据末端弹道和弹目交会条件可以确定弹药的炸点位置，进而确定战斗部与目标的距离和相对方位，本书中相关的概念内涵定义如下。

1）瞄准点

瞄准点指弹药射击的瞄准位置，即预期命中点，在确定坐标系下有2个参量表征，与引信起爆控制参量共同构成坐标系中3个参量表征的预期炸点坐标。对于有些制导或末制导类武器，可在弹道末端自行寻找目标，不存在人为设定瞄准点的情况，这时可根据制导体制及目标特性确定相应的瞄准点，以支撑毁伤效能分析，如：对于红外导引头的反坦克导弹，可以默认坦克发动机在制导平面（后面定义）投影的几何中心点为瞄准点。

2）末端弹道

末端弹道指弹药在弹道末段（即目标附近）的运动轨迹。通常，其在毁伤效能评估分析中近似为一条直线，通过该直线可以获得末端弹道与目标的交点，可以用于炸点坐标位置的精确分析。

3）弹目交会

弹目交会指弹药起爆瞬间，弹药与目标的相对位置和姿态。弹目交会通常在特定的坐标系中由炸点及相关的角度进行表征，一般采用战斗部中心点与目标几何中心的连线进行计算，分析获得弹目之间的距离、相对方位和姿态角等参数。

（1）炸点：弹药爆炸时在确定坐标系下战斗部中心点的坐标位置。炸点在不同坐标系中有着不同的表示，如弹体坐标系下的炸点坐标和地面坐标系下炸点坐标数值并不相同。

（2）炸高：对于对地打击弹药，经常用炸高来表征炸点位置。炸高即弹药爆炸时，引信探测器位置与目标表面（或地面、水面）的垂直距离。

（3）落角：落角是外弹道中的概念，与目标无关，是指弹药飞行的弹道末端，弹轴与水平地面（而非目标表面）的夹角。

（4）着角：着角是毁伤效应分析中的概念，与末端弹道无关，是指弹药（或破片、动能侵彻体等毁伤元）与目标碰撞时，弹轴与弹着点处目标表面法线的夹角。落角是指弹轴与地面的夹角，而着角是指弹轴与弹着面的夹角。

（5）（末端）攻击角：弹体攻击时在地面坐标系中表征其攻击的姿态的两个角；通常可以用弹道俯仰角和弹道偏角进行表征，关于弹道俯仰角和弹道偏角的定义会在弹道坐标系中进行阐述。根据（末端）攻击角和目标的方位、姿态角可以计算得到弹药与目标的相对姿态角。

4）（弹体）落速

（弹体）落速指弹体打击目标作用前瞬时末端弹道的速度，毁伤效能评估时，因取的是瞬时速度，一般认为其为一恒定值，不发生改变。

5. 射击（命中）精度与表征

武器对目标进行战斗部投射时，如果精度足够高，战斗部可以直接命中目标，则为最理想的情况；但大多数情况会伴随着大量的不确定性和随机现象，使战斗部产生投射偏差和散布，这个偏差就会关系到战斗部与目标之间的距离以及相对方位，是毁伤效能评估中不可回避的问题。不同武器抛射弹药的制导方式不同，命中精度的表征方法也不同；在此，进行如下定义。

1）射击精度

射击精度是指武器射击落点与预期瞄准点之间的偏离程度，与射击误差是同一内涵的两种不同叫法。其通常由系统误差和随机误差两部分组成，或者说有系统误差和随机误差两个分量。系统误差是可重复出现的一种误差分量，来自系统本身，通常由准确度进行表征，即系统误差的大小决定了武器射击准确度；随机误差是完全耦合的一种误差分量，通常由密集度进行表征，即随机误差的大小决定了武器射击的密集度。目前，对于非制导弹药，密集度的表征参量也并不相同，有标准偏差、圆概率偏差、立靶密集度和地面密集度等，具体列于表2-2。射击误差通常由射击试验中的地面落点偏差测量后统计分析获得，也可通过弹道仿真获得。虽然毁伤效能计算时只是用了弹药命中精度的结果，但是在使用时需要明确结果的具体含义；而对于命中精度的测试不是武器弹药毁伤效能评估中的重点内容。

表2-2 射击误差组成及相关表征参量

射击误差组成	表征参量	
系统误差	准确度（落点散布中心的偏移量和方位角）	
随机误差	制导弹药	标准偏差、圆概率偏差等
	非制导弹药	密集度（可细分为立靶密集度、地面密集度）

2）制导平面

制导平面是与弹药末端弹道垂直并通过瞄准点的平面（可定义成$x_{Gu}oz_{Gu}$），通常对于弹道CEP（圆概率偏差）可由CEP值在制导平面里通过随机抽样确定落点分布，这是尤为重要的一点；制导平面的确定是武器弹药毁伤效能计算时重要的一步，关系到后续炸点位置分析的准确性。

3）落点与地面落点偏差

（1）落点：在假设末端弹道线为直线的条件下，武器射击弹药末端弹道线与制导平面/脱靶平面（在相对速度坐标系中定义）/地面的交点。

（2）地面落点偏差：弹药地面实际落点或爆心投影点相对于瞄准点的距离，包括横向地面落点偏差和纵向地面落点偏差。通常，横向地面落点偏差是指落点偏差在垂直于射击方向上的分量，即射击坐标系（定义见后）中z轴上的分量；纵向地面落点偏差是指落点偏差在平行于射击方向上的分量，即射击坐标系中x轴上的分量。

4）系统误差

系统误差：实际落点的散布中心与瞄准点之间的偏差，即实际弹道的平均弹道相对于理想弹道的偏差。系统误差是武器射击或测量时自身的误差，可通过武器系统或瞄准点调整等方法予以消除，在毁伤效能计算中，可不予考虑（即认为等于0），若考虑则需给出系统误差的横向误差和纵向误差。

5）随机误差及表征

随机误差：实际落点距离落点散布中心的偏差，即实际弹道相对于其平均弹道的偏差。常用的随机误差表征有标准偏差、概率偏差等，相关表征参量的定义如下。

（1）标准偏差：在制导平面内，制导误差（x，z）是二维随机变量，其概率密度为$f(x,z)$，是个正态曲面。标准偏差σ_x、σ_z是$f(x,z)$曲面拐线（椭圆）的长、短半轴，它们可分别由x和z的方差开平方获得。知道了σ_x、σ_z，$f(x,z)$的形状和大小就完全可以确定了。

已有大量试验数据和理论分析证明，在制导平面内或地面上随机误差按二维正态规律分布，其概率密度为

$$f(x,z)=\frac{1}{2\pi\sigma_x\sigma_z\sqrt{1-r_{xz}^2}}\exp\left\{-\frac{1}{2(1-r_{xz}^2)}\left[\frac{(x-x_0)^2}{\sigma_x^2}-\frac{2r_{xz}(x-x_0)(z-z_0)}{\sigma_x\sigma_z}\right]+\frac{(z-z_0)^2}{\sigma_z^2}\right\} \tag{2-1}$$

（2）概率偏差：又称公算偏差，落点为椭圆散布，弹着点落入概率为50%区间横、纵向长度的1/2。

6）圆概率偏差

落点为圆散布，有50%弹着点落入以平均弹着点为圆心的某个圆内，此圆的半径称为CEP。该定义并没有明确是在制导平面还是在地面，因此，实际数据采集中应明确制导平面内的CEP（弹道CEP）或地面CEP。CEP在计算时又分两种，一种是弹道CEP，一种是地面CEP，如图2-2所示。

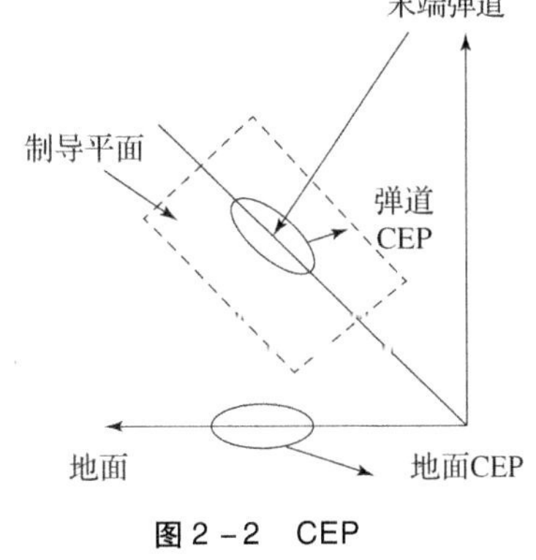

图2-2　CEP

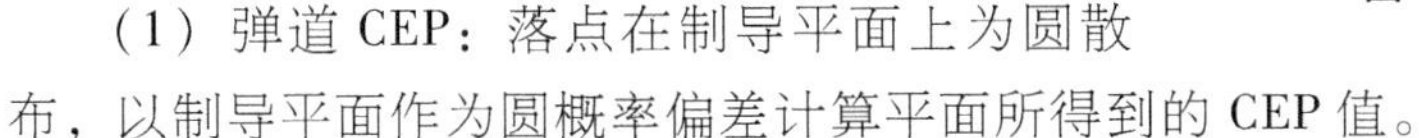

（1）弹道CEP：落点在制导平面上为圆散布，以制导平面作为圆概率偏差计算平面所得到的CEP值。

（2）地面CEP：落点在地面上为圆散布，以地面作为圆概率偏差计算平面所得到的CEP值，即可认为地面就是制导平面。

7）密集度

密集度主要用于非制导弹药（如：非制导榴弹、火箭弹等）的随机误差表征，是指在火炮射击诸元不变的条件下，弹着点相对平均弹着点的散布程度。可进一步分为地面密集度和立靶密集度。

地面密集度又可分为距离地面密集度和方向地面密集度。距离地面密集度可以用概率偏差、圆概率偏差与标准射程比进行表征，方向地面密集度可以用概率偏差、圆概率偏差进行表征（GJB 3197—1998）。

立靶密集度又可分为高低、方向立靶密集度。高低、方向立靶密集度均可以用标准偏差、概率偏差进行表征（GJB 3197—1998）。

6. 毁伤与毁伤效能评估

1）毁伤

在介绍完武器系统效能以及相关的末端弹道和射击精度后，我们再来介绍毁伤效能以及评估的内涵。首先，我们先定义毁伤的内涵，在此声明，一些研究者会有不同的理解，下述相关术语及内涵只用于本书，以便于后续按一个概念体系进行讨论。

在业界，“毁伤”这一名词术语迄今为止尚不存在学术上的严谨定义，《中国大百科全书》《简明军事百科词典》和《兵器工业科学技术辞典》等权威手册中没有这一概念的释义。按字面含义，毁伤系指损伤和毁坏，也包括破坏和加害的意思。在此，认为毁伤即为毁伤因素对目标的作用过程以及使目标功能丧失、降低以及不发挥的结果。那么“毁伤”包括两层意思：一是过程，二是结果，毁伤效能评估所关注的是结果，但需要过程的数据或模型支撑，所以并不是说毁伤研究就是毁伤效能评估研究，两者研究的重点并不相同，这也是目前国内的一个误区，将毁伤研究等同于毁伤效能评估研究；此外，毁伤还包含两个要素：毁伤因素和目标，目标很好理解，那毁伤因素是体现为武器、弹药还是体现为战斗部、毁伤元素（后面定义）呢？我们在此进行简单分析。

（1）武器。

武器的概念比较广泛，尤其现代战争是建立在信息化和机械化基础上的复杂过程，早已不是由单一的火力系统所构成；凡是可造成敌方伤害的事物都可称为武器。我们所关注的毁伤，通常是指导弹、火箭弹、榴弹、鱼雷、水雷等弹药的毁伤，在问题分析过程中并不关注它们的发射平台（如：舰船、潜艇、飞机、导弹发射车、火炮等）特征，也不关注它们打了多远，至于打得多准可以命中精度参量的形式进行输入。显而易见，这些应为弹药的毁伤。但一些如激光、高功率微波等的新质毁伤技术并非以弹药的形式存在，所以，对于一些新质的毁伤模式，严谨地说，应当是武器毁伤。

（2）弹药、战斗部与毁伤元。

弹药是各类对目标起毁伤作用的装置，包括导弹、火箭弹、榴弹、鱼雷、水雷、地雷等，弹药的唯一使命是毁伤目标。

战斗部是毁伤目标和完成最终作战任务的执行机构，是弹药的有机组成部分，但不是唯一组成部分；对于非制导无动力弹药，战斗部是弹药的主体，有时可基本上等同于弹药；对于制导弹药，还存在制导部分，如制导舱等，对于有动力弹药，还存在动力部分，如发动机等，战斗部只是其中的一个重要部分。

毁伤元是毁伤元素的简称，是毁伤能量承载的最小单元，也是毁伤效应计算的最小单元，战斗部通过毁伤元承载毁伤能量作用于目标，并对目标进行毁伤，毁伤元的能量密度与目标结构作用响应的匹配性，决定了毁伤元对目标毁伤的有效性。

通常，绝大部分常规弹药对目标的毁伤作用包括如下4个过程，①通过导引与控制系统、引信探测和起爆装置（含瞬发度）共同确定起爆位置，对于非制导弹药仅仅通过引信探测和起爆装置确定起爆位置；②引信引爆战斗部后，装药爆炸形成毁伤元；③毁伤元在环境介质中运动并对目标作用；④目标在毁伤元的作用下吸收能量，发生结构破坏，最终功能失效影响作战功能。但并不是所有弹药都有这4个过程，如：穿甲弹就没有炸药，也没有引信，通过直接命中对目标作用。显而易见，我们关心的毁伤效能，应是弹药的毁伤效能。这是因为严格意义上讲，战斗部只含有引信的起爆机构，但不含引信探测部分，是没有办法确定炸点坐标的；因此，在计算弹药毁伤效能时需要考虑弹药命中精度和引信探测精度。在确定炸点情况下，战斗部对目标的毁伤能力是战斗部本身的一个固有属性，通过制导和引信探测使其在最佳炸点爆炸，发挥弹药毁伤能力的最大水平，是弹药系统及作战使用的核心使命。另外，一种毁伤元为一个单一因素，但战斗部爆炸作用产生的毁伤元通常不是一种，其对目标的作用是有时序关系的，单一毁伤元不构成系统，毁伤效能更无从谈起，所以不存在“毁伤元毁伤效能”，而是战斗部毁伤效能或弹药毁伤效能。

2）毁伤效能及评估

毁伤效能是武器或弹药对目标达到预期毁伤要求的程度。武器或弹药的毁伤效能评估是评价与估量武器或弹药对目标的毁伤能力，即估量武器或弹药对目标实现毁伤的程度，并评价对目标达到预期毁伤要求的程度。通常，可在试验基础上通过分析计算获得具体的毁伤效能数值，掌握弹药对目标的毁伤效能矩阵，服务于作战中的火力规划和筹划。综上，在毁伤效能评估分析过程中一定会有两个核心要素，一是弹药，二是目标，毁伤效能评估精确程度取决于弹药炸点及威力场、目标结构及毁伤特性的合理表征、精确描述以及模型的精准分析。

3）战斗部威力

战斗部威力是指战斗部固有能量的输出结构，即战斗部完全作用下能量的时空分布，与环境也有一定关系，如水下爆破在不同水深条件下冲击波和气泡能输出并不相同，对于不同种类战斗部，威力的表征形式也并不同。如：杀爆战斗部通常以破片质量、速度、冲击波峰值超压、比冲量等进行表征；侵彻战斗部则通过战斗部或侵彻体对靶体的侵彻能力（如：弹道极限速度、极限侵彻深度等）进行表征，所以侵彻战斗部的战斗部侵彻威力和效应往往很难区分，可以是一个本质内涵下的两种表征形式。

按照作用形式，战斗部可分为整体型和子母型。对于整体型，按照毁伤模式，通常可分为杀伤型、爆破型、杀爆型、侵彻型、侵彻爆破型、聚能破甲型等战斗部和激光、微波等新型武器。杀伤型战斗部以破片为主要毁伤元，主要关注每枚破片的质量以及速度时空分布；爆破型以冲击波为主要毁伤元，可进一步分为普通爆破型、温压型、云爆型和水中爆破型，普通爆破型关注冲击波超压峰值和比冲量的时空分布，温压型除冲击波外还关注其热辐射场，云爆型除冲击波和热辐射外还关注其窒息效应；水中爆破不同于空气中爆破，水中冲击波只是其中一种毁伤元，水中爆破还会因气泡脉动而产生二次压力波、水射流等毁伤元；杀爆型战斗部兼顾前面两者，以破片和冲击波为主要毁伤元，更关注多种毁伤元的耦合效应；侵彻型以动能侵彻体为毁伤元，关注侵彻体的速度、头部形状等与侵彻能力相关的量；侵彻爆破型战斗部若侵入目标内部，冲击波、破片以及密闭空间内的准静态压力等为毁伤元，若未侵入目标内部，介质中的冲击波和破片为毁伤元，准静态压力作用不再明显；聚能破甲型以聚能射流、EFP（爆炸成型弹丸）或杆式侵彻体为毁伤元，关注射流、EFP或杆式侵彻体的质量、速度等与侵彻能力相关的物理参量；激光和微波这类新型武器，则关注功率密度的时空分布。对于子母型战斗部，不同类型子弹威力可与整体型的表征和分析一致，除此子弹药散布是重要的参量，不同母弹末端弹道不同，其散布特征也不完全相同。

4）毁伤效能矩阵

毁伤效能矩阵实际为一个表，是对确定弹药和目标，给出弹、目在不同相对速度偏角与相对速度俯仰角或（确定坐标系，含姿态角）不同瞄准点下的毁伤效能具体值的二维数值矩阵表，是一种毁伤效能评估的结果形式，如图2－3所示，可直接应用于火力毁伤规划。

7. 目标与目标易损性

1）目标

作战打击的对象，即为目标。作战条件下，有生力量、作战平台（装甲车

Deflection (ft)										
Range▼	37.9	75.8	113.7	151.6	189.5	227.4	265.3	303.2	341.1	379.0
-114.4	0	0	0	0	0	0	0	0	0	0
-100.1	0	0	0	0	0	0	0	0	0	0
-85.8	0	0	0	0	0	0	0	0	.0001	.0001
-71.5	.0001	0	0	0	0	0	.0001	.0002	.0001	.0001
-57.2	.0011	0	0	0	0	.0003	.0004	.0002	.0001	.0001
-42.9	.0028	0	0	0	.0009	.0008	.0004	.0002	.0001	.0001
-28.6	.0064	.0001	.0006	.0029	.0017	.0009	.0005	.0002	.0001	.0001
-14.3	.1402	.0059	.0099	.0042	.0019	.0009	.0005	.0002	.0001	.0001
0	.5571	.0459	.0127	.0045	.0019	.0009	.0005	.0002	.0001	.0001
14.3	.6794	.0891	.0156	.0045	.0019	.0009	.0005	.0002	.0001	.0001
28.6	.1741	.0927	.0325	.0116	.0041	.0012	.0005	.0002	.0001	.0001
42.9	.0060	.0186	.0258	.0128	.0063	.0034	.0016	.0006	.0002	.0001
57.2	.0007	.0050	.0105	.0118	.0061	.0032	.0017	.0010	.0006	.0003
71.5	0	.0024	.0015	.0072	.0056	.0031	.0017	.0010	.0006	.0004
85.8	0	.0010	.0012	.0011	.0045	.0028	.0017	.0009	.0005	.0003
100.1	0	.0003	.0009	.0005	.0012	.0025	.0015	.0009	.0005	.0003
114.4	0	0	.0006	.0004	.0002	.0011	.0014	.0009	.0005	.0003
128.7	0	0	.0003	.0003	.0002	.0001	.0009	.0007	.0004	.0003
143.0	0	0	.0001	.0003	.0001	.0001	.0001	.0006	.0004	.0003
157.3	0	0	0	.0002	.0001	.0001	0	.0002	.0004	.0002
171.6	0	0	0	.0001	.0001	.0001	0	0	.0002	.0002
185.9	0	0	0	.0001	.0001	.0001	0	0	0	.0001
200.2	0	0	0	0	.0001	0	0	0	0	0
214.5	0	0	0	0	.0001	0	0	0	0	0
228.8	0	0	0	0	0	0	0	0	0	0
243.1	0	0	0	0	0	0	0	0	0	0

图2-3　典型毁伤效能矩阵

辆、飞机、舰艇）、武器与技术装备、军事设施、工业设施、交通设施、通信设施以及其他政治、经济设施均可成为目标。总而言之，只要作为武器或弹药打击对象的人和物均构成目标。

2）目标分类

对于目标，可根据武器射击方式、探测特征和目标幅员相对于战斗部威力场大小等特征进行分类，包括点目标、体目标、面目标、线目标、集群目标和体系目标。

（1）点目标：点目标通常是从探测特征而言，对于打击弹药，目标范围可以通过几何/探测特征（红外、雷达发射等）中心等效为一个点，实现点打击，即在最大脱靶条件下威力场仍可以覆盖整个目标。

（2）线目标：目标几何尺寸的长度远大于宽度，对于封锁类弹药，通过多瞄准点射击进行截断，如桥梁等。

（3）面目标：对于打击弹药，威力场覆盖区域较单个目标相差很大，通过多个弹药射击进行覆盖打击，实现面压制，如集结的有生力量等。

（4）体目标：对于打击弹药，威力场覆盖区域较单个目标相差大，即在最大脱靶量情况下威力场仍无法覆盖整体目标，且目标的高度对目标的功能实现具有影响。

（5）集群目标：由多个功能相同的单个目标构成的群目标，单一目标彼此之间无功能关系，如坦克集群、装甲车辆集群等。

（6）体系目标：由多个单一功能的单个子目标构成的系统目标，单一子目标之间有功能关系，如防空导弹阵地等。

3）目标易损性

目标易损性指毁伤元或战斗部载荷作用下目标作战功能丧失的难易程度，这里并不考虑目标避免被命中（隐身、主动对抗、机动规避和被动干扰等）的能力，仅考虑毁伤元命中条件下，目标毁伤的难易程度，通常依据功能毁伤结果或程度，通过毁伤等级区分目标毁伤的严重程度。目标易损性研究主要包括目标毁伤等级、毁伤程度、毁伤树以及（目标）毁伤判据和（战斗部）毁伤准则的掌握。

（1）目标毁伤等级。目标毁伤等级指目标作战功能丧失程度，通常可用作战功能丧失时间进行表征。

（2）目标毁伤程度。目标毁伤程度指目标作战功能丧失的多少，多数情况通过功能丧失百分比进行表征。

（3）毁伤树。毁伤树是在给定毁伤等级条件下，以倒立树形逻辑分析方法对目标建立底层部件损伤与顶层功能性失效之间的内在联系。毁伤树分析的实质是对目标部件建立底层部件毁伤与顶层功能性失效进行内在联系分析，是结构性损伤与功能性失效相关性研究的重要手段。

（4）（目标）毁伤判据。（目标）毁伤判据指目标功能降低判断的依据，在此特指目标功能降低所对应结构破坏的判据，不与毁伤元及战斗部威力有直接联系，只与目标结构破坏有关，如破口尺寸、变形尺寸等。

（5）（战斗部或毁伤元）毁伤准则。（战斗部或毁伤元）毁伤准则也可称为毁伤律，是战斗部或毁伤元威力载荷与目标功能降低映射关系的函数。如确定战斗部不同距离（L）对应目标功能降低程度（P）的函数表达式。

毁伤判据与毁伤准则的定义目前在很多文献上趋于一致，在此分别定义，主要是从操作层面考虑，从两个角度进行阐述。（目标）毁伤判据从目标角度出发，（战斗部或毁伤元）毁伤准则从战斗部弹药、毁伤元角度出发，毁伤判据建立的是功能毁伤与结构损伤的内在关系，是目标设计者所擅长的，得出的结论也是准确的；毁伤准则主要建立战斗部或毁伤元载荷和目标结构响应以及损伤之间联系的数学模型，是爆炸力学、冲击动力学研究者所擅长的，两者从操作层面上难以互相取代。

毁伤树、毁伤判据和毁伤准则之间的关系如图 2－4 所示。

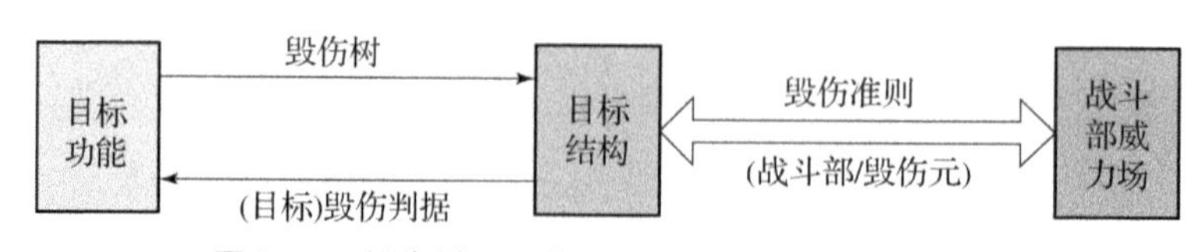

图 2－4　毁伤树、毁伤判据和毁伤准则之间的关系

8. 相关坐标系定义

在计算弹药对目标毁伤效能时，必须确定引信对目标的启动区域和战斗部的威力场区域、目标要害的分布位置以及作用时弹目的相对位置等。这些区域以及分布位置、相对位置均需定义在一确定的坐标系内。例如：引信启动区与战斗部威力场往往定义在与弹药弹体相关联的弹体坐标系内；命中精度（如脱靶量）的分布通常定义在弹药与目标速度相关联的相对速度坐标系内；而目标易损性分析中关键部件的分布则通常定义在与目标机体相固联的目标坐标系内。另外，与弹目相对姿态相关的弹药和目标飞行弹道参数往往是在与地面发射点相固联的地面坐标内给出；坐标系的定义关系到后面的各位置量确定以及相关量的转换，下面从毁伤效能计算角度出发就这些坐标系给出相应的定义，首先在定义之前进行说明如下。

（1）下述坐标系仅用于弹药对目标毁伤效能计算，未考虑地球自转、曲率半径等因素，其他研究中的各类坐标系可根据下述坐标系定义进行转换，但并不作为主要依据。

（2）各类角度在坐标系中进行定义，坐标系中定义的各类角度有正负值，以便于采用矩阵相乘的方式进行坐标系转换。

（3）下述坐标系定义只作为参考，并不唯一，还有许多坐标系定义方法，均可实现效能评估。

1）地球坐标系

该坐标系主要用于定义目标、武器发射位置在地球上的坐标，可将毁伤效能评估结果应用于武器射击火力规划中的坐标转换。

通常，该坐标系是以地球椭球赤道面和大地起始子午面为起算面并依地球椭球面为参考面而建立的地球椭球面坐标系。它是大地测量的基本坐标系，其大地经度 L、大地纬度 B 和大地高 H 为此坐标系的 3 个坐标分量。

其中，对于地心大地坐标系，其地面上一点的大地经度 L 为大地起始子午面与该点所在的子午面所构成的二面角，由起始子午面起算，向东为正，称为东经（0° ~ 180°），向西为负，称为西经（0° ~ 180°）；大地纬度 B 是经过该点作椭球面的法线与赤道面的夹角，由赤道面起算，向北为正，称为北纬（0° ~ 90°），向南为负，称为南纬（0° ~ 90°）；大地高 H 是地面点沿椭球法线到椭球面的距离，如图 2 – 5 所示。

2）射击坐标系

该坐标系主要用于实现末端弹道与全弹道参量的关联描述。其坐标系定义如下：坐标原点 o 选择在弹药的发射点，ox_f 轴在过原点的水平面内，指向瞄准点方向；oy_f 轴垂直于过 O 点的水平面指向正上方；oz_f 轴与 $x_f oy_f$ 平面相垂直并构成右手坐标系。

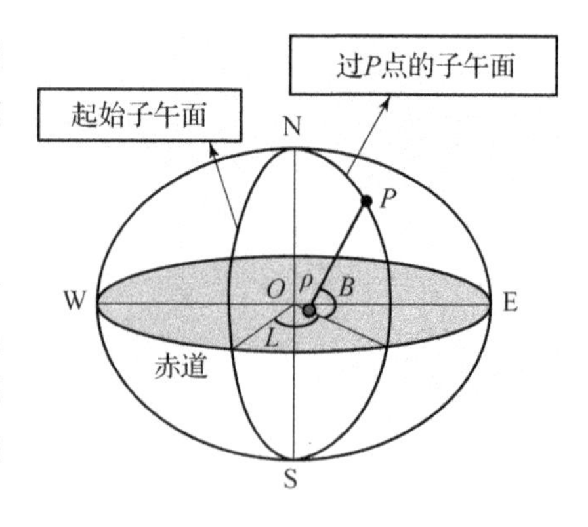

图 2－5　大地坐标系示意图

3）地面坐标系

该坐标系主要用于确定弹药与目标各种弹道或轨迹参数，如目标、弹药在遭遇点的位置、速度、姿态角等，并进行弹药威力场、弹目交会或目标毁伤效果的三维显示及场景展示，通常用 $o-x_g y_g z_g$ 来表示。其坐标系定义如下：原点 o 设在地面瞄准点，oz_g 轴正方向指向正北，oy_g 轴垂直于过 o 点的水平面指向正上方，ox_g 轴与 $x_g oy_g$ 平面相垂直并构成右手坐标系。

在该坐标系中可定义弹体与目标的姿态角度，以确定弹体和目标的姿态。其中，与弹体姿态相关的角有 4 个，通过这些角可以实现地面坐标系与弹体坐标系和弹道坐标系之间的坐标转换，这些角的描述如下。

（1）弹体俯仰角：是指弹药坐标系内 ox_g 轴（即弹体纵轴）与水平面（即地平面）之间的夹角，弹药处于抬头状态时俯仰角为正，处于低头状态时俯仰角为负，弹体俯仰角范围 [−90°，90°]，定义如图 2－6 所示。

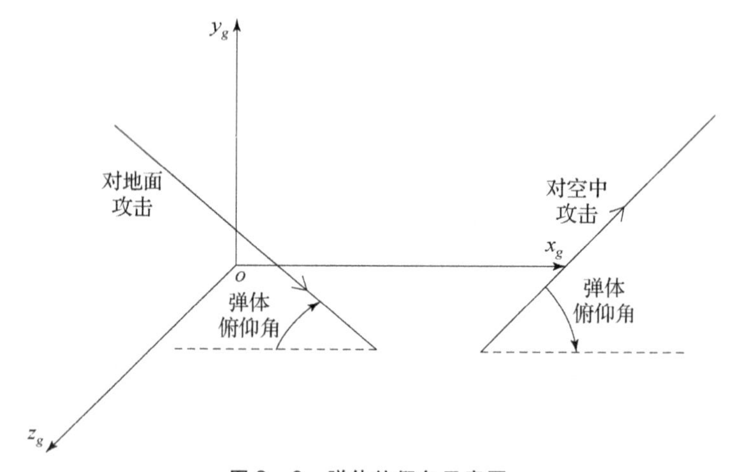

图 2－6　弹体俯仰角示意图

（2）弹体偏角：是指弹药坐标系内 ox_p 轴（即弹体纵轴）在地面坐标系 $x_g oz_g$ 平面上的投影线 ox'_p 与地面坐标系中 ox_g 轴之间的夹角。当逆着 oy_p 轴（即从上向下）观察时，将 ox_g 轴转向 ox'_p 轴，逆时针，偏角为正，反之为负；弹体偏角范围 [0°，360°]，定义如图 2－7 所示。

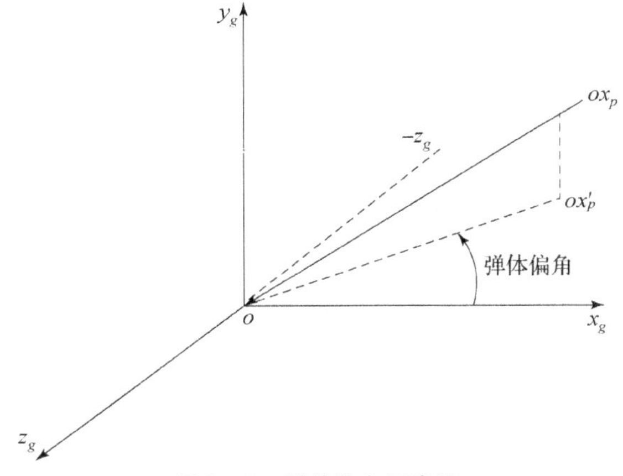

图2-7　弹体偏角示意图

（3）弹道俯仰角：是指弹药速度方向与水平面（即地平面）之间的夹角，速度方向处于向上状态时俯仰角为正，速度方向处于向下状态时俯仰角为负，弹体俯仰角范围［-90°，90°］，当弹药速度方向与弹体轴线重合时，弹道俯仰角与弹体俯仰角重合。

（4）弹道偏角：是指弹药速度方向在地面坐标系 $x_g oz_g$ 平面上的投影线 ox'_{pv} 与地面坐标系中 ox_g 轴之间的夹角。当逆着 oy_p 轴（即从上向下）观察时，将 ox_g 轴转向 ox'_{pv} 轴，逆时针，偏角为正，反之为负。弹体偏角范围［0°，360°］，当弹药速度方向与弹体轴线重合时，弹道偏角与弹体偏角重合。

同样，与目标相关的姿态角有4个，通过这些角可以实现地面坐标系与目标坐标系和目标轨迹坐标系之间的坐标转换，这些角的描述如下。

（1）目标俯仰角：是指目标坐标系内 ox_t 轴与水平面（即地平面）之间的夹角，目标处于抬头状态时俯仰角为正，处于低头状态时俯仰角为负，目标俯仰角范围［-90°，90°］，与弹体俯仰角类似。

（2）目标偏角：是指目标坐标系内 ox_t 轴在地面坐标系 $x_g oz_g$ 平面上的投影线 ox'_t 与地面坐标系中 ox_g 轴之间的夹角。当逆着 oy_t 轴（即从上向下）观察时，将 ox_g 轴转向 ox'_g 轴，逆时针，偏角为正，目标偏角范围［0°，360°］，与弹体偏角类似。

（3）目标轨迹俯仰角：是指目标速度方向与水平面（即地平面）之间的夹角，速度方向处于向上状态时俯仰角为正，速度方向处于向下状态时俯仰角为负，目标轨迹俯仰角范围［-90°，90°］，当目标速度方向与目标对称轴线重合时，目标轨迹俯仰角与目标俯仰角重合，与弹道俯仰角类似。

（4）目标轨迹偏角：是指目标速度方向在地面坐标系 $x_g oz_g$ 平面上的投影线 ox'_{tv} 与地面坐标系中 ox_g 轴之间的夹角。当逆着 oy_p 轴（即从上向下）观察时，将 ox_g 轴转向 ox'_{tv} 轴，逆时针，偏角为正，反之为负。目标轨迹偏角范围

[0°，360°]，当目标速度方向与目标对称轴线重合时，目标轨迹偏角与目标偏角重合，与弹道偏角类似。

地面坐标系中各类角度的描述列于表 2-3 中。

表 2-3　地面坐标系中各类角度的描述

序号	角度	描述
1	弹体俯仰角	在地面坐标系中描述弹体姿态
2	弹体偏角	
3	弹道俯仰角	在地面坐标系中描述末端弹道
4	弹道偏角	
5	目标俯仰角	在地面坐标系中描述目标姿态
6	目标偏角	
7	目标轨迹俯仰角	在地面坐标系中描述目标的运动轨迹
8	目标轨迹偏角	

4）目标坐标系

目标坐标系亦称目标本体坐标系，可以是一个地面坐标系上的局部坐标系，也可与地面坐标系重合，主要用于确定目标关键部件在局部坐标系下的坐标，以支撑易损性模型构建；其原点 o 设在目标的几何中心或目标辐射源中心（如：红外辐射特性的中心多为发动机，雷达辐射特性的中心多为几何中心等），ox_t 轴沿目标纵轴指向目标头部方向为正方向；oy_t 轴取在目标对称平面内，向上为正；若目标为非对称形状，oy_t 轴取在 x 方向的正中心，向上为正；oz_t 轴构成右手坐标系，如图 2-8 所示。

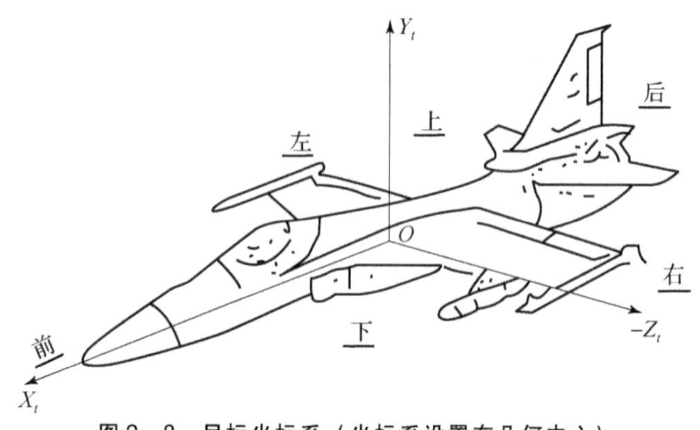

图 2-8　目标坐标系（坐标系设置在几何中心）

5）目标轨迹坐标系

该坐标系主要用于实现目标速度在地面坐标系中的关联描述，与后面的弹体坐标系类似，其原点 o 一般设在目标质心，ox_{tv} 轴与目标质心运动速度重合，目标质心运动速度指向 ox_{tv} 轴的正方向，oy_{tv} 处在目标对称平面内且垂直于 ox_{tv} 轴，指向上方为正方向，oz_{tv} 轴按右手定则确定。

对于空中运动的非旋转目标，速度方向与目标中心轴线之间存在微小的角度，通常由攻角和侧滑角进行表征。这里的攻角又称为迎角或冲角，不同于旋转弹药的攻角，指相对气流流动的速度向量（当目标在无风静止气流中运动时，即为其质心运动的速度向量）在目标纵对称平面内投影与目标坐标系纵轴（即指向目标头部的轴）之间的夹角，如图 2－9 所示；与其对应的侧滑角定义为：相对气流流动速度向量与目标弹药纵对称面之间的夹角。通常，在毁伤效能计算中，忽略目标运动速度与目标中心轴线之间的微小攻击和侧滑角，默认目标坐标系与目标轨迹坐标系为同一坐标系。

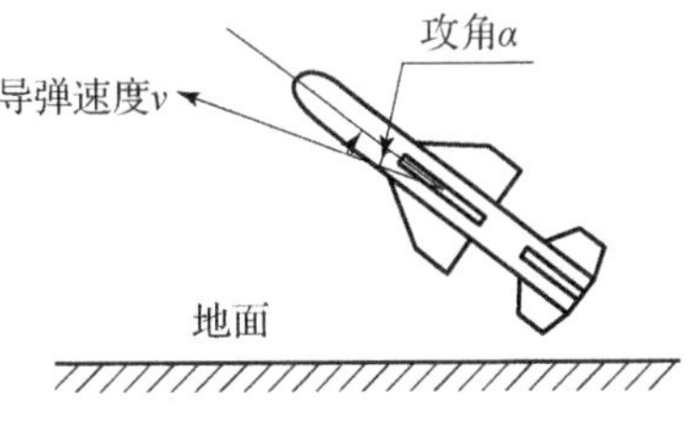

图 2－9 飞行器攻角示意图

6）弹体坐标系

该坐标系主要用于描述战斗部威力场的时空分布，其原点 o 一般设在弹药战斗部的几何中心，ox_p 轴沿弹体纵轴向前指向弹体头部，oy_p 轴取在对称平面内向上（最好与目标坐标系相对应，便于弹目交会时求解），oz_p 轴构成右手坐标系，如图 2－10 所示。

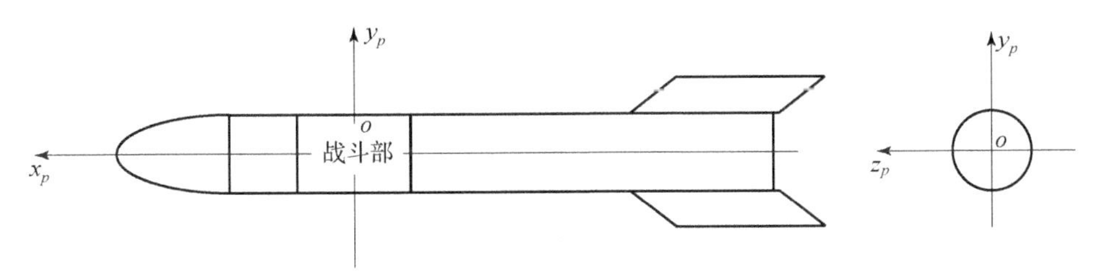

图 2－10 弹体坐标系

7）弹体速度坐标系

如图 2－11 所示，该坐标系主要用于弹体速度和弹轴不一致时弹体速度以及相对速度的定义，其原点 o 一般设在弹体质心，ox_{pv} 轴与弹体质心运动速度重合，ox_{pv} 轴的正方向与弹体质心运动速度一致，oy_{pv} 处在目标的对称平面内且垂直于 ox_{pv} 轴，指向上方为正方向，oz_{pv} 轴按右手定则确定。对于非旋转弹体，通过翼提供升力，与目标相似也存在攻角与侧滑角，对于旋转弹体（如传统的炮弹)，通过陀螺原理稳定，就不存在侧滑角。攻角直接定义为弹体运动速度方向与弹体轴线之间的夹角。不管哪种定义，在毁伤效能计算中，均可忽略弹体速度与弹轴之间的微小的攻角或侧滑角，默认弹体坐标系与弹体速度坐标系为同一坐标系。

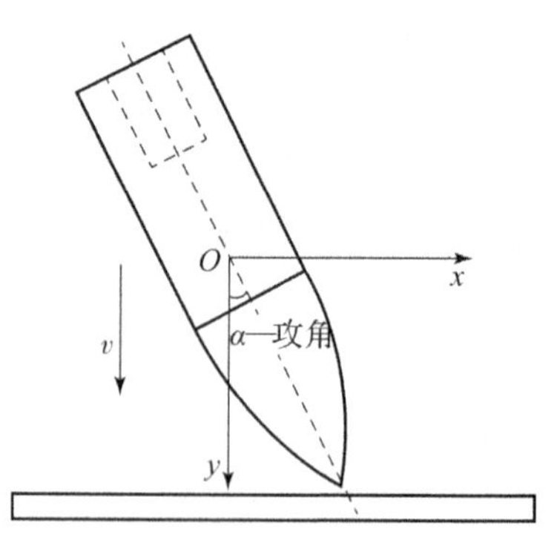

图 2－11　旋转弹丸攻角

8）制导平面坐标系

该坐标系主要用于基于命中精度计算弹药在地面落点或与目标表面的撞击点分布，其原点 o 一般设在瞄准点，若把末端弹道近似为一条直线，制导平面则为过瞄准点与末端弹道垂直的平面，ox_{Gu} 轴沿弹体运动速度方向为正，垂直于制导平面，oy_{Gu} 轴在制导平面内与 oy_{pv} 平行，oz_{Gu} 轴按右手定则确定，如图 2－12 所示。如果命中精度为地面上的命中精度，则制导平面即为地面，该坐标系与地面坐标系一致；但很多命中精度并非以地面为基准给出，所以通常需要先根据制导平面获得制导平面上的拦截点（末端弹道与制导平面的交点)，再计算对应的落点或撞击点。

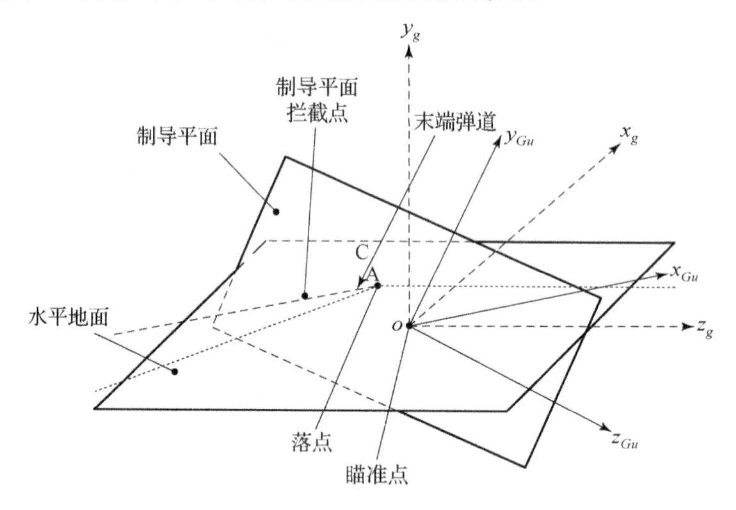

图 2－12　制导平面坐标系

9）相对速度坐标系

该坐标系多用于弹药对空中目标打击，通过该坐标系可以定义弹药的脱靶量和脱靶方位角，以便于运动弹药威力场和运动目标结构的交会计算。该坐标系原点 o 根据需要通常设在弹药战斗部或目标几何中心，设在弹药战斗部几何中心的叫作弹联相对速度坐标系，设在目标几何中心的叫作目联相对速度坐标系；坐标系 ox_r 轴取与弹目相对速度矢量 $\boldsymbol{V}_r$ 平行，且取 $\boldsymbol{V}_r$ 正方向为正，oy_r 轴取在垂直平面内向上，oz_r 轴取在水平面内，oz_r 轴与 ox_r、oy_r 轴构成右手坐标系，如图 2－13 所示。

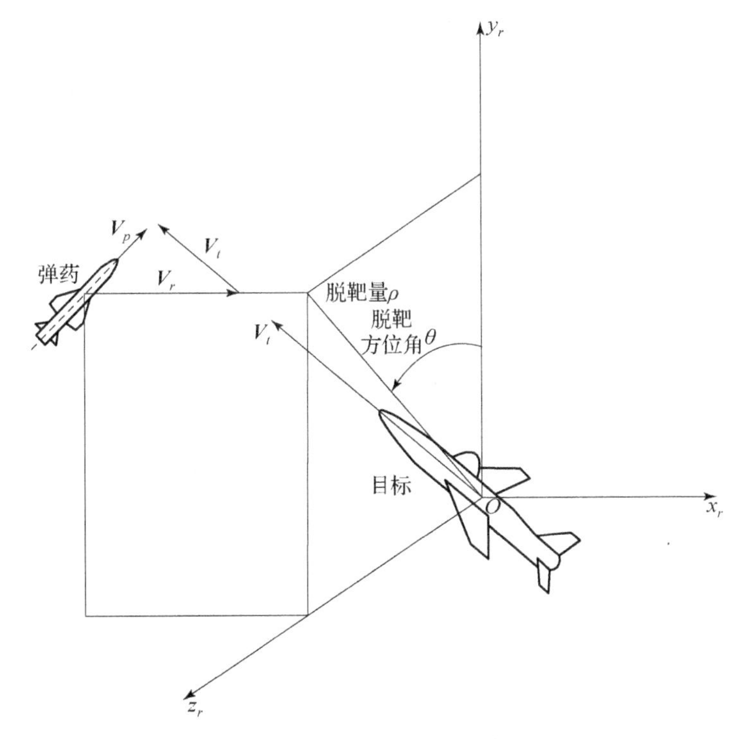

图 2－13　目联相对速度坐标系

在该坐标系中可以定义便于弹目交会计算的脱靶平面以及脱靶位置、脱靶量、脱靶方位角和弹药与目标的交会角等多个参量，具体如下。

（1）脱靶平面：在目联相对速度坐标系中，y_roz_r 平面即为脱靶平面，防空弹药的制导误差一般是指该平面上的制导误差，在该平面上计算末端弹道的散布，如图 2－14 所示。

（2）脱靶位置：弹目相对运动轨迹与脱靶平面的交点，即图 2－14 中的 P 点。

（3）脱靶量：弹药爆炸时战斗部中心沿相对运动轨迹运动时离（目标上）瞄准点的最小距离；即在脱靶平面内，脱靶位置 P 与目联相对速度坐标系中心 o 连线 oP 的长度，如图 2－14 所示。

（4）脱靶方位角：在脱靶平面内，脱靶点 P 与目联相对速度坐标系中心 o 连线与相对速度坐标系垂直向上轴（oy_r）的夹角（θ_r），取逆时针方向为正，如图 2－14 所示。

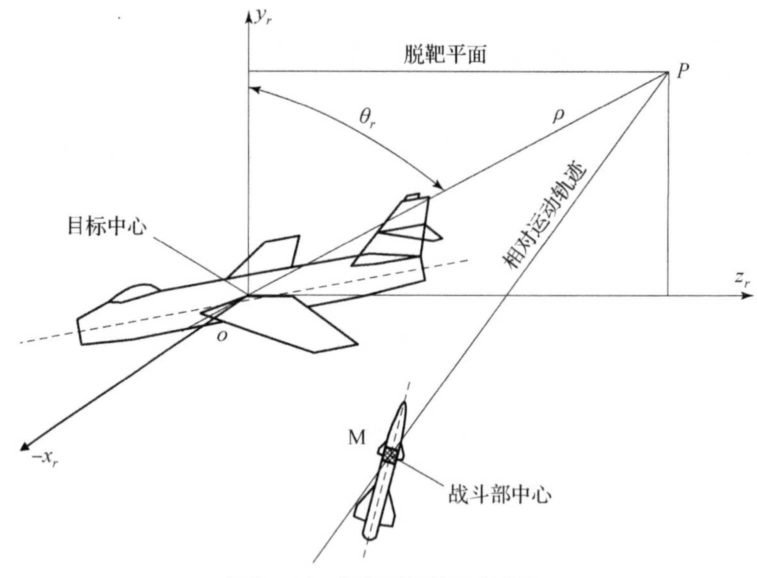

图 2-14　脱靶平面及脱靶参数

（5）弹药相对目标运动速度：弹药和目标运动的速度矢量和，如图 2-15 所示。

（6）弹药与目标的交会角：弹药速度矢量与目标速度矢量反方向之间的夹角。弹药与目标的交会角为 0°时，为弹药与目标迎面相遇；弹药与目标的交会角为 180°时，为弹药对目标尾追攻击。

（7）目标相对于弹药的接近角：弹药纵轴与相对速度（V_r）之间的夹角，如图 2-15 所示。从弹体坐标系看，目标是以目标相对于弹药的接近角接近弹药的。

（8）弹药相对于目标的接近角：目标纵轴与相对速度（V_r）之间的夹角。从目标坐标系看，弹药是依弹药相对于目标的接近角接近目标的，弹药相对于目标接近角为 0°时，为正面迎击，此时，目标头部首先进入弹药引信视场或天线波束；弹药相对于目标接近角为 90°时，属于纯侧向攻击，目标在垂直于相对速度方向的投影很短。

此外，可通过定义相对速度俯仰角、相对速度偏角等实现地面坐标系与相对速度坐标系之间的坐标转换。

（9）相对速度俯仰角：是指相对速度方向与水平面（即地平面）之间的夹角，速度方向处于向上状态时俯仰角为正，速度方向处于向下状态时俯仰角为负，相对速度俯仰角范围 [-90°，90°]，对于静止目标，相对速度俯仰角与弹道俯仰角重合。

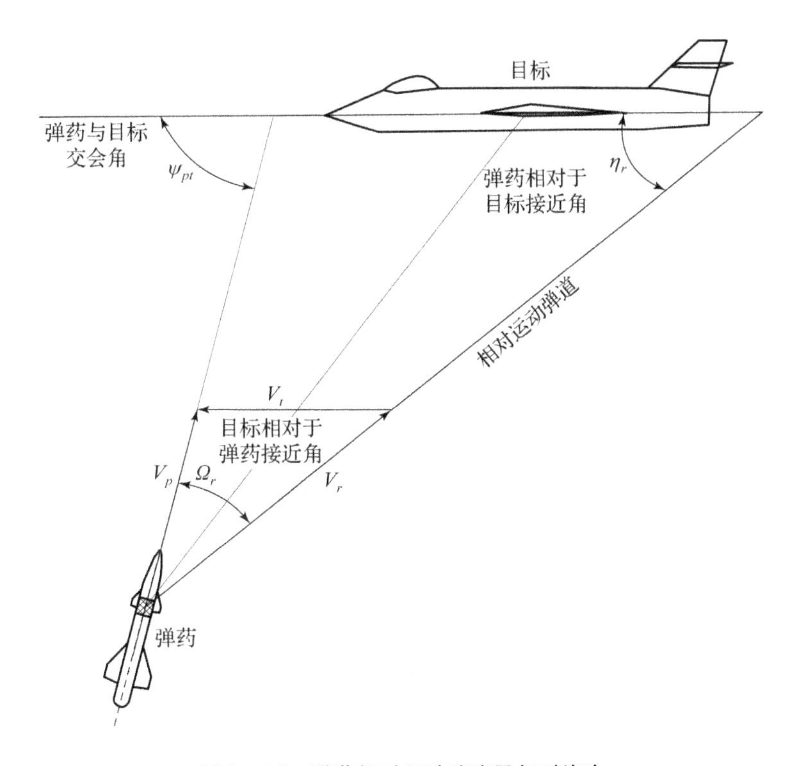

图 2-15 弹药相对运动速度及相对姿态

（10）相对速度偏角：是指相对速度方向在地面坐标系 $x_g o z_g$ 平面上投影线 ox'_{pv} 与地面坐标系中 ox_g 轴之间的夹角。当逆着 oy_p 轴（即从上向下）观察时，将 ox_g 轴转向 ox'_{pv} 轴，逆时针，偏角为正，反之为负。相对速度偏角范围 [0°，360°]，对于静止目标，相对速度偏角与弹道偏角重合。

10）各坐标系计算参量

根据上述分析，对于 9 个坐标系，确定各坐标系中所涉及的计算参量列于表 2-4，各坐标系之间参量可通过坐标平移、旋转等转换矩阵获得。关于坐标平移、旋转转换矩阵已有很多参考书或文献进行了详细介绍，可直接进行应用，在此不再详细介绍。

表 2-4 各坐标系作用及计算参量

序号	坐标系	作用	输出量
1	地球坐标系	为全局坐标系，定义经、纬度和高程的位置值	大气密度、大气压力、地形等环境数据

续表

序号	坐标系	作用	输出量
2	射击坐标系	为描述弹药飞行过程的局部坐标系，实现末端弹道与全弹道联系	弹药的落速、落角等末端弹道参量
3	地面坐标系	为描述弹目交会的局部坐标系，确定弹药与目标各种弹道或轨迹参数，与射击坐标系关联，支撑弹目交会条件下毁伤效能计算	弹药对目标的毁伤效能
4	目标坐标系	为描述目标结构的局部坐标系，支撑目标易损性分析结果的空间表征	目标部件位置及尺寸
5	目标轨迹坐标系	为描述目标运动的局部坐标系，当目标运动攻角和侧滑角可以忽略时，与目标坐标系方向可以一致	目标的空间姿态角
6	弹体坐标系	为描述弹药威力场的局部坐标系，支撑弹药威力场的空间表征	弹药威力场
7	弹体速度坐标系	为描述弹药运动的局部坐标系，当弹药运动攻角和侧滑角可以忽略时，与弹体坐标系方向可以一致	弹体的空间姿态角
8	制导平面坐标系	为描述弹药因命中精度而带来落点偏差的局部坐标系	弹药的落点或撞击点
9	相对速度坐标系	对于空中高速目标，为描述弹目交会的局部坐标系	弹药相对目标的脱靶量和脱靶方位以及各种相对速度的角度

2.1.2 内涵与技术体系框架

由图 2-1 可见武器弹药毁伤效能应为射击效能的一部分，是射击效能（所能担负最大射击能力的表征）分析的重要支撑，而武器射击效能是武器系统效能和武器作战效能的重要支撑。因此，弹药毁伤效能只是支撑武器系统效能分析的一部分，仅仅关注于终点毁伤部分。上述主要是对于导弹而言，对于炮弹、火箭弹等，因弹道不存在突防、变轨等，相对固定与单一，毁伤效能必然是射击效能的重要组成部分，也是武器系统效能的主要组成；因此，毁伤效能评估是射击效能和武器系统效能评估的主要工作，那么在此分析毁伤效能评估的技术体系。

目前，对于毁伤效能评估研究主要包括战斗部威力场分析、目标易损性模型建立、毁伤效应分析、武器弹药毁伤效能评估以及作战毁伤效能评估 5 个方面，这 5 个方面既各自自成体系，又具有一定的功能逻辑支撑，如：战斗部威力场分析和目标易损性模型建立的结果是武器弹药毁伤效能评估以及作战毁伤效能评估的输入。但因很多时候需要评价战斗部内炸药装药的能量释放与转换效率，尤其是对于新型炸药的应用，这个研究十分必要，因此也有将炸药装药能量释放与转换评价放入毁伤效能评估研究范畴中的，就构成了 6 个部分，如图 2－16 所示。如果考虑到毁伤效能评估涉及的试验测试、仿真计算与数据标准化等基础工作，还可增加一个基础技术研究，则弹药战斗部毁伤效能评估技术体系框架如图 2－17 所示。

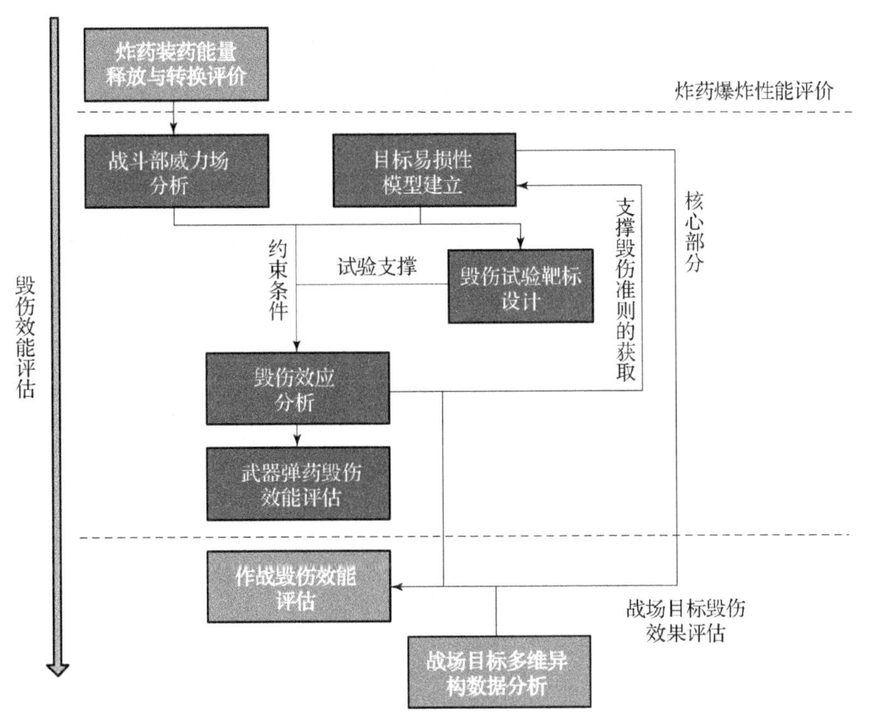

图 2－16　毁伤效能评估的研究内涵

由图 2－17 可见，弹药战斗部毁伤效能评估技术具体包括基础技术、炸药能量释放与转换评估技术、目标易损性模型建立及靶标设计理论与方法、战斗部威力评价技术、毁伤效应及模型构建技术、弹药毁伤效能评估技术与战场毁伤效果评估技术 7 个部分。其中：

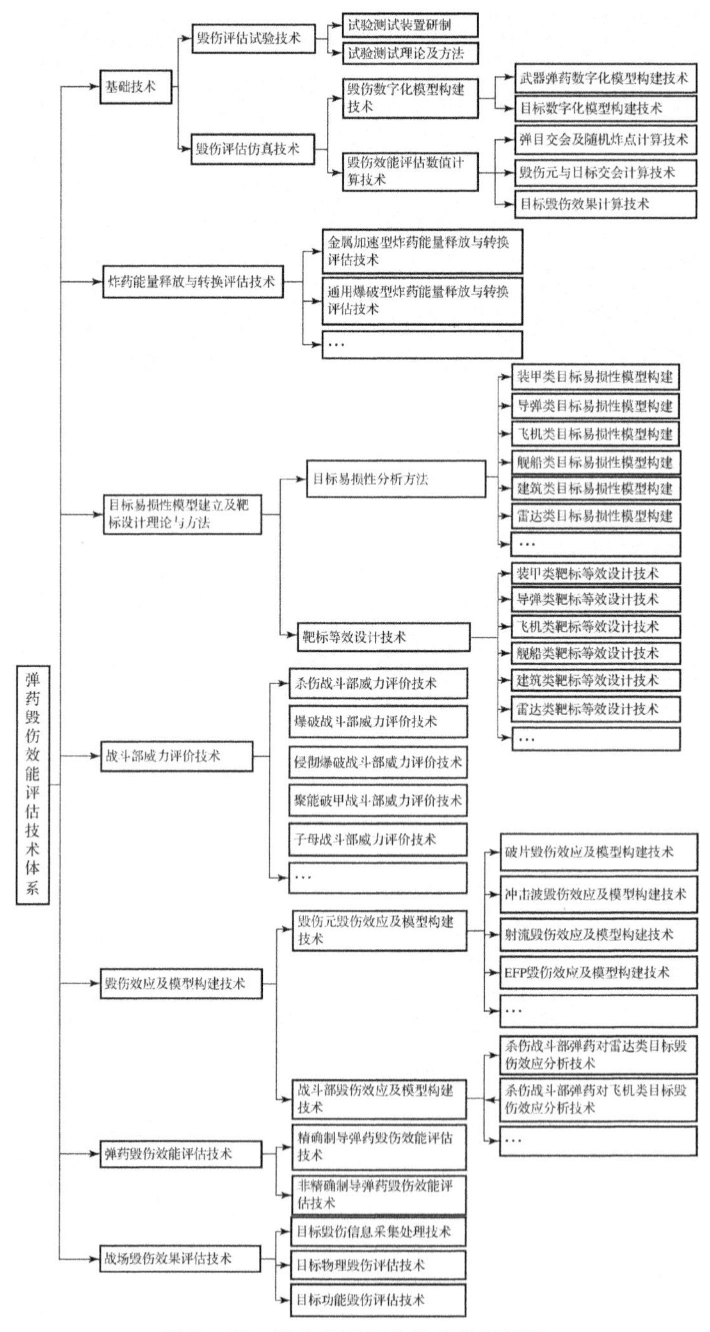

图 2-17　毁伤效能评估技术体系框架

（1）技术基础部分主要研究毁伤效能评估涉及的毁伤评估试验技术、毁伤评估仿真技术等。

（2）炸药能量释放与转换评估技术部分主要研究不同类型炸药的能量释放以及在不同环境中的性能评价方法，能够为战斗部威力评价计算提供基础数据。

（3）目标易损性模型构建及靶标设计理论与方法部分着重于不同种类目标的易损性模型构建，并结合目标特性进行靶标等效设计技术研究，使靶标能在毁伤试验中更好地反映真实目标毁伤情况，并结合目标与靶标等效原理分析出更真实的毁伤效能数据，为战斗部威力评价、毁伤效应研究以及毁伤效能计算等研究提供基础支撑。

（4）战斗部威力评价技术部分对不同种类战斗部威力场进行表征与评价，并对战斗部威力场计算方法进行研究，得到战斗部威力场计算模型。

（5）毁伤效应及模型构建技术部分主要进行破片、冲击波等不同毁伤元对靶标的毁伤效应研究，得到毁伤元毁伤效应模型，结合弹药威力场模型，能够得到不同种类战斗部对其打击目标等效靶的毁伤效应模型。

（6）武器弹药毁伤效能评估技术部分研究了不同弹药对不同目标的毁伤效能表征方法，并结合武器弹药战斗部威力评价、毁伤效应及模型构建和目标易损性分析等研究成果，针对不同弹药和不同目标，建立实际弹目交会与毁伤过程的毁伤效能评估方法，用于获得理想条件下弹药毁伤效能数据。

（7）战场毁伤效果评估技术部分则根据理想条件下武器弹药毁伤效能评估结果开展实战条件下对特定目标的毁伤效果评估以及毁伤规划等研究工作。

综上所述，在弹药毁伤效能评估体系中，毁伤试验或数值仿真计算可得到弹药威力场和毁伤效应数据，通过数据建立该类战斗部的威力模型和对目标的毁伤效应模型，结合目标易损性模型，以及弹药的末端真实弹道和战场环境可构建毁伤效能仿真计算模型，通过仿真计算得到弹药对具体目标的毁伤效能数据，该数据可应用于毁伤规划。将毁伤规划得到的毁伤方案输入毁伤效能计算模型，计算得到毁伤方案对目标的预期毁伤效果数据，验证毁伤规划的可靠性，最终应用于目标打击决策支持，如图2-18所示。显而易见，武器弹药毁伤效能评估研究范畴的核心在于战斗部威力场分析、目标易损性模型建立、毁伤效应分析以及武器毁伤效能评估，其中战斗部威力场分析、目标易损性模型建立、毁伤效应分析是毁伤效能评估的重要支撑。以往研究主要关注毁伤树分析以及毁伤判据和毁伤准则的确定；其实，在目标易损性研究过程中还有一个很重要的附带产品就是毁伤效应试验靶标，只有毁伤效应试验靶标设计得切合实际，毁伤效应试验结果才可信，基于毁伤效应得到的毁伤准则才有可信度。

另外，武器毁伤效能评估是作战毁伤效能评估的重要支撑，武器毁伤效能评估的模型以及数据可以支撑作战毁伤规划与方案制订、战场目标实时毁伤效果评估等，是支撑作战中装备应用的重要环节。

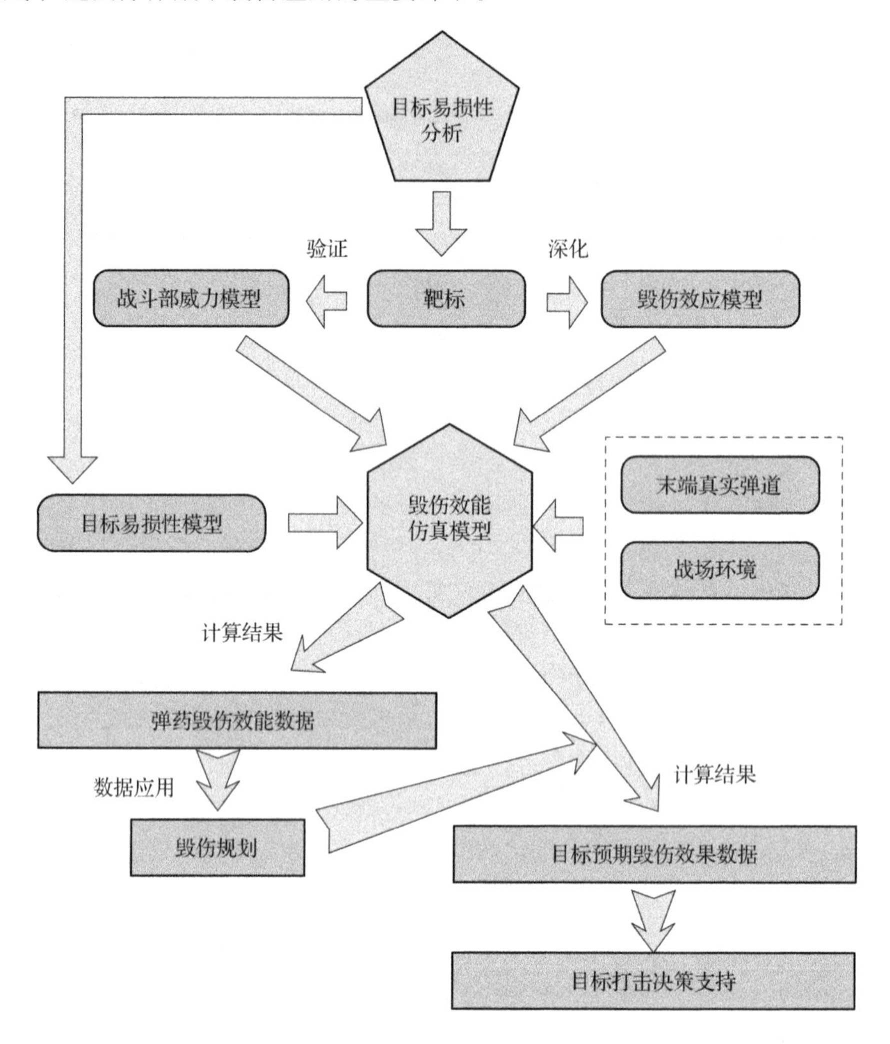

图 2－18　毁伤效能仿真模型建立与数据应用

2.2　毁伤效能表征

武器弹药毁伤效能分析前，需根据目标和弹药毁伤模式明确毁伤效能的表征方法。通常采用弹药毁伤概率、毁伤幅员（或体积）和用弹量等参量表征武器弹药毁伤效能。在上述这3个量中，用弹量是作战火力规划最需要的表征形式，对于单武器非独立射击可基于弹药毁伤概率计算获得，多弹药多瞄准点或单瞄准点射击可通过毁伤幅员的耦合计算获得。此外，对于一些集群目标，也可在弹药毁伤概率和毁伤幅员的基础上采用毁伤目标数、覆盖目标面积百分比等进行毁伤效能表征。弹药对目标毁伤概率、对目标毁伤幅员，以及对目标毁伤体积、用弹量、毁伤目标数、覆盖目标面积百分比、覆盖目标体积百分比的定义如下，弹药毁伤效能表征量之间的支撑关系如图2－19所示。

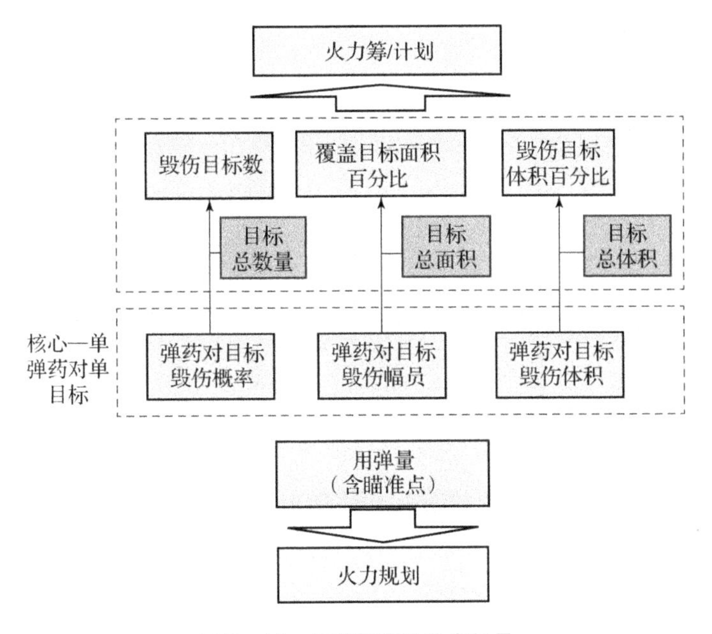

图2－19 弹药毁伤效能表征量

1）弹药对目标毁伤概率

弹药对目标毁伤概率是指单枚弹药对目标单发打击情况下的毁伤概率，即在武器系统无故障工作条件下，单发弹药对目标实现确定毁伤等级或程度事件发生的概率，可适用于杀伤、爆破、侵彻、聚能等多种毁伤模式，具有较高的认可度，多用于弹药对点、体或线目标打击情况。

2）弹药对目标毁伤幅员

弹药对目标毁伤幅员是指在武器系统无故障工作条件下，单发弹药对目标实现确定毁伤等级或程度事件发生的空间区域面积期望（即多次毁伤面积计算的均值），多用于弹药对面目标打击情况。

3）弹药对目标毁伤体积

弹药对目标毁伤体积是指在武器系统无故障工作条件下，单发弹药对目标实现确定毁伤等级或程度事件发生的空间区域体积期望（即多次毁伤体积计算的均值），多用于弹药对楼房等目标打击情况。

4）用弹量

用弹量又可称为耗弹量或成爆弹量，指目标实现确定毁伤等级或程度事件发生（可用毁伤概率表征毁伤等级或程度）所需弹药数量的数学期望，对于单个点、体、线等目标，可通过毁伤概率计算获得。对于面目标，采用多弹药压制射击时，可通过依次递增瞄准点直到达到毁伤预期期望的方法计算获得。

5）毁伤目标数

毁伤目标数指对集群目标（由多个功能相同的单个目标构成，如坦克集群、装甲车辆集群等）进行射击时，对单个目标实现确定毁伤等级或程度数量的数学期望。

6）覆盖目标面积百分比

覆盖目标面积百分比指对较大面积目标进行覆盖射击时，对目标实现确定毁伤等级或程度事件发生的空间区域面积占总面积百分比的期望，多用于压制火力覆盖打击。

7）覆盖目标体积百分比

覆盖目标面积百分比指对较大体积目标进行覆盖射击时，对目标实现确定毁伤等级或程度事件发生的空间区域体积占总体积百分比的期望，多用于多弹药对楼房的打击。

当然对于弹药对目标的毁伤效能表征可能还有其他的表征量，这个须根据具体情况进行分析，但毁伤概率、毁伤幅员、毁伤体积和用弹量是最为基本、最为常见的表征量。对于不同弹药、不同类型目标以及不同的射击方式，采用的毁伤效能表征量并不完全相同。对于一些常见弹药、典型目标类型和射击方式，通常毁伤效能表征列于表 2－5 中。

表 2－5　毁伤效能表征

弹药种类	目标	射击方式	毁伤效能表征
导弹	点目标	单次射击	单发毁伤概率
		多次非独立射击	达到一定毁伤概率的用弹量
		多瞄准点射击	达到一定毁伤概率的用弹量

续表

弹药种类	目标	射击方式	毁伤效能表征
导弹	线目标（如桥梁）	单次射击	单发毁伤概率
		多次非独立射击	达到一定毁伤概率的用弹量
		多瞄准点射击	达到一定毁伤概率的用弹量
	面目标	单次射击	毁伤幅员
		多次非独立射击	毁伤幅员/达到一定毁伤幅员的用弹量
		多瞄准点射击	覆盖目标面积百分比/达到一定覆盖目标面积百分比的用弹量
	体目标（如楼房）	单次射击	单发毁伤概率或毁伤体积
		多次非独立射击	达到一定毁伤概率或毁伤体积的用弹量
		多瞄准点射击	达到一定毁伤概率或毁伤体积的用弹量
	集群目标	单次射击	毁伤目标数
		多次非独立射击	毁伤目标数/达到一定毁伤目标数的用弹量
		多瞄准点射击	毁伤目标数/达到一定毁伤目标数的用弹量
	体系目标	单次射击	单发毁伤概率
		多次非独立射击	达到一定毁伤概率的用弹量
		多瞄准点射击	达到一定毁伤概率的用弹量
鱼/水雷	点目标	单次射击（鱼雷）/单个布设（水雷）	单发毁伤概率
		多次非独立射击（鱼雷）	达到一定毁伤概率的用弹量
		多瞄准点射击（鱼雷）/多个位置布设（水雷）	达到一定毁伤概率的用弹量
	体系目标（如舰船编队）	单次射击（鱼雷）/单个布设（水雷）	单发毁伤概率
		多次非独立射击（鱼雷）	达到一定毁伤概率的用弹量
		多瞄准点射击（鱼雷）/多个位置布设（水雷）	达到一定毁伤概率的用弹量

续表

弹药种类		目标	射击方式	毁伤效能表征
火箭弹/榴弹	无控火箭弹/榴弹	点目标	单次射击	单发毁伤概率
			多次非独立射击	达到一定毁伤概率的用弹量
			多瞄准点射击	达到一定毁伤概率的用弹量
		线目标（如桥梁）	单次射击	单发毁伤概率
			多次非独立射击	达到一定毁伤概率的用弹量
			多瞄准点射击	达到一定毁伤概率的用弹量
		面目标	单次射击	毁伤幅员
			多次非独立射击	毁伤幅员/达到一定毁伤幅员的用弹量
			多瞄准点射击	覆盖目标面积百分比/达到一定覆盖目标面积百分比的用弹量
		体目标（如楼房）	单次射击	单发毁伤概率或毁伤体积
			多次非独立射击	达到一定毁伤概率或毁伤体积的用弹量
			多瞄准点射击	达到一定毁伤概率或毁伤体积的用弹量
		集群目标	单次射击	毁伤目标数
			多次非独立射击	毁伤目标数/达到一定毁伤目标数的用弹量
			多瞄准点射击	毁伤目标数/达到一定毁伤目标数的用弹量
		体系目标	单次射击	单发毁伤概率
			多次非独立射击	达到一定毁伤概率的用弹量
			多瞄准点射击	达到一定毁伤概率的用弹量
	有控火箭弹/榴弹	点目标	单次射击	单发毁伤概率
			多次非独立射击	达到一定毁伤概率的用弹量
			多瞄准点射击	达到一定毁伤概率的用弹量
		线目标（如桥梁）	单次射击	单发毁伤概率
			多次非独立射击	达到一定毁伤概率的用弹量
			多瞄准点射击	达到一定毁伤概率的用弹量
		面目标	单次射击	毁伤幅员
			多次非独立射击	毁伤幅员/达到一定毁伤幅员的用弹量
			多瞄准点射击	覆盖目标面积百分比/达到一定覆盖目标面积百分比的用弹量

续表

弹药种类		目标	射击方式	毁伤效能表征
火箭弹/榴弹	有控火箭弹/榴弹	体目标（如楼房）	单次射击	单发毁伤概率或毁伤体积
			多次非独立射击	达到一定毁伤概率或毁伤体积的用弹量
			多瞄准点射击	达到一定毁伤概率或毁伤体积的用弹量
		集群目标	单次射击	毁伤目标数
			多次非独立射击	毁伤目标数/达到一定毁伤目标数的用弹量
			多瞄准点射击	毁伤目标数/达到一定毁伤目标数的用弹量
		体系目标	单次射击	单发毁伤概率
			多次非独立射击	达到一定毁伤概率的用弹量
			多瞄准点射击	达到一定毁伤概率的用弹量
地雷	普通地雷	点目标	单个布设	单发毁伤概率
		面目标	单个布设	毁伤幅员
		集群目标	多个多位置布设	毁伤目标数/达到一定毁伤目标数的用弹量
	智能雷	点目标	单个布设	单发毁伤概率
		集群目标	多个多位置布设	毁伤目标数/达到一定毁伤目标数的用弹量
航弹	非制导航弹	点目标	单次投放	单发毁伤概率
			多次非独立投放	达到一定毁伤概率的用弹量
			多瞄准点投放	达到一定毁伤概率的用弹量
		线目标（如桥梁）	单次投放	单发毁伤概率
			多次非独立投放	达到一定毁伤概率的用弹量
			多瞄准点投放	达到一定毁伤概率的用弹量
		面目标	单次投放	毁伤幅员
			多次非独立投放	毁伤幅员/达到一定毁伤幅员的用弹量
			多瞄准点投放	覆盖目标面积百分比/达到一定覆盖目标面积百分比的用弹量

续表

弹药种类		目标	射击方式	毁伤效能表征
航弹	非制导航弹	体目标（如楼房）	单次射击	单发毁伤概率或毁伤体积
			多次非独立射击	达到一定毁伤概率或毁伤体积的用弹量
			多瞄准点射击	达到一定毁伤概率或毁伤体积的用弹量
		集群目标	单次投放	毁伤目标数
			多次非独立投放	毁伤目标数/达到一定毁伤目标数的用弹量
			多瞄准点投放	毁伤目标数/达到一定毁伤目标数的用弹量
		体系目标	单次投放	单发毁伤概率
			多次非独立投放	达到一定毁伤概率的用弹量
			多瞄准点投放	达到一定毁伤概率的用弹量
	制导航弹	点目标	单次投放	单发毁伤概率
			多次非独立投放	达到一定毁伤概率的用弹量
			多瞄准点投放	达到一定毁伤概率的用弹量
		线目标（如桥梁）	单次投放	单发毁伤概率
			多次非独立投放	达到一定毁伤概率的用弹量
			多瞄准点投放	达到一定毁伤概率的用弹量
		面目标	单次投放	毁伤幅员
			多次非独立投放	毁伤幅员/达到一定毁伤幅员的用弹量
			多瞄准点投放	覆盖目标面积百分比/达到一定覆盖目标面积百分比的用弹量
		体目标（如楼房）	单次射击	单发毁伤概率或毁伤体积
			多次非独立射击	达到一定毁伤概率或毁伤体积的用弹量
			多瞄准点射击	达到一定毁伤概率或毁伤体积的用弹量
		集群目标	单次投放	毁伤目标数
			多次非独立投放	毁伤目标数/达到一定毁伤目标数的用弹量
			多瞄准点投放	毁伤目标数/达到一定毁伤目标数的用弹量
		体系目标	单次投放	单发毁伤概率
			多次非独立投放	达到一定毁伤概率的用弹量
			多瞄准点投放	达到一定毁伤概率的用弹量

2.3　基本原理与流程

目前，毁伤效能的计算有统计法和解析法两种，虽然解析法利于快速计算，但考虑统计法对武器系统射击的随机性反映更加切合实际；因此，本书主要介绍统计法相关原理，后续相关介绍流程介绍也以统计法为主。

2.3.1　统计法的基本概念

在此，以杀爆弹为例进行阐述。通常认为杀爆弹的毁伤面积应是弹药（考虑动态）威力、目标毁伤判据的一个耦合函数，即可认为是一个战斗部毁伤准则函数。那么，毁伤面积的大小与弹药、目标和目标毁伤效果均相关。

对于杀爆弹毁伤试验，如图2-20所示，若目标中心落在杀爆弹毁伤面积内，则认为目标被毁伤，达到了预期毁伤效果；否则，目标未被毁伤，没有达到预期毁伤效果。无论结果是目标被毁还是目标存活，都记录下来，多次重复这个过程，如重复100次，就有100次的结果。

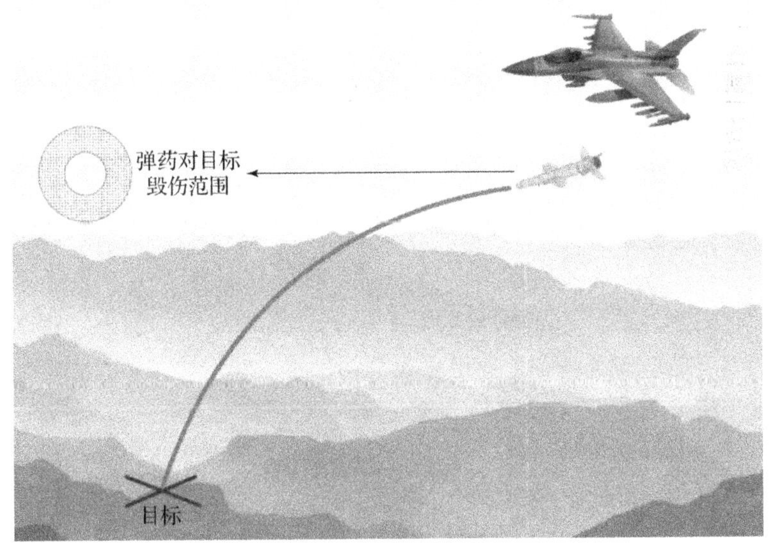

图2-20　杀爆弹毁伤试验

进行上述N次试验，如果记录的毁伤次数为N_k，则毁伤概率为

$$P_k = \frac{N_k}{N} \tag{2-2}$$

式中：P_k——试验预期结果，即多次试验毁伤目标的可能性。

这个结果不会告诉我们某次试验是否成功，只会告诉我们成功的期望值。该结果有两种解释：①多次试验成功的比例；②单次试验成功的概率。

上面我们所做的称为蒙特卡洛模拟，即模拟真实物理攻击，然后多次重复，从结论中获取统计数据。试验次数越多，结果精确度和可信度就越高，但试验耗费越大。因此，要在结果精确性和试验耗费之间进行权衡。

这些试验所得的数据通常用统计方法进行表示，如平均成功次数。可以通过移动投掷者靠近（提高精度）或远离（减少精度）目标来模拟武器系统精度的变化。同样，也可以使用更大毁伤半径的弹药，更大毁伤半径表示武器威力更强或目标更易损。

目前应用的武器弹药毁伤效能计算方法显然比上述方法复杂，但式（2-2）可在武器弹药毁伤能力和命中精度值改变时提供一种简单的预测计算模型。综上所述，武器弹药毁伤效能评估计算应当包括如下相关量。

（1）命中精度，可采用不同的表征参量。

（2）弹药对目标的毁伤范围，可采用最大毁伤半径、毁伤面积、毁伤体积等。

（3）试验样本量。其输出为：多次打击下成功的比例，或单次打击时成功的概率。

综上所述，武器弹药毁伤效能与武器系统的命中精度等性能参数有关，但是这个量仅为输入量，其核心还是弹药战斗部的威力、目标的易损特性以及两者在不同弹目交会条件下的耦合。

2.3.2 一般原理与流程

由上述统计法基本概念可知，弹药对目标毁伤效能计算涉及多个随机参量，因此，毁伤效能计算结果为数学上的一个统计结果。此外，由 2.2 节可知，弹药毁伤效能表征基本计算量为 3 个：①单发毁伤概率；②毁伤幅员或体积；③基于单发毁伤概率或幅员（或体积）的用弹量。其余的毁伤目标数和覆盖目标面积百分比等均可基于基本计算量得到。那么这 3 个弹药毁伤效能表征基本计算量的一般原理和计算流程如下。

1. 单发毁伤概率计算

1）一般原理

弹药对目标单发毁伤概率通常用全概率公式描述。在假设目标无对抗、系

统无故障条件下，根据全概率公式，单枚弹药对目标的毁伤效能为

$$P = \iiint \varphi(x,y,z)G(x,y,z)\mathrm{d}x\mathrm{d}y\mathrm{d}z \tag{2-3}$$

式中：$\varphi(x,\ y,\ z)$ ——引爆弹药炸点的三维坐标概率密度分布函数；

$G(x,\ y,\ z)$ ——弹药条件毁伤概率或三维坐标毁伤概率，是在给定炸点 $(x,\ y,\ z)$ 条件下弹药对目标的毁伤概率，这个毁伤概率可由弹药威力、目标易损性模型（含目标基本物理结构、毁伤树、目标毁伤判据、准则函数等）计算获得，是武器弹药毁伤效能评估中的核心基础内容，如图 2－21 所示。

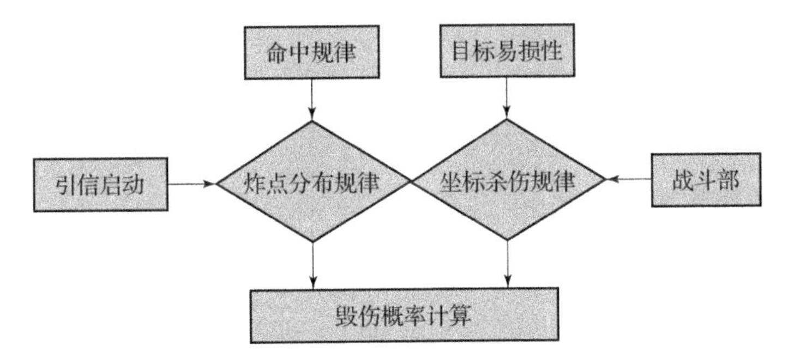

图 2－21　毁伤概率计算原理

式（2－3）中，$\varphi(x,\ y,\ z)$ 的计算方法如下：

$$\varphi(x,y,z) = P_f(y,z)f_g(y,z)f(x|_{y,z}) \tag{2-4}$$

式中：$P_f(y,\ z)$ ——非直接命中条件下（即存在脱靶）引信启动概率，与引信、目标特性及战场环境有关，若没有数据支撑，可默认为 1；

$f_g(y,\ z)$ ——制导误差的二维分布密度函数，在制导平面上计算获得；

$f(x|_{y,z})$ ——制导精度条件下，引信启动点一维分布密度函数。

在此计算过程中并没有考虑目标被发现、被追踪以及弹药发射、突防等环节，若对此进行考虑需要用毁伤概率乘以相关过程的概率即可。

2）计算流程

根据上述一般原理，弹药单发毁伤概率计算流程如下。

（1）设置抽样样本量（通常不少于 100 次），样本量决定了分析结果的置信度。

（2）对于每一次抽样，根据命中精度参数，随机抽样计算弹药与制导平面（或地面）的交点坐标。

（3）根据交点坐标和弹药的末端交会参数，得到弹药末端弹道函数，并计算弹药末端弹道是否与目标相交。

（4）根据末端弹道与目标的交会情况及引信参数，计算弹药的炸点坐标。

（5）根据炸点坐标计算获得弹目相对位置和距离。

（6）基于弹药威力场、目标易损性数据（目标功能分解逻辑关系数据、最小关键部件、目标毁伤判据与准则函数等数据）、弹目相对位置和距离计算单次抽样弹药对目标的毁伤概率（包括毁伤元与目标部件交会情况计算、毁伤元毁伤效应计算、目标部件毁伤概率计算、目标整体毁伤概率计算等），即 $G(x,y,z)$ 计算。

（7）将多次计算获得的毁伤概率求期望得到弹药对目标的毁伤概率，并给出方差。

其具体流程如图 2-22 所示。

在单发毁伤概率计算基础上，计算每个目标是否满足毁伤效果要求（可用毁伤概率表征毁伤效果），统计得到毁伤目标数。

2. 弹药毁伤幅员计算

1）一般原理

弹药对目标的毁伤幅员常用微积分（或有限元）的原理进行计算。在假设目标无对抗、系统无故障的条件下，对于面目标，若以 $\delta(x,y)$ 表示微元面积内的目标密度，$P(x,y)$ 表示弹药对微元面积上的毁伤概率，则毁伤目标期望值 E_t 可由式（2-5）给出：

$$E_t = \int_{-\infty}^{\infty}\int_{-\infty}^{\infty} \varphi(x,y,z)\delta(x,y)P(x,y)\,\mathrm{d}x\mathrm{d}y \tag{2-5}$$

式中：$\varphi(x,y,z)$ ——引爆弹药炸点的三维坐标概率密度分布函数；

$\delta(x,y)$ ——微元面积内的目标密度，通常设定微元面积内目标为 1，即对于 1 个目标所占用的微元大小（如一个立姿人所占的大小通常为 $0.5\ \text{m} \times 0.25\ \text{m} = 0.125\ \text{m}^2$）；

$P(x,y)$ ——弹药在微元面积上的毁伤概率。

就均匀分布目标而言，$\delta(x,y)$ 为常数，因而有

$$A_L = \frac{E_t}{\delta} = \int_{-\infty}^{\infty}\int_{-\infty}^{\infty} \varphi(x,y,z)P(x,y)\,\mathrm{d}x\mathrm{d}y \tag{2-6}$$

式中：E_t/δ——具有面积的量纲，为毁伤幅员，记作 A_L。

2）计算流程

根据上述一般原理，弹药毁伤幅员计算流程如下：

（1）设置计算区域，并根据目标面积划分微元（即网格）（通常以瞄准点为中心的直角坐标系描述计算区域）。

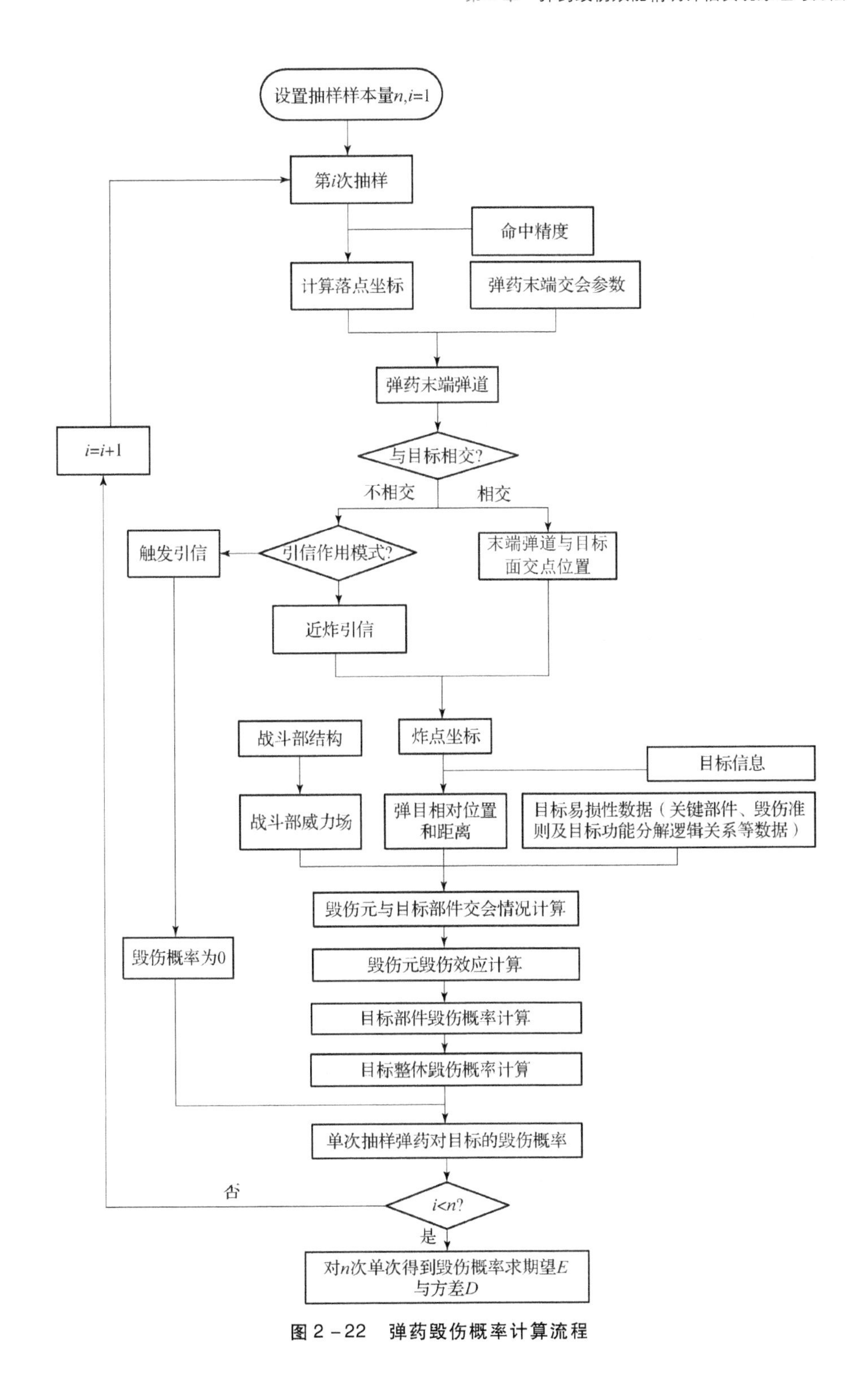

图 2－22　弹药毁伤概率计算流程

（2）设置抽样样本量（通常不少于100次），样本量决定了分析结果的置信度。

（3）对于每一次抽样，根据命中精度参数，随机抽样计算弹药在制导平面（或地面）落点坐标。

（4）根据末端弹道与引信作用模式及参数，计算确定弹药炸点坐标。

（5）根据战斗部威力场及炸点坐标，计算毁伤元与微元（即网格）的交会情况以及作用在微元（即网格）上载荷的分布。

（6）根据目标易损性模型数据获得的微元（即网格）上的毁伤准则函数式，基于载荷分布情况计算在单个微元（即网格）上的毁伤概率。

（7）根据预先约定的毁伤概率阈值计算达到毁伤概率阈值微元面积的总和，即为单次计算的毁伤幅员。

（8）将多次计算获得的毁伤幅员求期望得到弹药对目标的毁伤幅员，并给出方差。

其具体流程如图2－23所示。

3. 弹药毁伤体积计算

1）一般原理

弹药对目标的毁伤体积同样也可以用微积分（或有限元）的原理进行计算。在假设目标无对抗、系统无故障条件下，对于楼房类体目标，若以$\delta(x, y, z)$表示微元体积（如：一个房间），$P(x, y, z)$表示弹药对微元体积内目标或设备可完全实现的毁伤概率，则毁伤目标的期望值E_t可由式（2－7）给出：

$$E_t = \int_{-\infty}^{\infty}\int_{-\infty}^{\infty}\varphi(x,y,z)\delta(x,y,z)P(x,y,z)\,\mathrm{d}x\mathrm{d}y\mathrm{d}z \tag{2-7}$$

式中：$\varphi(x, y, z)$——引爆弹药炸点的三维坐标概率密度分布函数；

$\delta(x, y, z)$——微元体积；

$P(x, y, z)$——弹药对微元体积内对某类目标实现完全毁伤的毁伤概率。

对于确定微元而言，微元体积是固定的，即$\delta(x, y, z)$为常数，因而有

$$-V_L = \frac{E_t}{\delta} = \int_{-\infty}^{\infty}\int_{-\infty}^{\infty}\varphi(x,y,z)P(x,y,z)\,\mathrm{d}x\mathrm{d}y\mathrm{d}z \tag{2-8}$$

式中：E_t/δ——具有体积的量纲，为毁伤体积，记作V_L。

2）计算流程

根据上述一般原理，毁伤体积计算流程如下：

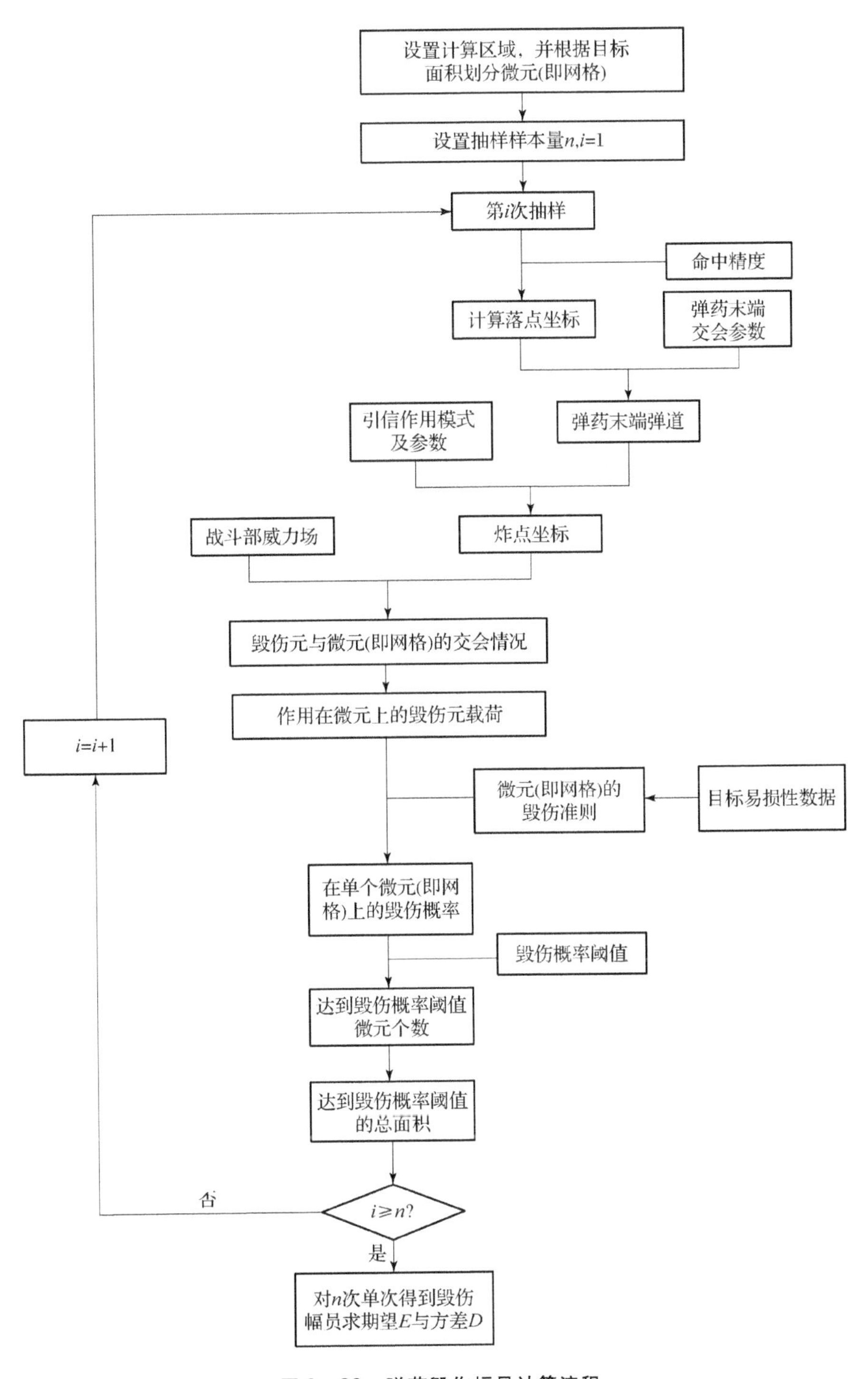

图 2－23　弹药毁伤幅员计算流程

（1）根据目标体积设置计算空域，并根据目标划分三维微元体（即三维网格）（通常以瞄准点为中心的直角坐标系描述计算空域）。

（2）设置抽样样本量（通常不少于100次），样本量决定了分析结果的置信度。

（3）对于每一次抽样，根据命中精度参数，随机抽样计算弹药在制导平面（或地面）落点坐标。

（4）根据弹药威力、末端弹道与引信作用模式及参数，计算确定弹药炸点坐标。

（5）根据战斗部威力场及炸点坐标，计算毁伤元与微元体的交会情况以及作用在微元体不同面上载荷的分布。

（6）根据目标易损性模型数据获得的微元体不同面上的毁伤准则函数，基于载荷分布情况计算单个微元体的毁伤概率。

（7）根据预先约定的毁伤概率阈值计算达到毁伤概率阈值的微元体体积总和，即为单次计算的毁伤体积。

（8）将多次计算获得的毁伤体积求期望得到弹药对目标的毁伤体积，并给出方差。

其具体流程如图2-24所示。

4. 用弹量计算

1）一般原理

用弹量一般在单发毁伤概率、毁伤幅员和毁伤体积的基础上计算获得，针对3个表征量，计算原理不同，计算过程也不尽相同，下面分别进行介绍。

（1）基于单发毁伤概率的计算。多次非独立射击条件下的用弹量分析，可根据单发毁伤概率进行计算。通过弹药对目标的毁伤概率计算，可以得到单次打击下弹药对目标的单发毁伤概率。假定弹药打击非独立，即每次瞄准点是相同的，则可通过多次射击弹药数量以及单次射击的单发毁伤概率，计算得到多次射击时弹药对目标的毁伤概率：

$$P_n = 1 - (1 - P_i)^n \tag{2-9}$$

式中：P_n——多次射击下弹药对目标的毁伤概率；

P_i——单弹药对目标的单发毁伤概率；

n——用弹量。

在期望毁伤概率 P_n 条件下，根据已知单发弹药的毁伤概率 P_i 就能得到用弹量 n。通常情况下，期望毁伤概率 P_n 为一个不大于1的数，n 可由式（2-10）计算获得：

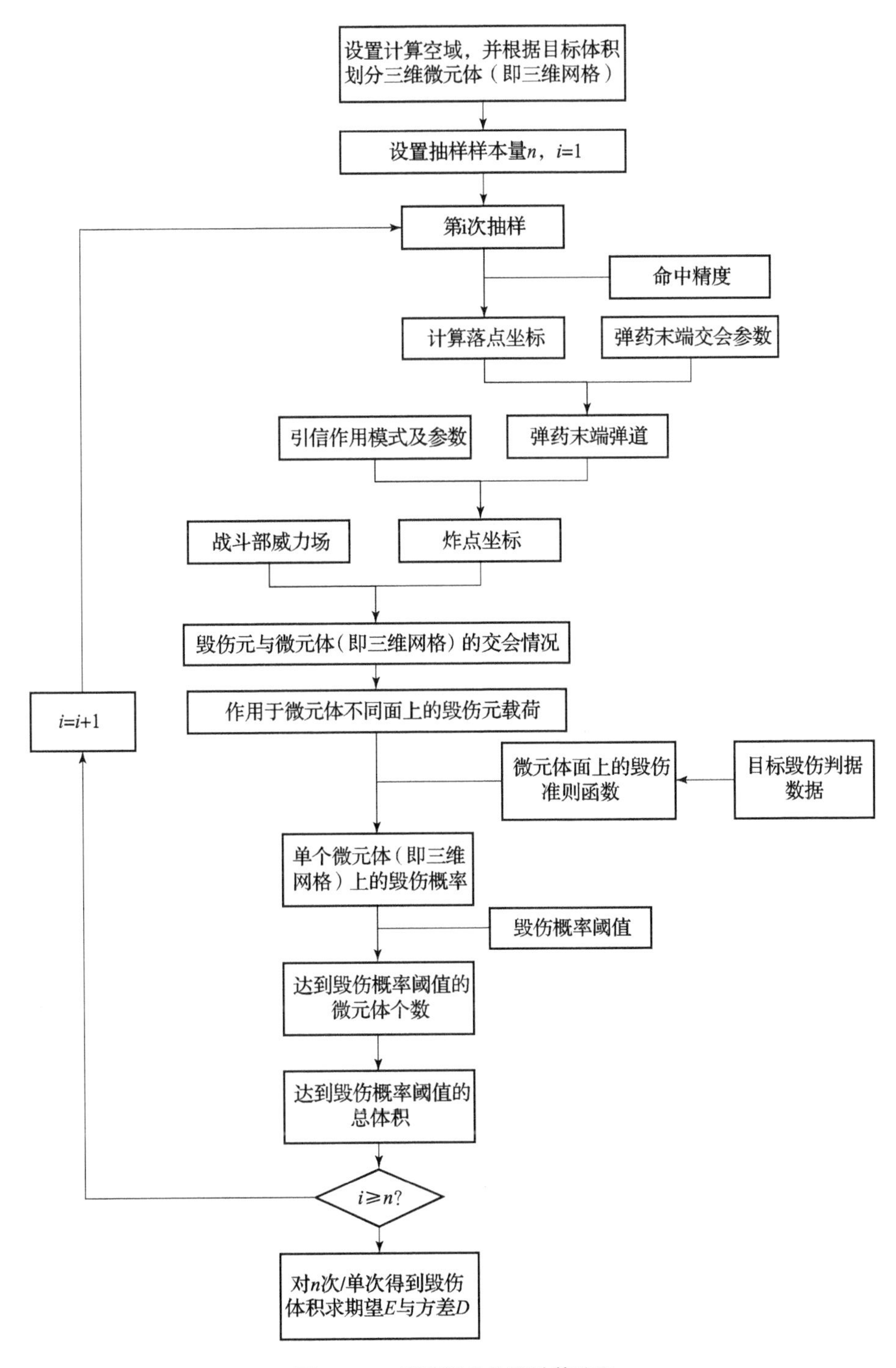

图 2－24　弹药毁伤体积计算流程

$$n = \left[\frac{\lg(1 - P_n)}{\lg(1 - P_i)}\right] + 1 \tag{2-10}$$

这个用弹量实际上是指达到预期毁伤程度所使用的弹量，其计算过程中不考虑弹药对目标的积累毁伤。

（2）基于毁伤幅员的计算。基于毁伤幅员的用弹量分析，主要针对特定区域一次多瞄准点射击情况进行，如图 2-25 所示，尤其是压制弹药射击，实现覆盖毁伤；通常，对于不同区域以及不同威力的弹药，射击瞄准点规划算法也并不完全相同。

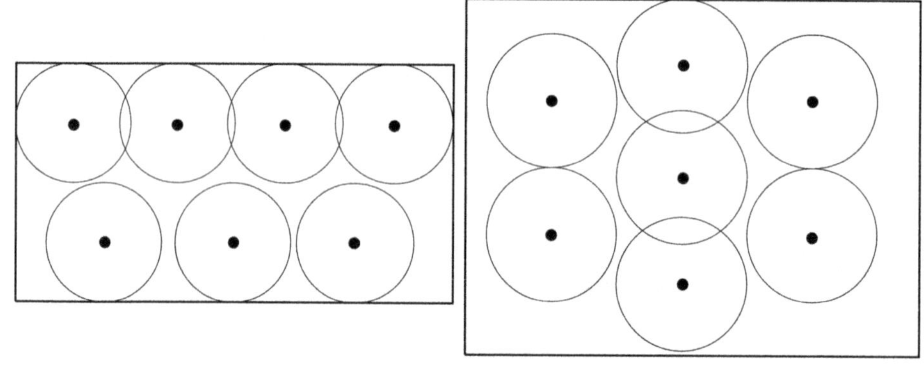

图 2-25　对一个区域实施多瞄准点射击

对于这种情况，通常按一定规则，通过不断增加瞄准点，计算多个弹药在不同瞄准点下毁伤幅员耦合的总和，直到毁伤幅员面积大于预期值，得到瞄准点个数，即用弹量，可用式（2-11）进行计算：

$$\sum_{i=1}^{n} A_{Li} > A_{EL} \tag{2-11}$$

式中：A_{Li}——单个瞄准点的毁伤幅员；

A_{EL}——期望毁伤幅员；

n——用弹量。

（3）基于毁伤体积的计算。基于毁伤体积的用弹量分析，与毁伤幅员相似，只是对于建筑物是体积计算而不是平面面积计算，需要考虑炸点的三维立体问题以及毁伤的立体问题，即对引信起爆参数的考虑有所增加。计算方法也是通常按一定的规则，通过不断增加瞄准点，计算多个弹药在不同瞄准点下毁伤体积耦合的总和，直到毁伤体积面积大于预期值，得到瞄准点个数，即用弹量，如式（2-12）：

$$\sum_{i=1}^{n} V_{Li} > V_{EL} \tag{2-12}$$

式中：E_{Li}——单个瞄准点的毁伤体积；

E_{EL}——期望毁伤体积；

n——用弹量。

2）计算流程

因为用弹量计算涉及毁伤概率、毁伤幅员、毁伤体积3种情况，因此，计算流程也涉及毁伤概率、毁伤幅员和毁伤体积3种情况，具体如下。

（1）基于毁伤概率的计算。

根据上述一般原理，基于毁伤概率的用弹量计算流程如下：

①输入预期达到毁伤概率的目标值（小于1）。

②输入单弹药对目标的单发毁伤概率，可由式（2-3）计算得出。

③按式（2-10）进行计算。

其具体流程如图2-26所示。

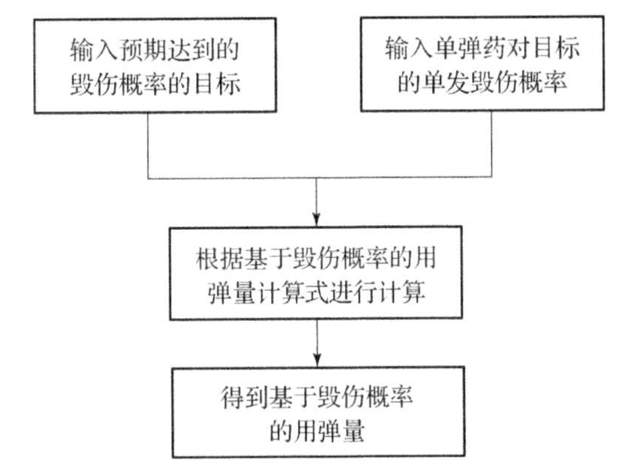

图2-26　基于毁伤概率的用弹量计算流程

（2）基于毁伤幅员的计算。

根据上述一般原理，基于毁伤幅员的用弹量计算流程如下：

①设置计算区域，并根据目标面积划分微元（即网格），通常定义以瞄准点为中心的直角坐标系来确定计算区域。

②设置多弹齐射时毁伤幅员需要达到的要求。

③设置初始瞄准点的数量和位置，根据2.3.2小节第2部分中弹药毁伤幅员计算方法，计算与瞄准点一致数量弹药所产生的毁伤幅员（对于叠加部分按1次计算），检查毁伤幅员需要达到的要求，判断是否达到预期要求，如果没有达到则继续增加瞄准点数量和位置，直到满足要求为止。

④输出最终瞄准点数量，即用弹量；同时，输出瞄准点位置坐标。

其具体流程如图2-27所示。

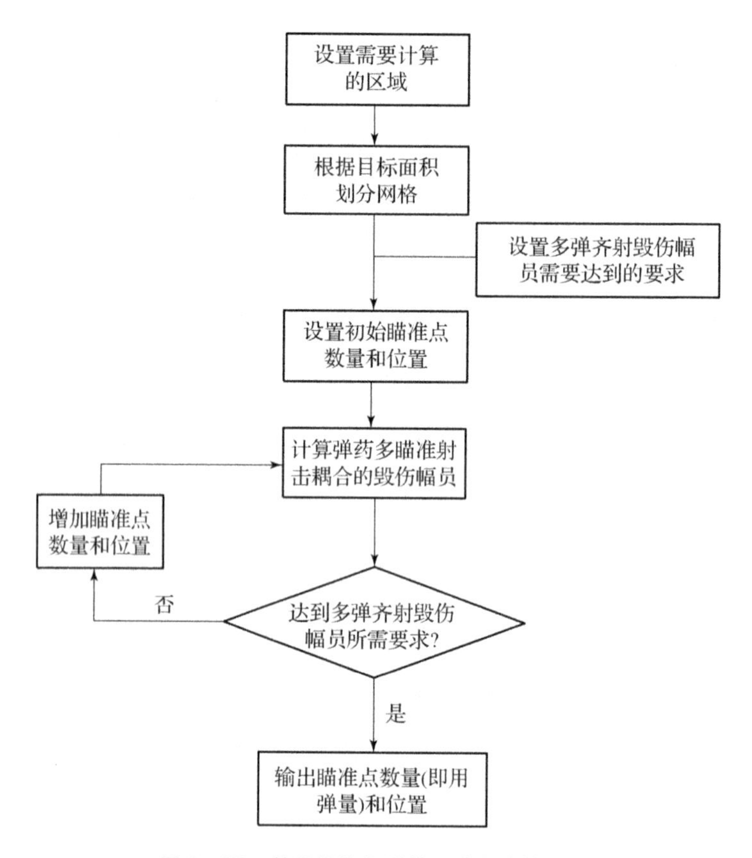

图 2-27　基于毁伤幅员的用弹量计算流程

（3）基于毁伤体积的计算。

根据上述一般原理，基于毁伤体积的用弹量计算流程如下：

①设置计算空域，并根据目标体积划分微元体，通常定义以瞄准点为中心的直角坐标系来确定计算空域。

②设置多弹齐射时体积内设备或人员达到毁伤所确定的物理量以及需要的阈值。

③设置初始瞄准点的数量、位置和引信的起爆参数，根据 2.3.2 小节第 3 部分中弹药毁伤体积计算方法，计算与瞄准点一致数量弹药所产生的毁伤体积（对于叠加部分按 1 次计算），检查毁伤体积需要达到的要求，判断是否达到预期要求，如果没有达到则继续增加瞄准点数量和位置，直到满足要求为止。

④输出最终的瞄准点数量，即用弹量；同时，输出瞄准点位置。

其具体流程如图 2-28 所示。

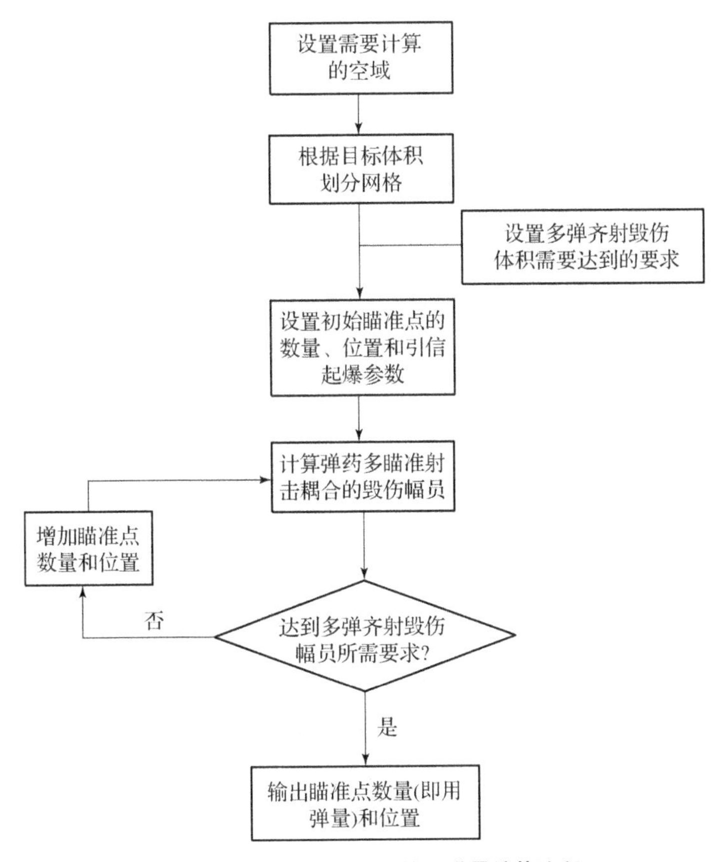

图2-28　基于毁伤体积的用弹量计算流程

2.4　基于结构网格的精准计算方法

由图2-28可知，武器弹药毁伤效能计算过程中，离不开弹目交会和毁伤效应计算，通过弹目交会计算可以得到战斗部炸点坐标及毁伤元与目标结构的交会点坐标，其是毁伤效应计算的前提条件。目前，在弹目交会计算过程中，最常用的方法就是射击迹线法，该方法忽略重力影响，把弹药或毁伤元的运动轨迹近似为一条射线，在目标坐标系中求解这条射线与目标的交会点坐标。在计算机计算中，目标结构是数字化的，也是离散化的，实际上为多个微小网格合成的面，再由多个面构成体，一个目标结构实际上是由上百、上千甚至上万个网格构成，目前从CAD（计算机辅助设计）软件中建立模型的网格多为非结构化网格（毁伤效应，unstructral mesh），这些网格的尺寸和数量决定了计算精度与时间，若要提升计算的精度，目标网格尺寸就需要细化，这样网格数量就会急剧增加，如果再采用枚举遍历的方法进行计算，则计算时间就会成倍增加，尤其对于大型杀爆战斗部的破片，如果上万枚预制破片依次与几万个网格进行遍历相交求解，即会产生上亿次计算，计算时间是难以接受的。在此，创新采用结构化网格（structural mesh）计算方法，将网格进行提前处理，在细化网格提升计算精度前提下，减少计算时间，具体方法简介如下。

2.4.1 结构化网格与非结构化网格

结构化网格和非结构化网格的概念并非我们创造的，是来自有限元分析的，通常人们习惯利用网格形状对结构化网格与非结构化网格进行区分，往往称四边形及六面体网格为结构化网格，而将结构网格之外的网格统统称为非结构化网格。从严格意义上讲，结构化网格是指网格区域内所有的内部点都具有相同的毗邻单元。与结构化网格的定义相对应的是非结构化网格，非结构化网格是指网格区域内的内部点不具有相同的毗邻单元，即与网格剖分区域内不同内点相连的网格数目不同，图 2 - 29 为典型非结构化网格，也是一般通过 CAD 软件建立模型导出的网格结构，对于这种网格结构难以找到节点间的逻辑关系，且网格不均匀，只能采用遍历法进行计算，当网格尺寸小、网格数量比较多时，计算往往比较慢，甚至难以进行下去。

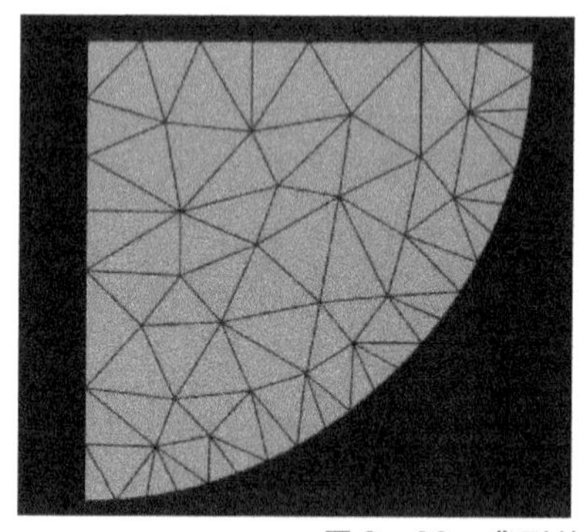

图 2 - 29　典型的非结构化网格

结构化网格和非结构化网格差异具体表现为：计算需要知道每一个节点的坐标，以及每一个节点所有相邻的节点。对于结构化网格来说，在数值离散过程中，需要通过结构化网格节点间的拓扑关系获得所有节点几何坐标；而对于非结构化网格，由于节点坐标是显式地存储在网格文件中，因此并不需要进行任何解析工作，这就决定了求解器对文件解析的不同：非结构化网格求解器只能读入非结构化网格，结构化网格求解器只能读入结构化网格。因为非结构化网格求解器缺少将结构化网格几何拓扑规则映射得到节点坐标的功能，而结构化网格求解器无法读取非结构化网格，则是由于非结构化网格缺少节点间的拓扑规则；因此，如果在弹目交会计算中需要用结构化网格，需要单独开发其求解器，而这是采用结构化网格计算的重要基础。

网格算法中的“结构网格”，指的是网格节点间存在数学逻辑关系，相邻网格节点之间的关系是明确的，在网格数据存储过程中，只需要存储基础节点坐标而无须保存所有节点空间坐标。

图2-30为典型二维结构化网格。对于二维结构化网格，通常用 i、j 来代表 x 及 y 方向的网格节点（对于三维结构化网格，则用 k 来代表 z 方向）。对于图2-30所示的网格，在进行网格数据存储过程中，只需要保存 $i=1$，$j=1$ 位置的节点坐标以及 x、y 方向网格节点间距，则整套网格中任意位置网格节点坐标均可得到。

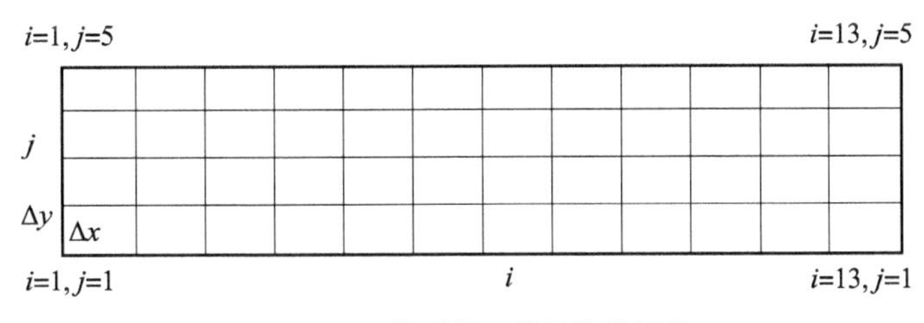

图2-30 典型的二维结构化网格

需要注意的是，结构化网格的网格间距可以不相等，但是网格拓扑规则必须是明确的，如节点（3，4）与（3，5）是相邻节点。图2-30中的网格也可以是非结构化网格，如果在网格文件中存储的是所有节点坐标及节点间连接关系而无拓扑规则的话，那么这套网格即非结构化网格。因此，所有的结构化网格均可以转化为非结构形式。相反，并非所有的非结构化网格均能转化为结构化网格形式，因为满足结构化网格的节点间拓扑关系不一定能够找到。

结构化网格对于弹目交会计算最大的好处在于：网格生成速度快、网格生成质量好、数据结构简单，便于快速、精确计算。当然结构化网格也有自己的缺点，它最典型的缺点是适用范围比较窄，尤其是复杂面的结构化网格难以建立，在这种情况下，结构化网格生成技术就显得力不从心了。但如果把现有的TrueGrid、Hypemesh等网格划分工具与毁伤效能评估弹目交会相结合，就会起到意想不到的效果，即通过通用CAD工具构建模型，通过Hypemesh网格划分工具进行处理，再通过开发的专用工具进行毁伤树建立、毁伤判据绑定处理；基于上述分析可研发易损性模型建立的数字化工具，为目标易损性数字化模型的建立提供支撑。

2.4.2 结构化网格划分

上文讲了，目标表面结构化网格划分是实现快速精准毁伤效能计算的核心之一，也是基础内容，基于结构化网格的划分后续可以做很多应用工作，本书初步探讨了简单的结构化网格划分方法，关于如何应用在此不再做详细介绍。

1. 网格单元构建

单元是网格划分的基础和核心，是弹目交会计算过程中目标区域的最小计算部分。网格划分最终结果是获得划分后形成的所有节点坐标，并基于所有节点形成单元，得到网格节点位置坐标及节点之间逻辑关系等数据。

在此，主要介绍四边形目标区域划分成四边形的网格算法。首先，可将初始四边形定义为一个大“单元”，划分结束后每个四边形网格定义为一个小“单元”。在计算中，上述功能可依靠自己编写的网格划分工程中四边形单元类实现。在该类中定义了单元号、节点 1、节点 2、节点 3、节点 4 等关键字，用于存储已划分网格坐标的信息。对于网格节点设置与获得，可通过类初始化方法实现，也可通过调用类中函数方法实现。同时，类中包括直线或射线与单元相交等计算函数，用于辅助分析破片等毁伤元形成的射线与目标区域的交会情况。类中部分函数列于表 2－6 中。

表 2－6 四边形单元类中函数

函数种类	函数名称	函数具体功能
设置及获得四边形单元私有变量	设置四边形单元 ID	设置四边形单元 ID、获得四边形单元私有变量函数
	得到四边形单元 4 个节点	
	得到单元标准平面方程系数	
判断函数	判断直线或射线是否与单元平面相交	辅助进行破片与目标区域交会分析
	判断直线与单元平面的交点是否在单元内	

确定目标区域后，可给出四边形 4 个顶点坐标，此处需判断四边形 4 个顶点是否在同一平面内，不满足同一平面条件则退出程序。使用上述四边形 4 个顶点初始化四边形单元，完成网格单元的构建。

2. 四边形单元网格划分

上文通过初始化方法已将目标区域初始化为四边形单元，本部分主要介绍将四边形单元划分成四边形网格的算法。首先，在网格划分算法中，进行底层数学计算算法编写，主要包括计算两条空间直线相交的相关函数，如：判断空间两直线是否相交、根据点向直线式方程计算两相交直线交点、根据参数直线式方程计算两相交直线交点等函数，这些函数可为计算网格节点提供基础支撑。

采用模块化程序设计思想，模块化设计网格划分工程和数学支撑工程，数学支撑工程可以支撑整个毁伤效能评估计算。网格划分工程和数学支撑工程的逻辑关系如图 2－31 所示，四边形单元网格划分功能依靠网格支撑工程中四边形单元划分中四边形单元类来实现，划分结束后对网格信息进行保存。

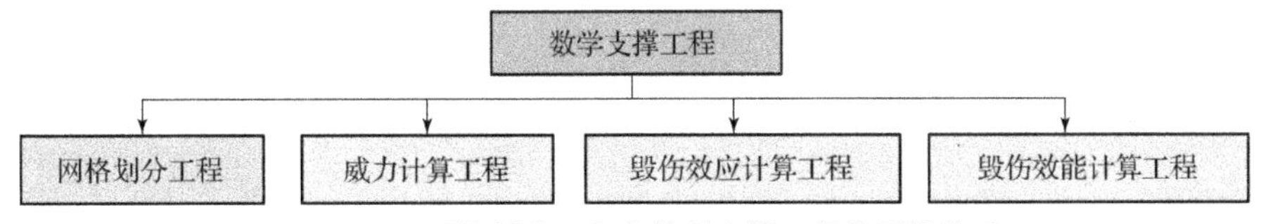

图 2－31 网格划分工程和数学支撑工程的逻辑关系

在定义需划分网格的单元时，自动定义单元坐标系和四边形 4 条边线，如图 2－32、图 2－33 所示。单元坐标系原点为第一个节点（即 N1），Z 轴为单元法向量，Y 轴为 N1N2，按右手定则获得坐标系；4 条边线从第一个节点（N1）开始，按逆时针依次指向，线的编号以此为初始输入编号 Id、Id + 1、Id + 2、Id + 3。

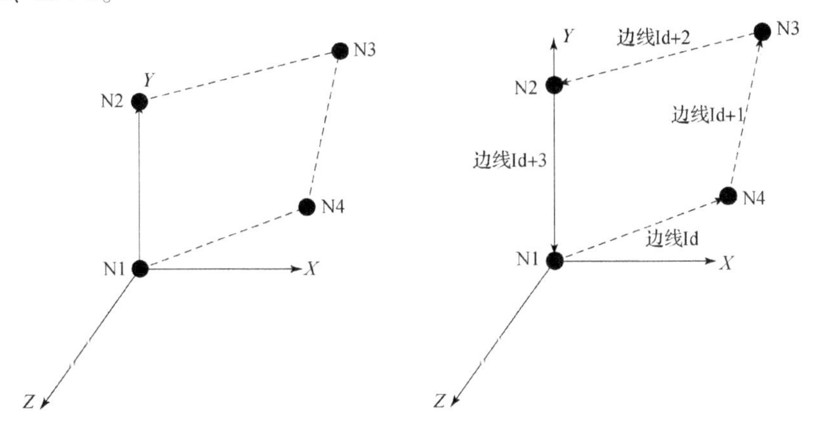

图 2－32 单元坐标系示意图　　　　图 2－33 四边形 4 条边线示意图

根据预先设定在 L_0 与 L_2（两个对边）上划分的网格数量，计算可得网格大小和对边上的节点坐标。由于对边上划分网格数量相等，因此节点数相同并形成一一对应关系，依此可生成若干条过两对边对应节点的直线（假设为 m），该直线群组成集合 $\boldsymbol{\Phi}_1$；同理，在 L_1 与 L_3 这组对边上也可生成若干条直线（假设为 n），组成集合 $\boldsymbol{\Phi}_2$。循环计算 $\boldsymbol{\Phi}_1$ 内每条直线与 $\boldsymbol{\Phi}_2$ 内每条直线的交点，可得计算节点的矩阵 $\boldsymbol{M}_1$：

$$\boldsymbol{M}_1=\begin{bmatrix}0 & 0 & 0 & 0 & 0 & 0\\ 0 & P_{n1} & \cdots & \cdots & P_{nm} & 0\\ 0 & \cdots & \cdots & \cdots & \cdots & 0\\ 0 & P_{21} & \cdots & \cdots & \cdots & 0\\ 0 & P_{11} & P_{12} & \cdots & P_{1m} & 0\\ 0 & 0 & 0 & 0 & 0 & 0\end{bmatrix} \tag{2-13}$$

式中：$P_{11}\sim P_{1m}$——L_0与L_2对边方向上产生的节点；

$P_{11}\sim P_{n1}$——在L_1与L_3对边方向上产生节点；四边上为四边形四条边界产生节点，用0代替。

将计算节点矩阵 $\boldsymbol{M}_1$ 与四边节点矩阵 $\boldsymbol{M}_2$ 相加可得所有节点矩阵 $\boldsymbol{M}$，四边节点矩阵 $\boldsymbol{M}_2$ 列于式（2－14）中，四边节点矩阵 $\boldsymbol{M}$ 列于式（2－15）中。

$$\boldsymbol{M}_2=\begin{bmatrix}N_3 & \cdots & \cdots & \cdots & \cdots & N_2\\ N_{n0} & \cdots & \cdots & \cdots & \cdots & \cdots\\ \cdots & \cdots & \cdots & \cdots & \cdots & \cdots\\ N_{20} & \cdots & \cdots & \cdots & \cdots & \cdots\\ N_{10} & \cdots & \cdots & \cdots & \cdots & \cdots\\ N_0 & N_{01} & N_{02} & \cdots & N_{0m} & N_1\end{bmatrix} \tag{2-14}$$

$$\boldsymbol{M}=\boldsymbol{M}_1+\boldsymbol{M}_2=\begin{bmatrix}N_3 & \cdots & \cdots & \cdots & \cdots & N_2\\ N_{n0} & P_{n1} & \cdots & \cdots & P_{nm} & \cdots\\ \cdots & \cdots & \cdots & \cdots & \cdots & \cdots\\ N_{20} & P_{21} & \cdots & \cdots & \cdots & \cdots\\ N_{10} & P_{11} & P_{12} & \cdots & P_{1m} & \cdots\\ N_0 & N_{01} & N_{02} & \cdots & N_{0m} & N_1\end{bmatrix} \tag{2-15}$$

根据节点矩阵 $\boldsymbol{M}$ 及节点顺序，可重构所有单元，形成单元集，该单元集即为网格划分结果，在计算时体现为单元数组。

在此以四边形为例，进行结构化网格划分，通过所设计的算法能够完成空间内任意平面上凸四边形的网格划分。划分完成后可输出网格信息包括所有网格节点坐标、网格数量等数据，同时包括计算直线或射线与网格单元相交函数等，可支撑应用层、算法层对目标毁伤情况的计算分析。图2－34为在 XOY 平面上对矩形目标区域网格划分示意图。根据上述介绍，归纳四边形区域建模及网格划分流程如图2－35所示。

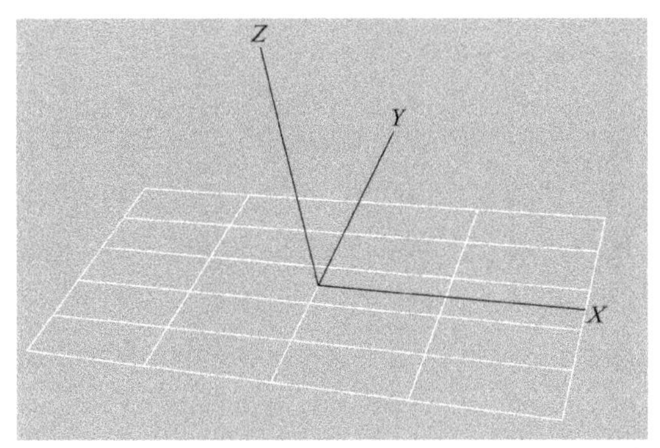

图 2-34　在 XOY 平面上对矩形目标区域网格划分示意图

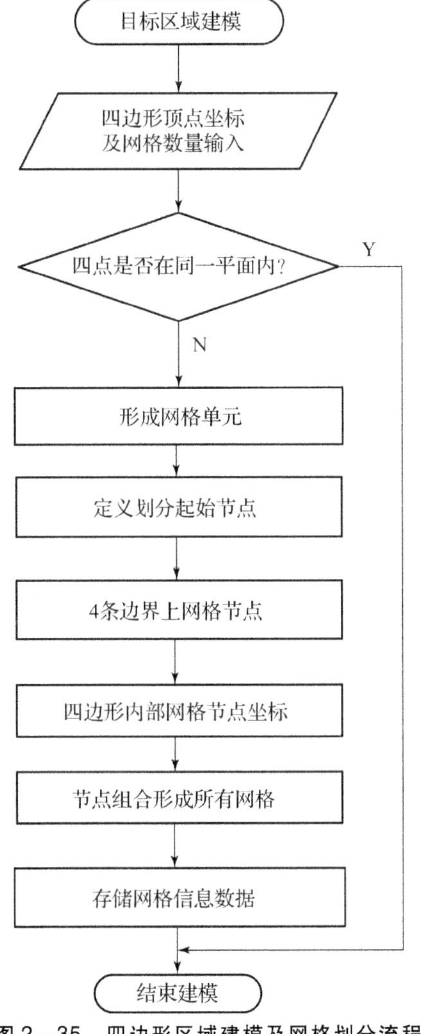

图 2-35　四边形区域建模及网格划分流程

3. 矩形结构化网格划分

上面介绍了任意凸四边形的结构化网格划分，对于矩形这种四边形特殊情况，可以建立更为简化的结构化网格划分方法，为后续长方体等三维结构的结构化网格划分提供便利支撑。首先，设定矩形的长、宽分别为 L、W，并在矩形上建立面目标坐标系；其次，可将坐标系原点定在矩形的几何中心点，则 X 轴指向矩形较长边的方向，若两边长度相等则任取一边作为长边，Y 轴由 X 轴顺时针旋转 90°得到。

在坐标系下，可将平面目标均匀划分网格，长边和宽边划分的网格数量分别为 D_L，D_W。再对每个网格进行编号，沿 X 轴正方向第 i 个、Y 轴正方向第 j 个矩形网格编号为 $R(i, j)$，如图 2-36 所示。

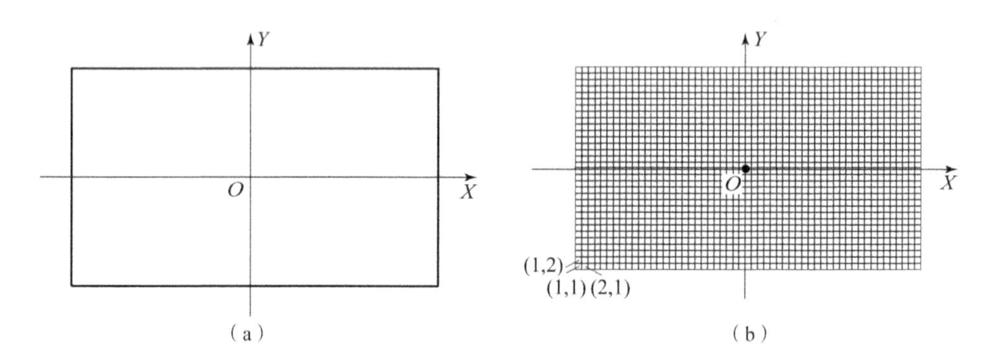

图 2-36　结构化网格划分

(a) 矩形坐标系；(b) 矩形结构化网格编号

编号为 $R(i, j)$ 网格的几何中心坐标为 $CP_{R(i,j)} = (X_{R(i,j)}, Y_{R(i,j)})$，$CP_{R(i,j)}$ 的两个坐标值通过网格编号 $R(i, j)$ 可经式（2-16）计算得到：

$$\begin{cases} X_{R(i,j)} = -L/2 + (i - 0.5) \times L/D_L \\ Y_{R(i,j)} = -W/2 + (j - 0.5) \times W/D_W \end{cases} \tag{2-16}$$

同时，分别赋予每个网格“毁伤状态”属性（$DS_{R(i,j)}$），$DS_{R(i,j)}$ 取值为 0 或 1，其中 0 代表未被毁伤，1 代表被毁伤。

如图 2-37 所示，矩形中任意一点 P 在矩形坐标系下的坐标为（x, y），则 P 点所在网格编号（i, j）计算方法如式（2-17）所示：

$$\begin{cases} i = (x + L/2) / (L/D_L) \\ j = (y + W/2) / (W/D_W) \end{cases} \tag{2-17}$$

计算结果均向上取整。

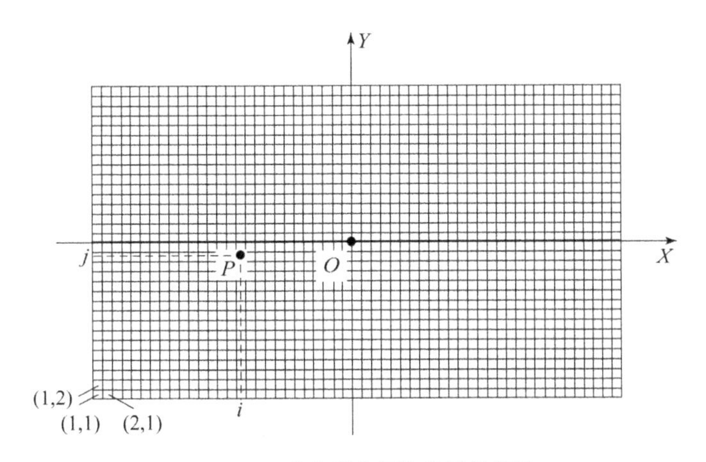

图2-37 P点所在网格编号示意图

2.4.3 二维结构化网格构建及毁伤幅员计算

二维结构化网格可以用于规则图形，也可以用于不规则多边形。对于不规则多边形进行结构化网格划分的好处在于划分后可以将多边形面积看作多边形内部所有网格面积的集合，计算多边形面积时，可以等效为计算多边形内部所有网格面积之和，如图2-38所示，这样可用于不规则图形的毁伤幅员计算，如杀爆弹大落角下“元宝形”毁伤幅员、多弹打击下耦合的不规则毁伤幅员。

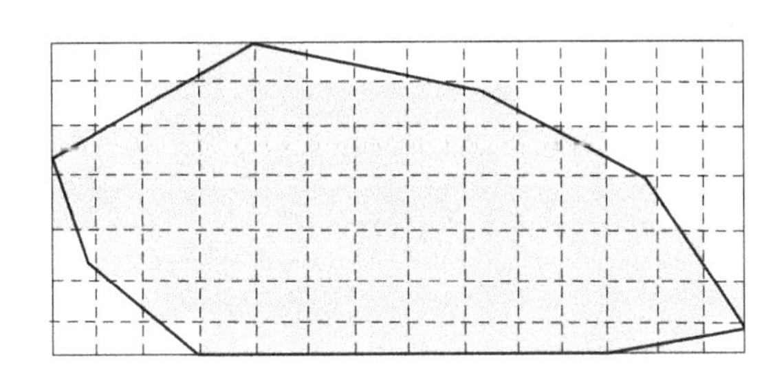

图2-38 多边形面积等效为网格面积

首先，计算前需要判断结构化网格是否在多边形内部，在此定义判断标准为：四边形网格4个节点和中心点在内的5个点中有3个及以上的点在多边形内部，则该网格在多边形内部，如图2-39（a）所示；否则该网格不在多边形内部，如图2-39（b）所示。根据以上所述，网格是否在多边形内部的判断，转化成点是否在多边形内部的判断。

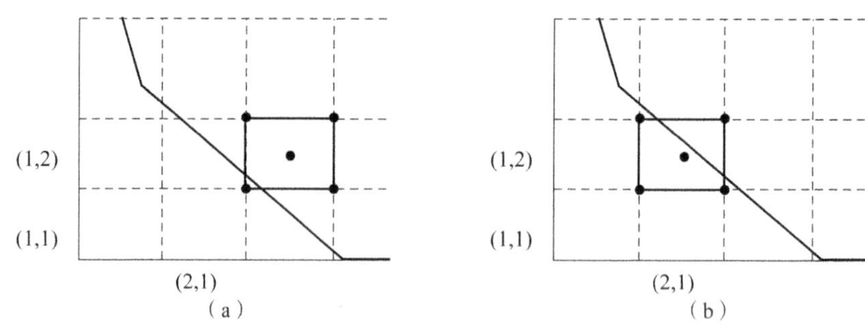

图 2-39　网格与多边形关系示意图

(a) 网格在多边形内部；(b) 网格不在多边形内部

对于点是否在多边形内的判断，凹多边形情况比凸多边形复杂得多，要把所有情况都覆盖，可采用射线法。射线法是判断点是否在多边形内部的一种通用方法，适用范围广，能够判断包括凹多边形在内的各种复杂图形，具体方法如下：假设有一点 P 与由点集 $DP=\{DP_1, DP_2, \cdots, DP_n\}$ 组成的 n 边形，取除 P 外一点 O，连接 PO 构建射线 $\overrightarrow{PO}$，求射线 $\overrightarrow{PO}$ 与 n 多边形的各边交点，统计交点数量，构建一个具体实例，如图 2-40 所示，结果列于表 2-7 中。

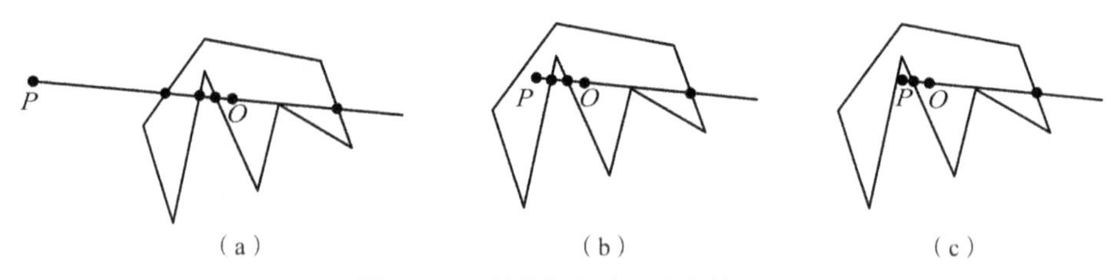

图 2-40　射线与多边形交点情况

(a) 情况 1；(b) 情况 2；(c) 情况 3

表 2-7　P 点与多边形位置关系与交点数量对应表

序号	射线与多边形线交点数量	P 与多边形位置关系
1	4	在多边形外
2	3	在多边形内
3	2	在多边形外

由表 2-7 可见，当射线与多边形线交点数量为偶数时，P 点在多边形外；交点数量为奇数时，P 点在多边形内部。综上，可使用射线法得到节点是否在多边形内部，通过节点的判断统计多边形内部网格数量 n，若单个网格面积为 S_U，计算得到多边形围住的面积 S_T 为

$$S_T = n \times S_U \tag{2-18}$$

在此，还可以通过结构化网格计算多弹药打击威力场与特定区域相交的毁伤面积，如计算杀爆弹对特定区域目标的毁伤面积。其计算方法如下：根据杀爆弹实际炸点坐标 $P_{\text{Exp}}=(X_{\text{Exp}},\ Y_{\text{Exp}})$ 和杀爆弹对确定目标毁伤半径 R_{Damage}，得到毁伤区域，并将处在毁伤圆内网格毁伤状态设置为“1”，表明毁伤。在此，判断抽样得到杀爆弹实际炸点 $P_{\text{Exp}}=(X_{\text{Exp}},\ Y_{\text{Exp}})$ 所在的网格编号 $R_E(i_E,\ j_E)$，计算方法为

$$\begin{cases} i_E=(X_{\text{Exp}}+L/2)/(L/D_L)+1 \\ j_E=(Y_{\text{Exp}}+W/2)/(L/D_W)+1 \end{cases} \tag{2-19}$$

式中：i_{E}，j_{E} 计算结果均需向下取整。

根据毁伤半径 R_{Damage} 得到毁伤区域外接正方形，并基于结构化网格得到正方形内所有网格编号如图2－41所示。外接正方形边长为 $2\times R_{\text{Damage}}$，判断网格是否在正方形内部的方法是判断网格中心点 $CP_{R(i,j)}=(X_{R(i,j)},\ Y_{R(i,j)})$ 是否在正方形内部。

为减少统计所需时间和资源，将外接正方形内部网格划分为两个部分，即内接正方形内部网格和剩余网格。其中，内接正方形的边长为 $2\times R_{\text{Damage}}/\sqrt{2}$，在内接正方形内部网格不需要进行判断，直接将毁伤状态置为“1”。

剩余网格需要判断是否被毁伤，仍可采用图2－42的方法，将毁伤网络状态设置为“1”，并统计毁伤状态为“1”的网格数量，乘以单个网格的面积得到毁伤区域总面积。

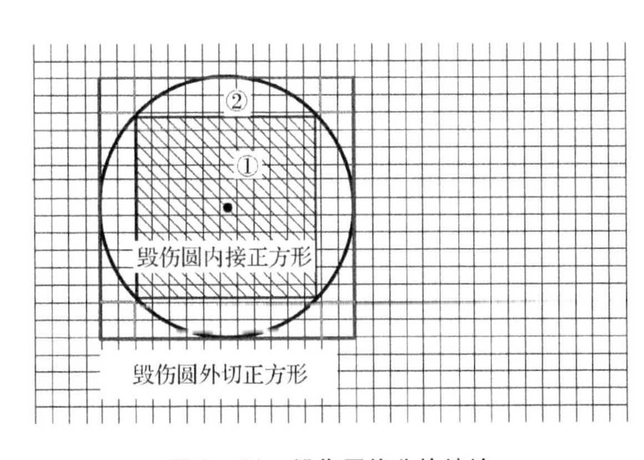

图2－41　毁伤网格分块统计

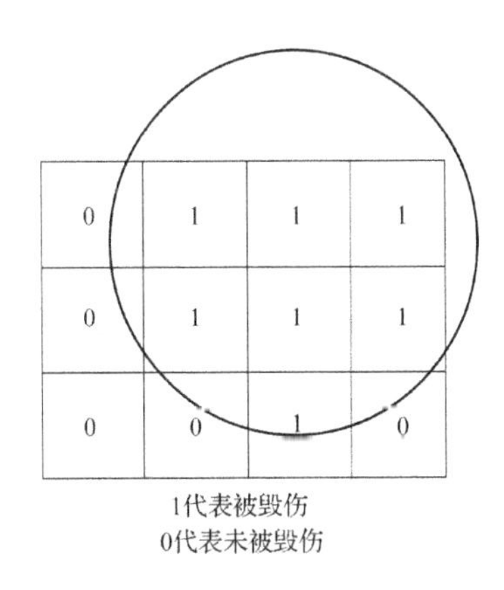

图2－42　网格毁伤状态判断

当然，计算可以进一步细化，比如不知道战斗部的毁伤半径，只是单单知道威力场，可在网格上进行毁伤阈值设置，通过计算网格上的毁伤元是否达到阈值判断网格是否毁伤，并进行标记，进行标记的网格不参加下次计算。该方

法可较好地应用于毁伤规划中多弹药打击毁伤幅员计算，既提高了精度，又缩短了计算时间，适用于多发弹药打击计算。

2.4.4 三维结构化网格构建及侵彻毁伤计算

建筑物等目标结构多为三维几何结构构型，结构足够大，以至于大于弹药的威力场范围，在计算时不能等效为点目标或者面目标进行计算，必须按三维结构进行计算，可用毁伤体积进行毁伤效能表征，并且要计算得到随机的炸点坐标。为了计算方便，可将一些只知道外轮廓的建筑物等目标简化为长、宽、高分别为 L、W、H 的长方体等效结构；再在等效长方体目标内建立对应的目标坐标系，具体划分网格所用的目标坐标系的建立方法如下：将坐标系原点定在等效长方体底面中心点（或几何中心为中心点，对此没有特殊要求），Y 轴垂直于地面，X 轴指向等效长方形较长边的方向，若两边长度相等则任取一边作为长边，Z 轴通过右手定则获得，建立的坐标系如图 2－43 所示。同样，可将上述长方体结构划分成多个结构化的小长方体（即上文中所说的微元体），并对网格按照三维空间位置顺序进行编号，赋予网格“毁伤状态”属性（或称载荷作用状态），对每个网格的面、线、点分别进行编号，并对编号后的面和线分别赋予物理属性，这样就可将建筑内部的房间等效为均匀划分的网格，长、宽、高三边划分的网格数量分别为 D_L、D_W、D_H，每个网格长宽高 R_L、R_W、R_H相同或者不相同均可进行计算。对于上述划分，若以建筑为例，线即代表为梁，面即代表为墙。当然，上述方法还可以适用于真实目标，对于知道具体结构的建筑，可以按真实结构进行网格划分。

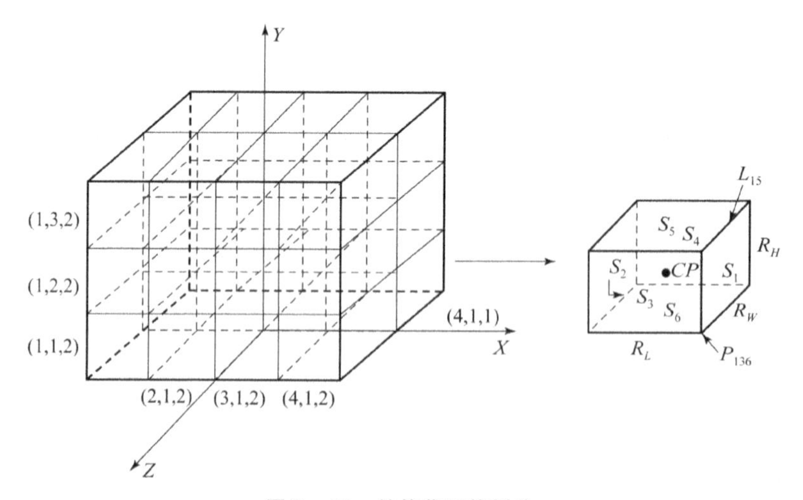

图 2－43 结构化网格划分

在划分网格过程中，同时要进行结构化网格的建立，在结构化网格建立过程中，将每个网格进行编号，则沿 X 轴正方向第 i 个、Y 轴正方向第 j 个、Z 轴正方向第 k 个网格编号为 R（i，j，k），这些编号有利于在弹目交会计算时快速找到该网格并进行计算。

编号为 R（i，j，k）网格的几何中心坐标为 $CP_{R(i,j,k)}=(X_{R(i,j,k)}, Y_{R(i,j,k)}, Z_{R(i,j,k)})$；则 $CP_{R(i,j,k)}$ 3 个坐标值可通过网格编号 $R(i,j,k)$ 经式（2-20）计算得到：

$$\begin{cases} X_{R(i,j,k)} = -L/2 + (i-0.5) \times L/D_L \\ Y_{R(i,j,k)} = (j-0.5) \times H/D_H \\ Z_{R(i,j,k)} = -W/2 + (k-0.5) \times W/D_W \end{cases} \tag{2-20}$$

在此，将目标坐标系 X 轴正方向定为右，Y 轴正方向定为上，Z 轴正方向定为前如图 2-43 所示；将划分网格的 6 个面按照右、左、前、后、上、下分别编号为 S_1、S_2、S_3、S_4、S_5 和 S_6，对于建筑物目标每个网格可代表一个房间，则可按（建筑物等）目标内部（房间）网格结构赋予每个网格面物理属性，如：对于建筑物目标内房间所述物理属性包括“承重墙”或“剪力墙”，有些面即为承重墙、有些面即为剪力墙，则两个面交线，即两个墙相交线编号为两个面的编号，如 S_2 和 S_3 的交线为 L_{23}，并可将垂直于 XOZ 交线赋予“柱”的属性，平行于 XOZ 交线赋予“梁”的属性。3 个面的交点编号为 3 个面编号，如 S_1、S_2 和 S_3 的交点为 P_{123}，这样就可以整体表征建筑物以及属性（含墙、柱、梁等），并可在面上附上材料，通过对应映射微分化每个网格上材料的强度等。同时，可以根据计算结果赋予网格“毁伤状态”属性，用 $DS_{R(i,j,k)}$ 进行表示，取值为 0 或 1，其中 0 代表未被毁伤，1 代表已被毁伤；通过这种方法可以实现多发弹打击下的目标毁伤效果的累计计算，最终实现多弹对目标打击毁伤效能计算。采用上述结构化网格可以提升侵彻类弹药对建筑物等目标侵彻、内爆计算的精度；同时，可确保计算时间控制在可以接受的秒量级范围内。其具体计算方法如下。

首先，根据弹目交会计算获得侵彻弹药弹道与（建筑物等）目标表面撞击点 $P_{\text{Hit}}=(X_{\text{Hit}}, Y_{\text{Hit}}, Z_{\text{Hit}})$ 坐标，根据弹药与目标的撞击点坐标可以确定弹药对（建筑物等）目标侵彻开始时所对应（建筑物等）目标内（房间）的网格编号 $R_1(i_1, j_1, k_1)$，具体计算方法如下：

$i_1=(X_{\text{Hit}}+L/2)/(L/D_L)+1$，向下取整；

$j_1=Y_{\text{Hit}}/(H/D_H)+1$，向下取整；

$k_1=(Z_{\text{Hit}}+W/2)/(W/D_W)+1$，向下取整。

然后，根据上述计算得到的（房间等）网格编号 $R_1(i_1,j_1,k_1)$，进一步获得弹药侵彻（建筑物等）目标开始时侵彻（建筑物等）目标中所对应的（房间等）网格几何中心点坐标 $CP_{R1(i1,j1,k1)}$。此时，为侵彻初始阶段，侵彻层数计数为1，即 $F_C=1$。

接着，可根据侵彻弹药入射速度、角度和入射面的材料属性所对应的力学强度、厚度等参数查表获得弹药对墙或侵彻后的剩余速度 V_{FC}，毁伤效应表格设计可按表2-8（表内参数为示例参数）进行。在此，也可以采用侵彻毁伤效应算子计算的方法计算得到弹药侵彻墙体后的剩余速度，查表针对性强，但简单、精度低。毁伤效应算子计算适用性强，但是计算精度和复杂度较高，各有优势。在火力规划系统中查表更加适用，只是表中数据的间隔需要合理；在平时推演中，毁伤效应算子更加合适。

表2-8　侵彻弹药毁伤效应表

入射速度/(m·s^{-1})	入射角/(°)	方位角/(°)	入射面属性	入射面材料	入射面厚度/m	侵彻后速度/(m·s^{-1})
800	90	0	承重墙	混凝土C30	0.4	500
600	80	60	剪力墙	混凝土C30	0.3	350
…	…	…	…	…	…	…

最后，根据弹药末端弹道方程计算得到末端弹道线在所相交（房间）网格侵出点的坐标及所在面的编号，根据面的编号，即可确定下一个侵彻行为发生的（房间）网格编号，计算侵彻类弹药在网格 $R_1(i_1,j_1,k_1)$ 侵出点坐标 $P_{R_1(i_1,j_1,k_1)}=(X_{R_1(i_1,j_1,k_1)},\ Y_{R_1(i_1,j_1,k_1)},\ Z_{R_1(i_1,j_1,k_1)})$，提高计算速度。此时，弹药已经侵出该（房间）网格，则计层 F_C 加1，并可进一步根据点坐标点判断 $P_{R_1(i_1,j_1,k_1)}$ 所在壁面的序号 $S_i(i=1,2,3,4,5,6)$；进而根据 i 确定弹药侵彻的下一个（房间）网格编号 $R_2(i_2,j_2,k_2)$，具体确定方法如下：

若 $i=1$，则弹体侵彻下一个（房间）网格编号 $R_2(i_2,j_2,k_2)=(i_1+1,j_1,k_1)$；

若 $i=2$，则弹体侵彻下一个（房间）网格编号 $R_2(i_2,j_2,k_2)=(i_1-1,j_1,k_1)$；

若 $i=3$，则弹体侵彻下一个（房间）网格编号 $R_2(i_2,j_2,k_2)=(i_1,j_1+1,k_1)$；

若 $i=4$，则弹体侵彻下一个（房间）网格编号 $R_2(i_2, j_2, k_2)=(i_1, j_1-1, k_1)$；

若 $i=5$，则弹体侵彻下一个（房间）网格编号 $R_2(i_2, j_2, k_2)=(i_1, j_1, k_1+1)$；

若 $i=6$，则弹体侵彻下一个（房间）网格编号 $R_2(i_2, j_2, k_2)=(i_1, j_1, k_1-1)$。

依次迭代进行计算，直到达到侵彻弹药引信计层数 F_{Pene}或侵彻弹药剩余速度为0为止，得到弹药爆炸发生的（房间）网格编号，根据弹药末端弹道线与所述（房间）网格撞击点及引信延迟作用时间就可计算炸点坐标为 $P_{\mathrm{Exp}}=(X_{\mathrm{Exp}}, Y_{\mathrm{Exp}}, Z_{\mathrm{Exp}})$。具体方法如下：可根据弹药末端弹道线在爆炸发生（房间）网格的撞击点坐标，即上一个（房间）网格侵出点坐标为 $P_{R_{FC-1}}=(i_{FC-1}, j_{FC-1}, k_{FC-1})$，则侵彻弹药末端弹道方程，剩余速度 V_{RFC-1}和引信作用时间为 T_{pen}，则可通过式（2-21）求出（建筑物等）目标内炸点 $P_{\mathrm{Exp}}=(X_{\mathrm{Exp}}, Y_{\mathrm{Exp}}, Z_{\mathrm{Exp}})$ 坐标为

$$\begin{cases} X_{\mathrm{Exp}} = X_{R_{FC-1}(i_{FC-1}, j_{FC-1}, k_{FC-1})} + V_{F_C-1} \times T_{\mathrm{Pen}} \times D_X \\ Y_{\mathrm{Exp}} = Y_{R_{FC-1}(i_{FC-1}, j_{FC-1}, k_{FC-1})} + V_{F_C-1} \times T_{\mathrm{Pen}} \times D_Y \\ Z_{\mathrm{Exp}} = Z_{R_{FC-1}(i_{FC-1}, j_{FC-1}, k_{FC-1})} + V_{F_C-1} \times T_{\mathrm{Pen}} \times D_Z \end{cases} \tag{2-21}$$

2.5 基于中间件的多算子插拔式共架技术

2.5.1 问题及解决方法

在毁伤效能计算过程中，若要实现精准计算，则离不开战斗部威力场、毁伤效应等的精准计算，尤其是复杂战斗部结构威力场计算中往往涉及多个步骤，需要采用不同计算函数进行串联调用计算，整个计算过程并非一个计算函数就可以得到最终的计算结果，会存在多个计算函数连续调用的情况，如：破片威力场主要考虑破片的初速和空间分布，在计算过程中，涉及炸药装药Gurney能、破片初速、破片飞散方向角和破片速度衰减系数等多个参量计算，才能计算出不同空间位置处破片的矢量速度，如果是自然破片，还涉及破片的质量分布计算等。另外，在破片、冲击波等毁伤元对目标部件结构毁伤效应的计算过程中，一个目标往往由不同部件结构构成，不同结构的材料并不完全相

同，这就需要采用不同种类的毁伤效应算子进行计算，也会涉及不同算子的联合调用问题，如：破片对目标的毁伤计算，上面已经介绍了采用结构化网格可实现上万枚破片命中目标不同部位的计算，那么对于微分化的网格，破片侵彻计算时，网格上附的材料参数可能并不相同，若要实现精确计算，破片侵彻的弹道极限计算公式也并不相同。目前，战斗部威力场、毁伤元毁伤效应等计算函数的获得方法虽很多，但最为直接的方法就是在一定理论分析基础上，通过试验获取数据，进行系数拟合，这也符合爆炸冲击高速、高压现象难以完全掌握的现实；但是不同研究者拟合的系数往往根据自己的模型，并未统筹考虑，造成每一个模型系数所对应单位制并不一致，如著名的弹体侵彻计算用德马尔公式，长度用的就是分米单位制，计算时的系数也应对应为分米。那么，整个计算过程中一是计算函数多，二是实现某一个功能可用多个计算形成函数，如：仅仅破片初速计算，计算函数形式就有多种；再如同为 Gurney 系数计算函数，既有以 km/s 为量纲的计算函数拟合，也有以 m/s 为量纲的计算函数拟合，甚至还有以 mm/μs 为量纲进行计算函数拟合的，这些不同系数量纲计算函数如何在同一架构下实现“插拔式”接口使用的架构模式，是关系到战斗部威力、目标毁伤效果和弹药毁伤效能软件平台研制的根本。目前，尚没有高效的方法对此问题进行解决，这也是目前各类战斗部威力及毁伤效应计算在软件计算函数里“写成死的”、难以进行计算函数拓展的原因。要实现这些计算函数的“插件化”共架架构，就需要这些计算函数的参数输入量纲可自动转换为系数量纲进行计算，再根据需要由系数量纲转成输出要求量纲进行输出，这才能实现多算子共架计算。

在此，基于单位制系统整体考虑，采用需转换数值除以系数因子到基本单位制量值，再乘以系数因子到需转化单位制量值的方法，提出一种输入/输出计算参量单位制系统的自动转换方法，对输入计算参量转换的系数单位制系统下的数值进行计算，以满足各试验系数计算的要求，计算后根据需要转换成输出单位制下的所需值，实现战斗部威力场、毁伤元毁伤效应计算时，多个计算函数可“插拔”式设计，解决软件平台计算函数的拓展问题；同时，提升软件平台的易修性和易拓展性。其具体思路为：设计“长度-质量-时间”的单位制系统以及基于单位制系统的参数互转的中间件，采用输入单位制、（计算）系数单位制、输出单位制三个单位制体系，构建算子；根据算子的系数单位制，通过确立基准单位制因子并进行扩展转换的方法，将输入计算参数统一转换成（计算）系数单位制下的数量，再根据计算算子进行计算，计算后根据提前确定的输出单位制需求输出带单位制的值，并进行计算数据输出，最终实现多威力计算、毁伤效应算子共架计算。

2.5.2　单位制系统转换

首先，采用模块化程序设计思想，开发单位制支撑工程（可含在数学支撑工程中），整个单位制支撑工程是保证系统单位制转化的基础。在毁伤效能评估计算的所有算法中，除破片数量等无量纲量，大部分参量均为有量纲量，因此为保证算法层正确运行，需将输入变量按照不同算法需求进行单位自动转化，其基本算法如下。

（1）定义基础单位系。在国际单位制下，共有7个基本物理量：长度（L）、质量（M）、时间（T）、电流（I）、热力学温度（T）、物质的量［n(v)］、发光强度［I(Iv)］，其余物理量均可通过上述物理量计算导出获得。整个毁伤效能评估中未涉及电流、热力学温度、物质的量、发光强度，因此选取“长度－质量－时间”基础量纲，构建单位制系统，每个量输入的时候，都带着这3个基础量纲进行输入。

（2）选择各量纲基本单位。结合毁伤效能评估实际需求，所涉及变量在长度物理量上取值范围一般在毫米（mm）至千米（km）量级，在质量物理量上取值范围一般在克（g）至千克（kg）量级，在时间物理量上取值范围一般在微秒（μs）至秒（s）量级。为避免选择中间单位乘除不统一易混淆出错问题，选择各量纲最小单位，即毫米－克－微秒作为基本单位制。

（3）进行变量单位转换。其基本思路分为两部分：一是待转换变量转化至基本单位制，二是基本单位制转化至最终变量需要的单位。首先，在程序中将各量纲单位均用整数分别定义，实现一一对应关系；其次，各量纲单位对应基本单位均存在换算系数，如千克与克之间换算系数为1 000，通过基础单位换算系数可计算得到所有量纲量的换算系数；最后，将变量先乘对应换算系数转化至基本单位制，再除以期望单位对应换算系数转化至期望单位系。在单位转换时，可以构建好转换函数，直接调用计算。单位系转化过程如图2－44所示。目前，已经建立的量纲转换函数列于表2－9中，基本覆盖了毁伤效能评估计算的所有单位。

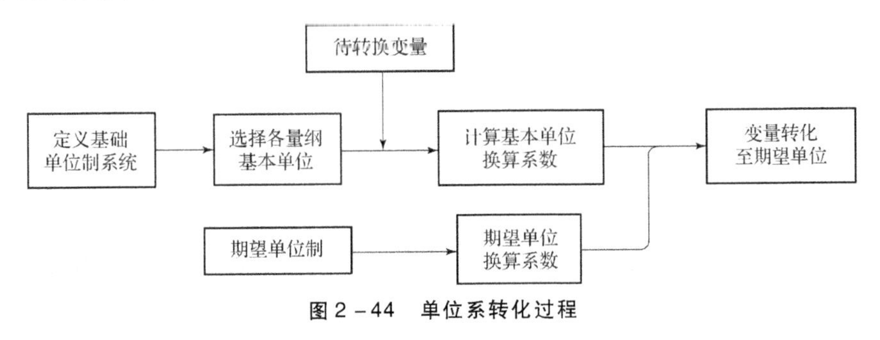

图2－44　单位系转化过程

表 2-9　毁伤效能评估计算中所设计的单位制

序号	量纲	参量定义
1	长度	Length
2	质量	Mass
3	时间	Time
4	应变率	Strain Rate
5	密度	Density
6	力	Force
7	压强	Pressure
8	能量	Energy
9	能量密度	Energy Density
10	（标量）速度	Velocity
11	加速度	Acceleration
12	面积	Area
13	体积	Volume
14	对比距离	Contrast Distance
15	速度衰减系数	Velocity Attenuation Coefficient
16	格尼能系数	Gurney EC
17	比冲量	Specific Impulse
18	侵彻阻力系数	Penetration MFC
19	单位质量爆热	Unit Mass Heat
20	破片形状系数	Fragment Shape Coefficient

2.5.3　共架插拔实现

对于多算子共架插拔，可首先定义（“长度-质量-时间”）基础单位制系统的转换系数基准值，如定义“毫米-毫克（mg）-微秒”的系数为“1-1-1”，对于输入的其他单位即可得到相应的系数，如：对于厘米（cm），其系数即为10；对于克，其系数即为1 000；对于秒，其系数即为1 000 000。

通过这个方法可以得到（“长度-质量-时间”）基础单位制系统的转换系数，并可基于基础单位制系统扩展得到所有量纲的转换。

然后，在使用时，就需要用户自己设置输出单位制系统、计算算子函数（公式）的系数单位制系统、输入参量及参量所对应的单位制系统。程序内可自动进行单位转换的单位不仅限于长度、质量、时间，还应包括战斗部威力和目标毁伤效果计算所涉及的应变率、密度、力、压强、能量、能量密度、速度、面积、体积、对比距离、速度衰减系数、格尼能系数、比冲量、侵彻阻力系数、单位质量爆热、破片形状系数等；单位虽然比较多，但每个单位均来自长度、质量和时间所构成的单位系统，并通过计算可知每个输入计算参量相对于基准值的转换系数。这就要求用户输入一个带单位制系统的参量，如：密度为 7 800 kg/m^3，输入值为 7 800，单位制（m，kg，随意的一个时间单位即可）。

那么，对于输入的每一个参量，采用单位制转换程序（Transform Value），可自动转换成系数单位制系统下的值，具体转换方法为，输入参量乘以单位系统转换系数，转换系数是根据输入单位制系统和系数单位制系统以及参量单位所涉及的物理量纲确定的。转换系数的具体确定方法为：输入单位制系统下转换系数基准值的转换系数/系数单位制系统下转换系数基准值的转换系数。转换模块函数的输入接口为需要转换参量的单位制系统、需要被转换的单位制系统、转换参量具体值、转换单位类型（包括应变率、密度、力、压强、能量、能量密度、速度、面积、体积、对比距离、速度衰减系数、格尼能系数、比冲量、侵彻阻力系数、单位质量爆热、破片形状系数等单位）。

计算前，首先将参量转化到系数单位制下，根据输入的系数，调用算子计算模块在系数单位制下进行计算，并得到相应的数值，该数值是系数单位制下的数值。

最后，根据确定的输出单位制系统，将计算结果数值，采用单位制转换模块，转化成输出单位制系统下的值，进行输出，整个计算示例代码见附录 A。

综上，战斗部威力场、毁伤元毁伤效应计算中所涉及的各个计算函数均可根据上述方法进行分模块框架设计，相关计算函数通过单位制转换实现“插件化”架构。如杀爆战斗部破片场计算涉及炸药格尼能、单个破片初速、单个破片飞散方向和破片速度衰减等计算；在单个破片初速计算时需要炸药的格尼能计算结果作为输入，在单个破片飞散方向和破片速度衰减计算时需要破片初速作为输入，而炸药格尼能、单个破片初速、单个破片飞散方向和破片速度衰减等计算均可以采用不同的计算（算子）函数进行，且多个计算（算子）函数系数拟合时采用的单位制可能均不相同。那么，通过单位制转换模块实现与整体计算模块的耦合架构，如图 2-45 所示。

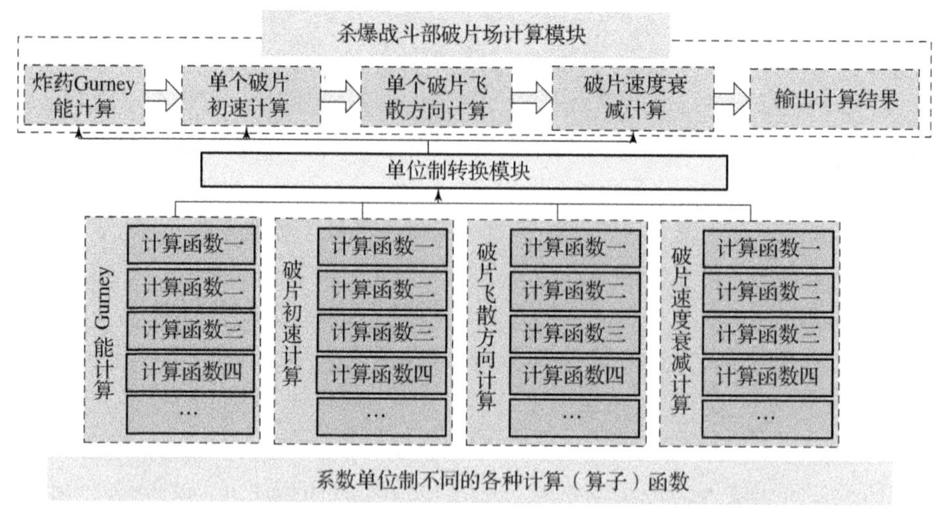

图 2-45 杀爆战斗部破片场计算模块多算子插拔式共架式架构

再如杀爆战斗部在确定炸点条件下对目标的毁伤效应计算，则涉及作用于目标表面的冲击波超压、比冲量计算，冲击波对目标的毁伤效应计算，破片速度衰减计算，破片对目标的毁伤效应计算等，每个计算模块均可以采用不同的计算（算子）函数进行。那么，通过单位制转换模块实现与整计算模块的耦合架构，如图 2-46 所示。

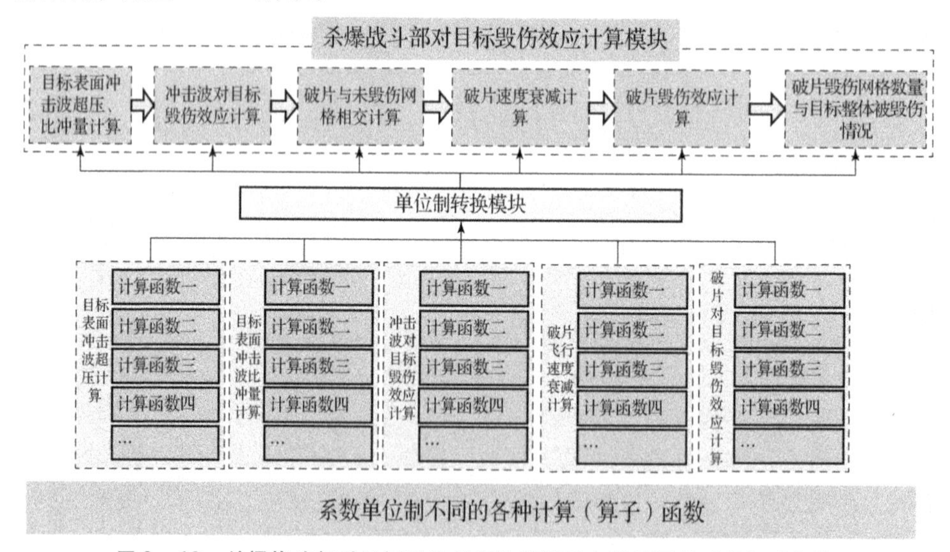

图 2-46 杀爆战斗部对目标毁伤效应计算模块多算子插拔式共架式架构

第3章

弹药毁伤效能计算模型及参量

3.1 概　　述

毁伤是弹药作用的“最后一公里”，武器弹药毁伤效能数据可解决弹药“有什么用”和“如何用”的问题，这一问题是弹药论证、研制和作战运用等活动中的核心问题，是弹药最重要的性能之一。根据第2章介绍可知，弹药毁伤效能评估计算主要根据弹药战斗部威力、目标易损性、弹药末端参数（命中精度、末端弹道参数等）以及毁伤（引战）分系统的启动和作用规律等，采用解析算法快速求解，并分析各种因素对毁伤效能的影响规律。武器弹药毁伤效能数据来自弹药对目标打击的毁伤效能计算。综上涉及多个方面，采用不同参量表征情况下，计算方法及模型也不尽相同。第2章中已经介绍了武器弹药对目标毁伤效能计算的一般原理与流程，包括毁伤概率、毁伤幅员和毁伤体积三种毁伤效能表征下的计算原理及流程。本章将根据第2章所介绍的基础上，进一步展开针对毁伤概率、毁伤幅员的计算模型详细介绍；对于毁伤体积计算可参照毁伤幅员进行，在此不做详细介绍；然后，介绍武器弹药毁伤效能及瞄准点规划通用计算模型及相关参量，为后续弹药毁伤效能计算所需数据库的建立、弹药毁伤效能评估软件系统框架构建以及实际应用实例等的介绍提供支撑。

3.2　单发毁伤概率计算

根据第2章中介绍的单发毁伤概率计算一般原理和流程，可确定弹药单发毁伤概率计算包括炸点位置计算和坐标毁伤概率（或称条件毁伤概率）计算两个部分，各自的计算通用模型如下。

3.2.1　炸点位置计算

根据第2章中介绍的弹药单发毁伤概率计算可知，炸点位置计算包括：①随机数抽样（通常采用 Monte - Carlo 方法）；②引信启动点计算；③（制导平面上的）二维落点坐标计算；④末端弹道线计算；⑤炸点坐标计算，共5个部分。各部分计算过程如下。

1. 随机数抽样（通常采用 Monte - Carlo 方法）

1）蒙特卡洛方法简介

蒙特卡洛方法又称为统计试验法或数字仿真法，基本思想是用人为方法产生大量随机数，多次模拟工程问题过程，按大数定律找出其规律。

蒙特卡洛方法既可求解概率问题及随机过程，又可求解非概率问题。利用蒙特卡洛方法进行随机数抽样，实质上是用符合命中规律和引信启动规律的随机数来模拟炸点坐标。蒙特卡洛方法模拟的抽样与计算结果的一致性在于：命中坐标和引信启动点的随机抽样是以试验获得分布密度函数为基础进行的，而实际的单发弹药射击精度通常也是大量蒙特卡洛抽样试验的统计平均结果。

2）随机抽样原理及方法

（1）[0，1] 均匀分布随机数。利用蒙特卡洛方法进行计算和分析时，关键是产生 [0，1] 上均匀分布的随机数，当这一随机数产生后，可以利用各种方法产生服从各种分布的随机数。

当前应用最广泛的产生均匀分布随机数的数学方法是线性同余法，它是由迭代过程实现的，其算法简单、易懂、容易实现，所产生的均匀分布随机数统计性质良好。线性同余法又可分为加同余法、乘同余法和混合同余法。其中，加同余法随机性较差，可采用混合同余法。

混合同余法的迭代公式为

$$y_{n+1} = ay_n + b(\mathrm{mod}M) \tag{3-1}$$

$$r_n = \frac{y_n}{M} \tag{3-2}$$

式中：a、b、M 以及初值 y_0 都是正整数。

式（3-1）中 mod$M$ 是同余符号，算式 $A = B$（mod$M$）表示 A 是 B 被正整数 M 除后的余数，即 $B = aM + A$。r_n 为［0，1］上均匀分布的伪随机数。$M = 2k$，k 是计算机字长。由于计算机字长 k 是有限的，所以 M 是有限的。由上式可以看出，$0 \leqslant y_0 < M$，$0 \leqslant r_n < 1$。因此，不同的 y_n（同样 r_n）至多有 M 个不相同的值。这说明伪随机数是有周期性的，用 T 表示伪随机数的周期，一般 $T \leqslant M$，即每隔 T 个不同的 y_n（同样 r_n）后循环一次。既然如此，$\{r_n\}$ 就不是真正的随机数。不过如果 T 充分大，一般要求 T 大于蒙特卡洛法进行函数误差分析的抽样次数，这样只要在一个周期内使伪随机数通过独立性和均匀性的统计检验，在工程上应用还是适合的。因此，一般对伪随机数产生算法的要求是：①算法简单，计算速度快；②周期 T 大；③在一个周期内通过独立性和均匀性统计检验。当采用同余法产生伪随机数时，只有通过适当的选取参数 a，b，y_0 来达到上面这三点要求。为获得最大周期，其参数选择应满足如下条件：

①$b > 0$，且 b 与 M 互素。

②乘子（$a-1$）是 4 的倍数。

根据 Knuth 提出的建议，可按以下三点选取参数：

①y_0 为任意整数。

②乘子 a 满足三个条件，即 $a(\mathrm{mod}8) = 5$；$M/100 < \mathrm{a} < M - \sqrt{M}$；$a$ 的二进制形式应无明显规律性。

③b 为奇数，且 $b/M \approx 0.5 - \sqrt{3}/6 \approx 0.211\ 32$。

关于同余式中各参数值的选择，目前有很多经过实践检验，能产生出具有较好性质的随机数的经验值。

（2）标准正态分布随机数。获取正态分布随机抽样的方法很多，通常可采用极限近似法获得正态分布随机数。根据概率论可知，［0，1］区间的均匀分布随机变量 r_n 的数学期望和方差分别为

$$E_r = 1/2;\ D_r = 1/12$$

根据统计检验，取

$$\xi = \frac{\bar{r}_n - 1/2}{\sqrt{D_r}/\sqrt{N}} = \frac{\frac{1}{N}\sum_{i=1}^{N} r_i - 1/2}{\sqrt{1/12N}} = \frac{\sum_{i=1}^{N} r_i - N/2}{\sqrt{N/12}} \tag{3-3}$$

由中心极限定理可知，当 N 相当大时，ξ 近似服从正态分布，所以式（3-3）可用于从 N 个均匀分布随机数 r_i（$r_i = 1, 2, \cdots, N$）产生一个标准正

态分布随机数 ξ，通常可取 $N=8\sim12$。取最大值12，便可得到

$$\xi = \sum_{i=1}^{12} r_i - 6 = \sum_{i=1}^{6} r_i - \sum_{i=7}^{12}(1-r_i) \tag{3-4}$$

假设需要的正态随机量满足 $\eta \sim \eta(\mu,\ \sigma^2)$，则 η 可由式（3-5）得到：

$$\eta = \sigma \times \xi + \mu \tag{3-5}$$

（3）二维标准正态分布随机数。产生出［0，1］区间均匀分布随机数后，也可直接抽样构造正态分布随机数来产生二维标准正态分布随机数。此方法是用一对［0，1］区间的均匀随机数 r_1，r_2 按以下数学式构成一对标准正态分布随机数，即

$$y_1 = \sqrt{-2\ln r_1}\cos(2\pi r_2) \tag{3-6}$$

$$y_2 = \sqrt{-2\ln r_1}\sin(2\pi r_2) \tag{3-7}$$

y_1，y_2 服从二维标准正态分布，其密度函数为

$$f(y_1,y_2) = \frac{1}{2\pi}\exp\left[-\frac{1}{2}(y_1^2+y_2^2)\right] \tag{3-8}$$

经过如下变换，可得到一般形式的正态分布：

$$x_1 = \mu_1 + \sigma_1 y_1 \tag{3-9}$$

$$x_2 = \mu_2 + \sigma_2 y_2 \tag{3-10}$$

（4）样本容量的确定。对于随机数抽样样本容量可按以下方法确定。设有一随机变量的序列 X_i（$i=1,\ 2,\ \cdots,\ N$），以它的统计平均值 $X(N)$ 作为其真实数学期望值 M_x 的估计量时，其相对误差小于某 ε 的概率表示为

$$P_r\{\,|[X(N)-M_x]/M_x| \leqslant \varepsilon\} \geqslant 1-\alpha \tag{3-11}$$

式中：$(1-a)$ ——置信水平；

ε——置信限，用它来作为相对误差大小的衡量尺度。

实际上 M_x 是未知的，因此，当给定计算误差 ε 和置信水平 $1-a$ 时，样本容量 N 可由下式确定：

$$\frac{N}{S^2(N)} \geqslant \frac{t_{\alpha/2}^2(N-1)}{X(N)\varepsilon^2} \tag{3-12}$$

$$X(N) = \frac{1}{N-1}\sum_{i=1}^{N} X_i \tag{3-13}$$

$$S^2(N) = \frac{1}{N-1}\sum_{i=1}^{N}[X_i - X(N)]^2 \tag{3-14}$$

式中：$S^2(N)$ ——随机变量 X 对 N 样本的统计方差；

$X(N)$ ——随机变量 X 对 N 样本的统计平均值；

$t_{a/2}(N-1)$ ——自由度为 $(N-1)t$ 分布的双侧百分位点。

当N足够大时，如$N>20$时，t分布已很接近正态分布，其双侧百分位点在$1-a=0.95$时接近于正态分布极限值：

$$t_{\alpha/2}(N-1)\approx 2 \tag{3-15}$$

则样本容量N应满足下列条件：

$$2\cdot\sqrt{\frac{S_{x2}}{S_{x2}^2}-\frac{1}{N}}\leqslant\varepsilon \tag{3-16}$$

$$S_{x1}=\sum_{i=1}^{N}X_i \tag{3-17}$$

由式（3-16）可见，计算误差ε与试验次数N的平方根成反比，即

$$\varepsilon\propto 1/\sqrt{N} \tag{3-18}$$

要使误差下降1个数量级，试验次数N需增加2个数量级。故为了达到所要求的精度，需要有足够的试验次数N。通常在毁伤概率计算时，N要大于100，即抽样次数大于100。

2. 引信启动点计算

引信启动决定了炸点的第3个坐标，引信启动点位置与启动概率相关，启动概率包括引信本身性能参数（如瞎火率）、战场环境、目标近场探测特性以及火工品可靠性等一系列数据，不同类型引信启动概率不同，应分类型分析。因引信启动涉及引信探测另一个专业，在此不做详细介绍。以引信启动概率统一的参数进行输入，若有则按有的参量进行计算，若没有，可先空着，但计算时统一按理想的1进行计算；那么引信启动点位置要么直接输入，要么根据目标近场探测特性，基于引信的探测角计算获取，要么采用具体区间内一维正态分布抽样获取；具体计算方法在此不再详细介绍。

3. （制导平面上的）二维落点坐标

落点计算通常必须要明确是在制导平面还是在地面上，但不管是制导平面还是地面均为二维坐标计算。为了便于计算，根据射击坐标系及弹体坐标系中y轴向上的定义，落点坐标可在XOZ平面内进行计算。弹药作用目标类型不同，精度不同，测试方法也不同，制导坐标系很多时候并不完全相同，且有时为了测试方便，不同的弹药类型所对应的命中精度表征也并不相同；因此，落点坐标计算方法也并不完全相同。

在此，根据弹药作用情况，分成对地面、地下和海面目标的落点坐标以及对空中目标的落点计算两种情况就弹药落点坐标计算进行简单介绍，在实际计算过程中，具体问题还需要具体分析，在此并不做深入分析。

1）对地面、地下和海面上的静止目标

（1）命中精度在地面上表征。

命中精度在地面上进行表征是较为常见的一种情况，如：采用地面 CEP 或地面密集度进行表征；该情况下，若不考虑侦察误差，弹药落点坐标即为瞄准点（Aim）、系统误差（SE）和随机误差（RE）的耦合。一般情况，随机误差用标准偏差进行表征，可以通过 CEP、密集度等弹药自身精度参数计算获得，具体计算方法因弹药类型不同而不同，计算需要的参量列于表 3－1 中。

表 3－1　落点计算所需要的参量（对地面、地下、海面等静目标）

序号	参量	
1	瞄准点（地面坐标系中）	
2	系统误差	X 方向（射击纵向）
		Z 方向（射击横向）
3	随机误差（即标准偏差）	X 方向（射击纵向）
		Z 方向（射击横向）

在地面坐标系中（定义见 2.1.1 节）进行落点坐标计算，具体计算方法如下：

$$\begin{cases} X_{\mathrm{Fall}P} = X_{\mathrm{aim}P} + s_x + v_{s1} \cdot \sigma_x \\ Y_{\mathrm{Fall}P} = Y_{\mathrm{aim}P} + s_y + v_{s2} \cdot \sigma_z \end{cases} \tag{3-19}$$

式中：$(X_{\mathrm{Fall}P}, Z_{\mathrm{Fall}P})$——落点坐标；

$(X_{\mathrm{aim}P}, Z_{\mathrm{aim}P})$——瞄准点坐标；

s_x——X 方向（射击纵向）系统误差；

s_y——Y 方向（射击纵向）系统误差；

σ_x——X 方向（射击纵向）标准偏差；

σ_y——Y 方向（射击纵向）标准偏差。

（2）命中精度在制导平面上表征。

命中精度在制导平面上进行表征是传统理论较多应用的一种方法；该情况下，弹药在制导平面拦截点上（图 2－11）的坐标即通过瞄准点（Aim）、系统误差（SE）和随机误差（RE）的耦合进行计算获得，并要通过弹道俯仰角、弹道偏角进行转换，具体计算方法如下：

在制导平面上计算获得落点坐标，计算方法如式（3－19）；根据制导平面上的落点坐标通过转换矩阵可得到其在地面上的落点坐标，计算需要的参量列于表 3－2 中。

表 3－2　落点计算所需要的参量（对地面、地下、海面等静目标）

序号	参量	
1	瞄准点（地面坐标系中）	
2	系统误差	X 方向（射击纵向）
		Z 方向（射击横向）
3	随机误差（即标准偏差）	X 方向（射击纵向）
		Z 方向（射击横向）
4	（末端）攻击角	弹道俯仰角
		弹道偏角

2）对空中目标

弹药对空中目标进行毁伤时，弹药命中精度可在目联相对速度坐标系中进行表征，弹药落点即为瞄准点（Aim）、系统误差（SE）和随机误差（RE）的耦合，该计算可在脱靶平面（定义见 2.1.1 小节）内进行计算，既可采用直角坐标系，也可以采用极坐标系。对于极坐标系用脱靶量和脱靶方位角进行表征，极坐标可以向直角坐标进行转换，通过转换得到直角坐标系中的坐标，因此，可在脱靶平面上根据瞄准点计算获得落点坐标，计算方法如下：

$$\begin{cases} X_{\mathrm{Fall}P} = X_{\mathrm{aim}P} + \rho_s \cos(\theta_s) + \rho_r \cos(\theta_r) \\ X_{\mathrm{Fall}P} = X_{\mathrm{aim}P} + \rho_s \sin(\theta_s) + \rho_r \sin(\theta_r) \end{cases} \tag{3-20}$$

式中：$(X_{\mathrm{Fall}P}, Z_{\mathrm{Fall}P})$ ——落点坐标；

$(X_{\mathrm{aim}P}, Z_{\mathrm{aim}P})$ ——瞄准点坐标；

ρ_s——系统误差产生的脱靶量；

θ_s——系统误差产生的脱靶方位角；

ρ_r——随机误差产生的脱靶量；

θ_r——随机误差产生的脱靶方位角。

计算需要的参量列于表 3－3 中。

表 3－3　落点计算所需要的参量（对空中目标）

序号	参量	
1	瞄准点（目联相对速度坐标系中）	
2	系统误差	脱靶量（整态分布）
		脱靶方位角（均匀分布）
3	随机误差（即标准偏差）	脱靶量（整态分布）
		脱靶方位角（均匀分布）

3）对地面、海面上的运动目标

对于运动目标打击，要求导引头具有跟踪能力，命中精度与导引头有关；虽在地面，仍可参考空中目标的方法，在目联相对速度坐标系中进行表征，弹药落点即为瞄准点（Aim）、系统误差（SE）和随机误差（RE）的耦合，具体方法与空中目标类似。在脱靶平面上计算获得落点坐标，计算方法也可采用式(3-21)，需要参量见表3-3。通常地面上目标运动速度往往较空中慢很多，而弹药速度多为高速，目标相对于导弹基本上为静止状态；所以，很多时候可忽略目标运动速度，按静止目标进行处理。

4. 末端弹道轨迹

末端弹道轨迹线的获取可为计算中确定弹药末端与目标的交点坐标提供支撑，为引信启动位置和炸点的计算提供条件。弹药末端弹道通常假设认为是直线，其表征可用参数方程的方法由一点（即落点）和（弹药末端）攻击角(即弹道俯仰角、弹道偏角）进行确定。

1）对地面、地下、海面上的静止目标

（1）命中精度在地面上表征。

对于命中精度在地面上表征情况，弹药落点也在地面上，如图3-1所示。

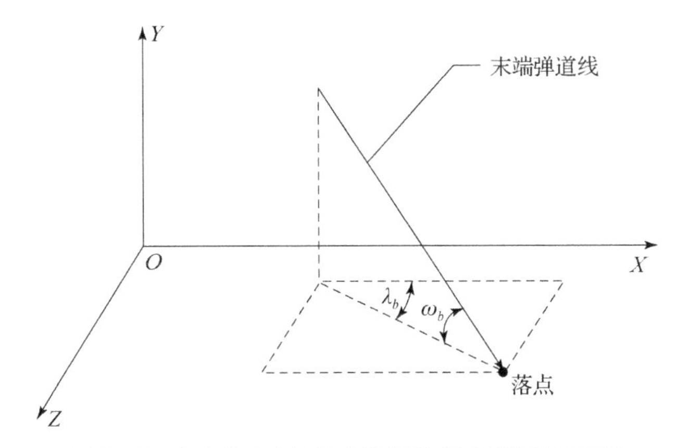

图3-1　命中精度在地面上表征的末端弹道线示意图

则末端弹道线方程为

$$\frac{x_{eb}-X_{\mathrm{Fall}P}}{\cos\omega_b\times\cos\lambda_b}=\frac{y_{eb}}{\sin\omega_b}=\frac{z_{eb}-Z_{\mathrm{Fall}P}}{-\cos\omega_b\times\sin\lambda_b} \tag{3-21}$$

式中：(x_{eb}, y_{eb}, z_{eb})——弹药末端弹道线上的一点；

$(X_{\mathrm{Fall}P}, Z_{\mathrm{Fall}P})$——落点坐标（在地面坐标系中）；

ω_b——弹道俯仰角；

λ_b——弹道偏角。

末端弹道线计算需要的参量列于表 3－4 中。

表 3－4　末端弹道线计算所需要的参量（对地面、地下、海面等静目标）

序号	参量	
1	落点坐标（地面坐标系中）	
2	（末端）攻击角	弹道俯仰角
		弹道偏角

（2）命中精度在制导平面上表征。

对于命中精度在制导平面上表征情况，弹药的落点最终仍在地面上，但制导平面与地面并不重合，如图 3－2 所示；通过系统误差（SE）和随机误差（RE）得到的是制导平面上的拦截点，需要通过坐标转换得到相应落点，并根据落点和（末端）攻击角（一个俯仰、一个偏航）即可得到末端弹道线，转换方法主要是转换矩阵相乘，在此不再详细展开。命中精度计算需要的参量列于表 3－5 中。

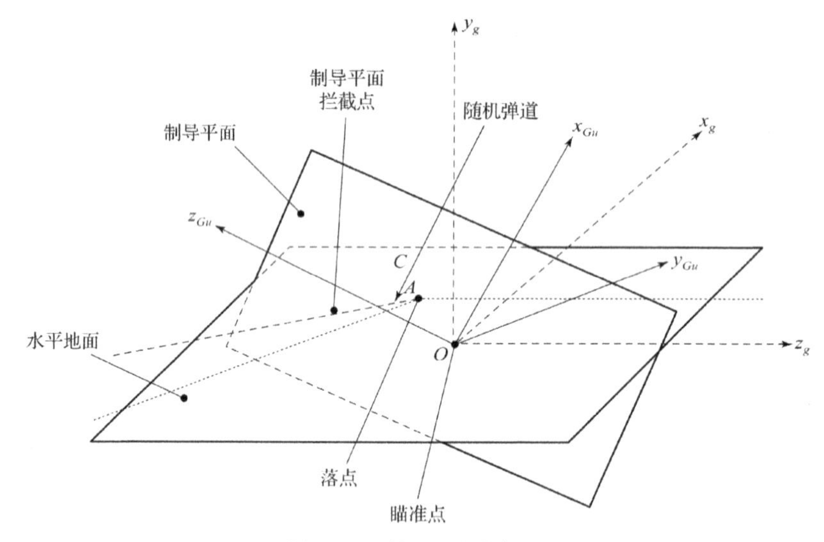

图 3－2　制导平面坐标系

表 3－5　命中精度计算所需要的参量（对地面、地下、海面等静目标）

序号	参量
1	系统误差
2	随机误差

2）对空中的运动目标

空中运动目标是一类特殊情况，不同于地面静止目标，对于空中运动目标，通常在目联相对坐标系中（的脱靶平面）基于脱靶量和脱靶方位角可以计算获得落点坐标，但需要将相对速度坐标系中的落点坐标转换到地面坐标系中。相对速度矢量在地面坐标系中的方向可以由相对速度俯仰角和相对速度偏角进行定义（仍然是两个角），并根据地面坐标系中的落点坐标和弹药的（末端）攻击角一并建立末端弹道方程，转换计算过程所需参量列于表 3－6 中，转换方法在此不详细展开。

表 3－6　末端弹道线计算所需要的参量（对空中目标）

序号	参量	
1	落点坐标（目联相对速度坐标系中）	
2	弹目相对矢量方向定义（地面坐标系中）	相对速度俯仰角
		相对速度偏角
3	（末端）攻击角	弹道俯仰角
		弹道偏角

3）对地面、海面上的动目标

对于动目标的打击，虽在地面仍可参考空中目标的方法，但在目联相对速度坐标系中进行命中点坐标计算时，需要的参量与对空中目标毁伤计算相同；但通常对于高速弹药可将目标近似为静止进行处理。

5. 炸点坐标

炸点坐标可根据二维落点坐标和一维引信启动坐标进行计算获得；因此，可在落点坐标（X_{FallP}，Z_{FallP}）的基础上，根据引信启动模式计算获得炸点坐标（X_{ExpP}，Y_{ExpP}，Z_{ExpP}）；通常，引信启动模式分为触发/开关引信、定高引信、定距引信、延时引信以及计层引信等，在此分别进行介绍。

1）触发引信

触发引信是一种最为常见的引信，靠机械作用实现战斗部的瞬间引爆。实际情况下，引信碰撞目标并非立即起爆，而是有一定灵敏度，存在随机瞬发度的延迟；在此暂时不考虑作用环境对触发引信的影响，认为触发引信达到引信启动阈值时即启动，引信瞬发度是一个一定范围内的随机值。对于触发引信，地面坐标系内炸点坐标如图 3－3 所示。炸点计算模型如下：

$$\begin{cases} X_{\text{Exp}P} = X_{\text{Fall}P} + (V_P \times T_{Ff} + L_{FW}) \times \cos(\omega_b) \times \cos(\lambda_b) \\ Y_{\text{Exp}P} = Y_{\text{Im}P} + (V_P \times T_{Ff} + L_{FW}) \times \sin(\omega_b) \\ Z_{\text{Exp}P} = Z_{\text{Fall}P} - (V_P \times T_{Ff} + L_{FW}) \times \cos(\omega_b) \times \sin(\lambda_b) \end{cases} \tag{3-22}$$

式中：($X_{\text{Exp}P}$，$Y_{\text{Exp}P}$，$Z_{\text{Exp}P}$）——炸点坐标（在地面坐标系中）；

($X_{\text{Fall}P}$，$Z_{\text{Fall}P}$）——落点坐标（在地面坐标系中）；

$Y_{\text{Im}P}$——与目标撞击点的坐标 Y 值，根据末端弹道与目标的交点，若是弹道线与地面的交点，则 $Y_{\text{Im}P}$值为 0；

L_{FW}——引战之间距离；

V_P——弹体落速；

T_{Ff}——引信瞬发度；

ω_b——弹道俯仰角；

λ_b——弹道偏角。

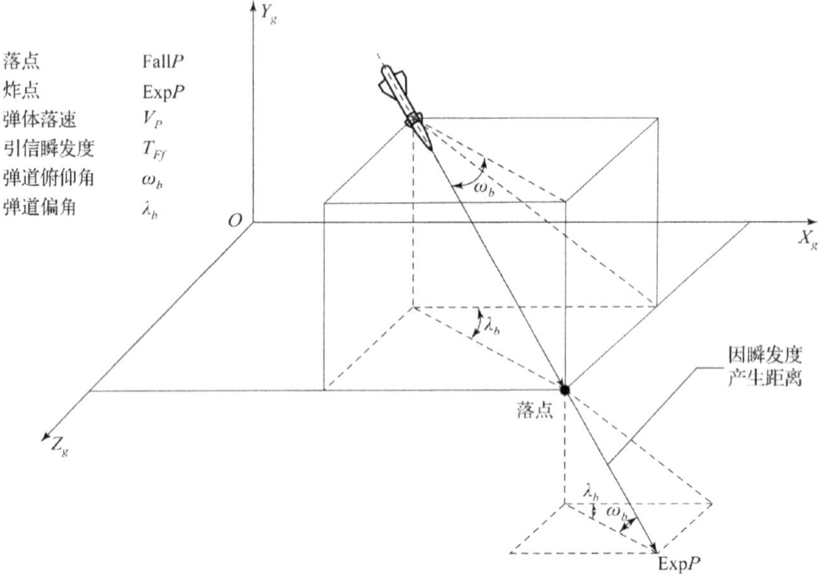

图 3-3 地面坐标系内炸点坐标示意图

根据上述计算模型，对于触发/开关引信计算炸点坐标，需要输入的参量列于表 3-7 中。

2）定高引信

定高引信主要用于杀爆弹，在地面上方一定高度引爆产生毁伤元对目标进行毁伤。对于单路向下探测引信（一些弹药有左、中、右三路向下探测方式，其作用原理是一样的，在此先不做讨论），可根据弹药在落点正上方爆炸和不在落点正上方爆炸两种作用模式进行具体分析，如图 3-4 所示。

表 3－7　炸点计算所需要的参量

<table>
<tr><th>序号</th><th colspan="2">参量</th></tr>
<tr><td>1</td><td colspan="2">落点坐标（地面坐标系中）</td></tr>
<tr><td>2</td><td colspan="2">引战之间距离</td></tr>
<tr><td>3</td><td colspan="2">落速</td></tr>
<tr><td>4</td><td colspan="2">瞬发度</td></tr>
<tr><td rowspan="2">5</td><td rowspan="2">（末端）攻击角</td><td>弹道俯仰角</td></tr>
<tr><td>弹道偏角</td></tr>
<tr><td>6</td><td colspan="2">与目标撞击点的坐标</td></tr>
</table>

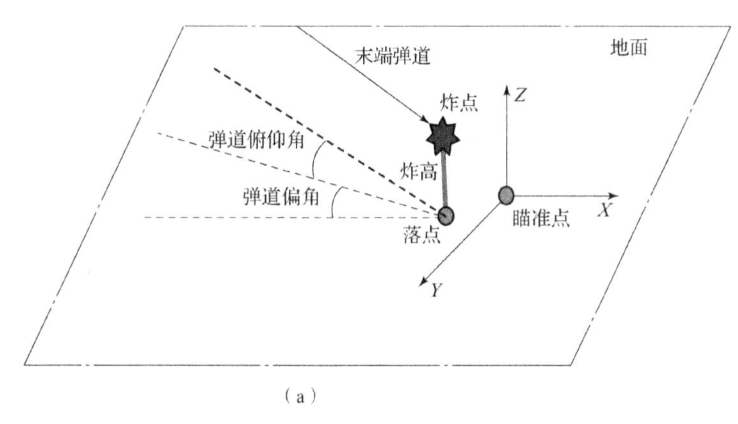

（a）

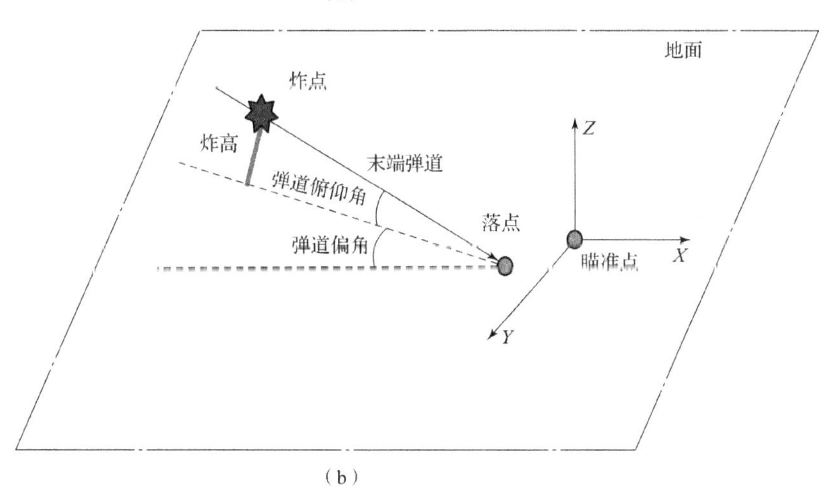

（b）

图 3－4　定高引信的作用模式

（a）在落点正上方爆炸；（b）不在落点正上方爆炸

由图3-4所示，可以推导出炸点的计算模型如下。

（1）在落点正上方爆炸，炸点的计算模型如下：

$$\begin{cases} X_{\mathrm{Exp}P} = X_{\mathrm{Fall}P} \\ Y_{\mathrm{Exp}P} = H_{\mathrm{Fuze}} + R_H \\ Z_{\mathrm{Exp}P} = Z_{\mathrm{Fall}P} \end{cases} \tag{3-23}$$

（2）不在落点正上方爆炸，炸点的计算模型如下：

$$\begin{cases} X_{\mathrm{Exp}P} = X_{\mathrm{Fall}P} + H_{\mathrm{Fuze}} \times \cot \omega_b \times \cos \lambda_b \\ Y_{\mathrm{Exp}P} = H_{\mathrm{Fuze}} + R_H \\ Z_{\mathrm{Exp}P} = Z_{\mathrm{Fall}P} - H_{\mathrm{Fuze}} \times \cot \omega_b \times \sin \lambda_b \end{cases} \tag{3-24}$$

式中：（$X_{\mathrm{Exp}P}$，$Y_{\mathrm{Exp}P}$，$Z_{\mathrm{Exp}P}$）——炸点坐标（在地面坐标系中）；

（$X_{\mathrm{Fall}P}$，$Z_{\mathrm{Fall}P}$）——落点坐标（在地面坐标系中）；

H_{Fuze}——引信期望炸高；

R_H——引信炸高在期望范围内的随机值，可以为正值，也可以为负值；

ω_b——弹道俯仰角；

λ_b——弹道偏角。

根据上述计算模型，对于定高引信的炸点坐标计算，需要输入的参量列于表3-8中。

表3-8　炸点计算所需要的参量（定高引信）

<table>
<tr><th>序号</th><th colspan="2">参量</th></tr>
<tr><td>1</td><td colspan="2">落点坐标</td></tr>
<tr><td>2</td><td colspan="2">引信炸高</td></tr>
<tr><td>3</td><td colspan="2">引信模式（0. 在落点正上方爆炸；1. 不在落点正上方爆炸；2……）</td></tr>
<tr><td rowspan="2">4</td><td rowspan="2">（末端）攻击角</td><td>弹道俯仰角</td></tr>
<tr><td>弹道偏角</td></tr>
</table>

3）定距引信

定距引信主要用于破甲弹，用于对坦克、装甲车辆或武装直升机的直瞄射击，通过伸出探杆确保弹药在最佳炸高下爆炸，形成最佳长度射流、发挥最大威力，对目标进行毁伤。根据弹药的作用模式，定距引信的作用原理如图3-5所示。在计算炸点时，为了便于计算可基于目标坐标系以及末端弹道线与目标的交点，进行坐标系平移建立坐标系 $O_g - X_g Y_g Z_g$。由图3-5可知，在目标坐标系中定距引信的炸点计算模型如下：

$$\begin{cases} X_{\mathrm{Exp}P} = X_{T\mathrm{Imp}} + L_{FD}\cos\omega_b\cos\lambda_b \\ Y_{\mathrm{Exp}P} = Y_{T\mathrm{Imp}} + L_{FD}\sin\omega_b \\ Z_{\mathrm{Exp}P} = Z_{T\mathrm{Imp}} + L_{FD}\cos\omega_b\sin\lambda_b \end{cases} \tag{3-25}$$

式中：$(X_{\mathrm{Exp}P}, Y_{\mathrm{Exp}P}, Z_{\mathrm{Exp}P})$——炸点坐标（在目标坐标系中）；

$(X_{T\mathrm{Im}P}, Y_{T\mathrm{Im}P}, Z_{T\mathrm{Im}P})$——末端弹道线与目标的交点坐标，即 $O_g - X_gY_gZ_g$ 坐标系的原点，若末端弹道线与目标无交点，则需根据与地面的交点进行计算，相关的原理是一样的；

ω_b——弹道俯仰角；

λ_b——弹道偏角；

L_{FD}——引信的定距距离。

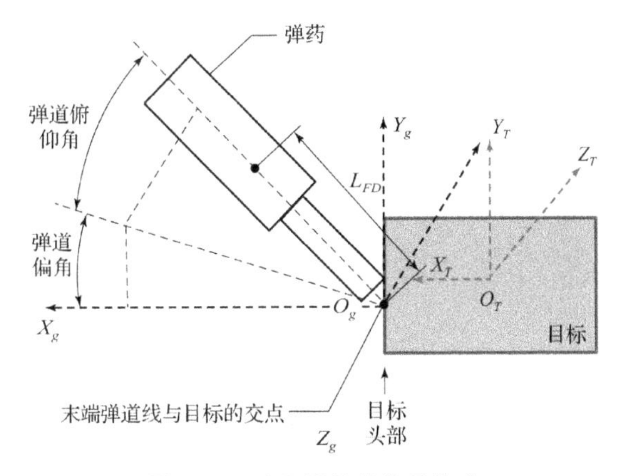

图 3-5　定距引信的作用模式

炸点计算所需的参量列于表 3-9 中。

表 3-9　炸点计算所需要的参量（定距引信）

序号	参量	
1	末端弹道线与目标的交点坐标	
2	引信定距距离	
3	（末端）攻击角	弹道俯仰角
		弹道偏角

4）延时引信

延时引信主要用于对地下、水面和空中目标的打击，在一定时间或空间范围内延时起爆，延时中具有一定的随机性，在此按不同目标打击，分情况进行讨论。

(1) 对地下目标。

对于地下硬目标打击，弹药引信接触到目标表面（末端弹道与地面的撞击点）时开始计时，然后根据延时引信设置时间，结合侵彻弹的侵彻弹道路径计算获得炸点坐标，作用原理如图 3－6 所示。

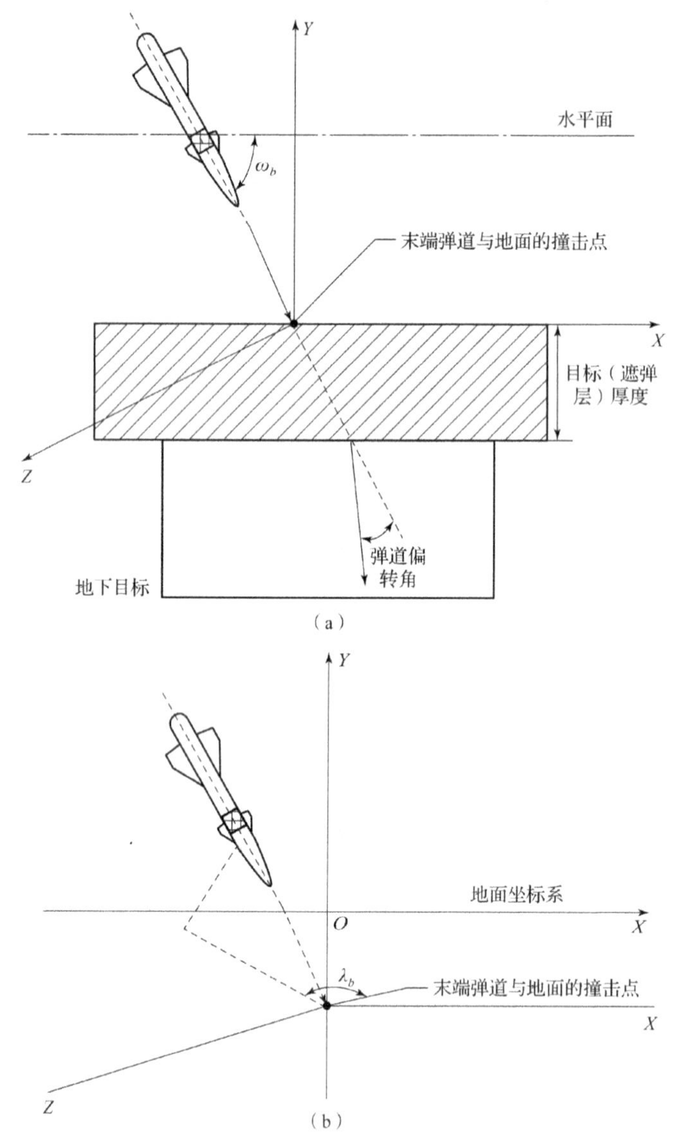

图 3－6 侵彻弹药对地下目标作用原理图

（a）侧视图；（b）俯视图

在此，假设弹体在目标里的侵彻为一直线弹道，进行炸点计算；根据作用原理可知，首先需要计算弹体是否可以贯穿目标层，若不能贯穿则在密实介质内爆炸；若可以贯穿，则需要根据贯穿后的剩余速度计算其在空气中的运动距离，侵彻弹药的侵彻效应可以通过模型计算的方法进行，也可以通过查表的方法获取，如表3-12中所列；若表内数据的设计足够详细，可通过表代替侵彻效应计算，计算时间较快。根据上述计算方法，可得到计算炸点坐标，具体计算模型如下：

设末端弹道的弹道偏角为λ_b，弹道俯仰角为ω_b，与地面的撞击点的坐标为（X_{GImP}，Y_{GImP}，G_{TImP}），末端撞击速度为V_{Tb}，引信延时时间为T_{Fuze}，目标（遮弹层）的厚度为T_h，贯穿后的弹道偏转角为θ_{pb}，贯穿遮弹层后侵出点的坐标为（X_{OutP}，Y_{OutP}，G_{OutP}）；则炸点坐标为（X_{ExpP}，Y_{ExpP}，Z_{ExpP}）。

已知该类型弹在该材料中的最大侵彻距离为D，假设弹体所受阻力一致，速度为线性衰减，进行分情况讨论如下：

①弹体未能贯穿防护层时，即$D \leqslant T_h/\sin(-\omega_b)$，则爆点坐标的计算式如下：

$$\begin{cases} X_{\mathrm{ExpP}} = X_{\mathrm{GImP}} + D\cos\omega_b \cos\lambda_b \\ Y_{\mathrm{ExpP}} = Y_{\mathrm{GImP}} - D\sin\omega_b \\ Z_{\mathrm{ExpP}} = Z_{\mathrm{GImP}} + D\cos\omega_b \sin\lambda_b \end{cases} \tag{3-26}$$

②弹体贯穿防护层时，即$D > T_h/\sin(-\omega_b)$，炸点坐标的计算式如下：

首先，计算弹体射出点坐标（X_{OutP}，Y_{OutP}，Z_{OutP}）

$$\begin{cases} X_{\mathrm{OutP}} = X_{\mathrm{GImP}} + T_h\cot\omega_b \cos\lambda_b \\ Y_{\mathrm{OutP}} = Y_{\mathrm{GImP}} - T_h \\ Z_{\mathrm{OutP}} = Z_{\mathrm{GImP}} + T_h\cot\omega_b \sin\lambda_b \end{cases} \tag{3-27}$$

根据上述假设，弹体所受阻力一致，则弹体侵彻过程中，所受阻力产生的加速度为

$$a_F = \frac{v_0^2}{2D} \tag{3-28}$$

则可根据加速度计算弹体贯穿后的剩余速度V_{Out}和弹体在空气中运动时间T_R，计算式如下：

$$V_{\mathrm{Out}} = \sqrt{1 - \frac{T_h/\sin(\omega_b)}{D}} \times v_0 \tag{3-29}$$

$$T_R = T_{\mathrm{Fuze}} - \frac{2T_h/\sin(\omega_b)}{v + v_{\mathrm{Out}}} \tag{3-30}$$

根据这两个量，则可计算出弹体贯穿后的运动距离为：$D_R = V_{\mathrm{Out}} \times T_R$。

最后，炸点计算式如下：

$$\begin{cases} X_{\mathrm{ExpP}} = X_{\mathrm{OutP}} + D_R\cos(\omega_b + \theta)\cos\lambda_b \\ Y_{\mathrm{ExpP}} = Y_{\mathrm{OutP}} - D_R\sin(\omega_b + \theta) \\ Z_{\mathrm{ExpP}} = Z_{\mathrm{OutP}} + D_R\cos(\omega_b + \theta)\sin\lambda_b \end{cases} \tag{3-31}$$

根据上述计算方法确定炸点计算所需参量，列于表 3 – 10 中。

表 3 – 10　炸点计算所需要的参量（对地下目标延迟引信）

序号	参量
1	末端弹道线与目标的交点坐标
2	末端弹道线方程（写成基于末端弹道线与目标的交点坐标形式）
3	弹道俯仰角
4	弹道偏角
5	引信延迟时间
6	目标（遮弹层）信息表（参量见表 3 – 11）
7	弹药侵彻威力表（参量见表 3 – 12）

表 3 – 11　目标（遮弹层）信息

<table>
<tr><th>序号</th><th colspan="2">参量</th></tr>
<tr><td>1</td><td colspan="2">目标（遮弹层）材料（与材料表名称对应）</td></tr>
<tr><td>2</td><td colspan="2">目标（遮弹层）厚度</td></tr>
<tr><td rowspan="2">3</td><td rowspan="2">目标（遮弹层）表面法向量
与地面的夹角</td><td>俯仰角</td></tr>
<tr><td>方向偏角</td></tr>
</table>

表 3 – 12　侵彻弹药侵彻威力（×× – ×× m/s 速度范围，目标材料名称）

序号	侵彻速度	目标材料名称	目标结构厚度	着角	贯穿后剩余速度	贯穿后弹道偏转角
1						
2						

（2）对水面舰船目标。

对于水面目标（主要为舰船）的毁伤计算时，弹药引信接触到目标表面（末端弹道与舰船的撞击点）时就开始计时，然后根据延时引信所设置的时间，可计算获得炸点坐标，作用原理如图 3 – 7 所示。

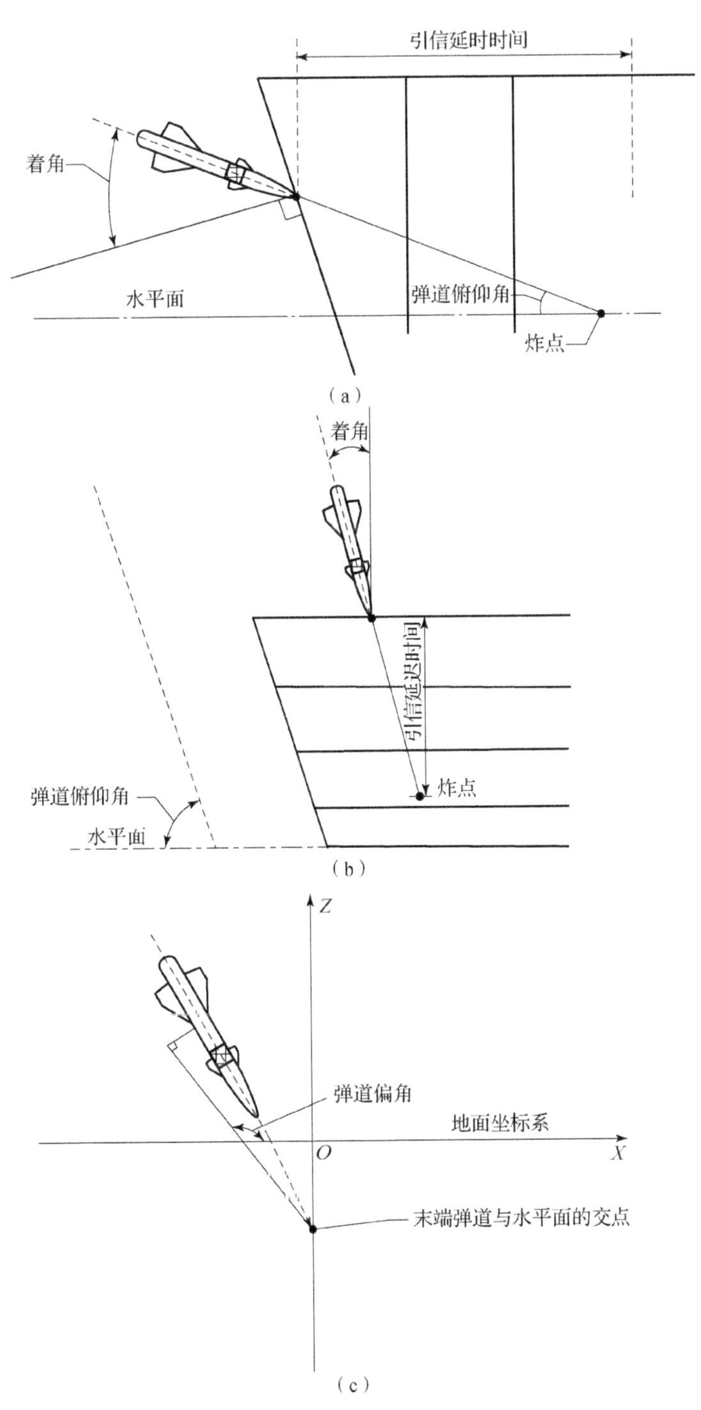

图 3－7　半穿甲弹药对舰船目标作用原理图

(a) 侧舷攻击；(b) 垂直攻击；(c) 俯视图

在此，根据弹药末端作用特点，假设目标侵彻弹道为一直线，进行炸点计算。根据弹药作用的原理可知，需要计算弹体在不同撞击角（对于侵彻计算时，即为着角）下侵彻贯穿每层钢板后的剩余速度，根据剩余速度计算其在空气中的运动时间，并计算炸点坐标。计算方法类似于弹药对地下目标的毁伤作用，根据上述计算方法确定炸点计算所需参量，列于表 3－13 中。

表 3－13　炸点计算所需要的参量（对水面目标延迟引信）

序号	参量
1	末端弹道线与目标的交点坐标
2	末端弹道线方程（写成基于末端弹道线与目标的交点坐标形式）
3	弹道俯仰角
4	弹道偏角
5	舱壁结构信息表（参量见表 3－14）
6	引信延迟时间
7	半穿甲弹药侵彻威力表（参量见表 3－15）

表 3－14　舱壁数据参量

<table>
<tr><th>序号</th><th colspan="2">参量</th></tr>
<tr><td>1</td><td colspan="2">目标（舱壁）材料（与材料表名称对应）</td></tr>
<tr><td>2</td><td colspan="2">目标（舱壁）厚度</td></tr>
<tr><td rowspan="2">3</td><td rowspan="2">目标（舱壁）表面法向量与地面的夹角</td><td>俯仰角</td></tr>
<tr><td>方向偏角</td></tr>
</table>

表 3－15　半穿甲弹药侵彻威力（×× － ×× m/s 速度范围，××舱壁材料名称）

序号	侵彻速度	目标（舱壁）材料名称	目标（舱壁）结构厚度	着角	贯穿后剩余速度	贯穿后偏转角
1						
2						

（3）对空中飞机类目标。

对于空中飞机类目标，引信延迟时间包括两部分：固有延迟时间、随机延迟时间。根据弹药引信探测角与目标的交会情况，结合目标近场探测特性的具体情况可计算确定引信启动点坐标，如图 3－8 所示，然后根据（相对速度坐标系）引信启动点坐标、末端弹道（相对速度坐标系）以及引信延时确定引信起爆点（即战斗部炸点）坐标。

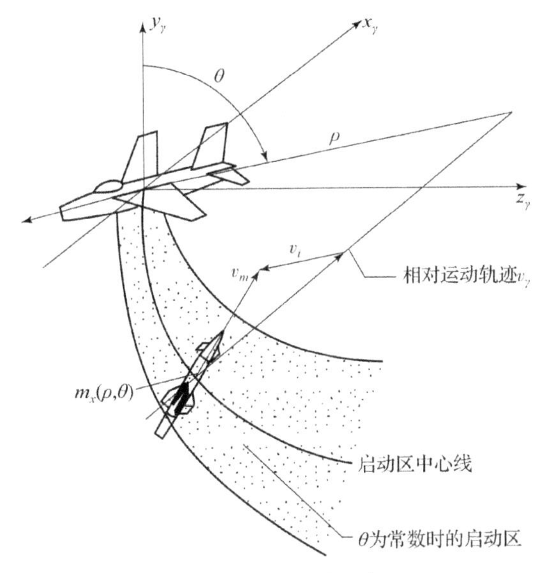

图 3－8　引信启动示意图

由图 3－8 可知，对空中飞机类目标打击时弹药的炸点计算方法与对地面目标的定高或侵彻延迟引信类似，只是在相对速度坐标系中进行计算，但需要考虑目标的近场特性以及引信的探测角，根据上述计算方法确定炸点计算所需参量，列于表 3－16 中。

表 3－16　炸点计算所需要的参量（对空中目标延迟引信）

序号	参量	
1	（相对速度坐标系）末端弹道线方程（写成基于脱靶平面落点的形式）	
2	（相对速度坐标系）末端弹道线上引信启动点（或考虑目标探测性能基于末端弹道线方程和引信探测角计算）坐标	
3	引信延迟时间	固有延时时间
		随机延时时间
4	相对速度俯仰角	
5	相对速度偏角	

5）计层引信

对多层楼房等目标打击时，通常采用计层引信。计层引信会在侵彻战斗部侵彻楼板时对侵彻层数进行计数，当计数达到预先设定数值后，便会引爆战斗部。因此，计层引信的炸点计算不仅与引信设定的计层参数有关，还与楼房目标内部的结构有关，如图 3－9 所示。

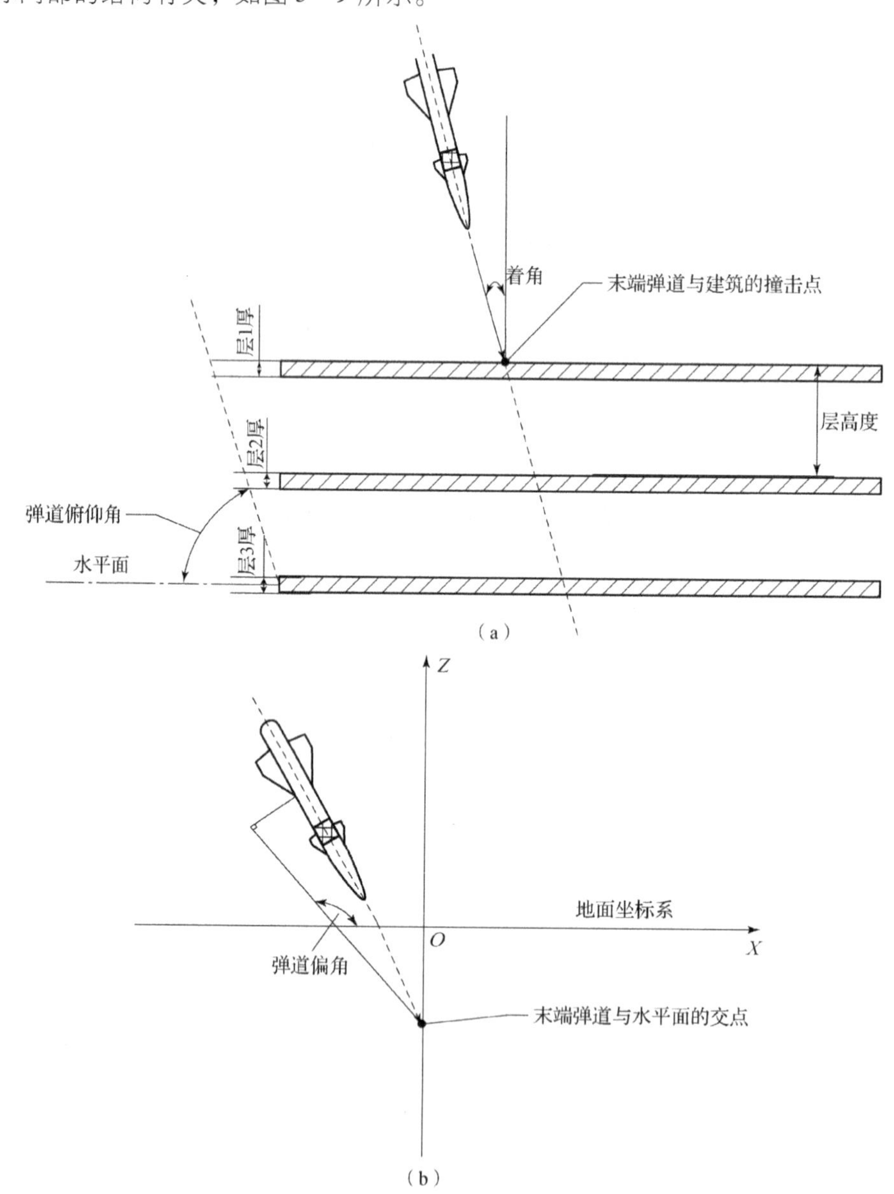

图 3－9　计层引信启动示意图

（a）侧视图；（b）俯视图

在此，假设战斗部对楼房目标的侵彻弹道为一直线弹道，即侵彻后不发生偏转，假设楼房每层高度相同（也可以不相同，只是计算更加复杂），则可进行炸点计算，计算方法如下：

设末端弹道的弹道偏角为 λ_b，弹道俯仰角为 ω_b，与楼房的撞击点为（X_{GImP}，Y_{GImP}，Z_{GImP}），引信计层数为 N_{Fuze}，楼房每层高度为 H_R，炸点坐标为（X_{ExpP}，Y_{ExpP}，Z_{ExpP}），若弹体侵彻面与地面水平，弹道俯仰角即为落角，则炸点计算模型如下：

$$\begin{cases} X_{ExpP} = X_{GImP} + (N_{Fuze} - 1) \times H_R \times \cot \omega_b \cos \lambda_b \\ Y_{ExpP} = Y_{GImP} - (N_{Fuze} - 1) \times H_R \\ Z_{ExpP} = Z_{GImP} + (N_{Fuze} - 1) \times H_R \times \cot \omega_b \sin \lambda_b \end{cases} \tag{3-32}$$

若弹体侵彻面与地面不水平，则需要根据弹体侵彻面与地面夹角和弹体落角计算得到弹体着角，根据着角进行计算；原理一样，只是需要多计算一步，在此不做详细介绍。根据上述计算方法确定炸点计算所需参量，列于表 3-17 中。

表 3-17　炸点计算所需要的参量（对楼房目标计层引信）

序号	参量
1	末端弹道线与目标的交点坐标
2	末端弹道线方程（写成基于末端弹道线与目标的交点坐标形式）
3	弹道俯仰角
4	弹道偏角
5	引信计层数
6	楼房单层高度

3.2.2　坐标毁伤概率计算

坐标毁伤概率计算是毁伤效能评估的核心内容，也是难点之一，难在确定炸点条件下毁伤效应的快速准确计算。根据第 2 章中的弹药单发毁伤概率计算一般性原理和流程可知，坐标毁伤概率计算内容主要包括：

（1）战斗部动态威力场数据（读入）；

（2）目标易损性模型数据（读入）；

（3）毁伤元位置与目标坐标相统一的坐标系转换；

（4）毁伤元与目标及其部件的交会计算；

（5）毁伤元对目标部件的毁伤效应计算；

（6）目标部件毁伤概率计算；

（7）目标整体毁伤概率计算。

对于战斗部动态威力场数据也可以在毁伤效能评估时进行计算获得，只是整个效能计算就比较繁杂、时间偏长。因此，评估软件从模块设计上可设计成至少包含战斗部威力计算与毁伤效能计算两个部分，最大的好处在于各个模块相互独立，易于维护、拓展和各自独立地进行计算工作，但软件系统的复杂性有所增加，需要系统明确各模块部分的接口。在此，细分上述各内容的具体工作如下：

1. 战斗部动态威力场数据（可以为读入）

战斗部动态威力数据是弹药毁伤效能评估的核心基础，是战斗部固有毁伤能力的客观反映。战斗部威力场数据在合理表征情况下可通过静态、动态试验或者静态试验加动态条件理论分析获得。在此，主要介绍弹药毁伤效能计算，对于战斗部威力数据主要还是以利用为主；在数据收集中，暂不去细致研究战斗部动态威力分析模型，而是着重关注战斗部动态威力场参数的应用。因此，可通过战斗部动态威力场数据读入进行；若要进行战斗部动态威力场数据的读入，首先需要规定读入战斗部威力场数据参量要求及格式，这里只是进行需求介绍，格式可根据不同的软件进行确定。

1）杀伤、爆破（含温压、云爆等）及杀爆战斗部

将杀伤、爆破（含温压、云爆等）及杀爆战斗部归为一类的主要考虑是毁伤元类型相同；杀伤、爆破及杀爆战斗部爆炸产生的毁伤元主要是破片和冲击波两类，可根据第2章有限元的思想，采用（微元）网格法进行威力场表征，如图3－10所示；在进行威力场数据记录时，包括破片场分布和冲击波分布两类，或两类一起进行，威力场的数据需求列于表3－18中。对于水中爆炸情

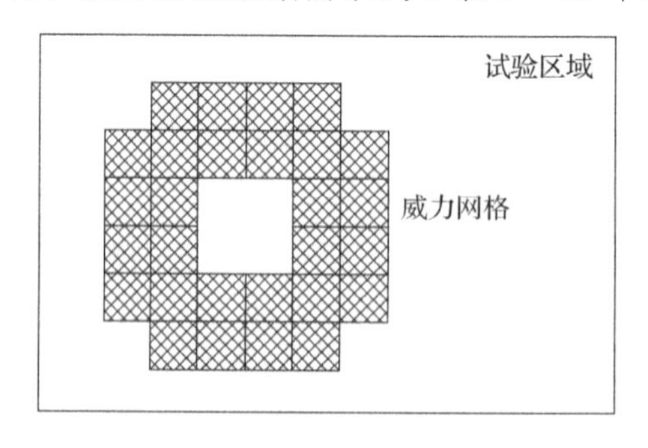

图3－10　杀爆战斗部威力记录网格示意

况，主要考虑水中爆炸产生的冲击波、二次压力波和气泡脉动等毁伤元作用；因此，水中爆炸威力场不同于地面，其可以单独列表进行表征。水中爆炸战斗部动态威力场数据需求列于表 3 – 19 中，在此不做详细介绍。

表 3 – 18　杀爆弹（空中）威力场数据需求

<table>
<tr><th>序号</th><th colspan="2">参量</th><th>量纲</th></tr>
<tr><td>1</td><td colspan="2">战斗部名称</td><td>无</td></tr>
<tr><td>2</td><td colspan="2">配用弹药名称</td><td>无</td></tr>
<tr><td>3</td><td colspan="2">装药名称</td><td>无</td></tr>
<tr><td>4</td><td colspan="2">装药量</td><td>质量</td></tr>
<tr><td>5</td><td colspan="2">装填比</td><td>无</td></tr>
<tr><td>6</td><td colspan="2">破片数</td><td>无</td></tr>
<tr><td>7</td><td colspan="2">破片类型（预制、自然）</td><td>无</td></tr>
<tr><td>8</td><td colspan="2">破片形状</td><td>无/仅限预制破片</td></tr>
<tr><td>9</td><td colspan="2">数据获取方式（试验/仿真）</td><td>无</td></tr>
<tr><td>10</td><td colspan="2">试验地经度、纬度和高程</td><td>无</td></tr>
<tr><td rowspan="3">11</td><td rowspan="3">试验气象条件</td><td>风速</td><td>速度（长度/时间）</td></tr>
<tr><td>风向</td><td>无</td></tr>
<tr><td>温度</td><td>时间</td></tr>
<tr><td>12</td><td colspan="2">引信参量（如炸高）</td><td>根据实际情况确定</td></tr>
<tr><td>13</td><td colspan="2">弹体落速</td><td>速度（长度/时间）</td></tr>
<tr><td>14</td><td colspan="2">弹体落角（与地面夹角）</td><td>无</td></tr>
<tr><td>15</td><td colspan="2">弹体攻角</td><td>无</td></tr>
<tr><td>16</td><td colspan="2">弹体侧滑角</td><td>无</td></tr>
<tr><td>17</td><td colspan="2">记录威力参量的单个网格尺寸</td><td>长度</td></tr>
<tr><td>18</td><td colspan="2">横向网格总编号</td><td>无</td></tr>
<tr><td>19</td><td colspan="2">纵向网格总编号</td><td>无</td></tr>
</table>

续表

<table>
<tr><th>序号</th><th colspan="2">参量</th><th>量纲</th></tr>
<tr><td rowspan="4">20</td><td rowspan="4">网格中的
破片信息</td><td>枚数</td><td>无</td></tr>
<tr><td>质量</td><td>质量</td></tr>
<tr><td>速度</td><td>速度（长度/时间）</td></tr>
<tr><td>着角（与网格面法线的夹角）</td><td>无</td></tr>
<tr><td rowspan="3">21</td><td rowspan="3">网格中的
冲击波信息</td><td>超压</td><td>压强（质量/(时间×时间×长度)）</td></tr>
<tr><td>比冲量</td><td>质量/(时间×长度)</td></tr>
<tr><td>正压区作用时间</td><td>时间</td></tr>
</table>

表 3-19　水中爆炸战斗部威力数据需求

序号	参量	量纲
1	战斗部名称	无
2	配用弹药名称	无
3	装药量	质量
4	装药名称	无
5	装填比	无
6	数据获取方式（试验/仿真）	无
7	试验或仿真水深	长度
8	试验或仿真水域宽度	长度
9	航速	速度（长度/时间）
10	航迹俯仰角（确定坐标系）	无
11	航迹偏航角（确定坐标系）	无
12	记录威力参量的网格尺寸	长度
13	横向网格总编号	无
14	纵向网格总编号	无
15	深度方向网格总编号	无

续表

序号	参量		量纲
16	网格中的冲击波信息	超压	压强（质量/(时间×时间×长度)）
		比冲量	质量/(时间×长度)
		正压区作用时间	时间
17	气泡脉动	周期	时间
		最大半径	长度
		二次压力波	压强（质量/(时间×时间×长度)）

2）侵爆（含动能、串联随进侵彻两类）战斗部

侵爆战斗部用于对建筑、地下工事等坚固目标进行毁伤，战斗部侵入坚固目标内部后通过爆炸作用对坚固目标内人员、设备等进行毁伤，主要涉及侵彻和内爆威力，侵彻威力主要考虑弹体对坚固目标的侵彻能力，即侵彻效应（对于侵彻，侵彻威力和效应实质是一个内容的两个方面）；内爆威力主要考虑爆炸时产生的冲击波初始作用，还有后续在密闭空间内反射形成的准静态压力，当密闭空间比较大时也需考虑破片场作用。侵爆战斗部威力数据需求列于表3-20中。

表3-20 侵爆战斗部威力数据需求

序号	参量	量纲
1	战斗部名称	无
2	配用弹药名称	无
3	装药名称	无
4	装药量	质量
5	装填比	无
6	数据获取方式（试验/仿真）	无
7	引信参量（如延时时间、侵彻层数等）	根据实际情况确定

续表

序号	参量		量纲
8	弹体落速		速度（长度/时间）
9	弹体落角（与地面夹角）		无
10	弹体攻角		无
11	弹体侧滑角		无
12	弹体着角（与接触面法线）		无
13	侵彻威力	靶体材料	无
		靶体厚度	长度
		侵彻层数（多层，明确层间距）	无
		侵彻深度（单层厚靶）	长度
		剩余速度（单层薄靶）	速度（长度/时间）
14	爆破冲击波威力	单个房屋空间尺寸	长度^3
		墙厚	长度
		墙材料	无
		墙类型	如：剪切、承重
		空间内破坏半径	长度
		破坏房屋个数	无
		离爆点不同距离处冲击波超压	压强（质量/(时间×时间×长度)）
		离爆点不同距离处冲击波比冲量	质量/(时间×长度)
		离爆点不同距离处冲击波正压区作用时间	时间
		准静态压力	压强（质量/(时间×时间×长度)）

续表

<table>
<tr><th>序号</th><th colspan="3">参量</th><th>量纲</th></tr>
<tr><td rowspan="13">15</td><td rowspan="13">爆破破片场</td><td colspan="2">弹体落速</td><td>速度（长度/时间）</td></tr>
<tr><td colspan="2">弹体落角（与水平面夹角）</td><td>无</td></tr>
<tr><td colspan="2">记录威力参量的网格尺寸</td><td>长度</td></tr>
<tr><td colspan="2">横向网格总编号</td><td>无</td></tr>
<tr><td colspan="2">纵向网格总编号</td><td>无</td></tr>
<tr><td rowspan="8">网格中的破片信息</td><td>破片枚数</td><td>无</td></tr>
<tr><td>单枚破片质量</td><td>质量</td></tr>
<tr><td>网格内破片平均质量</td><td>质量</td></tr>
<tr><td>单枚破片速度</td><td>速度（长度/时间）</td></tr>
<tr><td>网格内破片平均速度</td><td>速度（长度/时间）</td></tr>
<tr><td>单枚破片着角（与网格面法线的夹角）</td><td>无</td></tr>
<tr><td>网格内破片平均着角</td><td>无</td></tr>
</table>

3）半穿甲战斗部

半穿甲战斗部从毁伤机理上也可认为是一种侵彻爆破战斗部，该类战斗部主要用于对舰船攻击，装填比比侵彻混凝土的侵爆战斗部要高，威力主要涉及的仍是侵彻和内爆两种，内爆威力主要考虑爆炸时产生的冲击波初始作用，以及冲击波后续在密闭空间内壁面反射形成的准静态压力，当内爆空间比较大时也需考虑破片场作用。半穿甲战斗部威力数据需求列于表3－21中。

表3－21　半穿甲战斗部威力数据需求

序号	参量	量纲
1	战斗部名称	无
2	配用弹药名称	无
3	装药名称	无
4	装药量	质量

续表

序号	参量		量纲
5	装填比		无
6	数据获取方式（试验/仿真）		无
7	引信参量（如延时时间、侵彻层数等）		根据实际情况确定
8	落速		速度（长度/时间）
9	弹体落角（与地面夹角）		无
10	弹体攻角		无
11	弹体侧滑角		无
12	着角		无
13	侵彻威力	靶体材料	无
		靶体厚度	长度
		侵彻层数（明确层间距）	无
		剩余速度（单层薄靶）	速度（长度/时间）
14	爆破冲击波威力	空间尺寸	长度^3
		舱壁厚度	长度
		舱壁材料	无
		破坏半径（明确是否考虑舱壁）	长度
		离爆点不同距离处冲击波超压	压强（质量/(时间×时间×长度)）
		离爆点不同距离处冲击波比冲量	质量/（时间×长度）
		离爆点不同距离处冲击波正压区作用时间	时间
		准静态压力	压强（质量/(时间×时间×长度)）
15	爆破破片场	落速	速度（长度/时间）
		落角	无
		网格尺寸	长度
		横向网格总编号	无
		纵向网格总编号	无

续表

序号	参量			量纲
15	爆破破片场	网格中的破片信息	枚数	无
			质量	质量
			速度	速度（长度/时间）
			着角	无

4）（聚能）破甲战斗部

（聚能）破甲战斗部主要通过爆炸驱动药型罩形成射流或 EFP 等毁伤元，通过毁伤元的动能对目标进行毁伤。在此，并未考虑活性药型罩的开孔效应，并将杆式侵彻体等也归结为一种 EFP 或射流进行考虑，战斗部对目标进行毁伤时，涉及所形成射流或 EFP 的侵彻威力。（聚能）破甲战斗部威力数据需求列于表 3－22 中。

表 3－22　（聚能）破甲战斗部威力数据需求

序号	参量	量纲
1	战斗部名称	无
2	配用弹药名称	无
3	装药量	质量
4	药型罩结构（如单锥、大锥角、双锥角、异型等）	无
5	药型罩材料	无
6	引信参量（如炸高）	根据实际情况确定
7	数据获取方式（试验/仿真）	无
8	弹体落速	速度（长度/时间）
9	弹体落角（与地面夹角）	无
10	弹体攻角	无
11	弹体侧滑角	无
12	着角	无
13	头部速度	速度（长度/时间）
14	整体速度	速度（长度/时间）

续表

<table>
<tr><th>序号</th><th colspan="2">参量</th><th>量纲</th></tr>
<tr><td>15</td><td colspan="2">整体长度</td><td>长度</td></tr>
<tr><td>16</td><td colspan="2">整体直径</td><td>长度</td></tr>
<tr><td>17</td><td colspan="2">有效质量</td><td>速度（长度/时间）</td></tr>
<tr><td rowspan="4">18</td><td rowspan="4">侵彻威力</td><td>靶体材料</td><td>无</td></tr>
<tr><td>靶体厚度</td><td>长度</td></tr>
<tr><td>侵彻深度（单层）</td><td>长度</td></tr>
<tr><td>侵彻层数（多层，明确层间距）</td><td>无</td></tr>
<tr><td>19</td><td colspan="2">…</td><td>…</td></tr>
</table>

5）（纯动能）穿甲战斗部

（纯动能）穿甲战斗部主要通过弹体自身的动能对目标进行侵彻穿孔，并在靶后产生二次杀伤效应对目标造成毁伤。穿甲战斗部威力数据需求列于表 3－23 中。

表 3－23　（纯动能）穿甲战斗部威力数据需求

<table>
<tr><th>序号</th><th colspan="2">参量</th><th>量纲</th></tr>
<tr><td>1</td><td colspan="2">战斗部名称</td><td>无</td></tr>
<tr><td>2</td><td colspan="2">配用弹药名称</td><td>无</td></tr>
<tr><td>3</td><td colspan="2">整体质量</td><td>质量</td></tr>
<tr><td>4</td><td colspan="2">弹体速度</td><td>速度（长度/时间）</td></tr>
<tr><td>5</td><td colspan="2">弹体落角（与地面夹角）</td><td>无</td></tr>
<tr><td>6</td><td colspan="2">弹体攻角</td><td>无</td></tr>
<tr><td>7</td><td colspan="2">弹体侧滑角</td><td>无</td></tr>
<tr><td>8</td><td colspan="2">着角（与目标面法线夹角）</td><td>无</td></tr>
<tr><td rowspan="4">9</td><td rowspan="4">侵彻威力</td><td>靶体材料</td><td>无</td></tr>
<tr><td>靶体厚度</td><td>长度</td></tr>
<tr><td>侵彻深度（单层）</td><td>长度</td></tr>
<tr><td>贯穿单层靶体剩余速度
（能贯穿条件下）</td><td>速度（长度/时间）</td></tr>
</table>

续表

<table>
<tr><th>序号</th><th colspan="2">参量</th><th>量纲</th></tr>
<tr><td rowspan="2">9</td><td rowspan="2">侵彻威力</td><td>侵彻层数（多层，明确层间距）</td><td>无</td></tr>
<tr><td>贯穿多层靶体剩余速度（能贯穿条件下）</td><td>速度（长度/时间）</td></tr>
<tr><td>10</td><td colspan="2">…</td><td>…</td></tr>
</table>

6）子母战斗部

子母战斗部威力与子弹药的散布以及所携带子弹药的威力相关；因此，主要关注子弹药抛撒散布分布和子弹药本身威力。子母战斗部威力数据需求列于表3－24中。

表3－24 子母战斗部威力数据需求

<table>
<tr><th>序号</th><th colspan="2">参量</th><th>量纲</th></tr>
<tr><td>1</td><td colspan="2">战斗部名称</td><td>无</td></tr>
<tr><td>2</td><td colspan="2">配用弹药名称</td><td>无</td></tr>
<tr><td>3</td><td colspan="2">子弹药类型</td><td>无</td></tr>
<tr><td>4</td><td colspan="2">目标点海拔高程</td><td>长度</td></tr>
<tr><td>5</td><td colspan="2">解爆高度</td><td>长度</td></tr>
<tr><td>6</td><td colspan="2">抛撒半径</td><td>长度</td></tr>
<tr><td>7</td><td colspan="2">盲区半径</td><td>长度</td></tr>
<tr><td>8</td><td colspan="2">子弹药总个数</td><td>无</td></tr>
<tr><td rowspan="6">9</td><td rowspan="6">子弹散布位置</td><td>将抛撒半径按面积等分环形数</td><td>无</td></tr>
<tr><td>环形1中子弹药数量比例</td><td>无</td></tr>
<tr><td>环形2中子弹药数量比例</td><td>无</td></tr>
<tr><td>环形3中的弹药数量比例</td><td>无</td></tr>
<tr><td>…</td><td>无</td></tr>
<tr><td>或每个子弹药位置</td><td>无</td></tr>
</table>

续表

序号	参量		量纲
10	子弹速度	给出每个子弹药落速	速度（长度/时间）
11	子弹药姿态角	给出每个子弹药姿态角	无
12	…		…

2. 目标易损性模型数据（可以为数据读入）

目标易损性模型是毁伤效能评估中的另一个核心，其数据的读入应包括：目标毁伤效果表征（即毁伤等级或毁伤程度的定义），整体与最小关键部件几何结构及离散化（即网格）数据，毁伤树、毁伤元/战斗部的毁伤准则函数以及目标关键部件的毁伤判据等。上述数据通常采用数字化形式产生，可用标准数字化格式存储并读入。

3. 毁伤元与目标坐标的转换计算

由第2章介绍可知，战斗部爆炸形成破片、冲击波等毁伤元的坐标位置等通常需要在弹体坐标系中进行表征，而目标结构、部件等的坐标位置通常需要在目标坐标系中进行表征，当需要计算毁伤元与目标结构的交会情况时，就需要将毁伤元在弹体坐标系中的位置转换到目标坐标系中的位置坐标，才能更好地便于计算，这就需要根据破片、冲击波、射流、EFP等毁伤元在弹体坐标系中的坐标以及弹体坐标系与目标坐标系中的相对位置关系将毁伤元在弹体坐标系中的坐标转化到目标坐标系中进行表征，具体转换方法在此不做详细介绍。

4. 毁伤元与目标交会计算

在目标坐标系中，根据毁伤元的初始位置以及毁伤元的初始运动方向建立毁伤元的运动轨迹方程（可以采用初始点和空间两个方向角的方式进行表征），对于毁伤元的运动轨迹可以近似为一射线，计算该射线与目标结构及关键部件的交会情况，并可根据交会点以及结构化网格编号计算出交会网格的编号，为后续毁伤效应计算提供支撑。

5. 对目标部件毁伤效应计算

毁伤效应计算是目标毁伤效能的关键步骤，关系到计算精度。在目标坐标系中，战斗部对目标部件的毁伤效应计算可以分战斗部整体计算和毁伤元单独计算两个层次，对于战斗部整体计算较为简单，只需要根据战斗部对部件的最大毁伤半径以及弹目距离计算出毁伤半径中的部件，直接判定部件的毁伤程度；对于毁伤元的毁伤效应计算则较为复杂，需要在上述毁伤元与目标交会计算结果的基础上，根据每个网格上所赋的结构厚度、材料属性以及毁伤元的物理参数计算出毁伤元对这个网格的毁伤程度，统计每个网格的毁伤情况，即可得到毁伤元对目标部件的毁伤效应，该方法可拓展应用于多个毁伤元的耦合毁伤过程，还可应用于多次弹药打击条件下目标结构的毁伤累积分析，是毁伤效能计算的关键核心。在计算时必然会存在因为结构材料以及毁伤元种类不同造成的多个毁伤效应算子耦合共架计算的问题，该问题可通过第 2 章中所介绍的共架插拔的方式予以解决。

6. 目标部件毁伤概率计算

在上述第五步中，可以计算出目标关键部件中被毁伤元命中及结构破坏的情况，根据目标关键部件的毁伤准则函数以及具体判据结合关键部件结构被毁伤元命中以及被破坏的情况（如冲击波对目标毁伤面积的比例、贯穿目标结构破片的数量、毁伤目标子弹药的数量等）计算得到目标关键部件的毁伤概率。

7. 目标整体毁伤概率

在目标每个关键部件毁伤概率获得的基础上，可以根据具体毁伤程度要求，确定目标毁伤树中底事件到顶事件的逻辑关系以及每个部件的权重，计算得到特定毁伤等级或程度下目标整体的单发毁伤概率。

3.3　弹药毁伤幅员计算

上面介绍了弹药对目标的单发毁伤概率计算，第 2 章也介绍了弹药对于一些面目标可采用毁伤幅员进行毁伤效能表征，下面就弹药对目标的毁伤幅员计算方法进行简介。

3.3.1　毁伤幅员概念

第 2 章已经介绍了毁伤幅员是在武器系统无故障工作条件下，单发弹药对目标实现确定毁伤等级或程度事件发生的空间区域面积的期望（即多次毁伤面积计算的均值）。对于弹药可以直接命中目标的，如穿甲弹，单发弹药毁伤目标的概率恰恰就是弹药命中一定面积的概率，此面积可称毁伤幅员（或杀伤面积）。对于杀爆弹这种不需要直接命中即可对目标进行毁伤的，毁伤幅员体现在毁伤元对目标毁伤可覆盖的区域。第 2 章已经介绍了，在假设目标无对抗、系统无故障的条件下，对于面目标，若以 $\delta(x, y)$ 表示微元面积内的目标密度，$P(x, y)$ 表示弹药对微元面积上的毁伤概率，则毁伤目标的期望值 E_t 可由式（2－6）给出，式（2－6）即为毁伤幅员的定义式。从物理量纲上来考虑，可将毁伤幅员看作预期毁伤目标的数目与单位面积上的目标数目之比，即弹药效能越高，毁伤幅员越大。

此外，毁伤幅员计算还取决于目标条件。因此，必须针对真实目标进行试验获取毁伤准则模型参数，才能使毁伤幅员的计算具有可靠性。

3.3.2 杀爆弹毁伤幅员计算原理与方法

由上述毁伤幅员定义可知，毁伤幅员与战斗部威力场和目标的毁伤准则相关。因此，对于毁伤幅员计算，首先应通过理论分析建立杀爆弹威力场模型，获得破片与冲击波毁伤元时空分布；其次根据战场环境建立目标区域模型，对目标区域进行（网格）微元划分；最后根据试验确定的毁伤准则函数，结合实战弹目交会（落角、落速、方位偏角）条件，计算破片、冲击波等毁伤元与目标区域微元交会情况，结合毁伤准则函数，计算得到杀爆弹对目标的毁伤幅员，计算流程如图 3－11 所示。

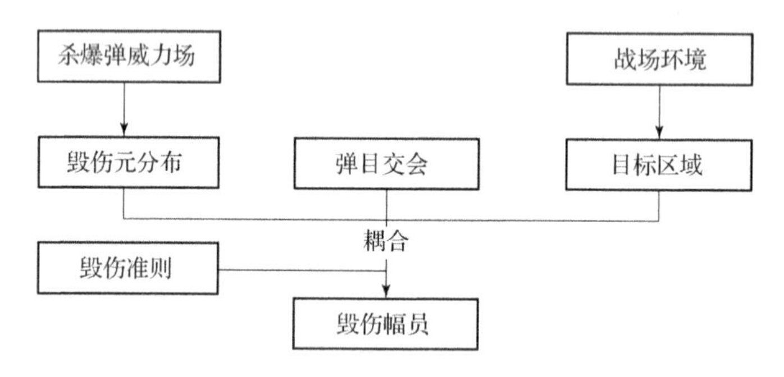

图 3－11　杀爆弹毁伤幅员计算流程

由图 3－11 可知，单发杀爆弹打击敌方目标的毁伤幅员是战斗部威力场与目标区域以及目标毁伤准则耦合的结果，动态情况下耦合区域大小同时取决于弹药末端弹道及引信的起爆高度，如式（3－33）所示：

$$\Delta_{\text{DamageArea}} = f(\Delta_{\text{war}}, \Delta_{\text{aim}}, \Delta_{\text{Eb}}, \Delta_{\text{F}}) \tag{3-33}$$

式中：$\boldsymbol{\Delta}_{\text{war}}$——战斗部威力场；

$\boldsymbol{\Delta}_{\text{aim}}$——目标区域；

$\boldsymbol{\Delta}_{\text{Eb}}$——弹药末端弹道；

$\boldsymbol{\Delta}_{\text{F}}$——引信起爆高度。

在读入战斗部威力场数据后，具体计算包括坐标系转换、威力场与目标区域交会计算、毁伤幅员计算三个部分。

1. 坐标系定义及转换

对于毁伤幅员分析计算，前文已介绍了涉及战斗部威力、目标区域及毁伤准则和弹目交会；为了分析方便，需要针对各自的计算建立相应的坐标系，并确立坐标系转换方法。如第 2 章所述，射程在大地坐标系中确定，战斗部威力在弹体坐标系中确定，而目标区域的微元化则需在目标坐标系下进行。因此，首先定义涉及计算的坐标系，为后续毁伤幅员分析模型的建立提供参考系。

在此，大地坐标系、弹体坐标系定义均与 2.1.1 小节中相关坐标系定义中地球坐标系定义一致；而目标坐标系的定义也与 2.1.1 小节中的基本一致，结合结构化网格的划分需求，可定义目标区域为简单规则图形，如矩形、圆形等；并可将坐标系原点定义在目标区域几何中心，X 轴指向矩形长边方向，与正北方向夹角为 θ，Y 轴垂直于平面竖直向上，Z 轴由右手定则确定。目标区域坐标系用于目标区域建模、弹目交会计算与杀爆弹毁伤幅员计算等。

定义完坐标系后，需要在弹体坐标系与目标区域坐标系间进行转换，将弹体坐标系上的每枚破片坐标转换到目标作坐标系上，才能进行破片与目标的相交计算，所以需进行弹体坐标系与目标区域坐标系间的转换。具体转换方法可通过弹体坐标系以及弹药相对地面的姿态以及相应的转化矩阵实现。根据第 2 章介绍可知，通常弹药相对地面的姿态可用空间内俯仰和偏航两个角度来描述，根据两个角度便可得到弹体坐标系（$O-x_py_pz_p$）与地面坐标系（$O-x_gy_gz_g$）的转换矩阵，然后进行计算。

2. 末端弹道参数计算

末端弹道决定了弹药的末端姿态和速度。因末端弹道是弹药外弹道的一部分，因此，弹药末端落角可通过射表插值计算的方法获得，即通过发射点、瞄准点的经纬度确定射程，再通过射表便可查表和插值计算获得弹药末端的落角和落速，函数式如下：

$$\boldsymbol{\Delta}_{Eb}=f(\mathrm{CP}_F(L,B),\mathrm{CP}_A(L,B),\mathrm{CP}_W) \tag{3-34}$$

式中：$\mathrm{CP}_F(L,\ B)$——发射点经纬度；

$CP_A(L, B)$ ——瞄准点经纬度；

CP_W——弹药射表，计算流程如图 3－12 所示。

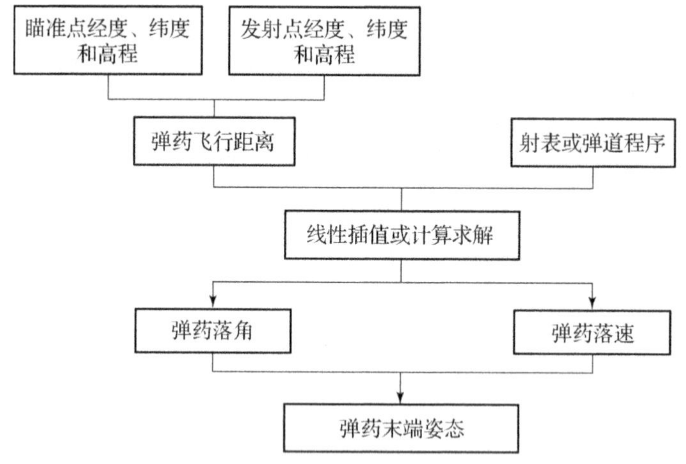

图 3－12　末端弹道参数计算流程

由发射点 $CP_F(L, B)$ 与瞄准点 $CP_A(L, B)$ 经纬度可得到射击条件下所需的弹药射程，而在海拔高度、射程等条件确定情况下，根据射表或弹道程序确定弹药的落角、落速。在此，对于确定的弹道表可采用线性插值式（3－35），计算弹药的落角和落速。

$$\nu_R = \nu_{R0} + \frac{\nu_{R1} - \nu_{R0}}{X_1 - X_0}(X - X_0) \tag{3-35}$$

式中：X——弹药打击距离计算值；

X_1、X_0——射程插值表中符合 X 值区间的边界值；

ν_{R0}、ν_{R1}——所对应的落角、落速插值表边界值。

3. 战斗部威力场

杀爆战斗部主要以爆炸产生的高速破片和冲击波两种毁伤元对目标造成有效毁伤。通常，在弹体坐标系中表征战斗部威力场，可采用单独计算的方法，或也可以采用 3.2.2 节中所述直接读入威力场文件的方法进行。威力场数据应包括战斗部破片初始位置、速度、形状以及不同位置处的冲击波超压、比冲量等。

4. 目标区域微元划分及毁伤判据

为求解杀爆战斗部对地面类目标的毁伤幅员，分析破片、冲击波与目标区域交会情况，应将目标区域微元化，即划分网格。在此，将目标区域形状等效成矩形。目标区域微元化划分相关参量函数式如下：

$$\Delta_{\text{aim}} = f(L_a, W_a, N_{a1}, N_{a2}, \Delta_{\text{damagecriterion}}) \tag{3-36}$$

式中：L_a——目标区域长度；

W_a——目标区域宽度；

N_{a1}——在长度方向划分网格的大小；

N_{a2}——在宽度方向划分网格的大小；

$\Delta_{\text{damagecriterion}}$——不同种类目标的毁伤准则或判据，可直接通过绑定的方法进行。

5. 弹目交会计算

弹目交会参数分析过程如图 3－13 所示，因弹目交会分析全部在目标坐标系内进行，需将杀爆弹爆炸产生的毁伤元转化到目标坐标系中表征。根据弹药末端俯仰角 ν_R、偏航角 φ_R 和炸点在目标坐标系内位置坐标 $H(x, y, z)$，可采用转换矩阵将破片在弹体坐标系内坐标 $P_{SP}(x, y, z)$ 转化至目标坐标系内表征，从而获得破片在空间内的位置分布 $\mathrm{CP}_{SP}(x, y, z)$。综上，弹药弹目交会参数是引信起爆参数、弹药命中精度、弹药威力场、目标区域、弹药落速等变量的函数。

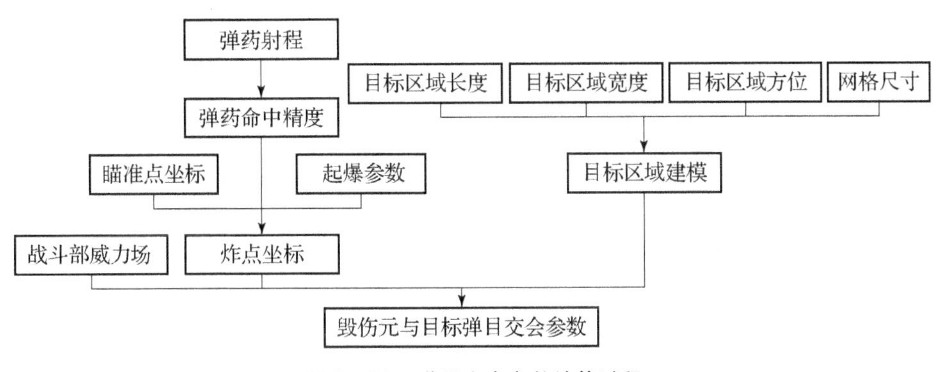

图 3－13　弹目交会参数计算过程

引信起爆参数主要指引信所控制弹药的炸高区域参数。由于存在误差项，因此引信系统无法准确满足固定炸高，一般为炸高期望＋炸高标准差形式。在该范围内，可近似认为大样本量下炸高服从正态分布，因此使用计算机正态分布抽样方法随机抽样得到弹药的炸高值。

弹药命中精度是评价弹药作战能力的主要性能指标，第 2 章已介绍过在制导弹药精度评定中，随机误差常被用来作为精度评定的方法。同种弹药在不同射程下随机误差存在差别，非制导弹药基本上为射程的函数。通常，由于随机误差定义在制导平面内且服从正态分布，可在制导平面内采用 Monte Carlo 随机模拟方法抽样获得瞄准点偏差，结合瞄准点可计算获得弹药实际落点。根据实际落点，结合炸高抽样结果及弹体运动末端弹道俯仰角和弹道偏角，确定弹药在目标坐标系内的炸点坐标 $H(x, y, z)$。

将战斗部爆炸产生的毁伤元与已划分网格的目标区域进行交会计算，结合毁伤准则与判据，得到每个网格被毁伤情况，求和得到所有被毁伤网格的面积，计算杀爆弹对目标区域毁伤幅员以及毁伤幅员与总面积的比，列于式（3－37）、式（3－38），典型计算结果如图 3－14 所示。

$$\Delta_{\text{DamageArea}} = \sum S_{Di} \tag{3-37}$$

$$\Delta_{\text{DamageRatio}} = \frac{\Delta_{\text{DamageArea}}}{S_{\text{aim}}} \tag{3-38}$$

式中：S_{Di}——每个达到毁伤判据的网格面积；

S_{aim}——目标区域总面积。

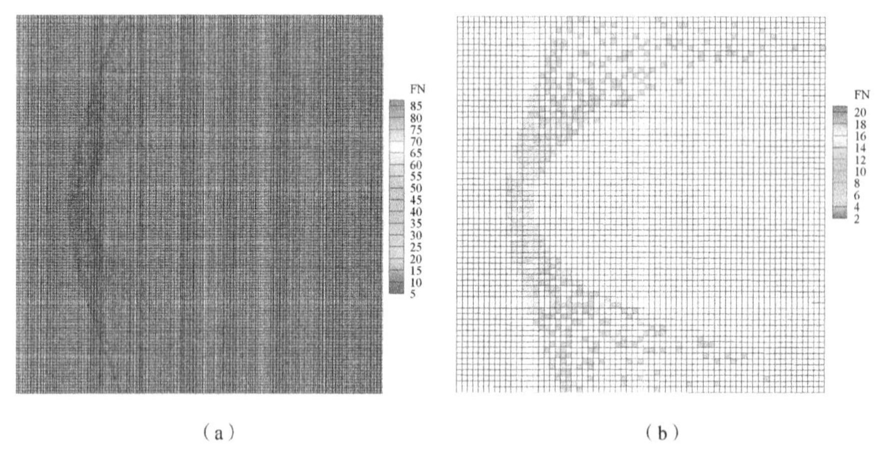

图 3－14　典型杀爆弹弹对目标的毁伤幅元（FN：破片密度）

（a）对人员目标；（b）对装甲目标

3.4　用弹量及瞄准点规划

上面介绍了弹药对目标的单发毁伤概率以及毁伤幅员等的计算方法，第 2 章中也介绍了单发毁伤概率、毁伤幅员和毁伤体积计算以及基于单发毁伤概率、毁伤幅员和毁伤体积的用弹量计算一般原理和流程，下面就弹药对目标毁伤的用弹量及瞄准点规划计算方法进行简介，并以毁伤幅员为例予以实现。

3.4.1 概述

精确制导打击作为现代战争中重要的打击手段，可在作战中选用合适型号武器弹药实现“弹－靶”的科学匹配作用，如何达到最佳效费比也是火力打击筹划过程中重要的应用研究方向，即如何合理地对用弹量及瞄准点进行优化选择，使得打击效果最优又能够降低打击费用。用弹量的优化少不了瞄准点，本书所提出的用弹量及瞄准点规划方法是基于弹药对目标毁伤效果评估数据建立的瞄准点优化分配方法。

据分析最早的瞄准点规划算法主要是传统算法，这类算法较为简单，但是其实现程序较为烦琐，并且难以处理规模较大的火力分配问题。传统算法主要有动态规划法、隐枚举法和割平面法等。这类算法随着火力分配问题规模的扩大，计算量可能呈指数级增长。第二类算法是20世纪80年代出现的智能算法，智能算法的出现为解决动态火力分配问题提供了新的解决途径。智能算法主要有遗传算法、混沌算法、人工神经网络等。这种算法的目标是通过对目标函数（毁伤效果评价函数）的不断优化，在规定的时间内给出一个最优可行解，但需要提前进行样本训练。

目前，不论是传统规划算法还是智能规划算法核心都没有细致考虑弹药对目标毁伤效果数据，毁伤效果评价方法的适用性和准确性决定了规划算法结果的可靠性。目前火力规划算法对于面目标常用的毁伤效果评价指标为毁伤幅员，即优化目标函数为多弹药打击下对目标区域毁伤幅员大小。对于点、线、体目标常用的毁伤效果评价指标为毁伤概率，即优化的目标函数为多弹药打击下对目标区域毁伤概率大小。通常输入为目标毁伤要求，输出为达到毁伤要求的最小用弹量以及各枚弹药对应瞄准点。

在此，主要介绍杀爆类弹药的用弹量及瞄准点规划算法，其余弹药可以此为参考和借鉴。

3.4.2 基于毁伤概率的用弹量计算

单发毁伤概率实质是实现特定毁伤程度的期望，在基于毁伤概率的用弹量分析中，主要针对多次非独立射击进行。根据弹药对目标的毁伤概率计算，可以得到单次打击下弹药对目标的毁伤概率。假定弹药打击非独立，即每次瞄准点是相同的，则可通过多次射击弹药数量以及单次射击目标的毁伤概率得到多次射击弹药对目标的毁伤概率，如下式：

$$P_n = 1 - (1 - P_i)^n \tag{3-39}$$

式中：P_n——多次射击下弹药对目标的毁伤概率；

P_i——单弹药对目标的毁伤概率；

n——用弹量即成爆弹量。

对于目标，在期望毁伤效果（即毁伤概率）P_n 条件下，根据已知单发弹药的毁伤概率 P_i 就能得到用弹量 n。通常情况下，期望毁伤效果（即毁伤概率）P_n 为一个不大于 1 的数，用弹量 n 可由下式计算获得。

$$n = \left[\frac{\lg(1 - P_n)}{\lg(1 - P_i)} \right] + 1 \tag{3-40}$$

因此，可根据统计学的知识基于单发毁伤概率计算得到用弹量，具体计算步骤如下：

（1）根据已知弹目交会条件采用 3.2 节中的单发毁伤概率计算方法可计算生成弹药对典型目标的毁伤效能矩阵（确定俯仰和偏航攻击方位角下，目标坐标系下不同瞄准点的毁伤概率）。

（2）选取毁伤效能矩阵中毁伤概率最大的瞄准点作为最优瞄准点，并将该坐标转换到大地坐标系下。

（3）根据已知单发弹药对目标期望毁伤概率 P_n，根据已知该瞄准点下单发弹药的毁伤概率 P_i 通过式（3-43）就能得到用弹量 n。通常情况下，期望毁伤概率 P_n 为一个不大于 1 的数，n 可由式（3-43）计算获得。

（4）根据计算结果，输出最优瞄准点以及用弹量。

3.4.3 基于毁伤幅员的用弹量计算

杀爆弹对面目标打击通常采用基于毁伤幅员的用弹量及瞄准点规划方法。目前的做法是将杀伤爆破战斗部飞散的破片场近似等效为一个以炸点为圆心、飞散半径与战斗部型号以及目标相关的圆形区域（圆的半径来自毁伤效应分析结果），该区域与目标平面模型的交集即为目标的被毁伤区域。则根据目标结构尺寸与战斗部命中精度（CEP）及毁伤范围的大小关系，瞄准点选择函数分为如下两种情况：

（1）目标最大尺寸、落点偏差（3σ）及目标精度之和小于战斗部毁伤范围（仅需 1 个瞄准点）；

（2）目标最大尺寸、落点偏差（3σ）及目标精度之和小于战斗部毁伤范围，且毁伤要求较高（需多个瞄准点进行覆盖）。

根据命中精度（CEP）定义落点最大偏差（MFA），即可能命中区域（即 3σ 区域，落入该区域的概率为 99.7%）：

$$\text{MFA} = 3 \times \frac{\text{CEP}}{1.1774} = 3\sigma \tag{3-41}$$

在此，对上述两种情况分别进行介绍如下：

(1) 目标最大尺寸、落点偏差（3σ）及目标精度之和小于战斗部毁伤范围。

由于战斗部的毁伤范围大于目标最大尺寸、落点偏差以及目标精度三者之和，需 1 个瞄准点就能实现完全覆盖，达到毁伤要求（不排除提高可靠性进行多个导弹对 1 个瞄准点射击），即规划 1 个弹药瞄准点坐标。因此，在选择瞄准点时，可将瞄准点设置在目标的几何中心，如图 3－15 所示。

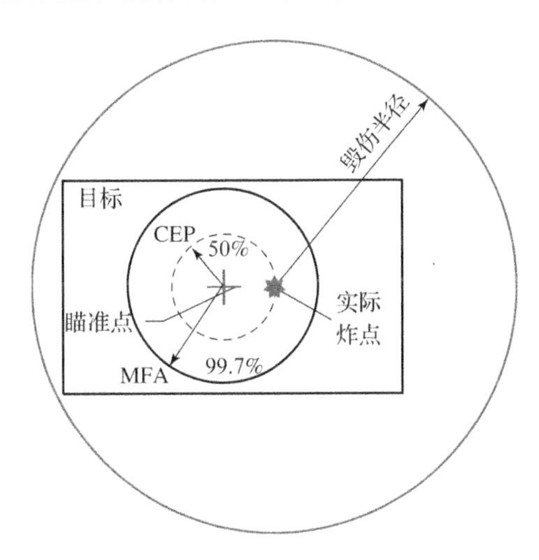

图 3－15　目标结构尺寸小于毁伤范围时的瞄准点选择

对于单枚杀爆弹打击的重兵集团、导弹发射阵地上的雷达等技术兵器、(区域) 面目标上的重要目标（可定义为（点）面目标），可将目标等效为长为 L（即 X 轴）、宽为 W（即 Z 轴）的平面矩形，定义：目标左上角的顶点在目标坐标系的坐标为（X_T，Z_T），且目标的长边与目标坐标系 X 轴平行，则瞄准点坐标（X_{Aim}，Z_{Aim}）的计算式为

$$\begin{cases} X_{\mathrm{Aim}} = X_T + L/2 \\ Z_{\mathrm{Aim}} = Z_T + W/2 \end{cases} \tag{3-42}$$

式中：（X_{Aim}，Z_{Aim}）　瞄准点坐标；

X_T——目标中心点 X 轴坐标；

Z_T——目标中心点 Z 轴坐标。

(2) 目标最大尺寸、落点最大偏差（3σ）及目标精度之和大于战斗部毁伤范围。

由于目标最大尺寸、落点最大偏差（3σ）及目标精度之和大于战斗部毁伤范围；且具有较高毁伤要求条件下，需要多发弹药对多个瞄准点进行打击才能达到预期毁伤要求。因此，在选择瞄准点时，需根据目标的平面几何形状特征与战斗部毁伤范围，使各弹药毁伤范围间重叠尽量小，以期在达到毁伤要求的前提下减少弹药使用。

①确定分界参量。

首先，根据目标尺寸、战斗部命中精度及毁伤半径，计算达到要求毁伤效果计算的两个分界点参量，即按落点最大偏差（3σ）、目标精度与战斗部毁伤范围之和确定完全覆盖用毁伤面积比 E_1，以及按战斗部毁伤范围确定的毁伤面积比 E_2，确立分界限［E_1，E_2］。具体方法如下：

a. 分界下限计算。

对于分界下限计算，毁伤区域不重合，考虑战斗部命中精度（CEP）和目标定位精度（TGJ）。

对于一个规则目标区域，将目标划分成宽度为 $2\times(3\sigma+\mathrm{TGJ}+R)$ 的正方形网格，其中 $\sigma=\dfrac{\mathrm{CEP}}{1.1774}$，每个网格中心为瞄准点，此时长方向和宽方向上的瞄准点个数分别为

$$N_{1L}=\frac{L}{2\times(3\sigma+\mathrm{TGJ}+R)}，\text{向下取整}$$

$$N_{1W}=\frac{W}{2\times(3\sigma+\mathrm{TGJ}+R)}，\text{向下取整}$$

此时，瞄准点总个数为

$$N_1=N_{1L}\times N_{1W} \tag{3-43}$$

则毁伤效果（面积比）为

$$E_1=\frac{N_1\times\pi R^2}{L\times W} \tag{3-44}$$

对于一个不规则区域，如（集群）面目标、（体系）面目标，若为覆盖打击要求的话，可根据目标外轮廓建立目标多边形区域，即根据区域连接最为突出的点，得到目标区域等效多边形，并根据各点确定包络矩形，如图 3-16 所示。

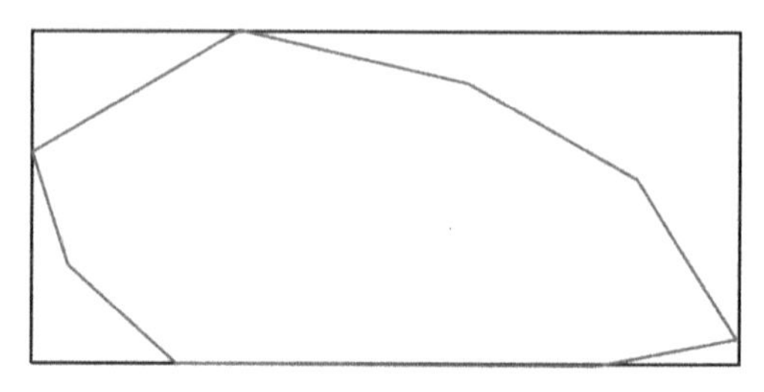

图 3-16　目标的等效多边形和包络矩形

对于（集群）面目标、（体系）面目标，若知道区域内具体目标的位置，也可将（集群）面目标、（体系）面目标等同于多个（点）面目标进行定点清除打击，如图3－17所示。对于定点清除打法，若目标最大尺寸、落点偏差（3σ）及目标精度之和小于战斗部毁伤范围，可根据具体目标位置、目标重要度确定出瞄准点位置。

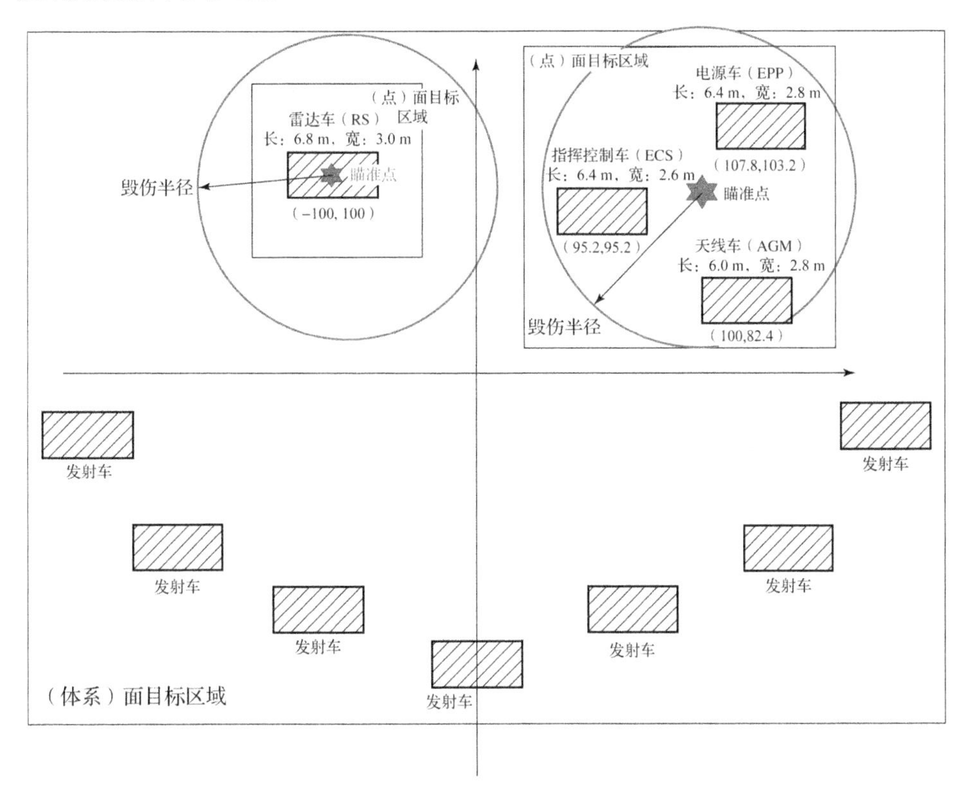

图3－17　对于体系目标里的关键目标定点打击直接确定瞄准点位置

在此，详细介绍火力覆盖打法，根据战斗部的命中精度（CEP）、目标的定位精度（TGJ）和毁伤半径 R，将包络矩形划分为边长为 $2\times(3\sigma+\mathrm{TGJ}+R)$ 的正方形网格，并按从上到下，从左到右进行编号，如（i，j），具体如图3－18所示。

判断网格是否在多边形内，即判断标准网格的4个顶点和网格中心点的5个点中的3个及以上都在多边形内部（不含边界线），则网格在多边形内部。将多边形内部的网格编号（i，j）记录下来，并通过统计可以得到毁伤区域完全不重合的瞄准点总个数为 N_1，定义多边形的面积为 S_d，毁伤效果（面积比）为

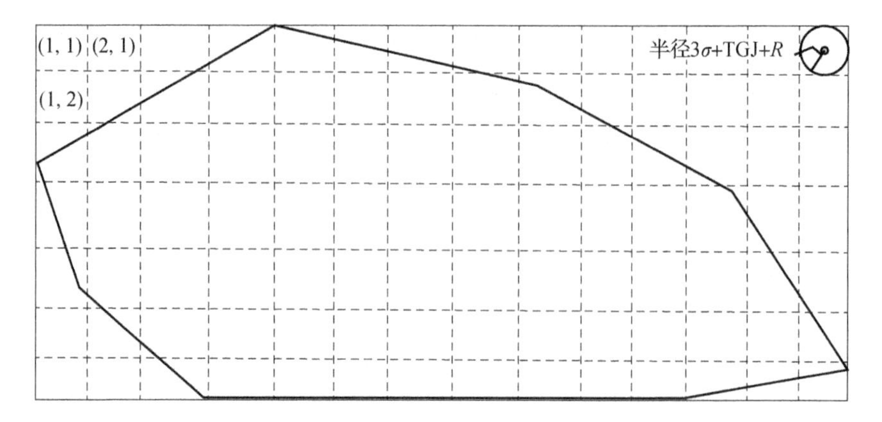

图 3－18　包络矩形的网格划分及编号

$$E_1 = \frac{N_1 \times \pi R^2}{S_d} \tag{3-45}$$

b. 分界上限计算。

对于分界上限计算，毁伤区域不重合，不考虑战斗部的命中精度（CEP），即 CEP＝0，$\sigma=0$，也不考虑目标的定位精度，即 TGJ＝0。

对于一个规则目标区域，将目标划分成宽度为 $2R$ 的正方形网格，每个网格中心为瞄准点，此时长方向和宽方向上的瞄准点个数分别为

$$N_{2L} = \frac{L}{2R}，\text{向下取整}$$

$$N_{2W} = \frac{W}{2R}，\text{向下取整}$$

此时，瞄准点总个数为：

$$N_2 = N_{2L} \times N_{2W} \tag{3-46}$$

则，毁伤效果（面积比）为：

$$E_2 = \frac{N_2 \times \pi R^2}{L \times W} \tag{3-47}$$

根据战斗部的命中精度（CEP）、目标的定位精度（TGJ）和毁伤半径 R，将包络矩形划分为边长为 $2R$ 的正方形网格，并按从上到下，从左到右编号为 (i, j)，如图 3－19 所示。

判断网格是否在多边形内，可采用判断标准网格的 4 个顶点和网格中心点 5 个点中的 3 个及以上都在多边形内部（不含边界线）的方法，网格划分越细，则网格的大部分在多边形内部。将多边形内部网格编号 (i, j) 记录下来，并通过统计可以得到毁伤区域完全不重合的瞄准点总个数为 N_2，定义多边形

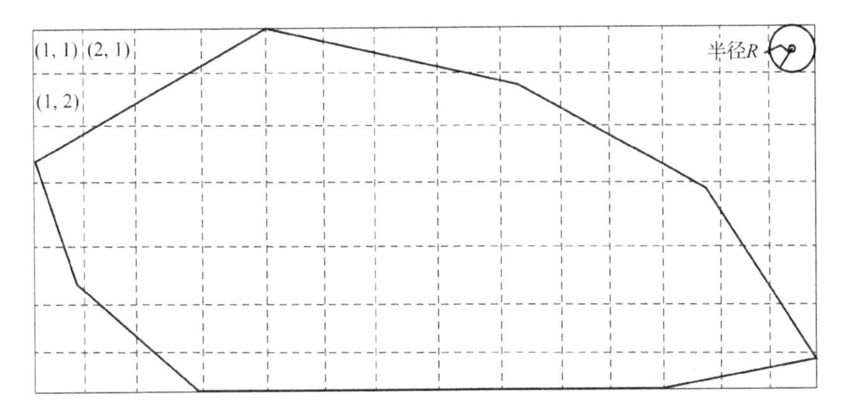

图3-19　包络矩形的网格划分及编号

的面积为 S_d 网格，毁伤效果（面积比）为

$$E_2 = \frac{N_2 \times \pi R^2}{S_d} \tag{3-48}$$

②计算瞄准点位置。

根据要求的毁伤效果 E 与 E_1、E_2 的关系，选择不同的计算方法计算得到瞄准点的个数及位置，下面进行分别讨论。

a. 当 $0 < E \leqslant E_1$

此时，用弹量处于 $1 \sim N_1$ 之间时，各瞄准点对应的毁伤圆形区域绝对完全不相交，对于规则区域及（区域）面目标，如图3-20所示；因此，毁伤效果 E_x 与用弹量呈现线性关系，符合下式：

$$E_x = \frac{\pi R^2}{L \times W} N_x \tag{3-49}$$

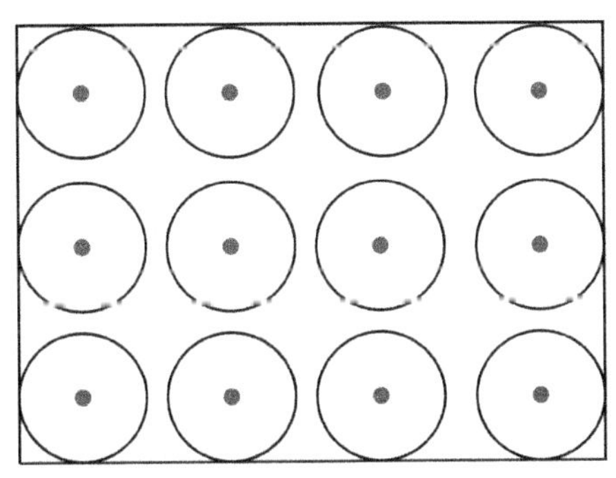

图3-20　毁伤区域完全不相交

在此，可根据给定的毁伤效果要求 E 反求出用弹量 N，计算方法为

$$N = \frac{L \times W}{\pi R^2} \times E，向上取整$$

对于正好取整的最大情况，则瞄准点的总行数 I 与总列数 J 的计算方法如下：

$$\begin{cases} I = \dfrac{W}{2(3\sigma + \mathrm{TGJ} + R)}, \text{向下取整} \\ J = \dfrac{L}{2(3\sigma + \mathrm{TGJ} + R)}, \text{向下取整} \end{cases} \tag{3-50}$$

第 i 行（从上往下）第 j 个（从左往右）瞄准点的坐标为

$$\begin{cases} X_{\mathrm{Aim}} = X_T + (2j-1) \times (3\sigma + \mathrm{TGJ} + R) + (j-1) \times \dfrac{L - 2(3\sigma + \mathrm{TGJ} + R) \times J}{J-1} \\ Z_{\mathrm{Aim}} = Z_T + (2i-1) \times (3\sigma + \mathrm{TGJ} + R) + (\mathrm{i}-1) \times \dfrac{W - 2(3\sigma + \mathrm{TGJ} + R) \times I}{I-1} \end{cases} \tag{3-51}$$

式中：X_T和 Z_T——多边形包络矩形的左上角顶点的 X 坐标和 Z 坐标。

对于取不了最大的情况，可根据得到的用弹量 N 和目标尺寸，通过平均分布算法计算瞄准点坐标进行增加。对于规则图形，平均分布算法原理如图 3－22 所示。

对于不规则图形的（集群）面目标、（体系）面目标，若为覆盖打击要求的话，可根据划分的网格，从内向外进行瞄准点的排布，瞄准点定于网格的中心点，如图 3－21 所示。

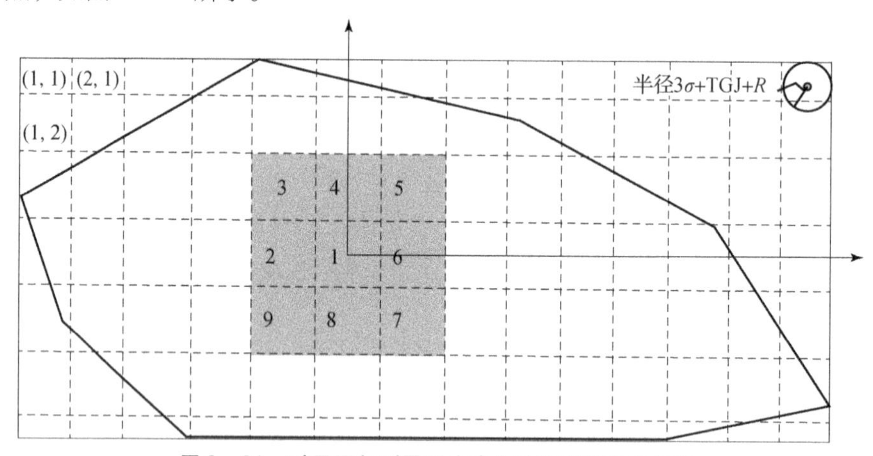

图 3－21　对于不规则图形由内向外进行瞄准点排布

将多边形内每个网格的几何中心定为瞄准点，则多边形内编号为（i，j）的网格内瞄准点坐标（X_{Aim}，Z_{Aim}）计算公式如下：

$$\begin{cases} X_{\mathrm{Aim}} = X_T + j_x \times (3\sigma + \mathrm{TGJ} + R) \\ Z_{\mathrm{Aim}} = Z_T + \times i_z \times (3\sigma + \mathrm{TGJ} + R) \end{cases} \tag{3-52}$$

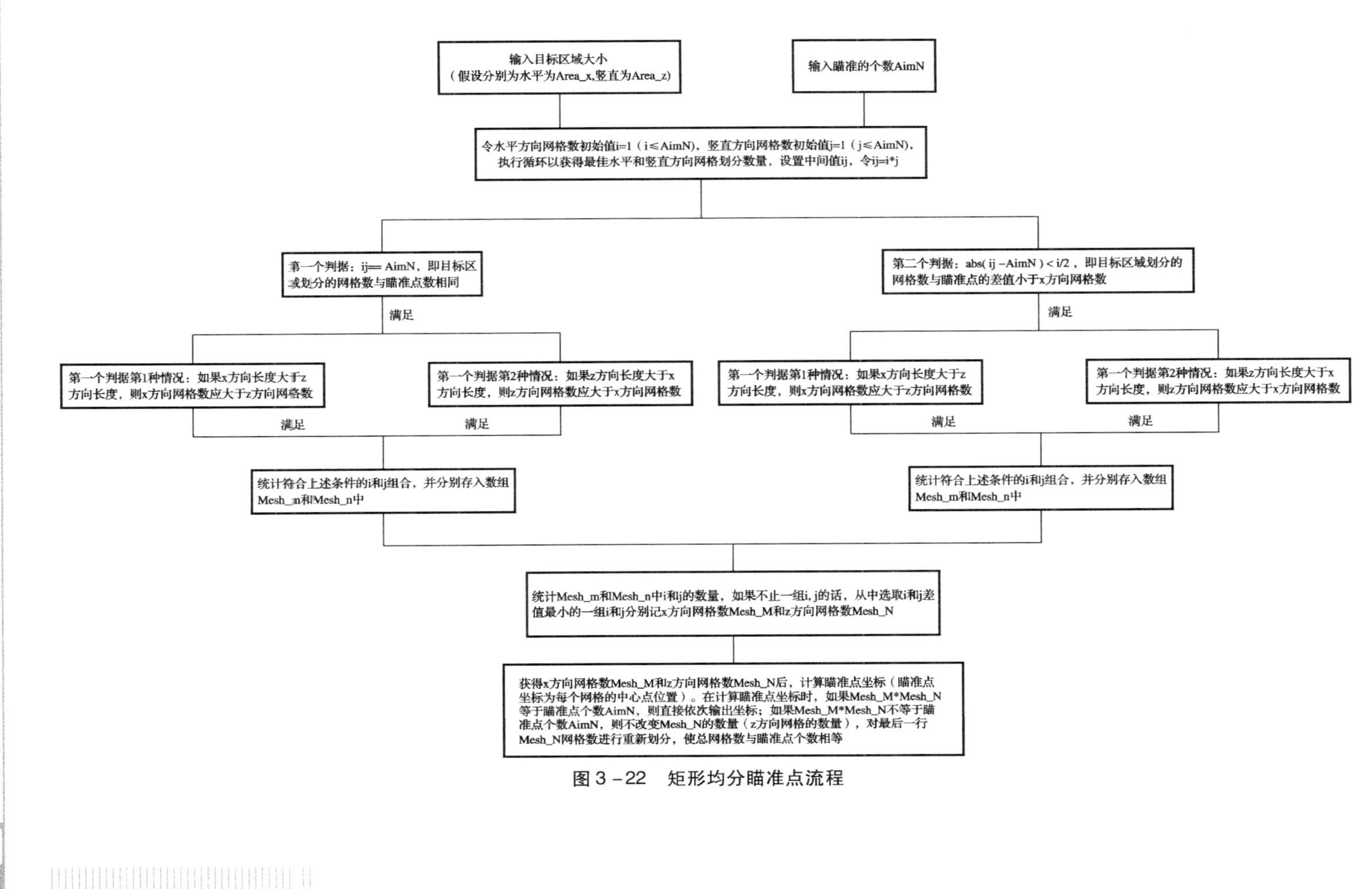

图 3－22　矩形均分瞄准点流程

式中：X_T和Z_T——多边形包络矩形的左上角顶点的 X 坐标和 Z 坐标。

j_x和i_z的值分别与 X 方向和 Z 方向的网格数量奇偶有关：

当 X 方向上的网格数量为奇数时：$j_x = j \times 2$，$j = 0$，1，2，…；

当 X 方向上的网格数量为偶数时：$j_x = j \times 2 - 1$，$j = 0$，1，2，…；

当 Z 方向上的网格数量为奇数时：$i_z = i \times 2$，$i = 0$，1，2，…；

当 Z 方向上的网格数量为偶数时：$i_z = i \times 2 - 1$，$i = 0$，1，2，…。

b. 当 $E_1 < E \leqslant E_2$。

此时，可以采用查表法，根据用弹量与毁伤效果关系表确定满足要求的毁伤效能 E 的用弹量 N。用弹量与毁伤效果关系表记录了用弹量 $N_1 \sim N_2$ 对应的毁伤效果变化，如表 3－25 所示。该表通过提前计算获得，通过等分［E_1，E_2］，确定划分个数 n，在确定 $E_2 - E_1$ 条件下，则目标划分成的网格边长从 $2R$ 到 $2 \times (3\sigma + \mathrm{TGJ} + R)$ 按$\dfrac{2 \times (3\sigma + \mathrm{TGJ})}{n}$依次递增，并根据上述方法获得预计瞄准点个数。

表 3－25　用弹量与毁伤效果关系

序号	毁伤效果	预计瞄准点个数
0	E_1	N_1
1	$E_1 + (E_2 - E_1)/n$	…
2	$E_1 + 2 \times (E_2 - E_1)/n$	…
…	…	…
$n-1$	$E_1 + (n-1) \times (E_2 - E_1)/n$	…
n	E_2	N_2

计算时，根据查表得到的用弹量 N，方法与当 $0 < E \leqslant E_1$ 时一样，分为规则图形和不规则图形，可得到瞄准点坐标。

在毁伤方案制作时，根据初步计算得到的瞄准点坐标，使用蒙特卡洛法抽样计算毁伤效能，判断实际的毁伤效能是否达到要求。若达到，则输出瞄准点个数和坐标；若不能满足要求，则用弹量 $N = N + 1$。规则图形根据平均分布算法；不规则图形依据在确定瞄准点时，确保导弹毁伤区域不出目标毁伤区域边的要求，从内到外，得到瞄准点坐标，再抽样计算毁伤效能，直到能达到毁伤效能要求 E，形成毁伤方案表。

c. 当 $E_2 < E \leqslant 100\%$ 。

此时，毁伤区域不重合已经不能满足毁伤效果要求，因此在用弹量为 N_2 的瞄准点。选择方案的基础上，通过增加瞄准点直到满足毁伤要求；该情况下一定会出现两个毁伤区域间重叠的情况，如图 3－23 所示。

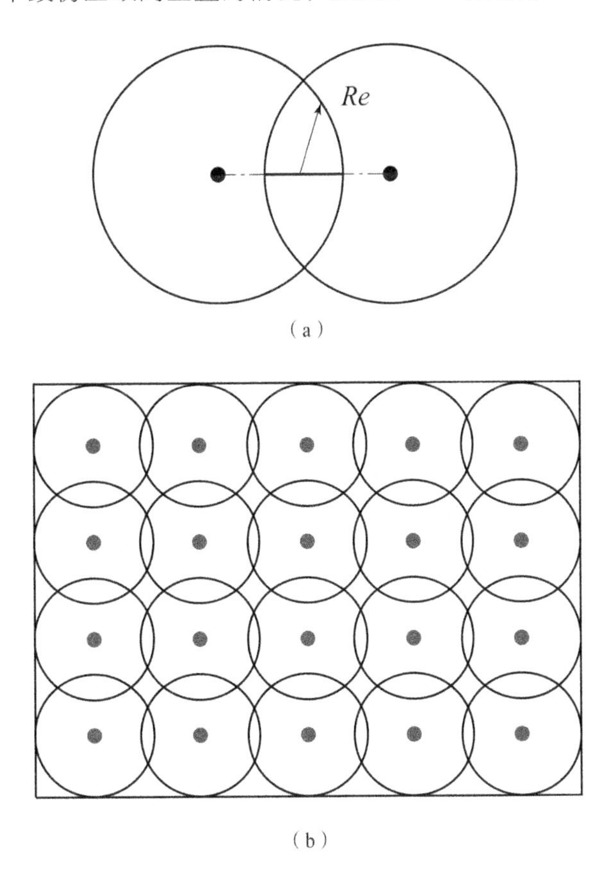

图 3－23　两个毁伤区域间的重叠的情况

(a) 两个毁伤区域重合；(b) 目标区域内毁伤区域重合

为了最大程度减少毁伤区域之间的重叠面积，新增瞄准点位于用弹量为 N_2 的瞄准点。选择方案相邻 4 个瞄准点组成的正方形几何中心，如图 3－24 所示，其中圆形瞄准点为用弹量为 N_2 的瞄准点选择方案，方形瞄准点为新增瞄准点。

按上述方法逐一增加瞄准点，直到毁伤效果达到要求的毁伤效果 E。

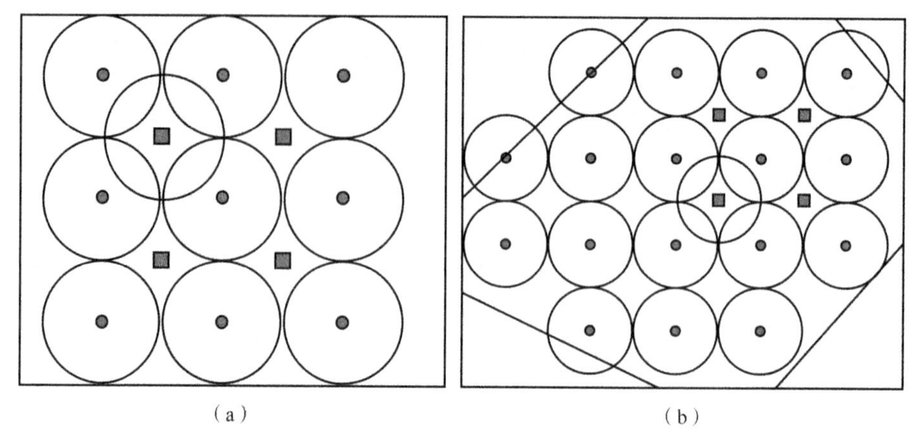

（a）　　　　（b）

图 3－24　增加瞄准点原则

（a）规则图形；（b）不规则图形

综上可见，具体计算步骤如下：

（1）首先建立面目标坐标系，根据目标区域建立计算网格模型，即将面目标划分成用于毁伤效果计算的结构化网格，对网格按照二维平面位置顺序进行编号，并赋予每个网格“毁伤状态”属性字段。

（2）根据杀爆弹的实际参数设定模型毁伤半径参数 R_{Damage}，以实际炸点为圆心，以 R_{Damage} 为半径构建一个毁伤圆。

（3）根据步骤（1）的目标几何尺寸和步骤（2）的杀爆弹命中精度及毁伤半径，采用上述方法计算多弹药的毁伤效果，将计算出的预期毁伤效果 E 与期望毁伤效果 E_R 对比，若满足要求，则得到使目标达到毁伤要求的用弹量、每枚杀爆弹的瞄准点和预期毁伤效果；若不满足要求，则起始用弹量 N_{Start} 增加 1 枚，根据增加瞄准点原则增加瞄准点，直到计算出的预期毁伤效果 E 满足期望毁伤效果 E_R。此时，多个弹药瞄准点坐标即为规划完成的目标瞄准点。最终，得到达到目标毁伤效果所需的最小用弹量以及相应的瞄准点。

第4章

战斗部威力场及分析

4.1 概述

战斗部是毁伤目标的核心装置，战斗部威力场作为输入数据是武器弹药毁伤效能分析计算的重要组成部分，也是核心部分；因此，战斗部威力场数据是毁伤效能评估的基础数据，其准确性是毁伤效能精确评估的重要支撑。不同类型战斗部对目标的毁伤模式不同，毁伤元也不尽相同，其威力分析流程、方法和数据形式也不完全相同。在此，主要分类型系统地介绍战斗部威力场的分析流程以及数据形式，为毁伤效能评估提供威力数据需求。此外，因为战斗部威力场若要精确获得多以试验为主，在此对于每种具体战斗部威力场精确求解方法不做过多详细介绍，按规定好的格式根据试验数据读入计算程序即可。本章从弹药战斗部毁伤效能评估出发，根据战斗部的毁伤模式，将战斗部分为杀伤战斗部（仅仅考虑预制破片）、爆破战斗部（含水中爆破战斗部）、杀伤爆破战斗部（同时考虑破片和冲击波）、侵彻爆破战斗部（含半穿甲）、聚能破甲战斗部（含水中聚能）、温压/云爆战斗部、穿甲战斗部、子母战斗部，共 8 类；本章中对于战斗部的分类主要是考虑便于实施的计算流程，仅用于本书所介绍的毁伤效能评估，在其他方面也许还有其他分类方式，在此也不做过多介绍。据此，分析各类战斗部毁伤模式及主要毁伤元类型列于表 4－1 中，各类战斗部形成毁伤元的威力表征量列于表 4－2 中。

表 4-1　战斗部分类、毁伤模式及毁伤元

<table>
<tr><th>序号</th><th colspan="2">战斗部类型</th><th>毁伤模式</th><th>毁伤元</th></tr>
<tr><td>1</td><td colspan="2">杀伤战斗部</td><td>通过破片对目标贯穿进行毁伤</td><td>破片（含杆条）</td></tr>
<tr><td rowspan="3">2</td><td rowspan="3">爆破战斗部</td><td>空中爆破战斗部</td><td>通过冲击波对目标结构破坏进行毁伤</td><td>冲击波</td></tr>
<tr><td>水中爆破战斗部</td><td>通过冲击波对目标结构破坏，通过气泡脉动产生水射流、二次压力波、气泡脉动等对目标结构破坏进行毁伤</td><td>冲击波、水射流、气泡</td></tr>
<tr><td>土中爆破战斗部</td><td>冲击波对土壤抛掷破坏形成爆坑</td><td>冲击波</td></tr>
<tr><td>3</td><td colspan="2">杀伤爆破战斗部</td><td>通过破片、冲击波耦合对目标进行毁伤</td><td>破片
冲击波</td></tr>
<tr><td>4</td><td colspan="2">侵彻爆破战斗部（含半穿甲）</td><td>侵入目标内部爆炸对目标进行毁伤，也可在岩土中爆破形成爆坑</td><td>侵彻体
破片
冲击波</td></tr>
<tr><td>5</td><td colspan="2">聚能破甲战斗部（含水中聚能）</td><td>通过爆炸形成射流、EFP对目标进行毁伤</td><td>射流
EFP</td></tr>
<tr><td>6</td><td colspan="2">温压/云爆战斗部</td><td>通过爆炸形成的冲击波、热辐射对目标进行毁伤</td><td>冲击波
热辐射</td></tr>
<tr><td>7</td><td colspan="2">穿甲战斗部</td><td>通过动能对目标贯穿进行毁伤</td><td>动能侵彻体</td></tr>
<tr><td>8</td><td colspan="2">子母战斗部</td><td>与子弹药战斗部的毁伤模式相关</td><td>与子弹药一致</td></tr>
</table>

表 4-2　毁伤元威力表征所需物理量

<table>
<tr><th>序号</th><th>战斗部类型</th><th>毁伤元</th><th>威力表征参量</th></tr>
<tr><td>1</td><td>杀伤战斗部</td><td>破片</td><td>（1）单枚破片质量；（2）单枚破片速度；（3）单位面积上贯穿破片密度</td></tr>
<tr><td rowspan="2">2</td><td rowspan="2">爆破战斗部</td><td>空气冲击波</td><td>（1）冲击波超压峰值；（2）冲击波正压区作用时间；（3）冲击波比冲量</td></tr>
<tr><td>水中冲击波</td><td>（1）冲击波超压峰值；（2）冲击波正压区作用时间；（3）冲击波比冲量</td></tr>
</table>

续表

序号	战斗部类型	毁伤元	威力表征参量
2	爆破战斗部	水射流	(1) 射流速度;(2) 射流直径
		气泡	(1) 二次压力波峰值;(2) 二次压力波正压作用时间;(3) 二次压力波比冲量
		地冲击	(1) 冲击波超压峰值;(2) 冲击波正压区作用时间;(3) 冲击波比冲量;(4) 爆腔直径;(5) 爆腔容积
3	杀伤爆破战斗部	破片、空气冲击波	综合杀伤战斗部和爆破战斗部
4	侵彻爆破战斗部(含半穿甲)	动能侵彻体	(1) 速度;(2) 质量;(3) 长度;(4) 直径;(5) 头部形状;(6) 侵彻深度;(7) 侵彻层数
		准静态压力	(1) 准静态压力峰值;(2) 准静态压力作用时间
		破片、空气冲击波	综合杀伤战斗部和爆破战斗部
		地冲击	(1) 冲击波超压峰值;(2) 冲击波正压区作用时间;(3) 冲击波比冲量;(4) 爆坑直径;(5) 爆坑容积
5	聚能破甲战斗部	聚能射流	(1) 射流头部速度;(2) 射流尾部速度;(3) 射流质量;(4) 射流直径;(5) 射流长度;(6) 射流侵彻深度;(7) 射流侵彻层数
		EFP	(1) 速度;(2) 质量;(3) 直径;(4) 长度;(5) 头部形状系数;(6) 侵彻深度;(7) 侵彻层数
6	温压/云爆战斗部	空气冲击波	(1) 冲击波超压峰值;(2) 冲击波正压作用时间;(3) 冲击波比冲量
		热辐射	(1) 最高温度;(2) 热流密度;(3) 热辐射强度;(4) 持续作用时间;(5) 火球直径
7	穿甲战斗部	动能侵彻体	(1) 速度;(2) 质量;(3) 长度;(4) 直径;(5) 头部形状;(6) 侵彻深度;(7) 侵彻层数
8	子母战斗部	根据子弹药确定	根据子弹药战斗部的类型确定

4.2 杀伤战斗部

杀伤战斗部是最为常见的一类战斗部，主要通过破片对目标进行侵彻穿孔毁伤，对目标有效毁伤元以破片为主，其威力场主要为破片场。破片对目标杀伤威力主要与破片存速、质量和位置相关，破片存速计算须考虑破片初速和速度衰减系数，破片位置计算须考虑单枚破片飞散方向角或破片场飞散方向角、飞散角宽度及分布类型等。因此，破片威力场分析应包括每个破片的初始速度计算、破片速度衰减系数、破片飞散方向角等，如图4-1所示。此外，因为破片初速计算时涉及炸药Gurney比能（简称Gurney能）等性能参数，Gurney能的计算在此也一并进行简单介绍。

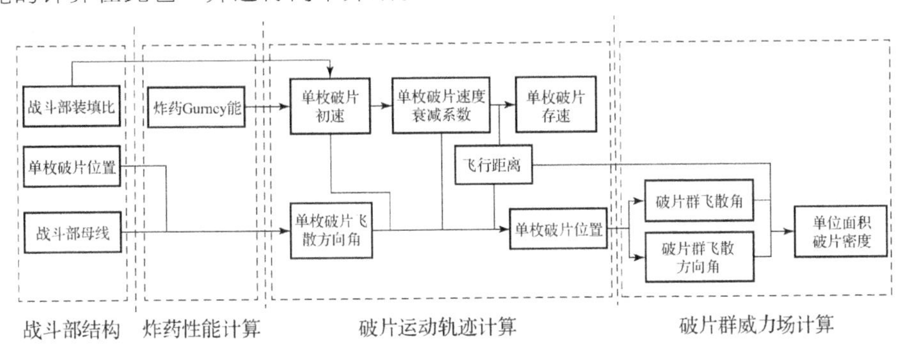

图4-1 破片威力计算流程

4.2.1 炸药Gurney能

在炸药装药爆炸产生的爆轰产物作用下，壳体被加速同时发生膨胀，壳体膨胀到一定程度破裂（碎），最终形成高速破片向外飞散。目前，从能量守恒角度出发，业已建立起关于破片初速的理论表达式，最为基本的就是Gurney（格尼）能量法，在破片初速的工程计算中Curney比能和炸药与金属质量比（C/M）之间关系的建立是一种最基本的方法；迄今为止，破片初速计算公式大多是基于这一原理推导出来的。对于Gurney比能，又称为Gurney常数，用$\sqrt{2E}$进行表征，是一个代表炸药驱动能力的试验常数。通常，这个数采用标准圆筒试验获得，常用炸药Gurney常数如列于表4-3中；但在进行战斗部破片初速计算时，炸药可能是全新的，并没有Gurney比能，这就要对Gurney比能进行测试或计算得到Gurney比能才能进行破片初速计算。常用的Gurney比能计算方法有多种，这里仅选几种进行简单介绍。

表 4-3 常用炸药 Gurney 常数

炸药类型	$\sqrt{2E}$/(m·s^{-1})
C-3 混合炸药	2682
B 炸药	2682
RDX	2834
TNT	2316
Tetryl	2500
含铝混合炸药	2682
H-6 炸药	2560
梯铝炸药	2316
HMX	2895
PBX9404	2900

根据已有研究成果，Gurney 比能与炸药类型和装填密度等因素有关；因此，最为常见的经验公式是把相关因素同一归结到装药爆速 D 上，而试验表明 Gurney 比能与炸药爆速 D 在一定范围内近似呈线性关系，具体表达式为

$$\sqrt{2E} = k_1 + k_2 \times D \tag{4-1}$$

式中，各参数的量纲为 mm/μs，k_1 通常取 0.52，k_2 通常取 0.28。

此外，Andre Koch 等（2002）将初始压力和 $C-J$ 压力联系起来，经过推导，获得炸药 Gurney 能 E 和爆速 D 的关系：

$$E = \frac{27}{512}D^2 \tag{4-2}$$

进而得到 Gurney 比能 $\sqrt{2E}$ 与爆速 D 的关系：

$$\sqrt{2E} = \frac{3\sqrt{3}}{16}D \approx \frac{D}{3.08} \tag{4-3}$$

Mohammad Hossein Keshavarz（2008）将炸药 Gurney 比能 $\sqrt{2E}$（单位：km/s）与炸药的密度 ρ_0 分子式 CaH_bNcO_d 联系起来，认为 Gurney 比能为

$$\sqrt{2E} = 0.404 + 1.020\rho_0 - 0.021c + 0.184 \times \left(\frac{b}{d}\right) + 0.303\left(\frac{d}{a}\right) \tag{4-4}$$

此外，Split-X 软件中给出 Gurney 比能的计算式如下：

$$\sqrt{2E}=D_c\times\sqrt{\frac{2\times\left(\frac{\gamma(\rho_c)}{\gamma(\rho_c)+1}\right)^{\gamma(\rho_c)}}{\gamma(\rho_c)\times\gamma(\rho_c)-1}} \tag{4-5}$$

式中：$\sqrt{2E}$——装药的 Gurney 比能；

D_c——装药的爆速；

$\gamma(\rho_c)$——装药爆炸气体的多方指数，是装药密度的函数。

4.2.2 破片初速

之所以要首先计算破片初速，是因为单枚破片的飞散方向角计算需要破片初速作为输入数据，破片初速可以理论计算获得，也可以采用有限元计算获得，也可以通过试验获得，但试验结果往往因为难以辨别是哪个破片而不太准确。在破片初速计算之前，首先需要定义弹体坐标系，才能后续较好地应用破片初速，弹体坐标系的定义方法在前面已进行过介绍。目前，计算破片初速基本上都是基于 Gurney 公式的基本假设开展的，Gurney 公式基本假设如下：

（1）在炸药与金属系统中，炸药瞬时爆轰，所释放的化学能量全部转换成爆轰产物气体和金属壳体的动能；

（2）爆轰产物气体的速度 v 沿径向线性分布，且与壳体相接触的产物边界速度与壳体运动速度联系；

（3）爆轰产物均匀膨胀，且密度处处相等；

（4）忽略边界稀疏的影响。

那么对于无限长圆柱，根据上述假设和能量守恒定律，炸药爆轰驱动金属的能量守恒方程为

$$CE=\frac{1}{2}Mv_0^2+\frac{1}{2}\int_0^{a_f}v^2(r)2\pi r\rho(r)\,\mathrm{d}r \tag{4-6}$$

式中：C、M——单位长度圆柱炸药质量和壳体质量（图4-2）；

E——炸药单位质量释放的能量，即为 Gurney 能；

$\rho(r)$——点 r 处的爆轰产物密度；

a_f——壳体破裂半径；

r——爆轰产物气体离开中心线的距离。

考虑单位长度圆柱体，则 r 和 $r+\mathrm{d}r$ 之间产物气体质量为

$$\mathrm{d}C=2\pi r\rho(r)\,\mathrm{d}r \tag{4-7}$$

由假设（3）可知，$\rho(r)$是常数，则在 r 处

$$\rho(r)=C/\pi a_f^2 \tag{4-8}$$

由假设（2）可知，在 r 处

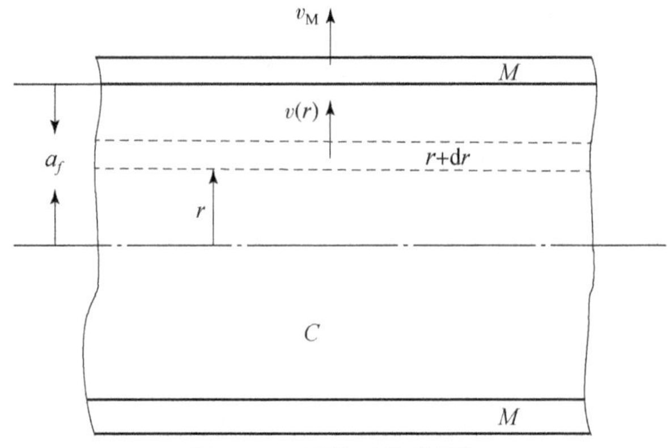

图 4－2　圆柱形装药图解

$$v(r)=\frac{r}{a_f}v_0 \tag{4-9}$$

将$\rho(r)$、$v(r)$代入式（4－6）取积分，可得

$$CE=\frac{1}{2}Mv_0^2+\frac{1}{4}Cv_0^2 \tag{4-10}$$

上式表明，基于能量守恒，可以把爆轰产物等效为与壳体相同速度运动的虚拟质量 $C/2$，进一步变换形式，有：

$$v_0=\sqrt{2E}\sqrt{\frac{\beta}{1+0.5\beta}} \tag{4-11}$$

式中：$\beta=C/M$，称为战斗部或装药的载荷系数。

尽管 Gurney 公式取得了巨大成功并在工程上得到了广泛应用，但受其自身假设条件的限制以及实际装药条件的不同，应用经典 Gurney 公式时仍需要针对具体情况进行必要的修正处理，以获得满足实际需要的初速计算精度。通常考虑壳体破裂特性、装药长径比与边界稀疏效应等进行修正，如 Split－X 软件中给出考虑稀疏波、爆炸波马赫数以及爆炸产物泄露影响的计算公式：

$$v_s=v_g\times\left(\frac{1}{2}+\frac{M_s}{C_s r_s d_s g_s}\right)^{-\frac{1}{2}} \tag{4-12}$$

式中：v_s——破片初速速度；

v_g——炸药的 Gurney 比能；

M_s——壳体质量；

C_s——装药量；

r_s——装药两端稀疏波的影响系数，$0<r_s<1$；

d_s——爆炸波马赫数影响系数，$d_s\geqslant1$；

g_s——爆炸产物泄漏的影响，$0<g_s\leqslant1$。

对于杀伤破片需要计算出每一个破片的初始速度和飞散方向，才能构建精准的威力场结构；这里采用微元法结合有效装药量进行每一枚破片的计算，该方法可以解决变截面战斗部（如聚焦战斗部）破片场的计算。对于微元法，首先将模型进行微元化，图4-3为对典型预制破片战斗部结构的微元划分；可将装药、内衬、预制破片以及外壳均进行微元化划分，获得若干微元单元，每个单元包含一枚破片、内衬微元、外壳微元以及装药微元，将一枚破片、内衬微元、外壳微元作为被驱动体，则可通过式（4-11）或式（4-12）等进行计算获得被驱动的每枚破片初速。

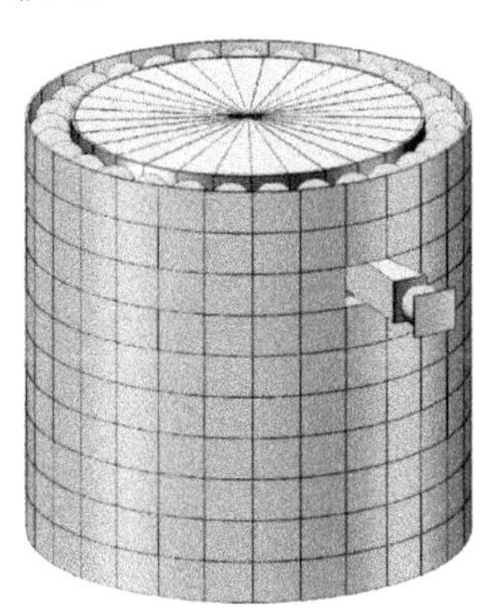

图4-3　典型预制破片战斗部示意图

对于微元化，其实质是以预制破片为一点中心，沿其轮廓向战斗部中心轴映射，沿所有破片映射方向对模型进行分割，即完成对模型的微元化；在此，以圆柱形战斗部和球形预制破片为例，在战斗部周向上将装药微元为扇形，将内衬和外壳微元为扇环形，在战斗部轴向上将装药、内衬及外壳微元为柱状，如图4-4所示。

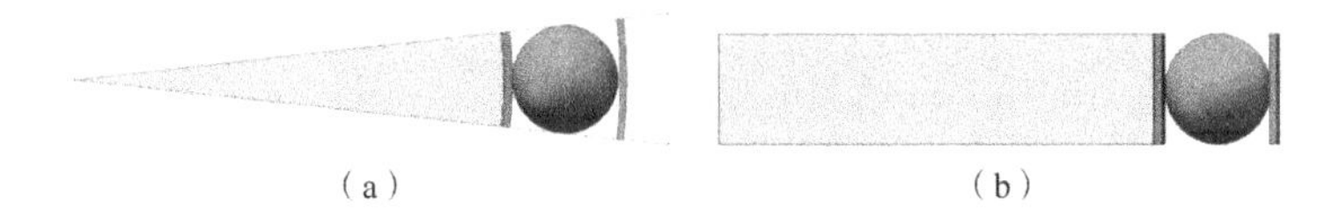

（a）　　　　　　　　　　（b）

图4-4　微元单元示意图

（a）周向；（b）轴向

设破片半径为r，装药半径为R，内衬厚度为h，外壳厚度为H，扇形装药微元圆心角的一半为θ，如图4-5所示。

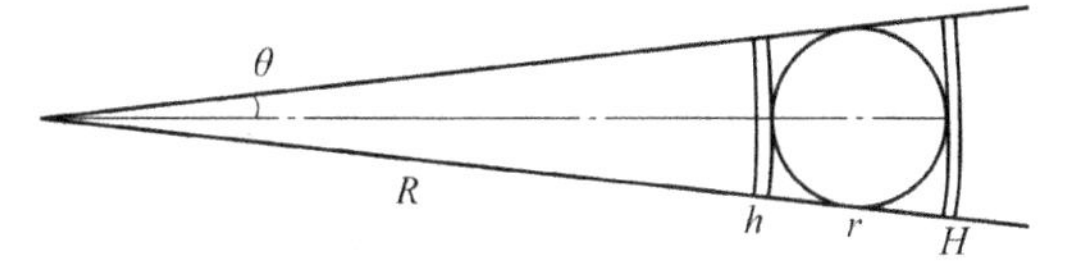

图4-5　微元单元几何关系示意图

则有

$$\arcsin\theta = \frac{r}{R+h+r} \tag{4-13}$$

若装药密度为 ρ_y，装药微元质量 M_y 为

$$M_y = r \times R^2\pi \times \frac{\theta}{2\pi} \times \rho_y = \frac{rR^2\theta\rho_y}{2} \tag{4-14}$$

若内衬密度为 ρ_n，内衬微元质量 M_n 为

$$\begin{aligned} M_n &= r \times ((R+h)^2 - R^2) \times \pi \times \frac{\theta}{2\pi} \times \rho_n \\ &= r \times (h^2 + 2Rh) \times \pi \times \frac{\theta}{2\pi} \times \rho_n \end{aligned} \tag{4-15}$$

若外壳密度为 ρ_w，外壳微元质量 M_w 为

$$M_w = r \times ((R+h+2r+H)^2 - (R+h+2r)^2) \times \pi \times \frac{\theta}{2\pi} \times \rho_w \tag{4-16}$$

若破片密度为 ρ_p，单枚破片质量 M_p 为

$$M_p = \frac{4}{3}\pi r^3 \tag{4-17}$$

综上，微元单元中被驱动物质质量 $M = M_n + M_w + M_p$，装药质量为 M_y，则代入式（4－11）或式（4－12），可获得被驱动金属（预制破片、内衬微元、外壳微元）的初速，即获得预制破片的初速。

上述探讨了通过微元法计算（变横截面）战斗部破片初速的方法，在非理想情况下，装药两端的稀疏波对破片初速具有影响；对于这种情况，可以通过有效装药的方法进行计算，根据装药的长径比以及端盖强度计算出有效装药，如图 4－6 所示，再通过微元法进行计算，可精确地得到每一枚破片的初始速度。

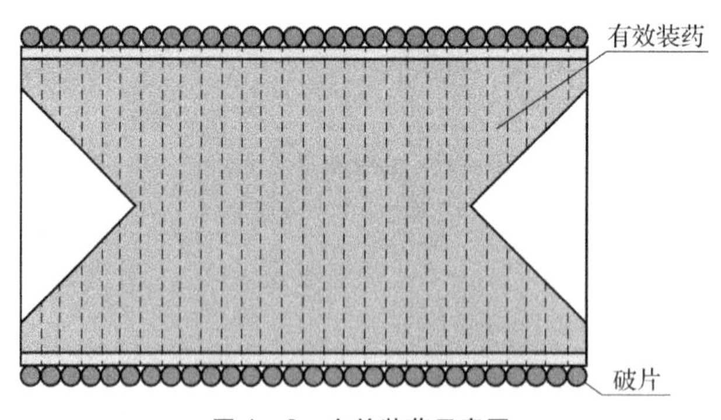

图 4－6　有效装药示意图

此外，对于杀伤战斗部而言，起爆点位置及起爆方式也对破片的初始速度产生影响，对于简单计算可通过如下公式进行：

（1）轴向一端起爆情况：

$$V_{0x} = (1 - \exp(-a_1 \times (x/d))) \times \{1 - a_2 \times \exp(a_3 \times (l - x)/d)\} \times \sqrt{2E}\sqrt{\frac{\beta}{1 + \beta/2}} \tag{4-18a}$$

（2）轴向中心起爆情况：

$$V_{0x} = \{1 - a_2 \times \exp(a_3 \times (l - x)/d)\} \times \sqrt{2E}\sqrt{\frac{\beta}{1 + \beta/2}} \tag{4-18b}$$

（3）两端起爆情况：

$$V_{0x} = (1 - \exp(-a_1 x/d)) \times \{1 - \exp(a_3 \times (l - x)/d)\} \times \sqrt{2E}\sqrt{\frac{\beta}{1 + \beta/2}} \tag{4-18c}$$

式中：V_{0x}——战斗部 x 处破片速度；

X——计算微元（破片）离基准端面距离，一端起爆时，起爆端面即基准端面；

D——装药直径；

l——装药长度；

a_1，a_2，a_3——试验拟合系数。

根据上述方法，针对具体情况计算出破片初始速度沿轴向分布，如图 4-7 所示。

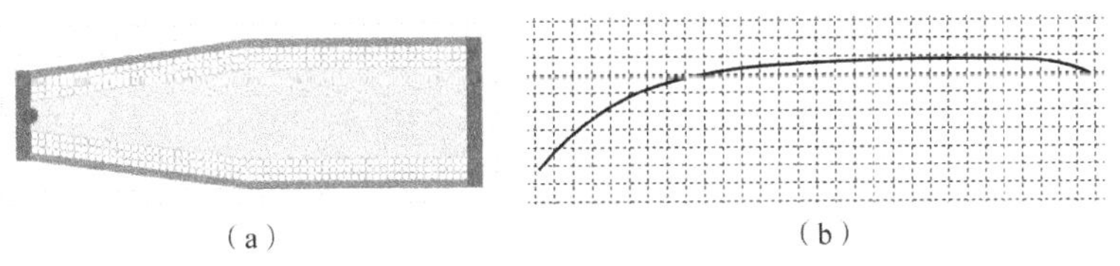

（a）　　（b）

图 4-7　针对战斗部结构计算出破片初速沿轴向分布

（a）战斗部结构；（b）破片速度沿轴向的分布

4.2.3　破片速度衰减

1. 理论模型

破片在空气中速度衰减规律的获取是实现杀伤战斗部威力精准评估的重要依据；因此，开展破片在空气中飞行时的阻力效应以及速度衰减的计算方法研究极为重要。破片在空气中飞行时，其保存速度的能力与破片本身空气阻力效应有关，对于相同质量破片，在相同初始速度和飞行距离条件下，空气阻力越大，破片速度衰减越快，与目标交会时的动能则越小，破片对目标的毁伤能力越弱；反之，空气阻力越小，破片速度衰减越慢，与目标交会时的动能越大，破片对目标的毁伤能力越强。

破片获得初始速度并脱离爆轰产物作用之后，即在空气中飞行；此时，破片将受到两种力的作用，分别为重力和空气阻力。重力使破片的飞行弹道发生弯曲，空气阻力则造成破片速度的衰减。由于破片飞行到目标的距离不会太长、时间很短，因此重力的影响可以忽略不计，将破片的飞行轨迹近似看作一条射线，进行速度衰减计算，这就是我们常说的“迹线法”。

则根据牛顿第二定律，破片运动的微分方程为

$$F = -\frac{1}{2}C_d \rho_a S v^2 = ma = m\frac{\mathrm{d}v}{\mathrm{d}t} \tag{4-19}$$

式中：C_d——空气阻力系数；

ρ_a——空气密度；

S——破片垂直于飞行方向的迎风（展现）面积；

m、v 和 t——破片质量、运动速度和时间。

对上式进行变换，写成速度 v 和距离 x 的微分形式，得

$$\frac{1}{v}\mathrm{d}v = -\frac{1}{2m}C_d \rho_a S\mathrm{d}x \tag{4-20}$$

对上式左右两边分别积分，初始条件为 $v = v_0$，$x = 0$，式（4-20）可变换成

$$\int_{v_0}^{v} \frac{1}{v}\mathrm{d}v = -\int_0^x \frac{1}{2m}C_d \rho_a S\mathrm{d}x \tag{4-21}$$

空气阻力系数取常数时，由式（4-21）可得式

$$v = v_0 \mathrm{e}^{-ax} \tag{4-22}$$

$$a = -\frac{C_d \rho S}{2m} \tag{4-23}$$

式中：a——破片速度衰减系数。

a 值越大，破片速度衰减越快；反之，a 值越小，其速度衰减越慢。如果进一步考虑大气密度随高度的变化，可基于地面密度进行高空中战斗部的威力场分析，则式（4-23）可变为

$$a = -\frac{C_d \rho_0 H(y) S}{2m} \tag{4-24}$$

式中：ρ_0——海平面空气密度，$\rho_0 = 1.225\ \mathrm{kg/m^3}$；

$H(y)$——高度 y 处的相对空气密度，即 $H(y)=\rho_H/\rho_0$，ρ_H 为高度 y 处的空气密度。

2. 空气阻力系数

根据上式可以看出，对于破片速度衰减计算，核心是掌握破片的空气阻力系数；由空气动力学理论可知，破片的空气阻力系数 C_d 值取决于破片的大小、形状和速度。C_d 值通常可以通过风洞试验测试和数值仿真计算得到给定气流速度下破片所受的阻力，然后再根据其迎风面积计算出来。因此，只要给出迎风面积，便可应用相似定律求出具有类似形状的破片在不同速度下的阻力系数。当破片形状相同时，C_d 是马赫数的函数。

(1) 球形破片。

有许多研究者对球形破片空气阻力系数进行了深入研究，Chartes 和 Thomas (1945) 通过试验研究了 Ø9/16 in (ϕ14.3 mm) 球形破片空气阻力系数随速度的变化规律，分析了超声速下激波离体位置与马赫数关系，获得不同速度区间下的空气阻力系数（表 4-4）。

表 4-4　球形破片空气阻力系数

序号	马赫数	空气阻力系数 C_d
1	(0.1, 0.2)	0.470
2	(0.2, 0.4)	0.485
3	(0.4, 0.6)	0.510
4	(0.6, 0.8)	0.550
5	(0.8, 0.9)	0.530
6	(0.9, 1.0)	0.775
7	(1.0, 1.1)	0.860
8	(1.1, 1.2)	0.920
9	(1.2, 1.3)	0.965
10	(1.3, 1.4)	1.000
11	(1.4, 2.8)	0.990
12	(2.8, 5.6)	0.930
13	(5.6, 11.2)	0.920

Henderson（1976）给出了球的阻力系数与马赫数、雷诺数、球的温度和大气温度之间的函数模型。谭多望（2002）通过二级氢气炮发射方式、激光无阻测量方法测量了 $\phi6\sim\phi10$ mm 范围内不同材料球形破片在不同初始速度条件下长距离（最大距离为 120 m）飞行时的速度衰减规律，获得初始速度在 1 200 ~ 2 200 m/s 范围内球形破片平均空气阻力系数与初始速度之间的函数关系式，如下式所示：

$$C_d = 1.069 - 0.019\ M_0 \tag{4-25}$$

式中，C_d——空气阻力系数；

M_0——破片飞行速度。

后续，谭多望（2007）进行了更深入的研究，通过球形钨合金破片在爆轰驱动条件下长距离（最大距离为 120 m）飞行时空气阻力系数测量试验，获得经历爆轰驱动后球形钨合金破片空气阻力系数与速度之间的函数关系式，如下式所示：

$$C_d = 1.310 - 0.015\ M_0 \tag{4-26}$$

此外，有些文献给出了球形破片飞行速度大于 1.5 Ma 时，空气阻力系数可近似用 0.97 计算。

刘建斌等（2019）通过试验与数值模拟获得的 $\phi6$ mm 钨合金球形破片的空气阻力系数。如图 4-8 所示；同时，进行了 $\phi11$ mm 钨合金球形破片的空气阻力系数试验与仿真研究，如图 4-9 所示。由图 4-10 可见，同一形状破片在不同速度下阻力系数变化趋势是相似的；此外，也可以看出不同速度下破片的阻力系数并不相同。

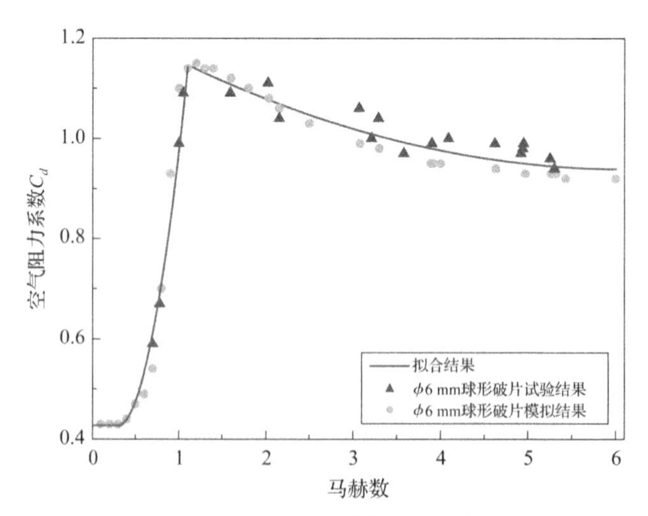

图 4-8　$\phi6$ mm 球形破片空气阻力系数

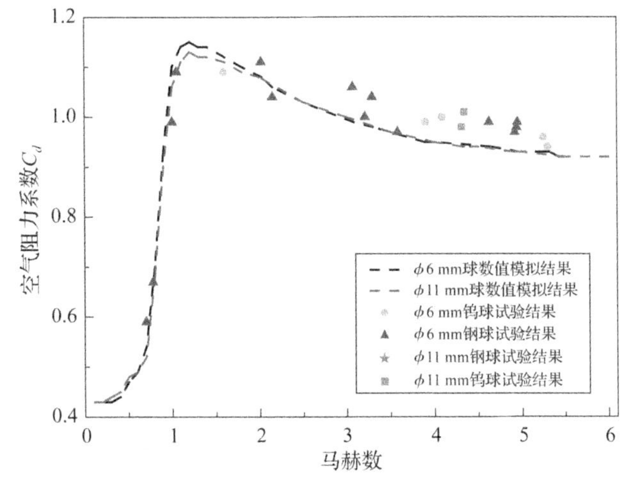

图4-9　球形破片空气阻力系数

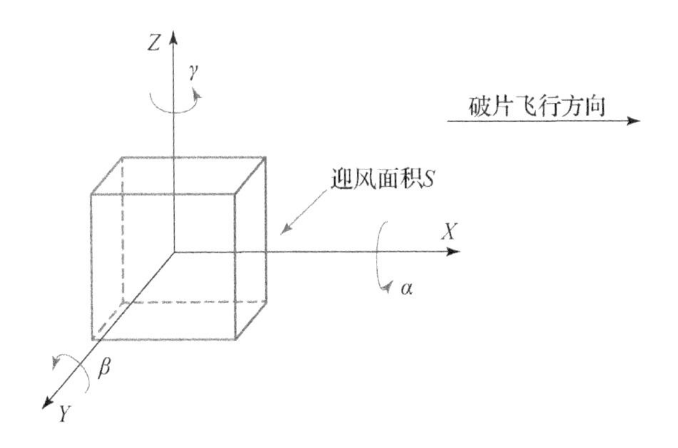

图4-10　立方体形破片初始状态示意图

根据图4-9，得到钨合金球形破片空气阻力系数与速度间的函数关系式如下：

$$C_d=\begin{cases}0.43, & Ma<0.3\\ 0.516-0.625Ma+1.085Ma^2, & 0.3\leqslant Ma<1.1\\ 1.247-0.101Ma+0.008Ma^2, & 1.1\leqslant Ma\leqslant 6.0\end{cases}\qquad(4-27)$$

式中：C_d——空气阻力系数；

Ma——破片飞行时的马赫数。

（2）立方体破片。

关于立方体破片，也是众多学者研究的对象，Hansche和Rinhart（1952）通过试验测量了边长分别为1/4 inch（6.35 mm）和3/8 inch（9.52 mm）钢质立方体形破片的空气阻力系数，结果表明两种尺寸立方体形破片速度相同时，空气阻力系数近似相等，速度从 0.8 *Ma* 增加至 1.25 *Ma* 时，空气阻力系数由 0.84 增加至 1.25；速度在 1.25 *Ma* 时，空气阻力系数最大；速度从 1.25 *Ma* 增加至 3.00 *Ma* 时，空气阻力系数呈线性减小至 1.1。此外，王儒策和赵国志（1993）给出了翻滚状态下钢制立方体形破片飞行时，在不同速度区间下的空气阻力系数，列于表 4－5 中。

表 4－5　立方体形破片空气阻力系数

序号	马赫数	空气阻力系数 C_d
1	(0.1, 0.2)	0.800
2	(0.2, 0.4)	0.820
3	(0.4, 0.6)	0.845
4	(0.6, 0.8)	0.880
5	(0.8, 0.9)	0.975
6	(0.9, 1.0)	1.075
7	(1.0, 1.1)	1.160
8	(1.1, 1.2)	1.225
9	(1.2, 1.3)	1.245
10	(1.3, 1.4)	1.245
11	(1.4, 2.8)	1.175
12	(2.8, 5.6)	1.120
13	(5.6, 11.2)	1.110

刘建斌（2019）通过试验研究获得了边长为 4.84 mm 和 7.25 mm 立方体形破片在不同速度下的速度衰减系数，列于表 4－6 中。

表 4－6　4.84 mm、7.25 mm 立方体形破片速度衰减系数

序号	破片结构	马赫数	速度衰减系数
1	4.84 mm 立方体	0.72	0.021 3
2	4.84 mm 立方体	0.75	0.026 2
3	4.84 mm 立方体	0.77	0.022 5
4	4.84 mm 立方体	0.79	0.022 8

续表

序号	破片结构	马赫数	速度衰减系数
5	4.84 mm立方体	0.83	0.023 4
6	4.84 mm立方体	0.84	0.026 9
7	4.84 mm立方体	0.87	0.029 6
8	4.84 mm立方体	0.90	0.025 3
9	4.84 mm立方体	0.92	0.026 6
10	4.84 mm立方体	0.97	0.027 2
11	4.84 mm立方体	1.00	0.030 3
12	4.84 mm立方体	1.03	0.030 0
13	4.84 mm立方体	1.07	0.036 6
14	4.84 mm立方体	1.09	0.026 1
15	4.84 mm立方体	1.15	0.031 7
16	4.84 mm立方体	1.34	0.030 9
17	4.84 mm立方体	1.38	0.032 9
18	4.84 mm立方体	1.44	0.037 3
19	4.84 mm立方体	1.47	0.028 4
20	4.84 mm立方体	1.75	0.028 5
21	4.84 mm立方体	2.14	0.028 3
22	4.84 mm立方体	2.17	0.028 6
23	4.84 mm立方体	2.36	0.029 6
24	4.84 mm立方体	2.74	0.029 1
25	4.84 mm立方体	3.31	0.028 7
26	4.84 mm立方体	3.36	0.027 5
27	4.84 mm立方体	4.66	0.028 8
28	4.84 mm立方体	4.71	0.027 5
29	4.84 mm立方体	4.73	0.028 7

续表

序号	破片结构	马赫数	速度衰减系数
30	7.25 mm 立方体形破片	2.68	0.018 9
31	7.25 mm 立方体形破片	2.88	0.017 9
32	7.25 mm 立方体形破片	4.78	0.019 2

同时，对边长为4.84 mm立方体形破片进行了飞行速度小于6.0 *Ma*、单自由度翻滚条件下（$\alpha=\gamma=0°$；$\beta\neq0°$）空气阻力随速度变化的数值模拟。数值模拟时，在立方体中心位置建立空间直角坐标系，破片在翻滚过程中，依次记绕*X*、*Y*、*Z*轴顺时针方向旋转角度为α、β、γ；此外，定义*X*轴正向为破片飞行方向，选择典型姿态下的投影面积形状（迎风面积），如图4－11所示。模拟计算时，β取0°、10°、20°、30°和45°。

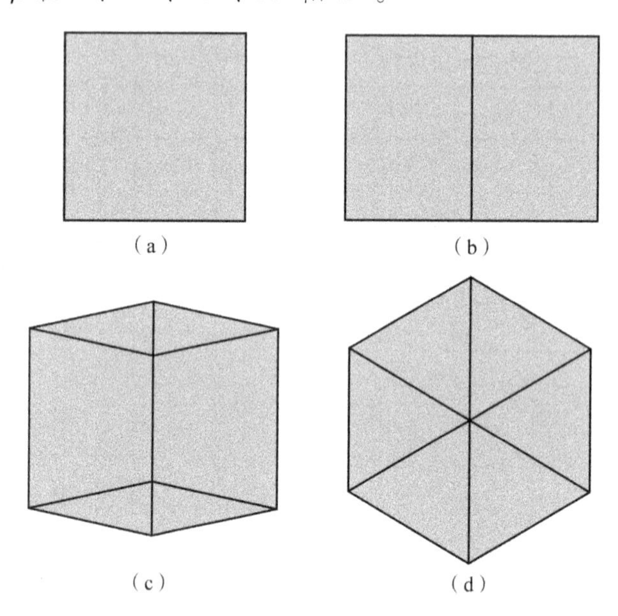

图4－11　立方体典型姿态下投影形状

(a) 初始状态（$\alpha=0°$；$\beta=0°$；$\gamma=0°$）；(b) $\alpha=0°$；$\beta=0°$；$\gamma=45°$；
(c) $\alpha=0°$；$\beta=20°$；$\gamma=45°$；(d) $\alpha=0°$；$\beta=45°$；$\gamma=45°$

在此，将试验与数值模拟获得边长为4.84 mm立方体形破片速度衰减系数绘制成散点图和线图，如图4－12所示。以试验结果为基准，记β分别取0°、10°、20°、30°和45°时的速度衰减系数计算结果与试验获得的速度衰减系数偏差为$\delta=(k-k_0)/k_0$。结合图4－12可以看出，当破片飞行速度大于2.74 *Ma*

时，数值模拟结果均比试验结果偏小，偏小幅度约10%，推测是因为试验测得的是翻滚状态下的立方体形破片速度衰减系数，而数值模拟仅针对特定迎风姿态进行模拟计算，表明翻滚状态下立方体形破片的速度衰减系数相比静止状态下会增大至少10%。

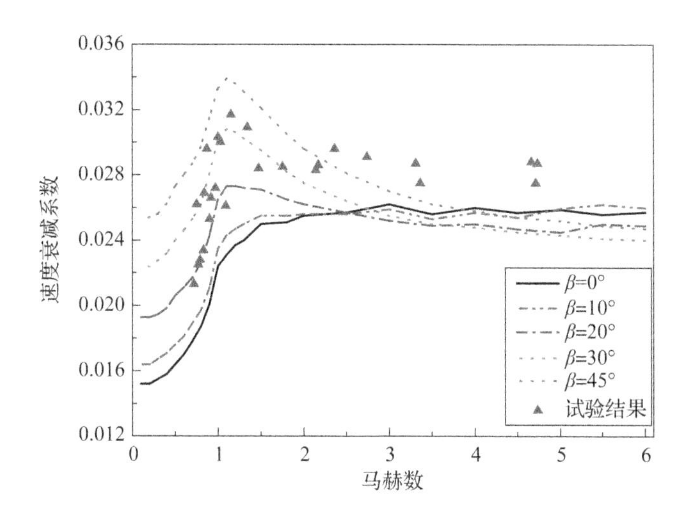

图4-12　边长4.84 mm立方体形破片速度衰减系数试验与数值模拟结果对比

通过对试验结果进行拟合可以获得立方体形破片速度衰减系数随马赫数变化计算公式如下：

$$C_d = 0.012\,54 + 0.022\,26Ma - 0.008\,66Ma^2 + 0.000\,99Ma^3 \quad (4-28)$$

式中，C_d——空气阻力系数；

Ma——破片飞行时的马赫数。

(3) 其他结构破片。

对于圆柱形破片、菱形破片虽然研究不多，但也有一些相关研究，在破片飞行马赫数 $Ma>1.5$ 的使用速度范围内，圆柱形破片和菱形破片的 C_d 值可按如下公式进行计算。

圆柱形破片：

$$C_d = 0.806 + 1.323/Ma - 1.12/Ma^2 \quad (4-29)$$

菱形破片：

$$C_D = 1.45 - 0.038\,9Ma \quad (4-30)$$

当破片飞行马赫数 $Ma>3.0$ 时，C_d 一般取常数，具体如下：

圆柱形破片：$C_d = 1.17$；

不规则矩形和菱形破片：$C_d = 1.5$。

3. 迎风面积

破片迎风面积是基于破片阻力系数计算破片速度衰减系数的一个重要参数。根据阻力定律可知，破片迎风面积实际为破片在飞行方向上的投影面积。由于破片在飞行时不断翻滚，因而除球形破片外，迎风面积一般为随机变量，其数值可取数学期望值为

$$S = \Phi m^{2/3} \tag{4-31}$$

式中：m——破片质量；

Φ——破片形状系数。

各种形状、规则的破片迎风面积计算式如下：

球：$\Phi = 3.07 \times 10^{-3}$；

立方体：$\Phi = 3.09 \times 10^{-3}$；

圆柱体：
$$\Phi = 1.03 \times 10^{-3} \frac{1.446 + 1.844(l/d)}{(l/d)^{2/3}} \tag{4-32}$$

长方体：
$$\Phi = 1.03 \times 10^{-3} \frac{(l_1/l_3)(l_2/l_3) + (l_1/l_3) + (l_2/l_3)}{(l_1 l_2/l_3^2)^{2/3}} \tag{4-33}$$

菱形体：
$$\Phi = 1.635 \times 10^{-3} \frac{\left(\dfrac{l'_1/l'_3}{\cos\gamma} + \dfrac{\dfrac{l'_1 l'_2}{l'_3 l'_3}}{2}\right)}{\left(\dfrac{l'_1}{l'_3} \cdot \dfrac{l'_2}{l'_3}\right)^{2/3}} \tag{4-34}$$

式中：l，d——圆柱形破片的长度、直径，cm；

l_1，l_2，l_3——长方形破片的长、宽、厚，cm；

l'_1，l'_2，l'_3——菱形破片的长对角线、短对角线和宽，cm；

γ——菱形破片钝角之半，cm。

刻槽撕裂形成破片的粗糙和不规则性等于增大了等效面积，在粗略计算时可取 $\Phi = 0.005$。

对于预制的球、立方体和圆柱体破片，可取

$$S = \frac{1}{4} A \tag{4-35}$$

式中：S——破片的迎风面积，m^2；

A——破片的全表面积，m^2。

4.2.4 单枚破片飞散方向角

破片飞散是杀伤战斗部爆炸后产生的一种重要现象，也是对目标杀伤的一

重要模式，破片飞散特性决定了破片的空间分布和破片密度，破片空间分布参数是破片杀伤威力场的重要参数之一，而单枚破片的飞散方向角计算是破片场空间分布计算的基础，一直以来受到广泛关注。静爆情况下一般采用泰勒（Taylor）和夏皮洛（Shapiro）方法进行计算，因为泰勒和夏皮洛公式是成熟理论，在此仅简单介绍；对于动爆，一般通过单枚破片静爆初始速度与弹体速度耦合叠加的方式进行计算获得，后面也会进行简单介绍。

1. 静爆

（1）泰勒（Taylor）方法。

采用 Gurney 公式求解破片初速时，假定瞬时爆轰，相当于爆轰波阵面与壳体内表面平行即对壳体内表面垂直入射，这时破片飞散方向和初速方向与壳体内装药法线方向一致。若爆轰波阵面与壳体内表面垂直掠过即滑移爆轰条件下，破片飞散方向或初速方向将偏离壳体表面的法线方向。Taylor 最早对这一问题开展了研究。

如图 4－13 所示，滑移爆轰波沿金属平板表面垂直掠过时，平板偏转 θ 角。假设平板自初始位置瞬时加速到终态速度，即破片初速 v_0 经历了纯粹的旋转运动，在平板长度和厚度方面没有发生变化或产生剪切流动。

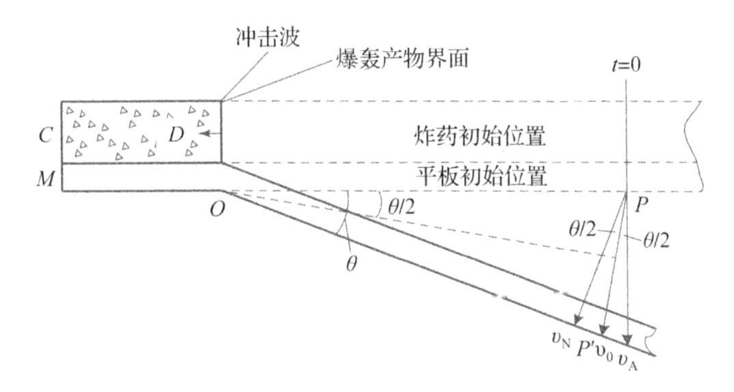

图 4－13 滑移爆轰对金属板的抛射

这样，由图中的几何关系可知，$\theta/2$ 为平板微元抛射或破片飞散方向偏离平板法线方向的角度。如果自 P 到 O 点爆轰波稳态传播时间为 t，那么$\overline{OP}=Dt$（D 为装药爆速）、$\overline{OP}=v_0 t$。于是：

$$\sin\frac{\theta}{2}=\frac{\overline{PP'}/2}{OP}=\frac{v_0}{2D} \tag{4-36}$$

式（4－36）就是著名的 Taylor 角关系式，该式给出了金属平板微元运动或破片飞散方向偏离表面外法线方向的角度 $\theta/2$ 与破片初速 v_0 和爆速 D 之间的关

系。其中，v_0 可由 Gurney 公式求得，而垂直平板初始位置的速度分量 v_A 为

$$v_A = D\tan\theta \tag{4-37}$$

如果考虑边界稀疏波效应等，可以考虑对公式进行修正，式（4-37）可变为

$$v_A = k_1 D\tan\theta \tag{4-38}$$

式中，k_1——修正系数。

（2）夏皮洛（Shapiro）方法。

上述 Taylor 理论包含了战斗部静爆时预测破片飞散特性的基本思想。Shapiro 则将这一基本思想加以推广和具体应用，得到了 Shapiro 公式。Shapiro 的基本假设是战斗部壳体由许多圆环连续排列或圆环叠加而成，诸圆环的中心均处在战斗部或弹体的轴线上，这相当于假设破片飞散周向均匀分布、各个轴截面上的破片相互没有干扰。尽管该假设与实际的壳体膨胀、破裂并非完全一致，但从工程近似计算的角度来看仍可以获得满意的精度。

在这个基本假设条件下，考虑到炸药装药实际的起爆点情况，并进一步假设爆轰波由起爆雷管或传爆药出发，以球形波阵面的形式在装药中传播。如图 4-14 所示，取战斗部壳体表面的外法线与弹轴夹角为 ϕ_1；取爆轰波到达某一壳体微元环时的爆轰波传播方向或爆速方向与弹轴的夹角为 ϕ_2；破片飞散方向或初速方向因爆轰波传播方向的影响而偏离壳体外法线方向，产生一个偏角 θ，并称为该角为破片飞散偏转角。

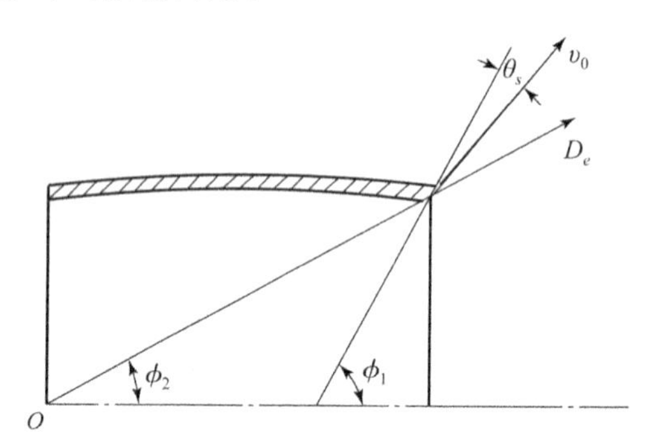

图 4-14　Shapiro 求解破片飞角偏转角诸要素

现取壳体上某一微元环 AB 来研究，如图 4-15 所示。爆轰波由战斗部左端向右端运动，在 Δt 时间内，可认为掠过壳体 AB 上的爆轰波传播速度和方向不变。这样，爆轰波阵面由 AA' 到达 BB'，则传播距离为 $D\Delta t$；A 点壳体向外的膨胀速度由 0 增至 v_0；壳体微元环 AB 转过一 θ 角，其长度和厚度均保持不变。

这样，在等腰三角形 ABC 中，根据正弦定理可得

$$\frac{\overline{AC}}{\sin\theta} = \frac{\overline{AB}}{\sin(\pi/2 - \theta/2)} \tag{4-39}$$

或者

$$\frac{\overline{AC}}{\overline{AB}}=\frac{\sin\theta}{\sin(\pi/2-\theta/2)}=2\sin\frac{\theta}{2} \tag{4-40}$$

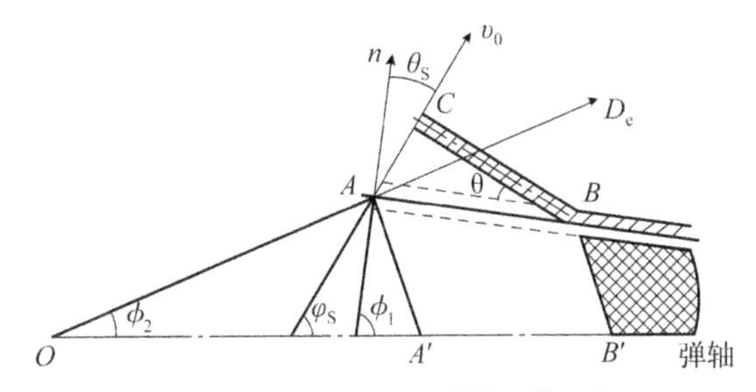

图 4－15　Shapiro 公式推导的图解

引入 Taylor 假设，AB 微元瞬时加速到最终速度或破片初速，于是

$$\overline{AC}=v_0\Delta t \tag{4-41}$$

$$\overline{AB}=\frac{D\Delta t}{\cos(\pi/2-\varphi_1+\varphi_2)} \tag{4-42}$$

将$\overline{AC}$、$\overline{AB}$代入式（4－40）可得

$$\sin\frac{\theta}{2}=\frac{v_0}{2D}\cos(\pi/2-\varphi_1+\varphi_2) \tag{4-43}$$

由图 4－15 可知，破片飞散偏转角 $\theta_s=\theta/2$；由于 θ_s 很小，可用 $\tan\theta_s\approx\sin\theta_s$，Shapiro 最终给出计算公式如下：

$$\tan\theta_s=\frac{v_0}{2D}\times\cos(\pi/2-\varphi_1+\varphi_2) \tag{4-44}$$

同样，考虑边界稀疏波效应的修正，式（4－44）可变为

$$\tan\theta_s=k_1\times\frac{v_0}{2D}\times\cos(\pi/2-\varphi_1+\varphi_2) \tag{4-45}$$

式中：k_1——修正系数；

θ_S——破片飞散偏转角；

v_0——破片初速。

以上就是著名的 Shapiro 公式及其推导过程。由此可以看出，对于一定结构战斗部壳体，破片飞散方向主要由破片初始位置壳体法线方向和爆轰波传播方向决定，而爆轰波的传播方向取决于起爆点位置，起爆点位置和爆轰波传播方向使破片飞散方向以壳体外法线方向为基准，向爆轰波传播方向偏转了一个 θ_s 角。

根据图 4－15 可见，由几何关系很容易知道，破片飞散方向可通过角度 ϕ_0 表示，该角称为破片飞散方向角，其表达式为

$$\phi_0=\phi_1-\theta_s \tag{4-46}$$

若战斗部壳体为圆柱形，则壳体外法线方向与弹轴夹角 $\phi_1 = 90°$，当起爆点位于无限远处或复合 Taylor 角近似的滑移爆轰条件为 $\phi_0 = 0°$时，式（4－44）则变成

$$\tan \theta_s = \frac{v_0}{2D} \tag{4-47}$$

对比式（4－36），再考虑到 $\theta_s = \theta/2$ 是小量，$\theta_s \approx \tan \theta_s \approx \sin \theta_s$；因此，可以认为 Taylor 公式近似与 Shapiro 公式是一致的，前者是后者的一个特例。

对于圆柱形壳体战斗部，若考虑 AB 微元不是瞬间由 0 加速到 v_0，而是经历了时间 Δt，在 Δt 时间内取平均速度 $\bar{v} = v_0/2$，这样就可得到

$$\overline{AC} = \frac{1}{2} v_0 \Delta t \tag{4-48}$$

这种条件下，根据式（4－44）可得到

$$\tan \theta_s = \frac{v_0}{4D} \cos \phi_2 \tag{4-49}$$

2. 动爆

所谓动爆是指弹体带落速、落角下破片的飞散计算，弹药落角对破片的速度不会产生影响，但是弹药的落速会对单枚破片的速度产生影响，同时影响飞散方向。将动爆计算时主要考虑单枚破片在动态条件下的速度，计算时不仅需要考虑破片静态飞散速度，还需要考虑破片的飞散方向角。根据破片的静态飞散速度和弹体的速度合成计算破片的动态飞散速度，矢量合成如图 4－16 所示，在 $\triangle ABC$ 中，知道弹体速度 v_m 以及破片速度 v_{ps}，可以通过三角形余弦定理求得单枚破片速度和弹体速度的合成速度 v_{pd}，以及破片动态飞散方向 θ_D。相关计算方法已有较多文献进行介绍，在这就不在过多介绍。但也需要说明，上述这种合成是没有考虑攻角的，若攻角较大必须考虑时，计算则较为复杂。

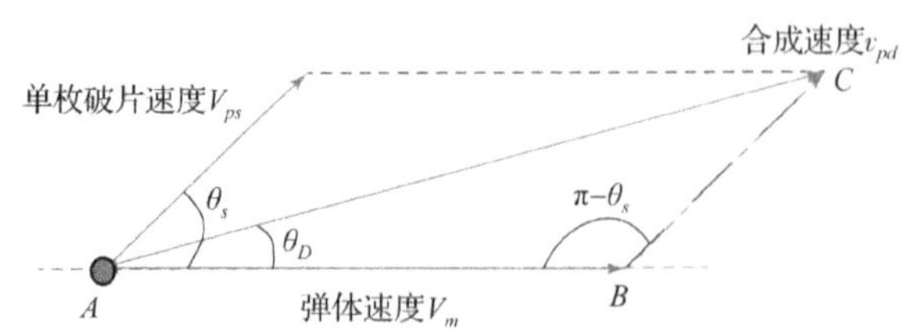

图 4－16　破片速度与弹体速度合成示意

4.2.5　破片群飞散方向角

无论是静爆条件还是动爆条件，均可根据杀伤战斗部两端部单枚破片的飞散方向角计算出整个破片群的飞散角和飞散方向角，如图 4－17 所示。在计算

破片群飞散方向角的同时，也可计算出破片群飞散方向的中心角，这样就可以把整个破片带进行表征了。通常这两个量可以通过静爆试验的球形靶测试获得，或者通过数值仿真获得。根据静爆试验得到的破片带飞散方向角，可以对计算结果进行修正，通过修正可以发现基于上述单个破片飞散方向角计算获得的破片群飞散方向角由于较为理想，一般要小于实际情况。

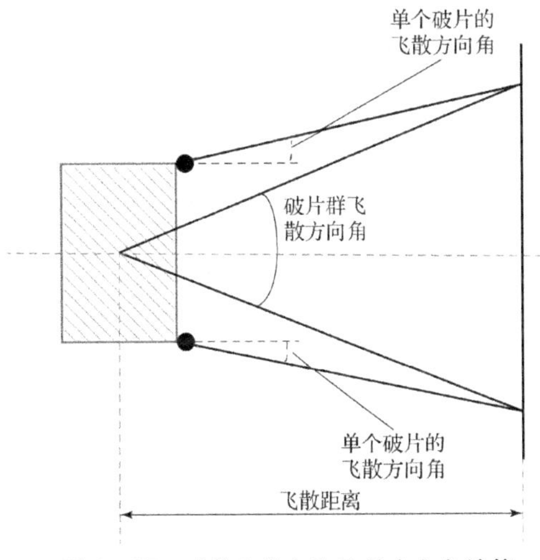

图4－17　破片飞散角和飞散方向角计算

那么反过来就可以根据破片群内破片的总枚数以及试验获得的破片带飞散方向角进行每个破片的随机抽样，通过破片飞散方向的矢量分解以及蒙特卡洛法就可抽取每个破片飞散方向角和周向角，根据两个角合成飞散速度矢量方向，并可结合弹体运动速度合成动态情况下的破片飞散方向和速度，得到破片场，如图4－18所示。

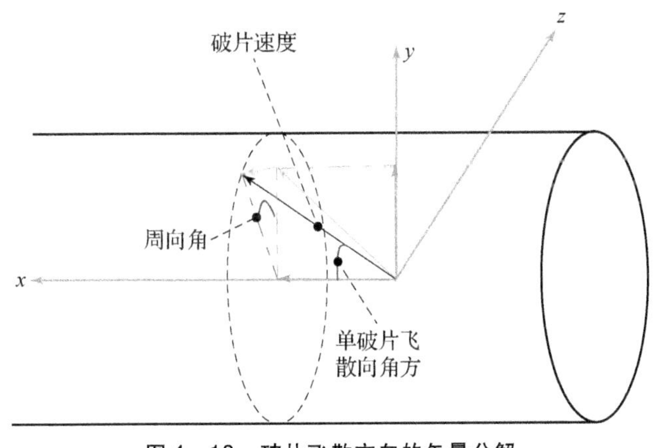

图4－18　破片飞散方向的矢量分解

4.2.6 杀伤威力计算所需参量

根据上述分析以及计算模型，明确破片初速、存速以及飞散方向计算所需的主要物理量列于表4-7，可为杀伤战斗部威力分析计算软件框架及接口设计提供支撑。

表4-7 杀伤威力计算所需输入参量

主要相关因素	相关因素影响参量	影响参量分析输入量	备注
破片存速	破片初速	装药格尼能	也可通过数值仿真获得。
		破片质量	
		装药质量	
		装药直径	
		装药长度	
		起爆点位置	
	破片速度衰减系数	破片阻力系数	飞行速度不同阻力系数不同，若要计算准确，需要细化
		迎风面积	计算需要破片表面积
		大气密度	海拔高度不同大气密度不同
		破片质量	
	破片运动距离	初始位置	在弹体坐标系中确定
		破片空中位置	
破片实时位置	破片的初始位置	每个破片的初速位置（战斗部结构）	在弹体坐标系中确定
	单枚破片飞散方向角	破片初速	也可通过静爆试验抽样或数值仿真获得
		装药爆轰波波速	
		战斗部壳体表面外法线与弹轴的夹角（战斗部结构）	
		爆轰波传播方向或爆速方向与弹轴的夹角（爆轰波结构）	

4.3　爆破战斗部

对于爆破战斗部，这里主要针对空气中爆破、水中爆破以及土中爆破威力计算的通用模型进行介绍，以支持威力计算所需的输入参量分析，支撑战斗部威力分析软件的架构设计。

4.3.1　空气中爆破威力

1. 破片质量分布

对于爆破战斗部，通常没有预制或半预制破片，战斗部爆炸可驱动弹药战斗部壳体破碎形成自然破片，但壳体破碎形成的破片形状和质量不同，需要进行破片质量分布计算。破片质量分布目前主要按统计规律求得，在已有经验公式中，最为常用的是 Mott 公式。具体计算方法如下。

破片总数 N_0 可通过下式计算得出：

$$N_0 = \frac{M_{\text{eff}}}{2\mu} \tag{4-50}$$

式中：M_{eff}——有效段战斗部壳体质量，kg；

2μ——破片平均质量，取决于战斗部壳体壁厚、内径、炸药相对质量，kg。

破片平均质量可按下式计算：

$$\sqrt{\mu} = At_0(t_0 + d_0)^{3/2}(1 + 0.5m_e/M_f)^{0.5}/d_0 \tag{4-51}$$

式中：A——试验系数，取决于炸药性能，$kg^{1/2}/m^{3/2}$；

t_0——战斗部壳体平均壁厚，m；

d_0——战斗部壳体平均内径，m；

m_e——装药质量，kg；

M_f——有效战斗部壳体质量，kg。

质量大于 m_f 的破片累计数目 $N(m_f)$ 可根据下式计算得出：

$$N(m_f) = N_0 \exp\left[-\left(\frac{m_f}{\mu}\right)^{0.5}\right] \tag{4-52}$$

单枚质量在 $m_{f1} \sim m_{f2}$之间的累计数目 $N(m_{f1} - m_{f2})$ 可根据下式计算得出：

$$N(m_{f1} - m_{f2}) = N_0\left\{\exp\left[-\left(\frac{m_{f2}}{\mu}\right)^{0.5}\right] - \exp\left[-\left(\frac{m_{f1}}{\mu}\right)^{0.5}\right]\right\} \tag{4-53}$$

由式（4-44）~式（4-47）联立可计算得出破片的质量分布。

通常，由于战斗部头部产生破片数量少、速度低，在理论分析时仅对圆柱段壳体形成的破片进行计算。此外，也可以采用 AutoDyn、LSdyna 等有限元软件进行战斗部壳体破碎过程的数值仿真，通过数值仿真获得战斗部壳体在爆炸载荷下的破裂状态，如图 4－19 所示；并通过数值仿真得到壳体破碎成破片的质量以及速度。

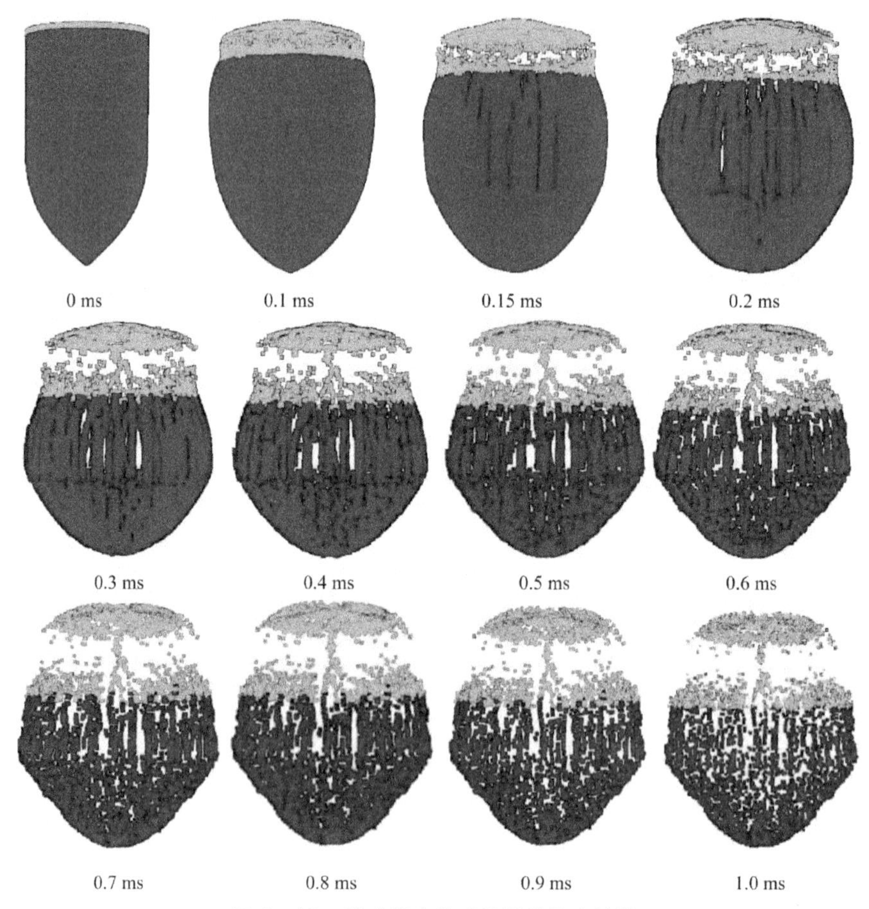

图 4－19 战斗部壳体破碎数值仿真计算

2. 冲击波

炸药在空气中爆炸，瞬时释放能量转变为高温、高压的爆轰产物。由于空气的初始压力和密度比爆轰产物低得多，于是在爆轰产物中产生稀疏波，导致其快速膨胀和压力、密度的急剧下降。与此相对应，爆轰产物强烈压缩空气，在空气中形成冲击波。冲击波实际作用与毁伤相关的基本参量包括超压峰值、正压区作用时间和比冲量。核心物理量包括超压峰值和比冲量，对于正压区作用时间主要在比冲量计算时使用，这里主要介绍这些参量随传播距离变化的经验计算方法，以便于找到相关物理参量。

空中爆炸冲击波除初始参数外，其随距离的变化是无法通过简单的理论解析方法进行求解和计算的，工程上通常采用爆炸相似律的方法进行近似计算，其有效性和实用性已得到普遍共识。目前，关于爆炸冲击波两个毁伤物理量超压峰值和比冲量，均可根据相似理论，通过量纲分析和试验标定参量的方法得到相应经验计算式。

（1）冲击波峰值超压。

对于冲击波峰值超压，不同时期不同的研究工作者给出了多个计算公式，大多数计算公式的基本形式如下：

$$\Delta p = \frac{k_1 \times (\omega_{be})^{\frac{1}{3}}}{r} + \frac{k_2 \times (\omega_{be})^{\frac{2}{3}}}{r^2} + \frac{k_3 \times (\omega_{be})^{\frac{3}{3}}}{r^3}, k_4 < \frac{r}{\sqrt[3]{W}} < k_5 \quad (4-54)$$

式中：ω_{be}——炸药装药质量；

r——炸点到计算点的距离，即爆距；

Δp——冲击波超压峰值；

$k_1 \sim k_5$——试验系数，可由试验数据拟合获得。

在该公式使用时，应明确 $k_1 \sim k_5$ 系数所对应的炸药类型。目前，通常采用的系数是来自TNT炸药，通过TNT炸药等效公式（4－55）计算得到相应等效TNT的裸露装药质量，然后利用公式以及等效TNT裸露装药质量进行冲击波超压峰值以及比冲量计算。但这种基于爆热的TNT当量等效方法难以适应温压、云爆等新型高能炸药的计算，温压、云爆等战斗部爆炸后在空中与氧可发生反应，提升其毁伤威力。目前，成熟的理论模型不多，但可通过试验实测方法去拟合式（4－48）中的系数，并对系数的适用范围进行说明。

$$\mathrm{TNTL} = \frac{\mathrm{Ex}_p}{\mathrm{TNT}_p} \omega_i \quad (4-55)$$

式中：TNTL——炸药的TNT当量；

Ex_p——需等效炸药性能参数，通常采用爆热；

TNT_p——TNT性能参数，通常采用爆热；

ω_i——需等效的装药质量；

此外，对于带壳装药，通常考虑壳体破裂对能量的吸收，需进行等效，等效成裸露装药当量 ω_{be} 的通用计算公式如下：

$$\omega_{be} = \omega \left[\frac{\alpha}{a+1-a\alpha} + \frac{(a+1)(1-\alpha)}{a+1-a\alpha} \left(\frac{r_0}{r_{p0}} \right)^{b(\gamma-1)} \right] \quad (4-56)$$

式中：ω_{be}——等效后的装药质量；

ω——战斗部内炸药装药质量；

γ——爆炸气体多方指数；

α——装填系数，$\alpha=\omega/(\omega+M)$，M 为战斗部壳体质量；

a、b——形状系数，对于圆柱形壳体装药，$a=1$，$b=2$；因此，可得到下式：

$$\omega_{be}=\omega\left[\frac{\alpha}{2-\alpha}+\frac{2(1-\alpha)}{2-\alpha}\left(\frac{r_0}{r_{p0}}\right)^{2(\gamma-1)}\right] \tag{4-57}$$

根据已有文献可知，对于韧性材料，钢壳可近似取 $r_{p0}=1.5r_0$，铜壳取 $r_{p0}=2.24r_0$；脆性材料或预制破片此值应小些。

（2）冲击波比冲量。

理论上讲，比冲量是由超压对时间积分得到，但计算往往比较复杂，通常可由爆炸相似律直接给出正压比冲量 i_+：

$$i_+=k_1\frac{\omega_{be}^{2/3}}{r} \tag{4-58}$$

式中：i_+——冲击波超压比冲量，单位为：压强×时间；

k_1——试验系数，对于 TNT 装药，$k_1=196\sim245$；

ω_{be}——炸药装药质量；

r——炸点到计算点的距离。

4.3.2 水中爆破威力

战斗部装药在水中爆炸时，在水介质中形成初始冲击波与气泡对目标进行毁伤，水中爆炸因为在密度和声速更大、可压缩性更小的水中进行，能量输出结构与空气中爆炸有着巨大的差别，冲击波和气泡是威力分析中两个必要的毁伤元。

1. 冲击波

（1）冲击波超压峰值。

水中冲击波初始参数取决于炸药的爆热、爆压和爆速等性能以及水的特性。由于水下试验不易操作，水下爆炸的初始参数计算不如空中爆炸参数计算的系统、详细。但针对装药水下爆炸问题，目前也有许多试验数据和经验公式可供参考。如 TNT 装药爆炸产生的冲击波峰值压强 P_m 计算公式为

$$\Delta P=k_1\times\left(\frac{\sqrt[3]{\omega}}{r}\right)^{\alpha} \tag{4-59}$$

式中：ω——炸药装药质量；

r——炸点到计算点的距离，即爆距；

k_1、α——系数，由试验确定。

对于其他非 TNT 炸药而言，可以根据能量相似原理来估算，也是先通过爆

热等效成 TNT 装药对应的系数，然后进行计算。

（2）冲击波比冲量。

装药在水中爆炸，首先在水中形成爆炸冲击波，由于水的密度远大于空气，所以水中冲击波的初始压力比空气中爆炸产生的冲击波初始压力要大得多，但随着传播，压力峰值下降也很快。根据已有研究可知，TNT 装药爆炸产生的冲击波比冲量 i 计算公式如下：

$$i = l \times \omega^{\frac{1}{3}} \left(\frac{\omega^{\frac{1}{3}}}{r} \right)^{\beta} \tag{4-60}$$

式中：ω——炸药装药质量；

r——炸点到计算点的距离，即爆距；

l、β——系数，由试验确定。

2. 气泡

水介质的液态性质，使爆炸产物与水介质之间存在较清晰的界面。于是冲击波形成并离开后，爆轰产物在水中以气泡的形式继续膨胀，推动周围的水沿径向向外流动，流动持续的本质原因是爆轰产物膨胀运动的惯性。随着气泡的膨胀，气泡内压力不断下降，当压力降到平衡压力时，惯性效应仍然使气泡的膨胀运动继续进行，但此时是减速运动，当膨胀停止时，气泡半径达到最大，但气泡内的压力最低。但此时，产生了新的压力差，由内压高、外压低变成了外压高、内压低；接着，压差的存在使气泡周围的水开始反向流动而向中心聚合，同时对气泡形成压缩，气泡内的压力开始上升，水和气体介质的弹性和惯性为气泡的振荡提供了条件，气泡腔将围绕上述过程中的平均直径发生振荡运动，其现象如图 4 – 20 所示，该过程称为气泡脉动。气泡运动以自身气泡表面径向朝外传播的压力波形式向外转移能量，除了冲击波之外，还依靠气泡振荡产生的压力波向水中传递爆炸释放的能量。若假定气泡附近的水是不可压缩的，则水的压力与气泡膨胀或压缩的平方有关。此外，当气泡在最小体积瞬间，气泡的膨胀速度最大，即产生的压力波最强。虽然形成压力波的最大压力比冲击波的压力低好多倍，但两者的冲量大致相当。因此，气泡第一次脉动时所形成的压力波载荷（二次压力波）具有实际意义，在分析水中爆炸对结构的毁伤作用时，二次压力波不容忽视。

此外，水中爆炸伴随的界面效应是许多相互关联现象的耦合，所涉及的波场结构特点，是由从自由面正规和非正规反射冲击波的存在区域（这些区域的结构与参数截然不同）、空穴发展和水冢形成、垂直方向和径向的表面喷溅（水花）、气泡第一次脉动时压力最大幅度的异常增大等现象所决定的。由已有研究成果可见，在刚性面、自由面附近或考虑重力的影响时，可观察到气泡结构的变化和高速定向水射流的形成，如图 4－21 所示，这与爆炸产物气泡动力学有关，而水射流也是造成目标毁伤的重要因素之一，水射流的形成与目标边界是相关的，如图 4－22 所示。

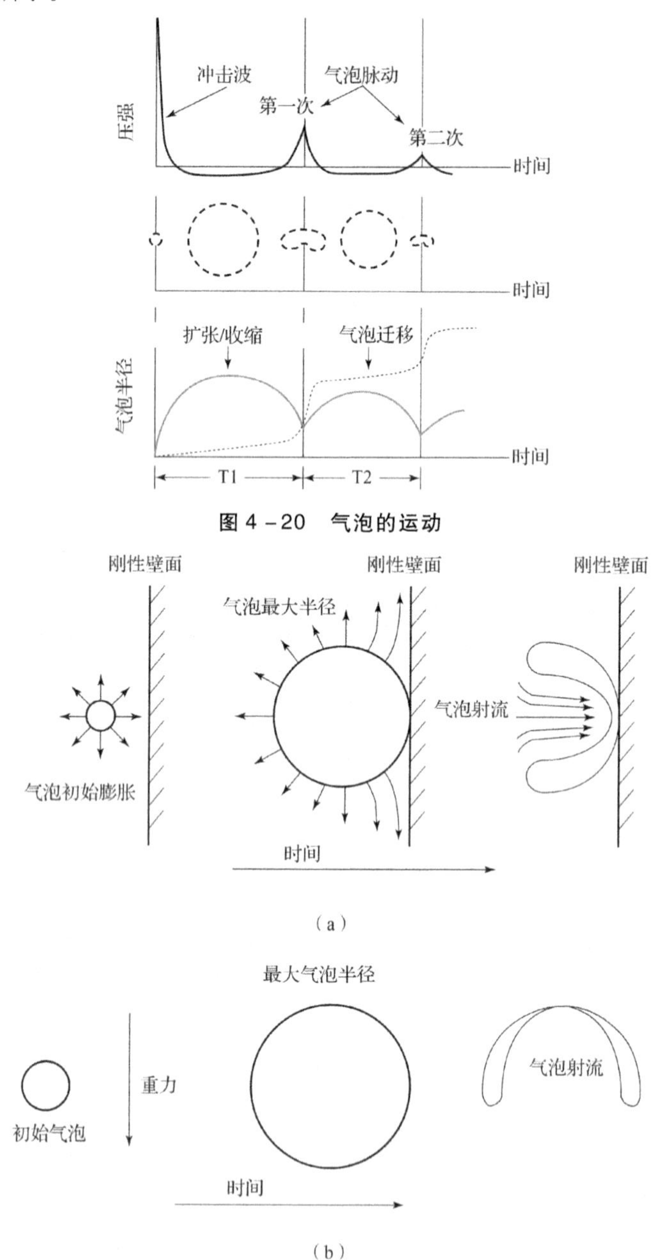

图 4－20　气泡的运动

图 4－21　高速定向射流的形成

（a）刚性界面附近水射流的形成；（b）重力场中水射流的形成

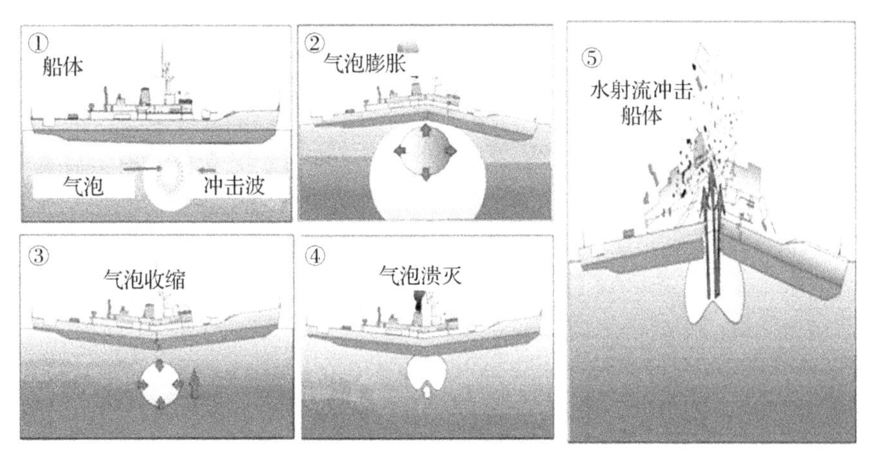

图 4－22　水下爆炸形成气泡以及射流对目标的毁伤

（1）二次压力波峰值压力。

因气泡脉动引起的二次压力波的峰值压力不超过水中冲击波峰值压力的 10%～20%，典型的水中冲击波和脉动压力波波形如图 4－23 所示。

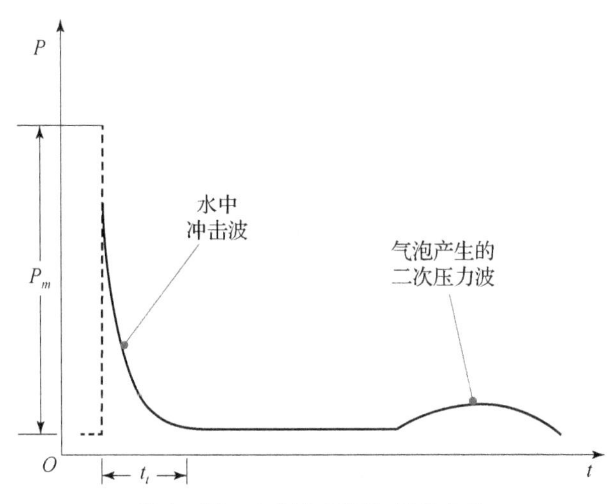

图 4－23　水中冲击波的 $P(t)$ 曲线

已有研究成果表明，对一般 TNT 炸药，二次压力波的峰值压力为

$$p_m - p_{w0} = k_1 \times \frac{\omega^{\frac{1}{3}}}{r} \tag{4-61}$$

式中：ω——炸药装药质量；

P_{w0}——爆心处水的静水压强；

r——炸点到计算点的距离，即爆距；

k_1——与炸药性能相关的系数，可由试验确定。

（2）气泡首次最大半径。

气泡首次最大半径是表征气泡物理状态重要物理量之一，根据已有研究成果，气泡最大半径可以由式（4－62）计算获得：

$$R_m = k_1 \left(\frac{\omega}{P_{w0}}\right)^{\frac{1}{3}} \tag{4-62}$$

式中：R_m——气泡首次最大半径；

ω——炸药装药质量；

P_{w0}——爆心处水的静水压强；

k_1——与炸药性能相关的系数，由试验确定。

（3）气泡达到首次最大半径时间。

气泡达到首次最大半径的时间是表征气泡膨胀运动的重要物理量之一。根据已有研究成果，气泡达到首次最大半径时间可以由下式计算获得：

$$t_m = k_1 \frac{\omega^{\frac{1}{3}}}{(P_{w0})^{\frac{5}{6}}} \tag{4-63}$$

式中：t_m——气泡达到首次最大半径时间；

ω——炸药装药质量；

P_{w0}——爆心处水的静水压强；

k_1——与炸药性能相关的系数，由试验确定。

（4）气泡第一次脉动周期。

气泡第一次脉动周期是表征气泡膨胀运动的另一重量物理量。根据已有研究成果，气泡第一次脉动周期，可以由下式计算获得：

$$T_1 = k_1 \times \left[\frac{3\rho}{2P_{w0}}\right]^{\frac{1}{2}} \times \left[\frac{P_{g0}}{(K-1)P_{w0}}\right]^{\frac{1}{3}} \times r_0 \tag{4-64}$$

式中：T_1——气泡第一次脉动的周期；

ρ——水的密度；

P_{w0}——爆心处水的静水压强；

K——爆炸气体比热比，$K = c_p/c_v$，TNT 炸药一般取 4/3；

ρ_{go}——气泡中气体的初始压强，对 $K = 4/3$ 的 TNT 炸药，有：$\rho_{go} \approx 8.96 \times 10^3\ \mathrm{kg/cm^2} = 8.96 \times 10^7\ \mathrm{kg/m^2} = 8.96 \times 10^8\ \mathrm{N/m^2}$；

r_0——装药直径；

k_1——与炸药性能相关的系数，由试验确定。

（5）气泡射流速度。

气泡射流也可称为水射流，水中爆炸产生水射流的速度是众多研究者所关注的，大量的试验和数值仿真研究得到了不同爆炸当量和水深条件下所对应的水射流速度。通过对研究成果的归纳可以看出，水射流速度随爆炸当量的增加而减少，随水深的增加而增大，基于已有研究成果，得到经验计算公式如下：

$$V_j = k_1 \times \omega^{-\frac{1}{4}} \times (H+10)^{\frac{4}{3}} \tag{4-65}$$

式中：V_j——水射流的速度；

ω——炸药装药质量；

H——爆炸的水深；

k_1——与炸药性能相关的系数，由试验确定。

（6）气泡射流直径。

水中爆炸产生水射流的直径也是水射流威力的重要物理参量之一，大量的试验和数值仿真研究得到了不同爆炸当量和水深下所对应的水射流直径。通过对研究成果的归纳可以看出，水射流直径随爆炸当量的增加而增大，随水深的增加而减少；也就是说，一定水深条件下，爆炸当量越大，水射流速度越小而直径越大，反之亦然；一定爆炸当量条件下，水深越大，水射流速度越大而直径越小，反之亦然。基于已有研究成果，得到经验计算公式如下：

$$D_j = k_1 \times \frac{\sqrt{\omega}}{H+10} \tag{4-66}$$

式中：D_j——水射流的质量；

ω——炸药装药质量；

H——爆炸的水深；

k_1——与炸药性能相关的系数，由试验确定。

4.3.3　岩土中爆破威力

岩土中的爆炸是一种常见的战斗部作用模式，战斗部在岩土中最直接的作用结果就是爆炸之后形成爆腔（爆炸空穴）和爆破漏斗。

1. 爆腔

对于战斗部在深岩土层中爆炸，爆炸所产生的高温、高压爆炸产物，使得在岩土中瞬间形成一个空腔，称为爆腔。爆腔的形状取决于战斗部形状，而爆腔尺寸取决于土壤性质和炸药种类。在岩土性质中，首先取决于它的抗压强度、密度、颗粒组成和空隙容量等。通常爆腔经验计算公式是根据爆炸相似律得出的，如下式：

$$R_v = k_v r_0 \tag{4-67}$$

或

$$R_v = k_v^* \sqrt[3]{\omega} \tag{4-68}$$

式中：R_v——爆炸形成的爆腔半径；

r_0——战斗部装药半径；

ω——装药质量；

k_v、k_v^*——试验系数，视装药不同、岩土种类不同而不同。

2. 爆破漏斗

已有众多研究表明，爆破战斗部在靠近地表面处或进入地表面一定距离后（深度小于2.5 $\sqrt[3]{\omega}$）爆炸，均属于接触爆炸，爆炸能量释放所产生的爆炸漏斗半径与战斗部进入地表的距离即爆炸点位置相关。由于自由边界面的存在，问题相对于深埋在封闭岩土中的爆炸要复杂得多。关于战斗部爆破效应，通常假设爆炸漏斗成倒圆锥形，如图 4－24 所示。

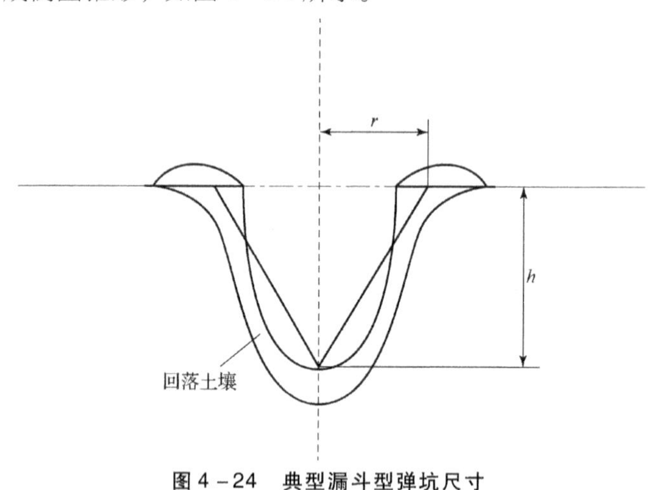

图 4－24　典型漏斗型弹坑尺寸

若典型漏斗型弹坑高度为 h，半径为 r，则爆炸漏斗的体积为

$$V=\frac{\pi}{3}\times r^2\times h \tag{4-69}$$

式中：V——爆炸漏斗体积。

多年来，对于爆破漏斗的计算，研究工作者推导了许多经验和半经验的计算公式，虽然这些公式从理论上并不严格，但是由于这些公式比较简单，使用方便，而且有一定的计算精度，一直被广泛采用。大量试验研究表明，在不考虑重力和结合键力的影响下，爆炸抛掷漏斗坑形状 n 与装药质量 m_ω 及爆炸深度 h 可用下式近似表示：

$$m_\omega=K_0\times h^3\times f(n) \tag{4-70}$$

式中：K_0——表征土壤性质的抛掷系数，与装药同样也有关系；

$f(n)$——与形状作用指数 n 有关的函数，对于 $f(n)$ 的表达，可用使用范围较广的式（4－71）进行表示。

$$f(n)=\left(\frac{(1+n^2)}{2}\right)^2 \tag{4-71}$$

将式（4－71）代入式（4－70）可得

$$m_\omega=K_0\times h^3\times\left(\frac{(1+n^2)}{2}\right)^2 \tag{4-72}$$

由式（4－72）解出 n^2 值，代入式（4－69），即可得到在给定装药及爆炸深度条件下漏斗坑体积的公式：

$$V=k_1\times\left(2\times\sqrt{\frac{m_\omega}{K_0h^3}}-1\right)\times h^3 \tag{4-73}$$

分析上式得知，在装药量一定条件下，漏斗坑体积 V 为爆炸深度 h 的函数，且与装药质量相关。k_1 为试验系数，与装药类型有关。

4.3.4 爆破威力计算所需参量

根据上述分析以及计算模型，明确空气中爆破、水中爆破及岩土中爆破威力计算所需的主要物理量列于表 4－8，为爆破战斗部威力分析计算软件框架及接口设计提供支撑。

表 4－8 爆破威力计算所需输入参量

爆破环境	主要相关因素	相关因素影响参量	影响参量分析输入量	备注
空气中	自然破片存速	破片质量	炸药性能	也可通过数值仿真获得
			有效段战斗部壳体质量	
			有效段战斗部壳体平均壁厚	
			有效段战斗部壳体平均内径	
			有效段装药质量	
			有效段战斗部壳体质量	
		破片初速	装药格尼能	也可通过数值仿真获得
			破片质量	
			装药质量	
			装药直径	
			装药长度	
			起爆点位置	

续表

爆破环境	主要相关因素	相关因素影响参量	影响参量分析输入量	备注
空气中	自然破片存速	破片速度衰减系数	破片阻力系数	飞行速度不同，阻力系数不同
			迎风面积	计算需要破片表面积
			大气密度	不同海拔高度不同
			破片质量	根据破片质量分布
		破片运动距离	初始位置	在弹体坐标系中确定
			破片空中位置	
	自然破片实时位置	破片的初始位置	每个破片的初速位置（战斗部结构）	在弹体坐标系中确定
		单枚破片飞散方向角	破片初速	也可通过静爆试验抽样或数值仿真获得
			装药爆轰波波速	
			战斗部壳体表面的外法线与弹轴的夹角（战斗部结构）	
			爆轰波传播方向或爆速方向与弹轴的夹角（爆轰波结构）	
	爆炸冲击波	冲击波超压峰值	炸药装药质量	考虑壳体破碎等效
			炸点到计算点的距离	明确坐标系
		冲击波比冲量	炸药装药质量	考虑壳体破碎等效
			炸点到计算点的距离	明确坐标系

续表

爆破环境	主要相关因素	相关因素影响参量	影响参量分析输入量	备注
水中	爆炸冲击波	冲击波超压峰值	炸药装药质量	考虑壳体破碎等效
			炸点到计算点距离	明确坐标系
		冲击波比冲量	炸药装药质量	考虑壳体破碎等效
			炸点到计算点距离	明确坐标系
	气泡	二次压力波峰值	炸药性能	通过系数体现
			炸药装药质量	考虑壳体破碎等效
			爆心处水的静水压强	/
			炸点到计算点的距离	明确坐标系
		气泡首次最大半径	炸药性能	通过系数体现
			炸药装药质量	考虑壳体破碎等效
			爆心处水的静水压强	/
		气泡达到首次最大半径时间	炸药性能	通过系数体现
			炸药装药质量	考虑壳体破碎等效
			爆心处水的静水压强	/
		气泡第一次脉动周期	水的密度	/
			爆心处水的静水压强	与水深有关
			爆炸气体比热比	/
			炸药性能	通过系数体现
			气泡中气体的初始压强	/
			装药直径	等效成球形装药
		气泡射流速度	炸药装药质量	/
			炸药性能	通过系数体现
			爆炸的水深	/
		气泡射流直径	炸药装药质量	/
			炸药性能	通过系数体现
			爆炸的水深	/

续表

爆破环境	主要相关因素	相关因素影响参量	影响参量分析输入量	备注
岩土中	爆腔	爆腔半径	装药质量或装药直径	/
			炸药性能	通过系数体现
			土壤性能	通过系数体现
	爆破漏斗	爆腔体积	装药质量	/
			炸药性能	通过系数体现
			爆炸深度	/
			土壤性能	通过系数体现

4.4 侵彻爆破战斗部

侵彻爆破战斗部对目标的毁伤作用，包括侵彻和爆破两个部分，侵彻威力主要包括对金属、混凝土的贯穿，爆破威力与爆破战斗部相同，只是多为密闭空间内爆破，通过冲击波、破片和准静态压力对目标进行毁伤。准静态压力的计算与冲击波相似，主要与装药的质量和炸药的性能相关，在此不再详细进行介绍，仅就侵彻威力进行简单分析。

4.4.1 侵彻威力

侵爆战斗部对目标的侵彻作用与目标结构和材料性能紧密相关，脆性材料（如混凝土）和延性材料的破坏现象明显不同。混凝土在受到冲击时，正面形成冲击漏斗坑，背面形成震塌漏斗坑是其典型的破坏特征。而钢板在受到战斗部冲击侵彻时，则形成花瓣状弹坑。因此，在战斗部威力分析与评估中可以采用标准靶进行考核和评估，在毁伤效应分析时，可根据不同目标与标准靶的等效关系进行分析。

1. 对混凝土侵彻

混凝土是一种最基本的建筑材料，在防护结构中被广泛运用。作为结构材料，混凝土抗压强度大，抗拉强度小，射弹冲击和侵彻过程中易对混凝土产生脆性破坏。混凝土抗侵彻能力受到材料选择、配合比、养护条件等因素的影响而不同。同时对混凝中进行配筋也能提高其的抗侵彻能力，钢筋的主要作用是承担拉应力，阻止混凝土开裂、破碎和震塌。正面钢筋网用于减少弹着点附近混凝土崩落面积并防止迎弹面混凝土碎块飞散，提高混凝土抗重复打击能力。背面钢筋网用于提高混凝土抗震塌能力，同时用于抵抗弯曲内力。抗剪钢筋连接正面和背面的钢筋，约束中间的混凝土。

由于弹体冲击、侵彻局部的机理相当复杂，所以相当长的时间内，都是以试验为基础建立计算侵彻深度、震塌厚度和贯穿厚度的公式，并将这些经验公式用于工程设计。

而在弹体冲击、侵彻过程中人们所最为关心的是侵彻深度，侵彻弹体侵彻混凝土、岩土时主要受到混凝土、岩土介质的作用，阻力的大小与弹体口径、落速、结构形状和靶体介质的性质有关，别列赞公式、比德尔公式等常常用来作为战斗部侵彻深度的计算公式；当然，计算侵彻公式还有很多，如 Young 公式、美国陆军工程兵（ACE）公式、美国国防研究委员会（NDRC）公式等，但基本输入参数是一致的，目标是找到相关物理量；因此，对别的公式就不再进行过多介绍。

2. 别列赞公式

$$L_k = \lambda \times k_k \times \frac{q_k}{d^2} \times v_c \times \cos\theta_c \tag{4-74}$$

式中：L_k——战斗部侵彻深度；

q_k——战斗部质量；

d——战斗部直径；

v_c——战斗部撞击速度；

λ——战斗部头部形状系数；

k_k——介质的阻力系数；

θ_c——着角（落点弹道切线与迎弹面法线夹角）。

3. 比德尔公式

$$L_k = \frac{q_k}{d^2} \times K'_k \times f(v_c) \times \cos\theta_c \tag{4-75}$$

式中：K'_k——介质的阻力系数；

q_k——战斗部重量；

d——战斗部口径；

$f(v_c)$——撞击速度 v_c 的函数，具有速度的量纲；

θ_c——着角（落点弹道切线与迎弹面法线夹角）。

此外，对于锥形战斗部头部的形状系数，可通过以下公式进行计算：

$$N = 0.25 \times L_n / D + 0.56 \tag{4-76}$$

对于卵形弹头，可用下列两个公式：

$$N = 0.18 \times L_n / D + 0.56 \tag{4-77}$$

或

$$N = 0.18 \times (\mathrm{CRH} - 0.25)^{0.5} + 0.56 \tag{4-78}$$

式中：N——战斗部头部形状系数；

L_n——战斗部头部长度；

D——战斗部直径。

CRH——头部表面曲率半径与射弹横截面半径之比。

除卵形和锥形弹头外，还有许多其他弹头形状，对这些弹头形状根据已有研究成果可按下列办法进行处理：

（1）近似按卵形或锥形弹头计算。例如，一些航空炸弹的战斗部是尖弹头并非卵形弹头，但采用式（4－78）计算也可以。

（2）钝弹头，如果将弹头削成平头或锥角90°的锥形头，削去部分小于弹体直径的10%，则可用忽略；如果削去部分较长，则式（4－77）可改为

$$N = 0.09 \times (L_n + L'_n) / D + 0.56 \tag{4-79}$$

式中，L_n——原来战斗部头部的长度；

L'_n——被削减后的实际战斗部头部长度。

类似地，式（4－71）可改为

$$N = 0.25 \times (L_n + L'_n) / D + 0.56 \tag{4-80}$$

上述两个计算公式所涉及的物理参量基本相同，都是基于理想考虑，在实际弹道情况下还需要考虑攻角的影响；因目前尚未有较通用的考虑攻角的计算公式，且涉及侵彻力学，较为复杂，在此仅将其列入，不展开讨论。

4. 对金属靶体侵彻

侵彻弹体对金属靶体的侵彻同混凝土板是相似的，只是材料不同而已。混凝土材料相对单一，很多时候并没有过多关注靶体材料力学性能对侵彻的影响。但金属靶体不同，种类繁多，不同力学性能靶体的破坏模式不同。因此，对靶体结构和材料的力学性能关注较多。目前，侵彻爆破战斗部对金属靶体侵彻。主要是针对舰船，此时战斗部又称为半穿甲战斗部；对于舰船，主要为薄钢板结构，对于战斗部同样可根据头部形状分为尖头和卵头两类；根据第2章的毁伤效能评估原理与方法以及第3章的弹药毁伤效能计算模型及参量可知，通常需要计算战斗部侵彻薄钢板后的剩余速度，通过剩余速度和引信延迟计算炸点坐标。在此，分为尖头战斗部和卵头战斗部分别进行讨论。

（1）尖头战斗部。

尖头战斗部侵彻薄金属板后剩余速度的经验计算公式如下：

$$v_r = v_0\left(1 - \frac{\pi\rho_t T}{4m_p}(KD_0^2 v_0 + (D^2 - D_0^2)v_r \sin\beta)\right) \qquad (4-81)$$

式中：v_r——战斗部贯穿靶体后的剩余速度；

v_0——战斗部初速；

ρ_t——靶板密度；

T——靶体厚度；

m_p——战斗部质量；

D——弹体直径；

D_0——截锥直径；

β——半锥角；

K——试验系数。

（2）卵头战斗部。

对于卵头战斗部侵彻薄金属靶体，可根据式（4－82）先计算出弹体贯穿靶体所需的临界速度，即弹道极限速度；然后再根据能量守恒定律，采用式（4－83）进行剩余速度计算，得到剩余速度。

$$v_s = k_1 \frac{D^{k_2}}{m_p^{k_4} \cos\theta_c} T^{k^3} \qquad (4-82)$$

式中：v_s——弹体贯穿靶体所需的临界速度；

D——弹体直径；

T——靶体厚度；

m_p——战斗部的质量；

θ_c——着靶角度，即着角；

$k_1 \sim k_4$——试验拟合系数。

$$v_r = m_{pi} \times \sqrt{\frac{v_0 \times v_0 - v_r \times v_r}{m_{pe} + m_{ts}}} \qquad (4-83)$$

式中：m_{pi}——战斗部初始质量；

m_{pe}——战斗部侵彻后的质量；

m_{ts}——战斗部侵彻形成冲击塞块质量；

v_0——战斗部侵彻开始前的初始速度；

v_r——战斗部侵彻后的剩余速度。

式（4－82）的适用范围较广，但是需要系数较多，这就意味着需要大量的试验才能更好的应用。另外，对于装甲钢类延性材料的侵彻方程可采用式

（4-84）计算侵彻深度，该模型适用于卵形头部战斗部对靶体撞击速度 $v_s <$ 3 000 m/s 的情况，以着角 θ_c 穿透厚度为 T 的装甲板，计算式如下：

$$\lg\left(1+\frac{\rho_t}{\sigma}v_s^{\ 2}\right)=\frac{\pi D^2\rho_t T}{2m_s}\sec\theta_c \tag{4-84}$$

式中：m_s——战斗部质量；

v_s——战斗部的撞击速度；

D——战斗部直径；

ρ_t——靶板密度；

T——靶板厚度；

σ——靶板材料强度。

对于式（4-84），通过变换可以得到战斗部穿透厚为 T 装甲所需的最小撞击速度，即为弹体贯穿靶体所需的临界速度，计算式为

$$v_s=\sqrt{\frac{\sigma}{\rho_t}\left(10^{\frac{\pi D^2\rho_t T}{2m_s}\sec\theta_c}-1\right)} \tag{4-85}$$

4.4.2 侵爆战斗部侵彻威力计算所需参量

对于侵彻爆破战斗部，爆破威力分析所需参量与4.3节所述基本一致，在此不再做过多介绍，此仅对侵彻威力进行总结，根据上述分析以及计算模型，明确侵爆战斗部侵彻威力计算所需的必要物理量，列于表4-9，为侵爆战斗部侵彻威力分析计算软件框架及接口设计提供支撑。

表4-9 侵爆战斗部侵彻威力计算所需输入参量

<table>
<tr><th>侵彻对象</th><th>主要相关因素</th><th>相关因素影响参量</th><th>影响参量分析输入量</th><th colspan="2">备注</th></tr>
<tr><td rowspan="9">混凝土/钢</td><td rowspan="9">侵彻体</td><td rowspan="9">贯穿单层靶体临界速度</td><td>战斗部质量</td><td>/</td><td rowspan="9">也可通过数值仿真获得</td></tr>
<tr><td>战斗部直径</td><td>/</td></tr>
<tr><td>战斗部撞击速度</td><td>/</td></tr>
<tr><td>战斗部头部形状系数</td><td>与战斗部头部长度、直径、母线方程等相关</td></tr>
<tr><td>混凝土/钢材料性能</td><td>通过系数体现</td></tr>
<tr><td>侵彻时着角</td><td>/</td></tr>
<tr><td>侵彻时攻角</td><td>/</td></tr>
<tr><td>单层靶体厚度</td><td>/</td></tr>
</table>

续表

侵彻对象	主要相关因素	相关因素影响参量	影响参量分析输入量	备注	
混凝土/钢	侵彻体	半无限靶侵彻深度	战斗部质量	/	也可通过数值仿真获得
			战斗部直径	/	
			战斗部撞击速度	/	
			战斗部头部形状系数	与战斗部头部长度、直径、母线方程等相关	
			混凝土/钢材料性能	通过系数体现	
			侵彻时着角	/	
			侵彻时攻角	/	
		侵彻层数	战斗部质量	/	也可通过数值仿真获得
			战斗部直径	/	
			战斗部撞击速度	/	
			战斗部头部形状系数	与战斗部头部长度、直径、母线方程等相关	
			混凝土/钢材料性能	通过系数体现	
			侵彻时着角	/	
			侵彻时攻角	/	
			每层靶体厚度及间隔	/	

4.5 聚能战斗部

19 世纪发现了带有凹槽装药的聚能效应。在第二次世界大战前期，发现在炸药装药凹槽上衬以薄金属罩时，装药产生的破甲威力会大大增强，致使聚能效应得到广泛应用。目前，聚能战斗部主要形成射流（Jet）和爆炸成型弹丸（EFP）两种毁伤元对目标进行毁伤；在此，就两者的威力分析分别进行介绍。

4.5.1 射流威力

聚能射流战斗部主要靠炸药爆炸产生高温高压作用于药型罩产生高速射流对目标进行侵彻破坏，在此不进行发散，研究对象聚焦于在最佳炸高条件下形成最佳射流形态，不考虑炸高的影响，则对于聚能射流可以近似成高速侵彻体进行毁伤效应计算。因此，射流威力最为关心的是射流速度和射流直径两个量。

1. 射流速度

目前关于射流形成主要有定常以及后续发展的准定常理论，基于两者均可以计算出射流速度，下面进行简单介绍。

（1）定常理论。

成型装药的爆轰波及爆轰产物对药型罩进行加载时，假定药型罩整个罩壁受到的压力处处相等，药型罩微元获得相同且不变的速度 V_0 向内压合，如图 4－25 所示。

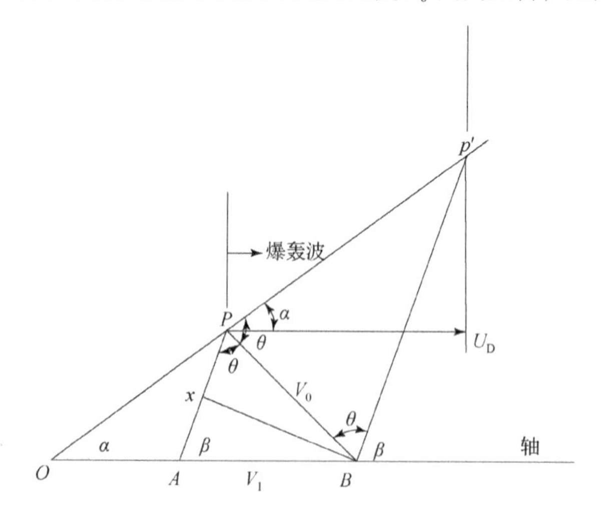

图 4－25　药型罩压合过程的几何图形

通过理论推导，可以得到当爆轰波与药型罩轴线平行运动时，射流和杵体速度的计算公式：

$$V_j = \frac{D}{\cos\alpha}\sin(\beta-\alpha)\left[\arcsin\beta + \arctan\beta + \tan\left(\frac{\beta-\alpha}{2}\right)\right] \tag{4-86}$$

$$V_s = \frac{D}{\cos\alpha}\sin(\beta-\alpha)\left[\arcsin\beta - \arctan\beta - \tan\left(\frac{\beta-\alpha}{2}\right)\right] \tag{4-87}$$

式中：V_j——射流速度；

V_s——杵体速度；

D——装药爆速；

α——药型罩顶角的一半；

β——压合角，如图4-25所示。

由此可见，当α减少时，β也减少，但射流速度V_j增加。当$\alpha\to0$时，V_j接近一个最大值，即

$$V_j = D\left[1 + \cos\beta + \tan\left(\frac{\beta}{2}\right)\right] \tag{4-88}$$

或者，当$\alpha\to0$时，$\beta\to0$，这时

$$V_j = 2D \tag{4-89}$$

该式表明射流速度不可能超过2倍爆轰波速度。另外，当$\alpha\to\beta\to0$时，杵体速度$V_s\to0$；值得注意的是，当$\alpha\to0$时，药型罩接近一个圆筒形，圆筒形药型罩产生高速小质量射流，这个已经被很多研究者所证明，关键在于如何更好地应用。

假若爆轰波阵面的运动方向与锥形药型罩表面垂直，这时爆轰波将同时冲击锥形罩的全部表面，于是$\beta=\alpha$，且射流和杵体的速度变成

$$V_j = \frac{V_0}{\sin a}(1 + \cos a) \tag{4-90}$$

$$V_s = \frac{V_0}{\sin a}(1 - \cos a) \tag{4-91}$$

当爆轰波阵面与药型罩表面垂直时，可以通过减少α来提高射流速度。但是，当$\alpha\to0$时，$V_0\to0$，$m_j\to0$，以及射流动量$m_jV_j = mV_0\sin\alpha/2\to0$。

（2）准定常理论。

通常，定常模型预测的射流速度过高，且不能反映射流速度梯度及射流的伸长。1952年，Pugh、Eichelberger和Rostoker对定常理论做出重要改进，提出了被称为准定常射流形成理论，也称为PER理论。

PER理论假设锥形（或楔形）药型罩的压合速度是变化的，压合速度从罩顶至罩底逐渐降低，图4-26给出了这些速度的变化效应。随着压合角β的

增加，射流速度降低，但罩壁形成射流的部分增加。与 Birkhoff 等的定常理论相类似，图 4－27 中直观地给出射流的流动情况。

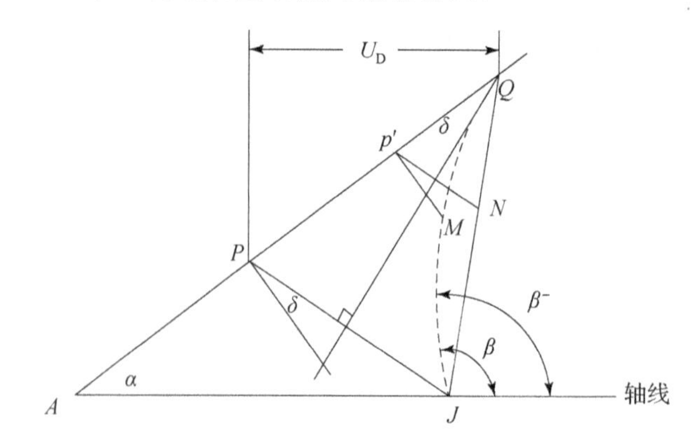

图 4－26 压合速度是变量的药型罩压合过程

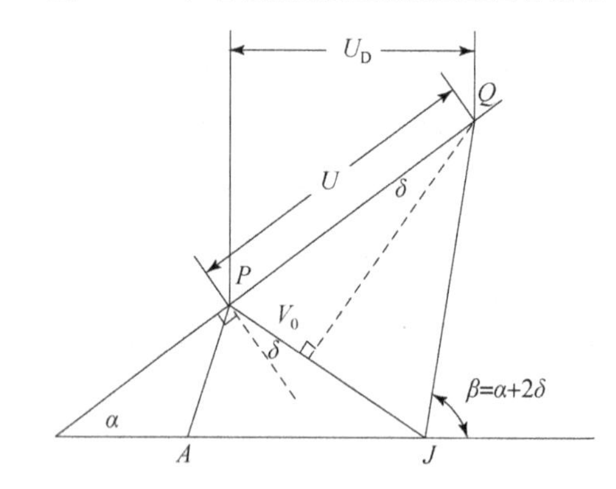

图 4－27 药型罩微元压合速度矢量

由图 4－27 可知，$QJ /\!/ PA$，且 $QJ = PQ$，如果 QP 和 QJ 在大小上等于装药爆速 D，则它们表示药型罩微元在动坐标系中进入和离开 P 点的速度。当矢量 $\overrightarrow{PJ} = \overrightarrow{V_0}$，即药型罩微元在静坐标系中的压合速度，那么药型罩微元的运动方向不再垂直其表面，而是沿着与表面法线成一个小角度 δ（称 Taylor 角）的方向运动。由图 4－27 可知，角度 δ 为

$$\sin\delta = \frac{V_0 \cos\alpha}{2D} \tag{4-92}$$

式中：D——装药爆速。

如果 V_0 是常数，$\delta = (\beta - \alpha)/2$，这时 PER 理论与 Birkhoff 等的理论一致。

通过理论推导，可以得到射流和杵体速度的计算模型如下：

$$V_j = V_0 \arcsin\frac{\beta}{2}\cos\left(\alpha + \delta - \frac{\beta}{2}\right) \tag{4-93}$$

$$V_s = V_0 \arccos\frac{\beta}{2}\sin\left(\alpha+\delta-\frac{\beta}{2}\right) \tag{4-94}$$

用式（4-92）消去式（4-93）和式（4-94）中的δ，则得

$$V_j = V_0 \arcsin\frac{\beta}{2}\cos\left(\alpha-\frac{\beta}{2}+\arcsin\frac{V_0\cos\alpha}{2D}\right) \tag{4-95}$$

$$V_s = V_0 \arccos\frac{\beta}{2}\sin\left(\alpha-\frac{\beta}{2}+\arcsin\frac{V_0\cos\alpha}{2D}\right) \tag{4-96}$$

式（4-95）、式（4-96）求解射流和杵体速度关系式即可以用于V_0是常数的定常情况，也可以用于V_0是变化的准定常情况。对于准定常情况，针对的是药型罩微元，应用时可采用微分形式。

（3）压合速度

上述所提及的定常理论和准定常理论均涉及压合速度这个参量，关于压合速度，工程上广泛采用周培基提出的模型，其中一维驱动速度的格尼模型为

$$v_0 = \frac{1}{1+\mu}\left\{-\frac{A}{m_e}+\left[\frac{2E(\mu+1)}{N(\mu+1)-1}-\frac{A^2}{m_e^2}\left(\frac{1}{N(\mu+1)-1}\right)\right]^{\frac{1}{2}}\right\} \tag{4-97}$$

其中，

$$N = \frac{3}{2}\left(\frac{3\beta^2+4\beta+1}{4\beta^2+\beta+1}\right) \tag{4-98}$$

$$\beta = \frac{R_0}{R_r} \tag{4-99}$$

$$\mu = \frac{m_L}{m_e} \tag{4-100}$$

$$A = \int_0^{\infty}\int_{r_r}^{r_0} P(r,t)\,\mathrm{d}r\mathrm{d}t \tag{4-101}$$

式中：R_r——微元中药型罩的内半径；

R_0——微元中药型罩的外半径；

m_e——炸药的质量；

m_L——药型罩的质量；

P——爆轰产物中的压力；

A——爆炸气体的冲量；

E——炸药的比内能。

A是取决于气体压力分布的复杂函数关系；一些研究给出了A的近似表达式：

$$A \approx k_1 P_{\mathrm{CJ}}\tau(R_0-R_r)[(R_0/R_r)-1] \tag{4-102}$$

式中：k_1——经验参数；

τ——指数加速模型中的特征时间常数，其计算公式为

$$\tau = \frac{k_2 M v_0 + k_3}{P_{CJ}} \tag{4-103}$$

式中：k_2、k_3——经验参数；

M——单位面积药型罩的初始质量；

P_{cJ}——装药爆轰波产生的 CJ 压力。

联立上述式（4-97）、式（4-102）、式（4-103）可解得压合速度。

（4）基于量纲分析的经验计算公式。

上述公式主要是基于理论推导获取。另外，一些研究者也针对特定的装药，通过量纲分析和数值仿真开展了射流头部速度影响因素分析，得到射流头部速度的经验计算公式如下：

$$V_j/D = -k_1 \ln(\delta/d_k) + k_2 e^{k_3 \alpha} \tag{4-104}$$

式中：V_j——射流速度；

D——炸药爆速；

δ——药型罩壁厚；

d_k——药型罩锥底口径；

α——药型罩半锥角；

$k_1 \sim k_3$——系数，根据试验获得。

对于式（4-104），当药型罩半锥角 α 趋于 0°时，药型罩锥底口径 d_k 也趋于 0，此时有关系：$V_j = k_2 D$，与式（4-89）是一致的，k_2 最大取到 2。

2. 射流直径

对于射流直径，已有的研究成果表明，射流直径与药型罩半锥角 α、药型罩壁厚 δ、锥底半径 r_d 等参量有关，并通过研究，得到射流直径的工程计算公式如下：

$$r_j = k_1 \sqrt{\delta \times r_d} \sin^{k_2} \alpha \tag{4-105}$$

式中：r_j——射流直径；

α——药型罩半锥角；

δ——药型罩壁厚；

r_d——锥底半径；

k_1、k_2——试验系数，可由试验获得。

4.5.2 EFP 威力

典型的聚能 EFP 战斗部如图 4-28 所示，由金属壳体、高能炸药和金属药型罩组成。其中，金属壳体不仅为炸药和药型罩提供保护作用，其厚度和质量

的增大可增加炸药冲击压力的作用时间，从而增加传递给药型罩的总能量，提升 EFP 的威力。

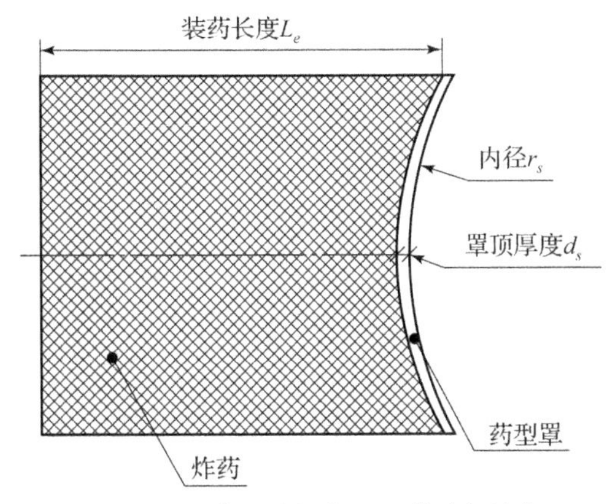

图 4-28　典型的聚能 EFP 战斗部结构

EFP 弹丸主要依靠着靶时的动能对靶板进行毁伤，其毁伤能力与形成侵彻体的质量、杆长、着靶速度有关。小长径比 EFP 弹丸，威力计算与杀伤战斗部预制破片威力相似，大长径比 EFP 弹丸威力计算与侵彻战斗部动能侵彻体一致，对于其的威力，因为其质量主要取决于药型罩的质量，则核心关注其的速度。常用的聚能战斗部爆炸形成爆炸成型弹丸速度计算公式如下：

$$V_{\mathrm{EFP}}=k_1+k_2\left(L_{\mathrm{e}}d_s^{-1}\right)^{k_3}+k_4\left(r_s d_s^{-1}\right)^{k_5} \tag{4-106}$$

式中：L_{e}——装药长度；

d_{s}——药型罩厚度；

r_s——药型罩内径。

此外，一些研究者从能量守恒出发，基于能量法则建立了爆炸成形弹丸速度的工程计算方法，如下式：

$$V_{\mathrm{EFP}}=k_1k_2\sqrt{2E_k/M} \tag{4-107}$$

式中：k_1——装药高度修正因数；

k_2——外壳质量修正因数；

E_k——EFP 最终成形时所具有的动能。

对于上述 k_1，k_2 和 E_k 三个量，各自的求解公式如下：

$$k_1=(h/d)^{k_{11}} \tag{4-108}$$

式中：h——药型罩顶端到装药底面中心的距离；

d——装药直径；

k_{11}——试验修正系数。

$$k_2 = (\rho_c/\rho_e)^{k_{21}} \tag{4-109}$$

式中：ρ_c——外壳密度；

ρ_e——装药有效密度；

k_{11}——试验修正系数。

$$E_k = \frac{3M}{3M + m_e} m_e Q - H_m \tag{4-110}$$

式中：M——药型罩质量；

m_e——装药有效质量，$m_e = \frac{\pi}{3}\rho_e r_0^3$；

r_0——药型罩的半径；

Q——波振面上能量密度，$Q = \frac{D^2}{12}$；

D——炸药爆轰速度；

H_m——整个药型罩熔化所需的能量，与药型罩的质量有关。

4.5.3 聚能战斗部威力计算所需参量

根据上述分析以及计算模型，明确射流、EFP威力计算所需的主要物理量列于表4-10，为聚能战斗部威力分析计算软件框架及接口设计提供支撑。

表4-10 聚能战斗部威力计算所需输入参量

<table>
<tr><th>主要相关因素</th><th>相关因素影响参量</th><th>影响参量分析输入量</th><th colspan="2">备注</th></tr>
<tr><td rowspan="6">射流</td><td rowspan="4">射流速度</td><td>药型罩结构</td><td>包括锥角、壁厚等</td><td rowspan="4">也可通过数值仿真获得</td></tr>
<tr><td>炸药性能</td><td>包括爆速、比内能、爆炸产物压力、冲量等</td></tr>
<tr><td>药型罩密度</td><td>与材料相关</td></tr>
<tr><td>装药有效质量</td><td>考虑稀疏效应</td></tr>
<tr><td rowspan="2">射流直径</td><td>药型罩结构</td><td>包括锥角、壁厚、直径等</td><td>也可通过数值仿真获得</td></tr>
<tr><td>药型罩密度</td><td colspan="2">与材料相关</td></tr>
</table>

续表

主要相关因素	相关因素影响参量	影响参量分析输入量	备注	
EFP	EFP速度	装药长度	/	也可通过数值仿真获得
		装药直径	/	
		装药有效质量	考虑稀疏效应	
		炸药性能	包括爆速等	
		药型罩结构	包括曲率、壁厚等	
		药型罩密度	与材料相关	

4.6 温压/云爆战斗部

温压/云爆战斗部主要靠冲击波、热对目标进行毁伤，虽然空气中爆炸后形成的冲击波场与爆破战斗部有所不同，但冲击波产生机制是相似的。在此不做过多介绍，仅对于热威力分析模型进行简单介绍，并以此总结温压/云爆战斗部威力计算所需参量。

4.6.1 热威力

1. 火球温度

对于温压/云爆战斗部，爆炸产生热效应形成火球，火球温度是威力评价所关注的核心参量，也是一个重要参量。目前，关于火球温度有多种预估方法，常用的总热焓、卡斯特热容计算方法如下：

（1）总热焓方法。

该方法根据总的反应热来计算火球温度。假设液体燃料及铝粉等混合物在抛撒后没有损失，引爆高能炸药后，爆轰反应瞬间完成，整个反应过程中放出的热能均用于升高气体的温度；本过程按绝热反应来处理，则计算关系式如下：

$$\Delta T = \frac{\Delta H}{n \times C_v} \tag{4-111}$$

式中：ΔT——爆炸气体温度的改变量，K；

ΔH——热焓改变量，kJ；

n——爆炸生成气体的总摩尔量，mol；

C_v——爆炸混合气体的平均摩尔热容，J·mol^{-1}·K^{-1}。

在实际测试时，热量会有一定的散失，且各组分也不可能完全氧化，因而理论的计算值往往会高于试验数据。

（2）卡斯特热容法。

对于卡斯特热容法，有以下假设：

①爆炸过程为定容过程，即体积保持不变；

②爆炸过程中既无热传导也无热交换，即为绝热状态；

③爆炸后产物的热容只与温度有关，不考虑爆压对气体密度的影响。

在此条件下，炸药的爆热热量为

$$Q_v = \overline{C_v}\Delta T \tag{4-112}$$

式中，$\overline{C_v}$——热容量，J·mol^{-1}·K^{-1}，用于表示爆炸温度 0 ~ T ℃变化时爆炸物热容平均值；

Q_v——爆热，J·mol^{-1}，用于表示爆炸温度 0 ~ T ℃变化时炸药定容爆热。

那么，热容量与温度的关系如下：

$$\overline{C_v} = a + bT + cT^2 + DT^3 + \cdots \tag{4-113}$$

假设热容量与温度呈线性关系如下：

$$\overline{C_v} = a + bT \tag{4-114}$$

联立式（4-112）和（4-114）得

$$Q_v = (a + bT)\Delta T \tag{4-115}$$

$$T = \frac{-a + \sqrt{a^2 - 4bQ_v}}{2b} \tag{4-116}$$

式中：a 和 b 通过试验测试获得。

由上式可知，当确定了爆炸炸药的反应计算式、爆热及爆炸产物时，则可以计算出炸药爆炸时的爆温。

2. 火球直径及持续时间

通常对温压/云爆战斗部的热毁伤作用，需要计算火球直径和火球持续作用时间，常用计算公式如下：

$$D = k_1 \times W^{k_2}/T^{k_3} \tag{4-117}$$

$$t = k_4 \times W^{k_5}/T^{k_6} \tag{4-118}$$

式中：D——火球直径；

t——持续时间；

W——燃料质量；

T——火球温度；

$k_1 \sim k_6$——试验系数。

3. 热通量与热剂量

单位面积的热流量为热流通量，即指单位时间通过单位面积的热能，是具有方向性的矢量，其在国际单位制中的单位为 W/m^2；热剂量是热通量的累积，其在国际单位制中的单位为 J/m^2，是热威力中热辐射强度的两个重要表征参量。

通常其经典计算式有 Baker、Bleve 和 Dorofeevto 三种。

（1）Baker 模型。

Baker、Cox 等假设：①大气能量不散失；②忽略热辐射过程中热传导和热对流作用；③火球热容量不随时间变化；④单位质量燃料在完全爆炸后所释放能量与燃料种类没有关系；⑤爆炸火球成长过程不计。基于上述假设，Baker 等得出热通量、热剂量计算模型如下：

$$q = \left(\frac{k_1 \dfrac{D^2}{L^2}}{k_2 + \dfrac{D^2}{L^2}} \right) T^4 \tag{4-119}$$

$$Q = \left(\frac{\dfrac{D^2}{L^2}}{F + \dfrac{D^2}{L^2}} \right) * (k_3) M^{\frac{1}{3}} T^{\frac{2}{3}} \tag{4-120}$$

式中：q——热通量，$W \cdot m^{-2}$；

Q——热剂量，$W \cdot m^{-2}$；

T——火球温度，K；

D——火球直径，m；

L——目标到火球中心距离，m；

M——火球中消耗的燃料质量，kg；

Q——热剂量，$W \cdot m^{-2}$；

$k_1 \sim k_3$——试验系数，可通过试验获得。

（2）Bleve 模型。

Bleve 模型假设火球爆炸后有一个最大直径并会持续一段时间。目前，火球辐射热通量有两种模型：

①固体火焰模型。首先将爆炸火球看成一个固体球体，且假设所有热辐射均来自球体表面，那么火球发射强度可以认为是常数。对于丙烷和丁烷混合石油气，热通量范围为 300 ~ 350 kW/m^2；对于柱状、卧式及立式储罐，热通量范

围为270 kW/m^2；对于球罐，热通量取值为200 kW/m^2。

②点源模型。假设火球中每个点均对外产生辐射热，且发射强度为常数，某点辐射热大小为火球燃烧热的一部分，计算公式如下：

$$E=\frac{MH_c f}{\pi D^2 T} \tag{4-121}$$

式中：E——火球表面热通量，W·m^{-2}；

M——火球可燃气体质量，kg；

T——火球持续时间，s；

H_C——气体燃烧热，kJ/kg；

f——效率因子，$f=k_1 P_s^{k_2}$；

D——火球直径，m；

则目标L处的热通量为

$$q(L)=E(1-0.058\ln L)V \tag{4-122}$$

而目标L处的热剂量为

$$Q(L)=q(L)t \tag{4-123}$$

式中：$1-0.058\ln L$——大气传递系数；

L——目标距离火球的距离；

V——视觉系数，可根据相关模型计算得到。

假设火球是在瞬间达到了最大半径，则目标处视觉系数可表示为

$$V=R^2/L^2 \tag{4-124}$$

式中，L——目标距离火球的距离，计算方法如下：

$$L=\sqrt{(\gamma R)^2}+s^2 \tag{4-125}$$

式中：γR——火球中心到地面垂直距离；

S——火球中心投影到地面的点和目标间距离。

(3) Dorofeevto模型。

此模型将火球看成一个灰体，相应辐射公式如下：

$$q=q_0\times\varepsilon=q_0[1-\exp(-k\times x)] \tag{4-126}$$

其中，

$$q_0=\sigma T^4 \tag{4-127}$$

式中：q——热通量；

T——黑体辐射的温度；

σ——玻耳兹曼常数；

ε——辐射指数；

k——消光系数；

x——火焰尺寸。

Dorofeevto 通过对热成像数据进行拟合，得到辐射能计算关系式如下：

$$q = [110 \pm 10][1 - \exp(-2.6R)] \tag{4-128}$$

式中：q——辐射能，kW/m^2；

R——火球半径，m。

4.6.2　温压/云爆战斗部热威力计算所需参量

根据上述分析以及计算模型，明确火球温度、直径、持续时间及热通量与热剂量计算所需的主要物理量列于表 4－11，为温压/云爆战斗部的热威力分析计算软件框架及接口设计提供支撑。

表 4－11　温压/云爆战斗部热威力计算所需输入参量

<table>
<tr><th>主要相关因素</th><th>相关因素影响参量</th><th>影响参量分析输入量</th><th>备注</th></tr>
<tr><td rowspan="3">火球</td><td>温度</td><td>炸药性能</td><td>包括热容量、爆热、爆炸生成气体的总摩尔量等</td></tr>
<tr><td>直径</td><td>炸药质量</td><td>/</td></tr>
<tr><td>持续时间</td><td>炸药质量</td><td>/</td></tr>
<tr><td rowspan="5">热辐射</td><td rowspan="5">热通量/热剂量</td><td>火球温度</td><td>来自火球计算</td></tr>
<tr><td>火球直径</td><td>来自火球计算</td></tr>
<tr><td>目标到火球中心的距离</td><td>/</td></tr>
<tr><td>炸药质量</td><td>/</td></tr>
<tr><td>炸药性能</td><td>/</td></tr>
</table>

4.7　穿甲战斗部

4.7.1　弹道极限速度

穿甲战斗部是依靠自身的动能来侵彻、贯穿并毁伤装甲目标的战斗部，有时也称为穿甲弹；其特点为初速高，直射距离大，射击精度高，是坦克炮和反坦克炮的主要弹种，也配用于舰炮、海岸炮、高射炮和航空机关炮，用于毁伤坦克、自行火炮、装甲车辆、舰艇、飞机等装甲目标，也可用于破坏坚固防御工事。穿甲战斗部通常有普通穿甲弹和次口径脱壳穿甲弹两种，其在穿甲作用过程中，弹体会发生镦粗、破断和侵蚀等变形和破坏，当装甲被穿透后，穿甲战斗部利用弹体内炸药的爆炸作用，或弹药残体及弹、板破片的直接撞击作用，以及引燃、引爆产生的二次效应，杀伤目标内的有生力量以及毁伤各种设备。

穿甲战斗部是在与装甲目标的斗争中发展的。穿甲战斗部出现于19世纪60年代，最初主要用来对付覆有装甲的工事和舰艇。第一次世界大战出现坦克以后，穿甲战斗部在与坦克的斗争中得到迅速发展。普通穿甲战斗部采用高强度合金钢作弹体，头部采用不同的结构形状和不同的硬度分布，对轻型装甲的毁伤有较好的效果。在第二次世界大战中出现了重型坦克，相应地研制出碳化钨弹芯的次口径高速穿甲战斗部和用于锥膛炮发射的可变形穿甲战斗部，由于减轻弹重，提高初速，增加了着靶比动能，提高了穿甲威力。20世纪60年代研制出了尾翼稳定高速脱壳穿甲战斗部，能获得很高的着靶比动能，穿甲威力得到大幅提高。70年代后，这种战斗部采用密度为18 g/cm^3 左右的钨合金和具有高密度、高强度、高韧性的贫铀合金作弹体，可击穿大倾角装甲和复合装甲。

对于穿甲战斗部，通常采用弹体贯穿靶体所需的临界速度，即弹道极限速度表征其威力。对于弹道极限速度，人们虽然已经进行了近百年的实验和理论研究，但是由于影响穿甲的因素很多，至今还没有得到一个比较完善的计算公式。在实际的工程计算中，还仍然是利用一些经验公式，常见的弹道极限速度计算公式简介如下。

1. 德马尔公式

该公式是德马尔在1886年建立的，公式形式见式（4-82）。公式假定弹丸是刚性的，在碰击靶板时不变形，所有的动能都消耗在穿透靶板上；靶板材料是均质的；弹丸只作直线运动，不旋转；靶板固定牢固等。在这种条件下，根据能量守恒建立了该公式，并主要通过修正 k_1（穿甲系数）进行调整。

2. 贝尔金公式

为了克服德马尔公式没有直接反映靶板和弹丸材料机械性能的缺陷，贝尔金提出了如下公式：

$$v_b = k_1 \sqrt{k_2 \sigma_s \left(1 + \frac{m}{bd^2}\right) \frac{d^{k_3} b^{k_4}}{m^{k_5} \cos \alpha}} \tag{4-129}$$

式中：σ_s——靶板金属的屈服极限；

m——弹体质量；

d——弹径；

b——靶板厚度；

α——着角；

$k_1 \sim k_5$——试验系数。

3. 次口径穿甲弹穿甲公式

对于次口径穿甲弹，可用下式计算弹体弹道极限速度：

$$v_b = k_1 \frac{d_c^{k_2} b^{k_3}}{(m_c + \mu m_T)^{k_4} \cos\alpha} \tag{4-130}$$

式中：d_c——弹芯直径；

m_c——弹芯质量；

m_T——弹软壳质量；

μ——与软壳参与穿甲作用有关的系数，其数值与落角和弹径有关；

α——着角；

$k_1 \sim k_5$——试验系数，可通过试验获得。

4. 长杆式次口径穿甲弹的穿甲公式

对于长杆式次口径穿甲弹，可以用下式计算弹体的弹道极限速度：

$$v_b = k_1 \frac{(d_c + k_2) b^{k_3}}{m_c^{k_4} \cos(\lambda\alpha)} \tag{4-131}$$

式中：d_c——弹杆直径；

m_c——飞行弹丸质量；

λ——考虑弹体折转的系数，通常可取 $\lambda = 0.85$；

α——着角；

$k_1 \sim k_5$——试验系数，k_1 的范围一般为 2 200 ~ 2 400，通常取 2 300。

4.7.2　穿甲战斗部威力计算所需参量

根据上述分析以及计算模型，明确弹体侵彻计算所需的主要物理量列于表 4－12，为穿甲战斗部侵彻威力计算软件框架及接口设计提供支撑。

表 4－12　穿甲战斗部热威力计算所需输入参量

主要相关因素	相关因素影响参量	影响参量分析输入量	备注
侵彻体	贯穿靶体临界速度	弹杆直径	也可通过数值仿真获得
		弹芯质量	
		着角	
		靶体结构	
		靶体材料	

4.8 子母战斗部

子母战斗部是以母弹作为载体，内部装有一定数量的子弹，发射后母弹在预定高度开舱抛射子弹，以完成毁伤目标和其他特殊战斗任务的战斗部，用于毁伤集群坦克、装甲车辆、技术装备，杀伤有生力量或布雷。综上，子母战斗部是由母弹和子弹组成的。其中，母弹包括炮弹、航弹、火箭弹和导弹诸弹种；子弹包括刚性尾翼的子弹和柔性尾翼（降落伞或飘带尾翼）的子弹。子母弹中一枚母弹将装载少则几枚，多则数百枚的子弹。子母弹飞行过程是由一种母弹内装许多子弹，当母弹飞达预定的抛射点时，经过母弹开舱、抛射全部子弹，直至子弹群撒布在预定的目标区域，击中敌人的集群目标。子母战斗部威力主要体现在子弹的散布和单个子弹药的威力，子弹的散布可以通过母弹命中精度和引信启动规律来获得，单个子弹的威力可以根据子弹药的具体战斗部类型通过分析获得。据此，明确子母战斗部计算所需的主要物理量列于表 4-13，为子母战斗部威力计算软件框架及接口设计提供支撑。

表 4-13　子母战斗部威力计算所需输入参量

<table>
<tr><th>主要相关因素</th><th>相关因素影响参量</th><th>影响参量分析输入量</th><th>备注</th></tr>
<tr><td rowspan="5">子弹药散布</td><td rowspan="5">子弹药落点位置</td><td>母弹落速</td><td rowspan="5">也可通过确定范围内随机抽样的方法获取</td></tr>
<tr><td>开舱高度</td></tr>
<tr><td>母弹开舱姿态</td></tr>
<tr><td>子弹药数量</td></tr>
<tr><td>子弹抛撒速度</td></tr>
<tr><td>子弹药威力</td><td>子弹药战斗部类型</td><td>与对应类型战斗部相一致</td><td></td></tr>
</table>

第5章

目标易损性及数字化模型构建

5.1 概述

战场上目标的“毁伤”对“弹药战斗部的毁伤作用”具有选择性和敏感性，如：坦克、装甲车辆对非接触爆炸冲击波就不易损，而对射流和高速动能弹丸就比较易损。因此，目标易损性是战场上弹药战斗部毁伤效能研究的核心，只有掌握目标易损性才能更精准掌握弹药战斗部的毁伤效能，并有的放矢地设计弹药战斗部的毁伤模式、威力及物理结构和能量输出模式。在第1章中已经介绍了，目标易损性研究是一个十分重要且复杂的内容。目标易损性研究的重要性在于：准确了解和掌握目标易损特性，不仅仅是武器系统战术技术指标论证、武器系统总体设计、战斗部威力设计与考核、射击诸元等设计与优化的重要依据，同时也对弹药毁伤效能计算、作战效能与使用方法研究、实战效果评估等提供目标数据支持，具有非常重要的支撑作用。此外，目标易损性研究又十分复杂，在目标易损性分析过程中，目标的“毁伤”根据功能丧失程度和时间表现为不同的毁伤模式或毁伤等级；“毁伤作用”则表现为毁伤元素的类别和参数，具体体现在：目标种类繁多，弹药或毁伤元对目标的作用过程复杂，种类也多，不同目标以及不同毁伤元或战斗部作用下毁伤准则和判据都不相同，涉及多学科交叉，涉及面广；所以，整个目标易损性的研究十分复杂。本章仅介绍目标易损性一般性研究方法，以及用于毁伤效能评估的数字化模型建立方法，为后面毁伤效能评估系统软件的研编以及系统框架的设计提供支撑。

5.2　目标易损性及内涵

5.2.1　目标易损性概念内涵

目标易损性是终点效应学或终点弹道学中的基本概念之一，按美国的提法：目标易损性具有广义和狭义双重含义，广义的目标易损性系指某种装备对于破坏的敏感性，其中包括关于如何避免被击中等方面的考虑；狭义的目标易损性系指某种装备假定被一种或多种毁伤元素击中后对于破坏的敏感性。根据作战需要，各种对战争进程有影响的目标都可能成为武器系统的打击对象，也可成为目标易损性研究的对象，目标对武器打击的响应特征表现为目标易损程度，即我们所讲的易损性。

基于目标易损性的本质内涵并考虑战斗部毁伤效能评估的研究需求，分别给出广义和狭义目标易损性（战斗部毁伤效能评估主要针对狭义的目标易损性）的概念描述。

（1）广义的目标易损性：指目标受到攻击时，其被毁伤的难易程度，需要把目标避免被命中（主动对抗、机动规避、被动干扰等）和命中后被毁伤相结合来体现。

（2）狭义的目标易损性：指目标被命中并被战斗部或毁伤元素作用的条件下，目标毁伤对毁伤元素的敏感性。

针对狭义的目标易损性概念，需要明确“目标毁伤”和“敏感性”的科学内涵。在目标易损性的概念体系中，目标毁伤的内涵是指目标完成战术使命能力或执行作战任务能力的丧失或降低，通过不同的毁伤等级来表征相应的毁伤程度或表现形式。目标的作战功能与目标的构成及性能紧密相关，目标因功能的不同而具有不同的作战用途。毁伤元素对目标的作用导致目标结构损伤和功能降低，从而实现目标作战能力的丧失或下降。在实际战场环境和作战条件下，武器与目标之间体现为体系和体系的对抗、装备与装备的对抗，对抗的时效性以及损伤修复和功能恢复能力等往往对最终结果具有决定性影响，因此目标的毁伤等级大多与毁伤响应时间或毁伤持续时间相结合进行表征。目标毁伤对毁伤元素的响应具有一定的随机性，表现为一定统计学分布规律。目标毁伤的“敏感性”可通过毁伤概率来度量，根据第2章定义，针对特定毁伤等级的毁伤概率与毁伤元素（或战斗部）特征物理参量的函数关系定义为（战斗部或毁伤元）对目标的毁伤准则，毁伤准则是对毁伤“敏感性”的全面描述与表征，是毁伤效能评估中最重要且复杂的一环。

目标易损性研究的根本目的是获得针对不同毁伤等级的毁伤准则；在毁伤准则获得之前，从目标结构自身出发需要获得目标的毁伤判据作为支撑。但是目标的结构往往是复杂的，通常包含许多不同的功能组件，功能与结构的映射关系有时是模糊的，分析也是困难的。通常获得目标整体的毁伤准则必须从关键部件的毁伤准则开始研究，可通过毁伤树构建部件功能丧失与目标整体功能丧失的逻辑关系，这个分析有一定的主观因素，但这也是目前最为合理的方法，通过毁伤树的建立，可以找到关键部件；另外，目标或关键部件的几何构型经常是不规则的，由于毁伤效能评估需要考虑毁伤元素的命中问题，所以对目标几何形状进行简化是必要的，而对于破片这种多个同时作用才起作用的毁伤元，简化处理目标几何形状的结构化网格就显得尤为重要。因此，对目标进行几何构型和毁伤特性的简化与等效是目标易损性研究中的另一个核心内容，在此把这种简化和等效结果称为目标等效模型，以目标等效模型为基础，可拓展建立毁伤效应靶标，为目标易损性及毁伤效应研究提供基础。毁伤效应靶是构成“靶标—数据—模型”三位一体实现“试验—数据—算法—软件”全方位打通的关键环节。从目前来看，国内关于目标易损性的研究尚未形成完整体系，不像战斗部威力那样成熟，有待持续深入。

综上，目标易损性可通过毁伤等级定义、毁伤程度表征、毁伤树以及（目标）毁伤判据和（战斗部）毁伤准则掌握、毁伤效应等效靶构建等综合起来研究，这也是目标易损性研究最主要的内容。本章下面也从上述几个方面进行简单介绍，并给出应用实例，以辅助读者进行相关研究。

5.2.2 毁伤等级划分

目标毁伤等级是指目标作战功能丧失程度，是目标易损性研究中首先需要面对的问题。通常毁伤等级的划分具有一定主观性，需考虑两个方面的因素：一是目标的战场功能和作战使命；二是目标易损性研究的背景和目的，如攻击武器的作战目的以及作战能力等。在第 2 章中，我们已经定义了目标作战功能丧失程度为毁伤等级，通常可用作战功能丧失时间进行表征。在实际分析过程中，毁伤等级划分首先要从目标功能和使命出发，兼顾研究背景和目的，根据毁伤程度和毁伤模式并结合毁伤响应时间或持续时间，给出毁伤等级的划分结果。毁伤等级的具体分析和确定主要步骤如下：

（1）目标特性描述与功能分析；

（2）目标的作战使命和战术使用分析；

（3）目标毁伤等级的划分和确定；

（4）对应毁伤等级的目标损伤模式与状态分析。

在此需要说明一下，很多文献会借鉴美国的研究成果，根据作战任务进行毁伤等级划分，如：把坦克与装甲车辆毁伤等级划分成M级（运动）、F级（火力）、K级（被摧毁）、P级（人员毁伤）毁伤，具体如下：

（1）M级毁伤（机动性毁伤）：主要指机动性破坏，包括成员受伤或履带、悬挂装置及主传动装置损坏或传动装置的任何部位被损坏，从而导致车辆不能实行机动、不能进行可控运动，并且不能由成员在战场上对其予以修复。

（2）F级毁伤（火力毁伤）：主要指火力遭到破坏或战斗力损失，包括武器系统严重受损而失去作用、成员受伤以至不能操作武器等。

（3）K级毁伤：即“被摧毁”，其意义为车辆完全破坏且无法再修复。

（4）P级毁伤（人员毁伤）：这主要是针对装甲人员输送车（APC）一类轻型装甲车辆目标而定的一个毁伤准则，P级毁伤的指标是所运载人员中失去作战能力人数的百分比；通常情况下，认为至少40%的运载人员无力或无法完成其战斗任务时，就认为达到了P级毁伤。

再如：对于飞机，根据其运行和功能特性、一般意义上的作战使命和战术使用情况，毁伤等级划分如下：

（1）KK级毁伤：飞机立即解体，飞机的存在和攻击能力完全丧失；

（2）K级毁伤：飞机在30 s内失去控制；

（3）A级毁伤：飞机在5 min内失去控制；

（4）B级毁伤：飞机不能飞回原基地；

（5）C级毁伤：飞机不能完成其使命；

（6）E级毁伤：能完成其使命，但不能完成下一次作战任务，需要长时间维修。

如果从目标易损性分析角度，划分毁伤等级的目的是基于不同的毁伤等级建立相应的毁伤树，并找到关键部件；那么，对于研究过程中难以一下确认的作战任务，可以从目标功能特性角度去区分，并建立相应的毁伤等级，则毁伤等级可以是多个任务总体的毁伤等级，也可以是某一任务下的毁伤等级，如上述的坦克与装甲车辆，可以将毁伤等级放置在运输、火力等所有任务之上构建每一级的毁伤等级定义，也可以将毁伤等级定义在某个作战任务下，如：针对运输、火力打击任务的毁伤等级；因此，可见毁伤等级的定义具有主观性，很难完全统一。这里简单介绍一下，对于毁伤等级的划分，并不同于毁伤程度的认定，毁伤等级的划分往往同时需要划分多个，而且需要明确具体对应的功能毁伤情况，可为后续毁伤树建立时寻找不同的功能部件提供支撑；另外，整体作战功能丧失划分毁伤等级时，在不同毁伤等级之间具有包含性。在此，参考目标毁伤等级的一般划分方法，以大型水面舰艇为例进行毁伤等级划分，可为其他目标毁伤等级划分提供借鉴，如可根据舰船整体功能丧失程度将毁伤等级划分为 5 个，具体如下。

（1） Ⅰ级毁伤：大型水面舰艇目标结构彻底破坏，结构整体承载功能丧失，目标沉没或必须弃舰，如龙骨断裂、弹药舱或燃料舱爆炸造成结构破坏等情况。

（2） Ⅱ级毁伤：大型水面舰艇目标近乎丧失作战能力，但较长时间修复后可继续作战，如：发电机被毁伤，整个电力系统受损，全舰断电等情况。

（3） Ⅲ级毁伤：大型水面舰艇目标丧失部分作战功能。如指挥控制中心、卫星通信系统毁伤时，舰艇丧失指挥能力；舰载直升机、鱼雷发射管、声呐系统毁伤时，舰艇丧失反潜能力；相控阵雷达、密集阵近防系统、导弹垂直发射系统毁伤时，舰艇丧失防空能力等情况。

（4） Ⅳ级毁伤：目标丧失运动功能。如发动机、动力及控制系统、航海控制中心被毁伤，水密舱严重毁伤，舰艇只能停靠在原地或缓慢移动等情况。

（5） Ⅴ级毁伤：目标受损但作战和运动功能基本未丧失，如目标上生活区及辅助设备被毁，不影响作战功能及运动等情况。

由上可见，5 个毁伤等级情况存在明显的包含关系，如图 5－1 所示，这个包含关系是指关键部件的包含关系。由图 5－1 可见，达到Ⅴ级毁伤等级所需目标丧失的功能及需破坏的关键部分应包含达到Ⅳ级毁伤使目标丧失的功能及需破坏的关键部件；同理，Ⅳ级应包含Ⅲ级，Ⅲ级应包含Ⅱ级，Ⅱ级应包含Ⅰ级。

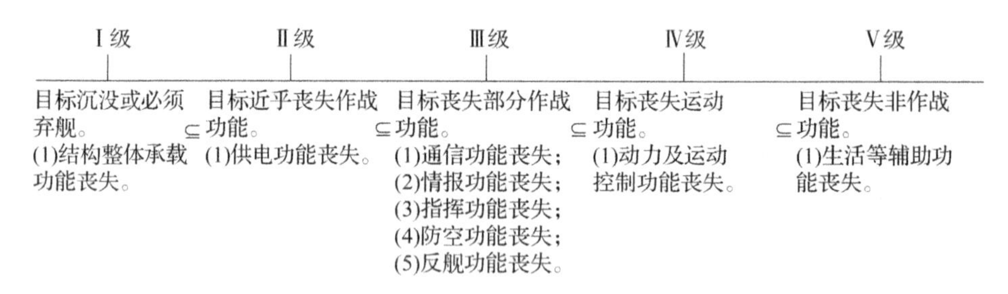

图 5－1　大型水面舰船毁伤等级划分

5.2.3　毁伤树

1. 基本定义

毁伤树是在给定毁伤等级条件下，采用树形结构的逻辑分析方法，对目标关键部件进行底层结构性损伤与顶层功能性毁伤的内在联系分析，是目标关键部件结构性损伤与功能性失效相关性研究的重要研究手段。在毁伤树建立过程中，目标关键部件之间的连接包括串联和并联两种方式，串联连接方式从故障分析角度是逻辑“与”运算，但从目标毁伤角度看属于逻辑“或”运算，即只要其中有任一关键部件遭到毁伤，就可导致毁伤树路径发生中断，目标功能失效；而并联连接方式从毁伤角度则属于逻辑“与”运算，即必须毁伤所有关键部件才能导致毁伤树路径发生中断。此外，需要指出，毁伤树中的连接单元既可以是单个关键部件，也可以是包含若干个关键部件的子系统，如5.2.2小节中所述的坦克装甲车辆的运动分系统、火力分系统以及防护分系统等，如图5－2所示。

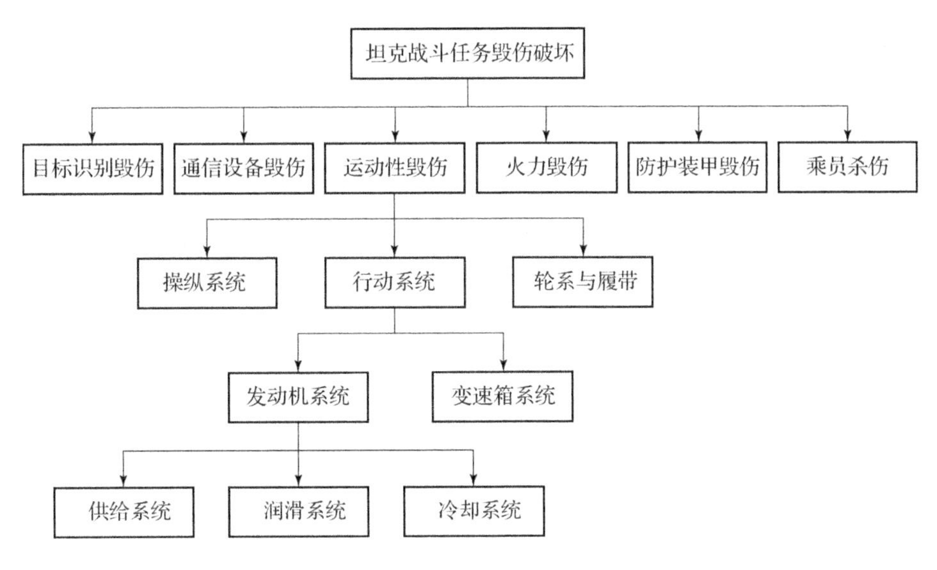

图5－2　坦克战斗功能丧失分解

因此，在毁伤树具体构造过程中，必须先对目标各系统的功能、结构特点进行详尽分析，并根据专家意见和实际作战情况进行修改或补充，科学合理地确定关键部件或子系统，子系统和关键部件应尽量详细，最好由目标设计专业的人来干，越详细越好。然后，可根据确定的毁伤元，依据毁伤模式分析，找出导致毁伤发生的所有可能，建立关键易损件与目标战术功能丧失之间的逻辑关系，合理确定相互间的逻辑连接方式，从而构造出对应于每一个毁伤等级的毁伤树。毁伤树状态通常由逻辑运算确定。可将关键易损件毁伤状态定义为0，1及［0，1］三值形式，其中0值表示部件完全丧失原有功能，1值表示部件保持原有功能，而［0，1］值则表示毁伤程度，即部分丧失原有功能。

如果毁伤树逻辑运算输出结果为0或[0，1]，则表示毁伤事件发生，否则不发生。在毁伤树建立过程中涉及基本事件、顶事件、底事件、中间事件、权重等概念，以及逻辑“与”“或”关系的求解，具体概念以及求解过程如下：

（1）基本事件。

对目标某作战功能实现不可再继续分割的事件/部件，决定了毁伤树中目标分解功能部分建立的粒度，通常可为最小关键部件，也称为底事件。

（2）顶事件。

目标功能分解树的最顶端的事件，一般为目标或目标群的目标毁伤效果表征。

（3）底事件。

毁伤树中最底端的事件，一般为基本事件，即最小关键部件，通常为基本事件。

（4）中间事件。

毁伤树中连接顶事件和底事件之间的事件，均为中间事件。

（5）权重。

权重又可称为贡献度或贡献因子，是表征事件重要程度的量值，取值在0～1，仅用于“或”关系耦合的各个事件。权重值可由多种方法进行计算获取，如常用的层次分析法。

（6）逻辑“与”关系。

用于并联系统的逻辑功能事件/部件分解，即当输入所有事件同时为100%毁伤时，输出事件为100%毁伤，可以按式（5－1）计算：

$$P_k = \sum_{i=1}^{n} \delta_i P_i \tag{5-1}$$

式中：P_i——单个事件的毁伤概率；

δ_i——单个事件的权重，参与运算的全部事件权重之和为1；

P_k——多个事件运算的毁伤概率。

（7）逻辑“或”关系。

用于串联系统的逻辑功能事件/部件分解，当输入事件至少有1个为100%毁伤时，输出事件即为100%毁伤，可以按式（5－2）计算：

$$P_k = 1 - \prod_{i=1}^{n} (1 - P_i) \tag{5-2}$$

式中：P_i——单个事件的毁伤概率；

P_k——多个事件运算的毁伤概率。

上述基本事件以及逻辑“与”、逻辑“或”关系如图5－3所示。

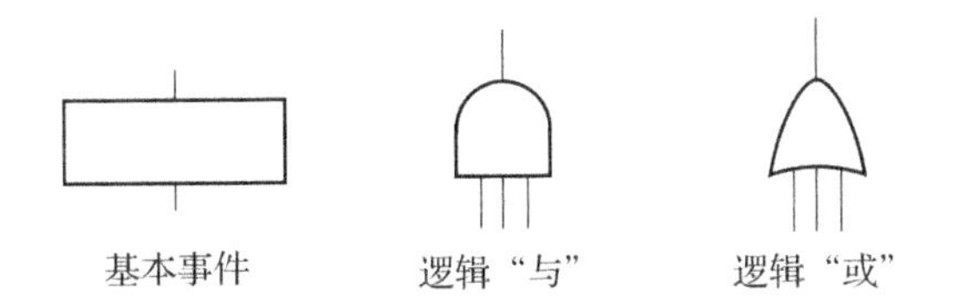

图5－3　基本事件以及逻辑“与”“或”的关系图例

2. 毁伤事件分析

毁伤事件分析是毁伤树建立的前提条件，在此以上述大型水面舰艇为例，针对上述毁伤等级，分析不同毁伤等级所对应毁伤事件，进行示例说明。首先需要针对不同毁伤等级，建立毁伤事件的逻辑关系，具体如下。

（1）Ⅰ级毁伤（结构整体承载功能丧失）。

舰船底端有龙骨结构，龙骨断裂可造成舰船沉没；此外，弹药库和燃油库的爆炸也可造成舰船结构承载功能的丧失以至舰船沉没。因此，对舰船整体承载功能的破坏主要体现在龙骨结构的断裂，弹药库、燃油库爆炸所引起的结构损伤；据此，结构整体承载功能丧失所关联的毁伤事件及逻辑关系，如图5－4所示。

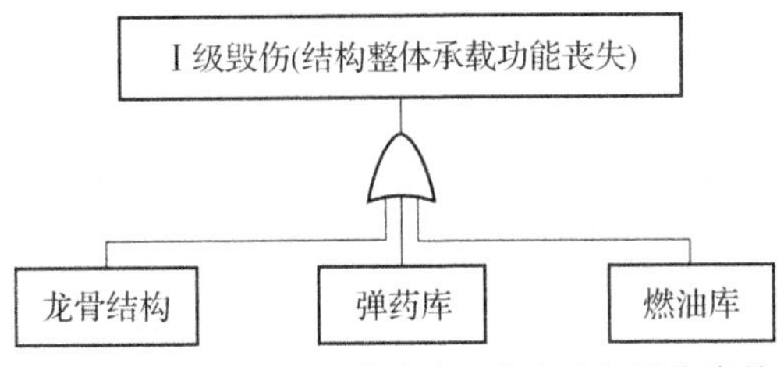

图5－4　结构整体承载功能毁伤丧失与毁伤事件

（2）Ⅱ级毁伤（电力系统功能丧失）。

电力系统是舰船大部分功能实现的基础，电力系统的供电能力直接决定其他系统的工作能力。当电力系统的剩余供电量满足最低要求时，功能系统才可以发挥作用。现代战斗舰船多采用环形或网形配电网络，部分电缆、配电装置的损坏不会影响到整个供电网络的运行。由于舰上电网分布复杂，无法对配电网中的电缆和分配电箱的损伤做出评估。因此，在对舰船电力系统毁伤评估时，仅选取电站和主配电板作为评估对象。通常，大型水面舰艇的发电室与电气室主要分布在最下层甲板，此处等效出两处电力舱室，即发电和电力控制室。那么在此认为：全舰的断电源于供电系统，主要由发电及电力控制室决定。因此，对舰船整体承载功能的破坏主要体现在发电及电力控制室的毁伤。据此供电功能丧失所关联的毁伤事件及逻辑关系如图5－5所示。

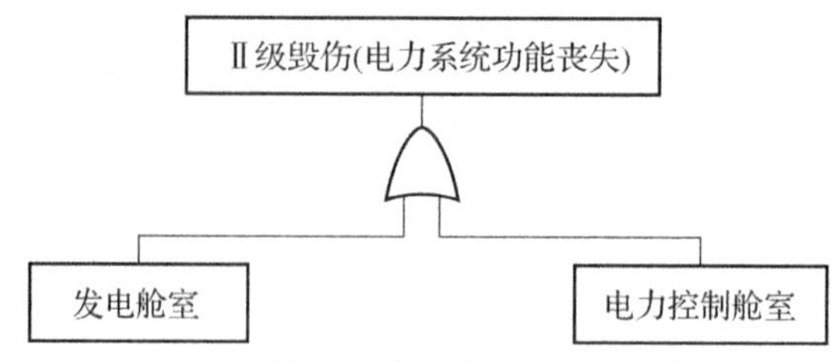

图 5－5　供电功能毁伤丧失与毁伤事件

（3）Ⅲ级毁伤（部分作战功能丧失）。

大型水面舰的作战功能涉及较广，有通信、情报、指挥和防空、反潜、反舰等作战功能，根据不同作战任务可进行组合。这里以指挥舰为例进行说明，指挥舰通常装有综合指挥系统（C^4ISR）、先进技术战斗系统（ATECS）等指挥系统以及舰空导弹、“密集阵”近防炮、用于反潜和反舰的直升机等武器装备。据此，部分作战功能所关联的毁伤事件及逻辑关系如图 5－6 所示。

（4）Ⅳ级毁伤（运动功能丧失）。

大型水面舰艇的运动功能取决于动力系统和对动力的控制系统，通常装有多台燃气轮机，双轴、双变距桨。据此，运动功能所关联的毁伤事件及逻辑关系如图 5－7 所示。

（5）Ⅴ级毁伤（非作战功能丧失）。

非作战功能，主要指生活区及辅助设备被毁伤，如：厨房、食堂、事物相关室等舱室，非作战功能与毁伤事件的逻辑关系如图 5－8 所示。

5.2.4　毁伤准则

1. 毁伤准则的内涵

第 2 章已经介绍了毁伤准则的定义，毁伤准则也可称为毁伤律，是指战斗部威力载荷与目标功能降低的映射关系函数。通常在毁伤效能计算过程中，毁伤效应多关注毁伤元对部件的毁伤效应计算；因此，可进一步拓展毁伤准则内涵到部件以及对应的毁伤元上，指毁伤元载荷与部件功能降级的映射关系函数。其实，毁伤准则与毁伤判据更多地体现在工程意义上，本身不具有物理上的严谨性，目前这一概念内涵也并没有得到统一认识，不同的研究工作者在理解上存在一定差异，并有着不同的叫法。根据本书中的定义可知，通过毁伤准则研究，可以获得目标（或关键部件）的毁伤概率关于毁伤元素物理参量的特定函数形式，即毁伤准则函数。目前已有的毁伤准则函数，通常以概率密度函数或概率分布函数进行表征，反映了目标或部件毁伤规律与战斗部终点效应或毁伤元威力的相关性。

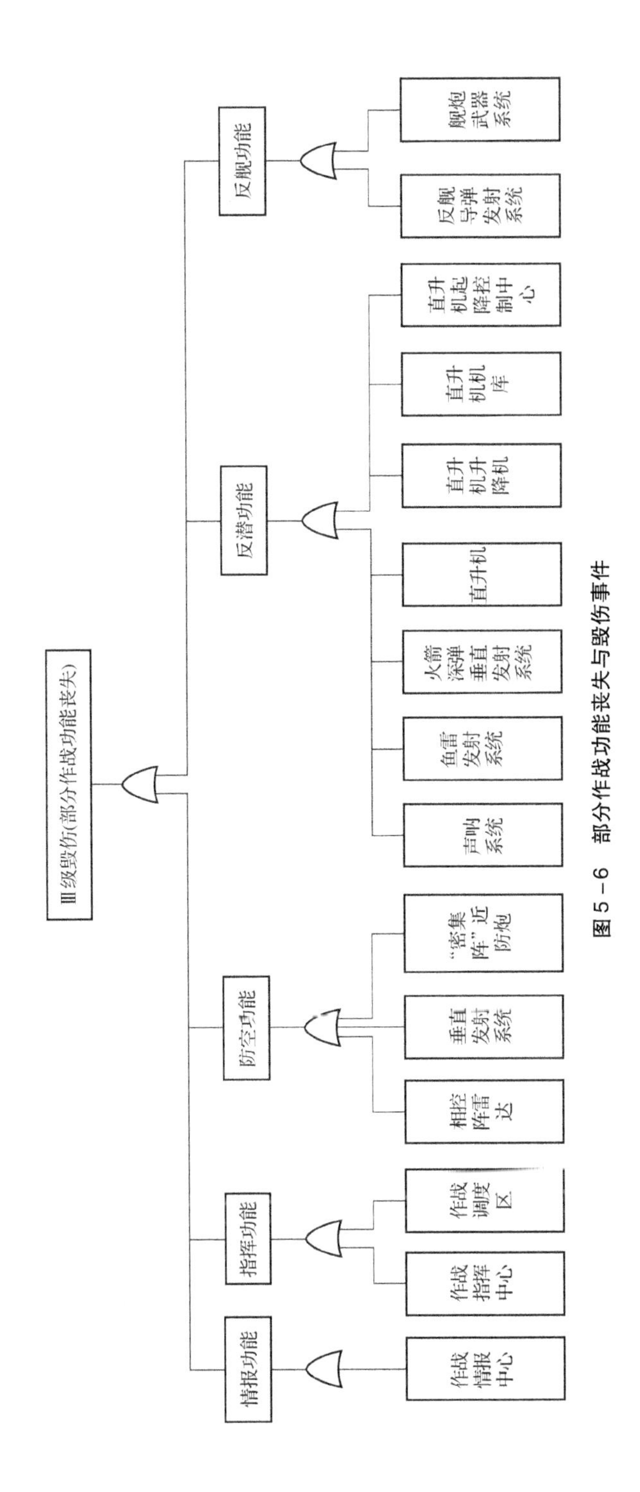

图5-6 部分作战功能丧失与毁伤事件

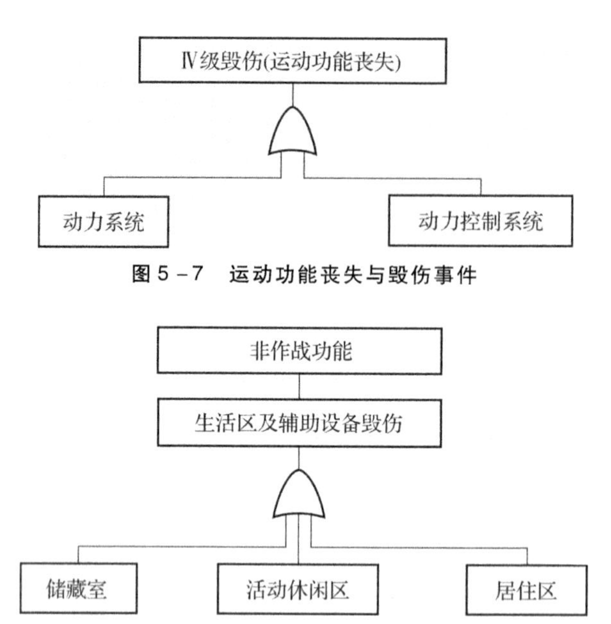

图 5-7　运动功能丧失与毁伤事件

图 5-8　非作战功能丧失与毁伤事件

综上，由量化的毁伤准则即显式表达式就可得出基于不同毁伤元物理参量具体值的毁伤概率计算结果，直接得出当毁伤参量取具体值时，目标或关键部件的毁伤概率是多少。根据上述分析，毁伤准则可表示为目标或关键部件毁伤概率关于毁伤元素物理参量的函数形式，若 k 表示毁伤元参量，则 $p(k)$ 具有以下性质：

（1）$k=0$ 时，$p(k)=0$，即当命中毁伤元或作用程度为 0 时，必无法毁伤目标。

（2）$p(k)\geqslant p(k-1)$，对任一毁伤元 k，即随着命中数目或作用程度的增大，毁伤目标的概率 $p(k)$ 单调增加。

（3）当 $k\to+\infty$时，$p(k)\to 1$，即命中目标毁伤元数目很多或单一毁伤元作用程度很强时，毁伤目标的可能性很大。

2. 典型毁伤准则函数

在此，介绍几种最基本的典型毁伤准则函数，可为目标部件毁伤准则的建立提供支撑。

（1）0-1 分布概率函数。

0-1 分布概率分布函数是一种较为简单的，也是比较常用的分布函数，可适用于多种毁伤元，尤其是对详细毁伤数据缺乏的情况，常常用该概率分布函数，其一般形式为

$$p(k)=\begin{cases}0, & k<m\\ 1, & k\geqslant m\end{cases} \tag{5-3}$$

式中：m——毁伤目标所需毁伤元威力表征所需物理参量的阈值，一般为试验常数，即通常所谓的毁伤阈值、毁伤标准或杀伤标准等。

（2）线性分布概率函数。

线性分布概率函数相当于 0-1 分布函数的扩展，也相当于其他各种连续分布函数的近似，具体表达形式为

$$p(k)=\begin{cases}0, & 0<k\leqslant m\\ \dfrac{k-m}{n-m}, & m\leqslant k<n\\ 1, & k\geqslant n\end{cases} \tag{5-4}$$

式（5-4）表示：当毁伤元参量值不大于 m 时，肯定不能毁伤目标；当大于或等于 n 时，必然完全毁伤目标；当毁伤元参数在 $m\sim n$ 之间时，毁伤概率与毁伤元参量的数值呈线性关系。

（3）泊松分布概率函数。

泊松分布概率函数是一种广泛使用的概率分布函数，主要适用于破片类、侵彻类等毁伤元。假设：毁伤元命中概率符合泊松分布，且命中目标的事件是相互独立的、毁伤元在可能命中区域内均匀分布，若单个毁伤元（如：破片或单个侵彻体）命中条件下的毁伤概率为 1，则至少有 1 个毁伤元命中下的毁伤概率为

$$p(k)=1-\mathrm{e}^{k} \tag{5-5}$$

将式（5-5）进行进一步推广，若单个毁伤元（如：破片或单个侵彻体）命中条件下的毁伤概率为 $\delta(0\leqslant\delta\leqslant1)$，则表达式为

$$p(k)=1-\exp(k\ln(1-\delta))\approx1-(1-\delta)^{k} \tag{5-6}$$

式中：n——命中破片数的数学期望。

目前，在与毁伤相关的计算中，最常见的就是采用上述 0-1 分布概率函数的毁伤准则，且因为经常使用，已形成固定的思维模式，很多时候更多关注于毁伤条件获取的试验研究。由于已把 0-1 分布毁伤准则作为前提，所以目标被毁伤（概率为 1）所对应毁伤元素参量的阈值常常称为毁伤标准、杀伤标准等，更多的时候也称为毁伤阈值。另外，很多时候还可以选择不同毁伤元威力表征参量建立毁伤准则函数，这个要看具体的毁伤模式与机理；对于多毁伤元可以考虑毁伤元的耦合作用，构成多毁伤元耦合作用毁伤准则函数，多毁伤元耦合作用的毁伤准则函数本质上讲就是战斗部的毁伤准则。

3. 毁伤准则函数构建实例

准确的毁伤准则函数必然通过毁伤元或战斗部毁伤效应试验或仿真获得。在此，以坦克装甲车辆主动拦截弹药用破片对来袭导弹战斗部装药冲击引燃/引爆为例，建立破片对战斗部目标的毁伤准则函数，可为相关研究提供参考和借鉴。

上文已介绍对于毁伤准则的建立首先需要大量的毁伤效应试验或仿真数据为基础，通过分析掌握毁伤规律。因此，针对特定目标和破片，首先需要通过试验和仿真获得破片对战斗部装药的引燃/引爆能力。根据已有试验及理论研究结果，破片对战斗部装药引燃/引爆需要一定冲击能量，这与破片质量与着靶速度相关，在此不再介绍具体的试验和仿真研究过程，仅根据已有文献研究结果给出基于试验和仿真工作获得的结论如下。

（1）弹药用破片冲击速度在 1 300 ~ 1 600 m/s 范围内，破片质量小于 1.0 g 时，对战斗部装药引燃/引爆概率极低，趋近于 0，即计算破片引燃/引爆战斗部装药毁伤阈值的解析表达式为

$$p = 0 \tag{5-7}$$

式中：p_2——高速破片引燃/引爆战斗部装药的概率。

（2）弹药用破片质量大于 1.6 g 时，能够可靠引发装药快速反应，即命中反坦克战斗部处破片数量期望大于 1 时，破片引燃/引爆装药概率趋近于 1，即计算破片引燃/引爆战斗部装药毁伤判据的解析表达式为

$$p = \begin{cases} 1, & n \geqslant 1 \\ n, & 0 < n < 1 \\ 0, & n = 0 \end{cases} \tag{5-8}$$

式中：n——破片命中数量的数学期望。

（3）弹药用破片质量在 1.0 ~ 1.6 g 范围内，引燃/引爆装药概率 ω 与破片冲击速度有关。因此，采用式（5-6）描述目标战斗部毁伤概率关于破片毁伤诸元的函数关系，并作为毁伤准则的具体表达式是合理的。采取几何概率计算方法，得到不同破片质量所对应的引燃/引爆装药概率 δ 为

$$\delta = \frac{1\,600 - v_i(m)}{1\,600 - 1\,300} = \frac{16}{3} - \frac{v_i(m)}{300} \tag{5-9}$$

式中：$v_i(m)$——不同质量破片对应的引燃/引爆速度阈值。

根据已有试验和仿真数据可知，破片质量与引发装药快速反应能量成正比，即与冲击速度阈值平方成正比，拟合得

$$v_i(m) = (45.074 - 5.58m)^2 \tag{5-10}$$

式中：m——破片质量。

基于式（5-6）的毁伤准则，结合式（5-9）和式（5-10）给出计算破片引燃/引爆战斗部装药毁伤判据的解析表达式为

$$p = 1 - \left(1 - \left(\frac{16}{3} - \frac{(45.074 - 5.58m)}{300}\right)\right)^{n} \quad (5-11)$$

式（5-7）、式（5-8）和式（5-11）共同构成了拦截式主动防护系统弹药用破片对来袭反坦克导弹战斗部装药冲击引燃/引爆的毁伤准则，该毁伤准则可针对具体目标进行系数的调整。这是一个针对具体问题的实例，虽然使用有限定条件，但具有一定的借鉴价值。

5.2.5　毁伤效应等效靶构建

1. 等效原理

随着现代装备技术水平的迅速发展和功能要求的日益提高，现代战场上目标的集成化程度越来越高，体现出目标的结构与功能高度复杂化特征。如果将目标作为一个系统来考虑，基于结构特征和功能构成，可将目标划分出多个分系统（如典型雷达目标可划分出发射分系统、接收分系统、信号处理分系统、环境控制分系统等），每一个分系统又可进一步划分，直至关键部件级别（即易损件），根据易损件在系统功能体系中的重要程度，易损件应有不同的权重。基于5.2.1小节对目标易损性基本概念的阐述，可知目标毁伤的核心任务为使目标功能丧失或降低，具体体现在毁伤元素造成关键部件结构损伤从而导致其功能的丧失，各关键部件发生毁伤的集成在目标系统层面上体现为目标的功能丧失或降低（即目标毁伤）。由此可见，目标易损性研究必须始于关键部件的结构损伤研究。

在现代战场上，目标结构与功能高度集成化的背景下，目标关键部件（或易损件）数量动辄成百上千个，仅在关键部件层面上进行目标系统的易损性分析会产生分析难度和工作量上的极大负担；同时，真实目标毁伤效应试验费用高，难以承受。因此，在基本符合目标结构损伤和功能毁伤响应规律的前提下，进行目标结构以及关键部件的简化与等效，构建出目标毁伤效应等效结构，并基于等效模型进行毁伤效应试验，以期掌握目标毁伤的准则与判据，是一有效技术途径，必然成为目标易损性研究的核心内容和关键步骤之一。

目标结构及部件的毁伤效应等效需要反映目标结构损伤规律和功能丧失规律，在目标毁伤效应等效时，毁伤元对等效目标的破坏模式应与真实结构破坏具有一致性，即结构破坏的物理模式或效果一致（如均为结构的拉伸断裂、

剪切断裂或弹体贯穿后剩余速度一致等）。因此，不同毁伤元和目标结构需要一事一议地分析，分析过程需综合考虑目标结构特征、材料特性以及对毁伤元素的响应规律，在物理本质一致的情况下进行等效。综上，毁伤元素形式不同，目标对于毁伤作用的响应规律也不同，毁伤效应等效模型建立方法也应不同。

目前，因该方面较为复杂，且涉及不同的毁伤元及目标物理结构，国内在该方面的研究比较薄弱，基本处于空白，已有方法多以材料强度进行厚度等效，准确性不高，也难以适用于多种毁伤元及结构，无法基于毁伤效应靶开展大量试验，这是制约毁伤准则或判据获取的原因之一。本章结合已有研究成果对破片侵彻以及冲击波作用下船用钢板结构毁伤效应靶等效方法进行简单介绍，以期对相关研究提供参考和借鉴。

2. 船用钢毁伤效应靶等效

（1）材料选择。

船用钢为了保证其焊接性能多为低碳钢，同时为了保证一定的强度和耐腐蚀性，一般造价比较高；因此，可采用低价格的 Q235 钢（一种低碳钢）对其进行等效，其静态力学性能对比如图 5－9 所示。在图 5－9 中，两种钢的应力－应变曲线趋势具有一致性，说明两种材料的力学性能相似。两种材料的动态压缩、拉伸力学性能对比如图 5－10、图 5－11 所示。

基于上述判断，可采用 Q235 钢作为毁伤效应靶材料制作靶体进行战斗部毁伤效应试验，以达到试验目的，且节省试验成本；对于反舰战斗部，主要通过破片和冲击波对目标结构进行毁伤，两种毁伤元对结构的毁伤模式并不相同，靶体的等效方法也并不相同，下面分别进行介绍。

（2）破片毁伤效应等效。

根据相关研究，破片侵彻靶板的等效问题一般有两种原则：一是弹体贯穿靶体所需的临界速度相等原则，二是剩余速度或穿深相等原则。因为对于破片侵彻最为关注的是是否可以贯穿钢板，破片侵彻下弹/靶组合最重要的特征之一是弹体贯穿靶体所需的临界速度，即目标靶被穿透所需的阈值速度。因此，选用弹体贯穿靶体所需临界速度相等原则进行等效，即同一破片分别撞击并贯穿目标结构和某一厚度的均质等效靶，两者需要相同的速度，则该一定厚度的均质等效靶即视为该目标结构的等效靶。综上，根据靶板的毁伤效应建立等效靶时，在整体上应保证原靶板和等效靶板在弹体贯穿时所需的临界速度相等。此外，对于两者在确定临界速度相同前有一个前提条件，就是两种材料的破坏模式相同。许多研究者都进行过高强度破片对船用钢和 Q235 钢的侵彻试验研究。从破坏模式看，破片侵彻下两种材料板的破坏模式基本相同：靶板入口处均有扩孔和翻边；靶板未被穿透时，均表现为背部凸起变形，表明破片侵彻期间靶板内部发生了塑性流动；靶板被穿透时，主要破坏形式为靶板背部材料被压缩到一定程度后形成剪切冲塞破坏，如图 5 - 12 所示。可见两种材料靶板在高速破片侵彻下的主要失效机制均表现为压缩和剪切破坏，可以相互等效。

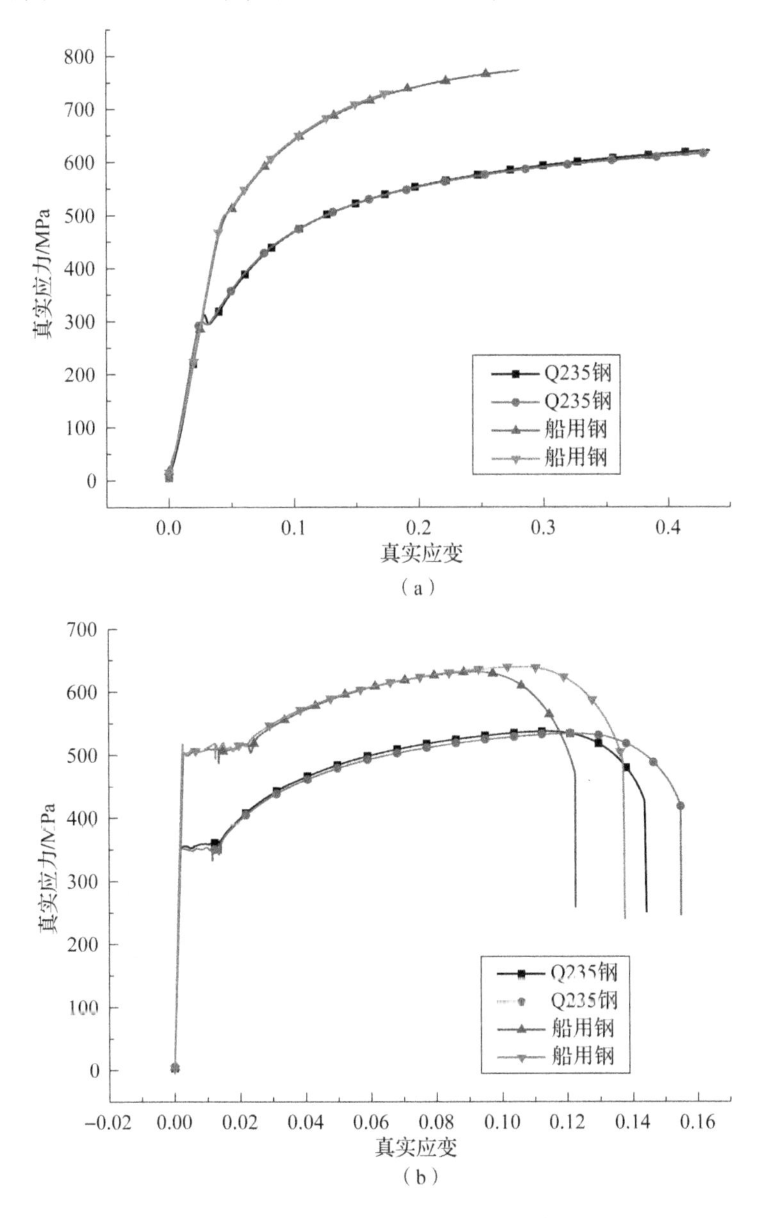

图 5 - 9　Q235 钢与船用钢的静态力学性能对比

(a) 静态压缩真实应力 - 应变曲线；(b) 静态拉伸真实应力 - 应变曲线

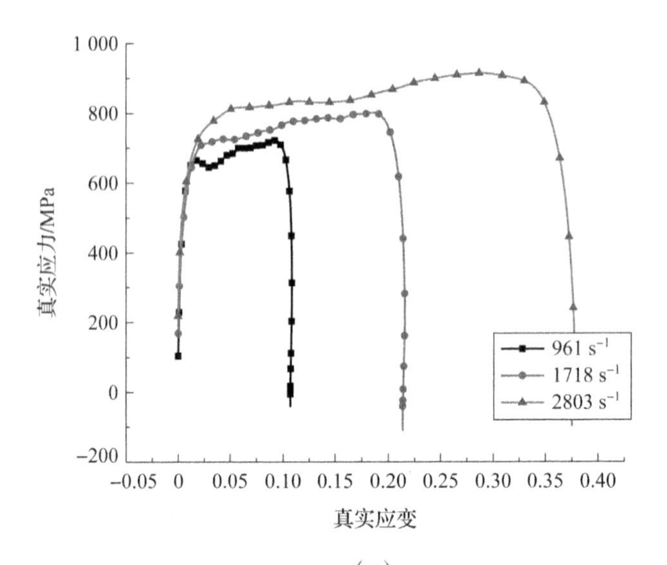

(a)

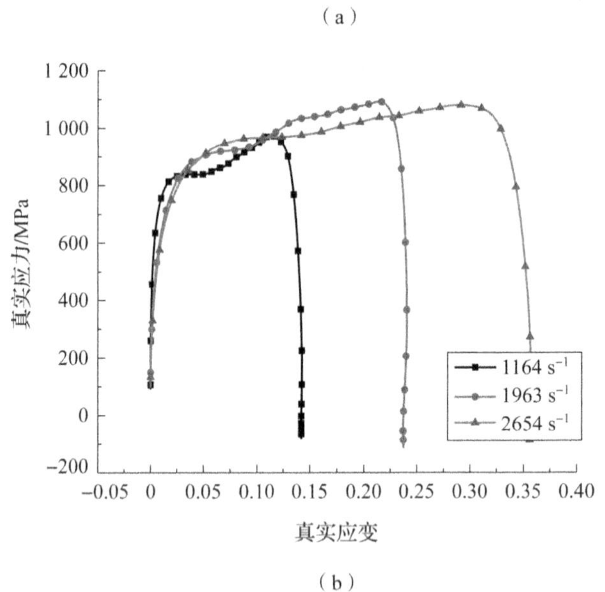

(b)

图 5-10 Q235 钢与船用钢的动态压缩性能对比

(a) Q235 钢；(b) 船用钢

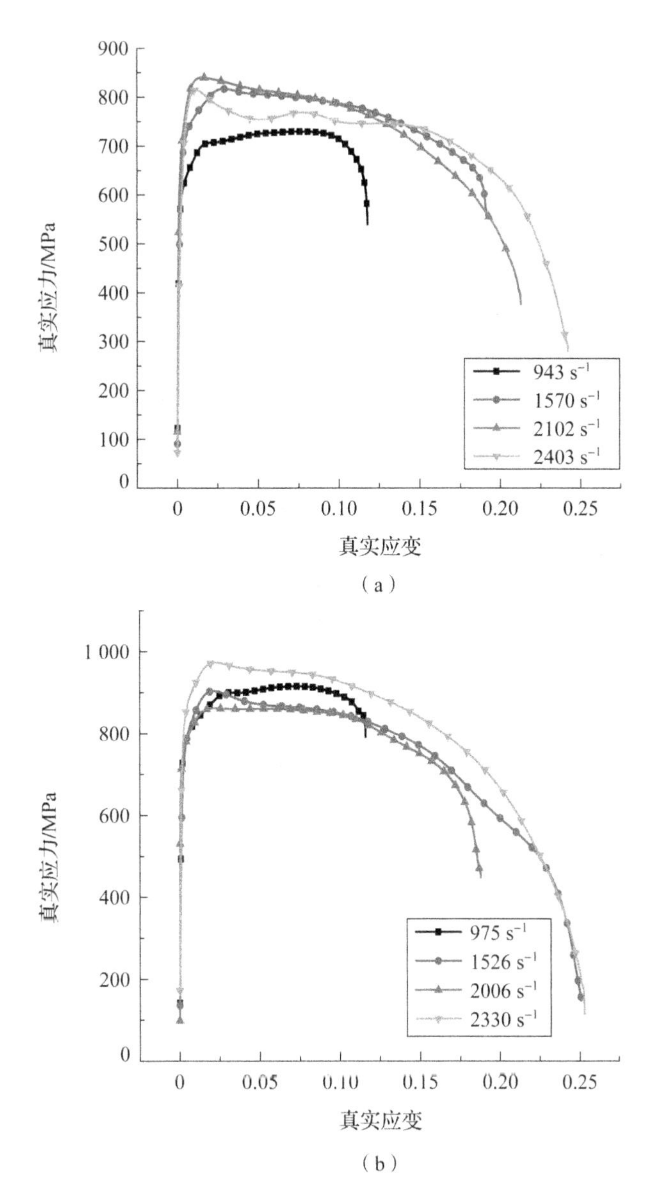

（a）

（b）

图 5－11　Q235 钢与船用钢的动态拉伸性能对比

（a）Q235 钢；（b）船用钢

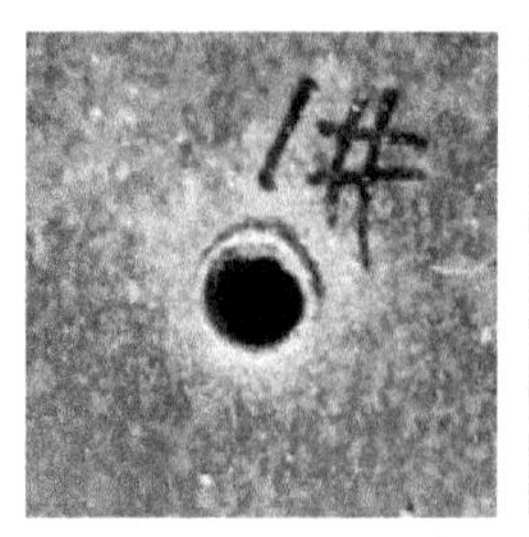

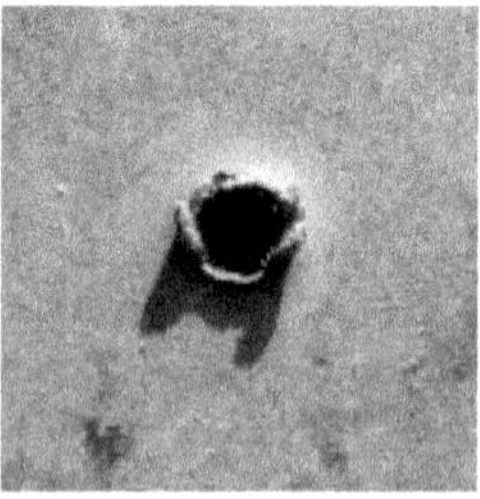

(a)

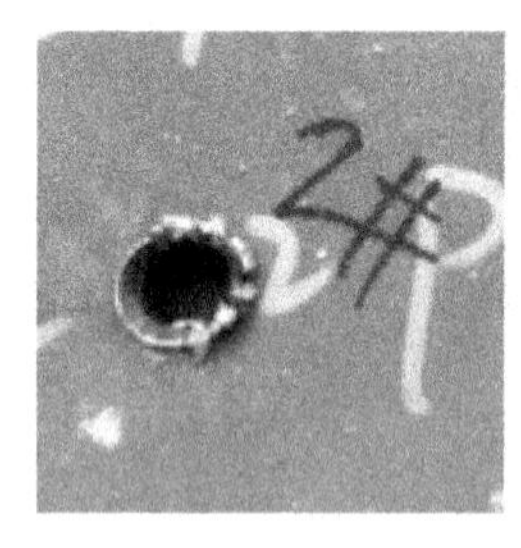

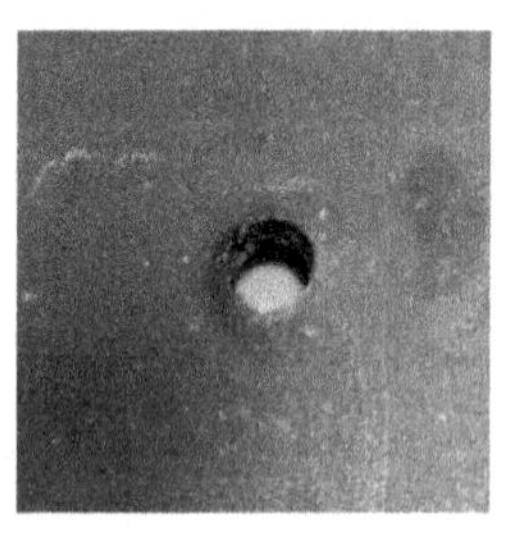

(b)

图 5-12　Q235 钢与船用钢侵彻破坏对比

(a) Q235 钢侵彻（着速：833.8 m/s）；(b) 船用钢侵彻（着速：833.8 m/s）

根据已有文献可知，黄松通过试验研究得到了10.24 mm厚船用钢和9.56 mm、11.72 mm厚Q235钢板在高强圆柱形破片侵彻下的临界贯穿速度（V_{50}）和极限比吸收能（I_{SEA}），其计算方法如式（5-12），结果列于表5-1中。

$$I_{SEA}=\frac{0.5mV_{50}^{2}}{\rho d} \tag{5-12}$$

式中：I_{SEA}——极限比吸收能；

m——破片质量；

V_{50}——临界贯穿速度；

ρ——靶密度；

d——靶厚。

表 5-1　破片对 Q235 和船用钢侵彻试验结果

序号	材料	实际厚度/mm	V_{50}/(m·s^{-1})	I_{SEA}/(J·m^{2}·kg^{-1})
1	Q235	9.56	842	36.8
2	Q235	11.72	951	36.9
3	船用钢	10.24	932	40.5

由表 5 - 1 可见，从两种材料的极限比吸收能 I_{SEA} 来看，9.56 mm 和 11.72 mm 厚 Q235 钢的极限比吸收能基本相同，分别为 36.8 J · m²/kg 和 36.9 J · m²/kg，船用钢的极限比吸收能为 40.5 J · m²/kg，约为 Q235 钢的 1.1 倍，可见虽然船用钢的强度比 Q235 钢有较高提升，但对于破片侵彻下的极限比吸收能基本相当，这一点在任杰的试验研究中也于以证实。

从临界贯穿速度来看，当两个钢板厚度接近时，9.56 mm 厚 Q235 钢的临界贯穿速度为 842 m/s，10.24 mm 厚船用钢的临界贯穿速度为 932 m/s，两者厚度相差 0.68 mm，临界贯穿速度相差 90 m/s。在厚度上 10.24 mm 厚的船用钢约是 9.56 mm 厚 Q235 钢的 1.07 倍，在临界贯穿速度上则船用钢约是 Q235 钢的 1.11 倍。此外，相近临界贯穿速度下，11.72 mm 厚 Q235 钢的弹道极限速度为 951 m/s，10.24 mm 厚船用钢的临界贯穿速度为 932 m/s，两者相差 19 m/s。由于 19 m/s 的差异相对高速飞行的破片来说已经很小了，在这里忽略不计 19 m/s 的差异，假设此时两者的抗侵彻能力一致，则两种钢靶板的厚度之比为 1.14，即此时两种钢的等效系数为 1.14。此后，黄松等在数值仿真计算模型被验证的基础上，又进行了大量仿真计算研究，通过仿真获得了破片侵彻 4 ~ 16 mm（$H/D = 0.44 \sim 1.78$）厚度两种材料靶板的临界贯穿速度，仿真结果列于表 5 - 2 中。分析表中的临界贯穿数据，得到两种材料靶板的临界贯穿速度 V_{50} 随 H 的变化曲线，如图 5 - 13 所示。

表 5 - 2　破片侵彻不同厚度靶板的临界贯穿速度

材料	H/mm	H/D	$V_{50}/(\mathrm{m \cdot s^{-1}})$	材料	H/mm	H/D	$V_{50}/(\mathrm{m \cdot s^{-1}})$
Q235 钢	4	0.44	317	船用钢	4	0.44	363
	6	0.67	386		6	0.67	455
	8	0.89	625		8	0.89	782
	10	1.11	837		10	1.11	945
	12	1.33	955		12	1.33	1 088
	14	1.56	1 092		14	1.56	1 233
	16	1.78	1 238		16	1.78	1 390

由表 5 - 2 及图 5 - 13 可以看到，当钢板靶厚为 4 ~ 6 mm（$0.4 < H/D < 0.7$）时，靶板的临界贯穿速度缓慢增加，且同一厚度下两种钢的临界贯穿速度比较接近，相差约 57 m/s。当钢板靶厚为 8 ~ 16 mm（$0.7 < H/D < 1.8$）时，

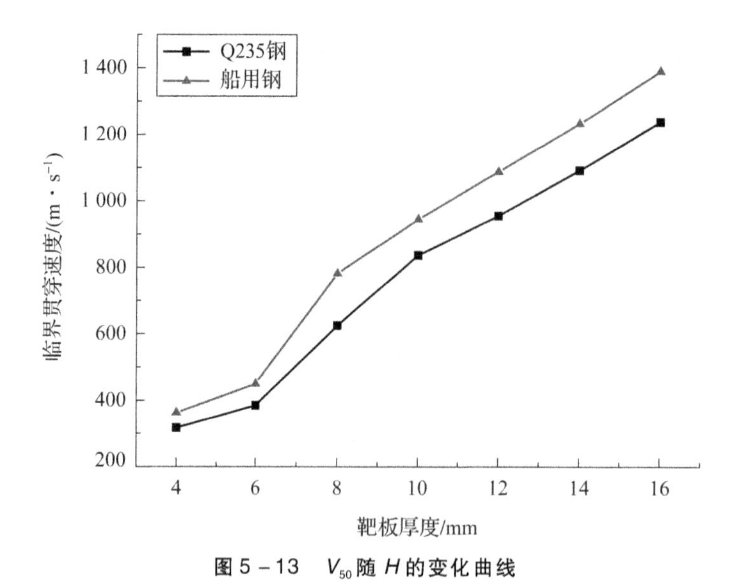

图 5-13　V_{50}随 H 的变化曲线

靶板的临界贯穿速度随靶板厚度基本呈线性增加，且同一厚度下两种钢结构的临界贯穿速度相差约 148 m/s。通过对图 5-13 中靶厚为 8～16 mm（$0.7<H/D<1.8$）的数据进行拟合，获得了临界贯穿速度 V_{50}随靶体厚度 H 的变化关系式如下：

①Q235 钢板：

$$V_{50}=74.2H_{Q235}+60.8,\ 8\ \text{mm}\leqslant H\leqslant 16\ \text{mm} \tag{5-13}$$

②船用钢板：

$$V_{50}=75.2H_{船体钢}+185.2,\ 8\ \text{mm}\leqslant H\leqslant 16\ \text{mm} \tag{5-14}$$

从式（5-13）及式（5-14）中可以得到靶厚为 8～16 mm 时，相同临界贯穿速度下，Q235 钢靶与船体钢靶厚度等效关系如下：

$$74.2H_{Q235}+60.8=75.2H_{船体钢}+185.2$$

可进一步转化为

$$75.2H_{船体钢}=74.2H_{Q235}-124.4 \tag{5-15}$$

即

$$H_{船体钢}=0.987H_{Q235}-1.66 \tag{5-16}$$

式中：H_{Q235}——Q235 钢的厚度，mm；

$H_{船体钢}$——船体钢的厚度，mm。

对于相同厚度的两种钢靶，破片侵彻时临界贯穿速度关系如下：

$$\frac{V_{50-Q235}-60.8}{74.2}=\frac{V_{50-船体钢}-185.2}{75.2} \tag{5-17}$$

$$V_{50-船体钢}=1.013V_{50-Q235}+184.381 \tag{5-18}$$

式中：$V_{50-Q235}$——贯穿Q235钢的临界贯穿速度；

$V_{50-船体钢}$——贯穿船体钢的临界贯穿速度。

进一步考虑两种钢材料的屈服强度，通过分析可建立基于静态压缩屈服强度的毁伤效应等效计算式：

$$\frac{H_{Q235}}{H_{船用钢}}=\sqrt[3]{\frac{\sigma_{S_{船用钢}}}{\sigma_{S_{Q235}}}} \tag{5-19}$$

式中：H_{Q235}——Q235钢的厚度，mm；

$H_{船体钢}$——船体钢的厚度，mm；

$\sigma_{S_{Q235}}$——Q235静态压缩屈服强度，MPa；

$\sigma_{S_{船用钢}}$——船用钢静态压缩屈服强度，MPa；

（3）冲击波毁伤效应等效。

爆炸形成冲击波场是一种以爆心为中心的近似球形作用场。战斗部内炸药爆炸形成的冲击波属于均布式强动载荷，其能够对目标产生巨大的结构破坏。在冲击波毁伤效应方面，国内外学者对空爆作用下冲击波对目标的毁伤研究进行了大量工作，如国外Menkes等对爆炸载荷下固支梁破坏进行了研究并提出了其的三种失效模式；之后，人们从爆炸载荷下圆板、方板的破坏中也观察到了类似的失效模式，Aune等研究了爆炸载荷下预开孔板的变形和破坏，Nurick等以试验和仿真为研究手段进行了均布和局部爆炸载荷作用下不同形式固支加筋方板的失效破坏研究。国内，蒋建伟等研究了空爆时预制孔板在爆炸载荷下的变形规律并提出了靶板中心挠度计算公式；梅志远等对冲击波作用下船用加筋板架的动态响应进行了分析，提出了挠度计算方法；侯海量等通过对固支矩形加筋板在爆炸冲击波作用下的仿真模拟，获得了加筋板结构由塑性大变形到破损的临界条件；王芳通过理论分析与试验研究获得了四周固定方板在冲击波作用下变形挠度的半经验计算公式。从国内外研究可见，对冲击波作用下等效靶的建立鲜有报道，在此为了获得两种钢在冲击波作用下的等效关系，根据已有文献中4 mm厚的Q235钢和船用钢板在不同药量TNT等爆距下的试验结果，对比分析不同药量下两种靶板的毁伤响应特征来获得两种钢的等效关系。

根据相关研究，爆炸冲击波作用下，靶板毁伤主要表现为塑性大变形以及最终产生的破口，如图5-14、图5-15所示。在发生塑性大变形时主要的量化指标是固支板的挠度值；因此，冲击波作用下的等效原则可采用挠度相等原则，也就是说相同药量和相同爆炸距离情况下两种钢板在爆炸冲击波作用下变形挠度是相同的，则该情况下钢板的厚度为等效厚度。

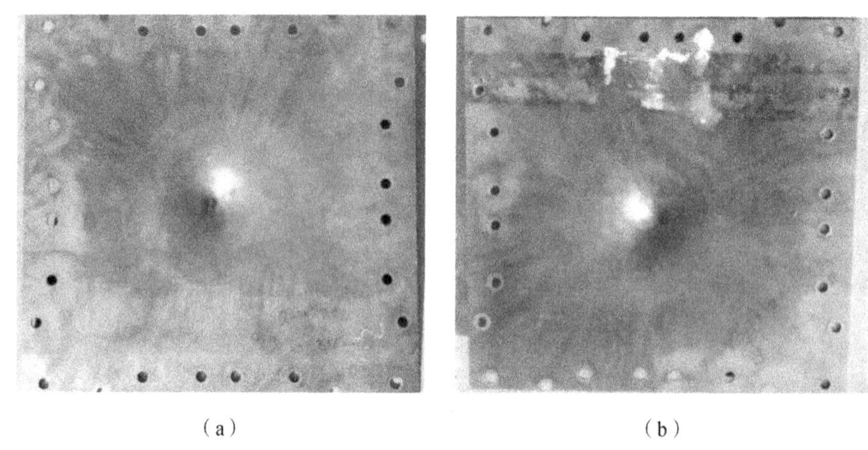

（a）　　　　　　　　　　（b）

图5-14　90 g药量下目标板迎爆面

（a）Q235钢；（b）船用钢

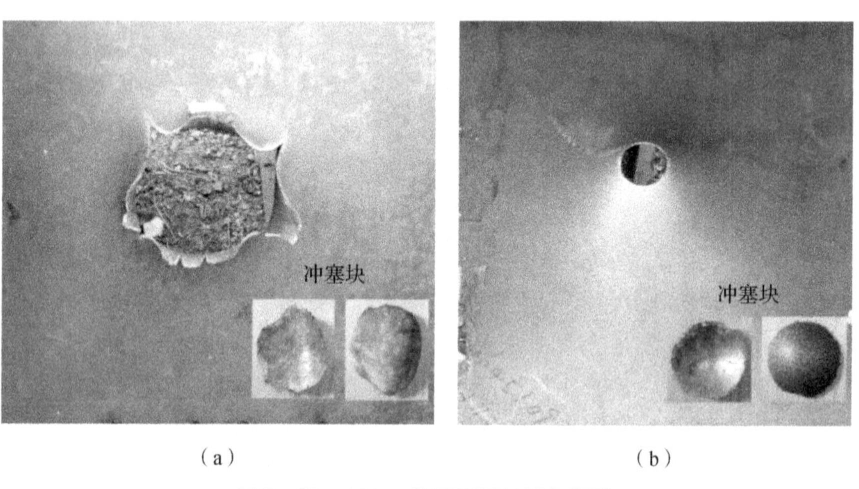

（a）　　　　　　　　　　（b）

图5-15　165 g药量下目标板背爆面

（a）Q235钢；（b）船用钢

由图5-15中钢板破孔大小以及收集到的冲塞块可见，在165 g药量下，两种钢板均发生了破口，Q235钢板因强度低发生花瓣形破口（破口直径约150 mm），船体钢板因强度高发生冲塞型破口（破口直径约45 mm），破口直径远小于Q235钢板。因为药量较大且爆距较近，对该破坏参考接触爆炸下刚塑性板的破坏研究结果，根据已有试验，薄板在接触爆炸时会产生花瓣开裂的破坏模式；接触爆炸时，炸药产生的高压气流首先会在目标板上冲出一个破口，随即目标板因获得了初始动能而产生凹陷，此时板中周向拉伸应变逐渐增加，并且当开口四周边缘应变达到断裂值时发生径向开裂，然后裂缝在径向上拓展并发生翻转，形成相对对称的花瓣状结构。但是从目标板的破口及冲塞块的断裂面来看，断裂面并不是垂直于目标板面，而是有一定的夹角，如图5－16所示。从断裂面及冲塞块的变形来看，冲塞块形成之前，目标板在冲击波压力的作用下首先发生了大的塑性变形，形成凹坑并在背爆表面上产生拉应力。由于爆距较近，炸药爆炸后压力主要集中作用在靶板“凹坑”中心周围，压力值远大于周边压力，导致靶板中部压力分界面的剪切应变大于靶板的剪切强度，故发生剪切失效形成冲塞块。进一步从两种材料力学性能试验分析可知，船体钢的强度要高于Q235钢很多，所以相同药量的TNT在船体钢上方爆炸时，爆炸产生的能量不足以使船体钢的缺口边缘发生径向开裂，故仅发生了塑性变形及冲塞破口。

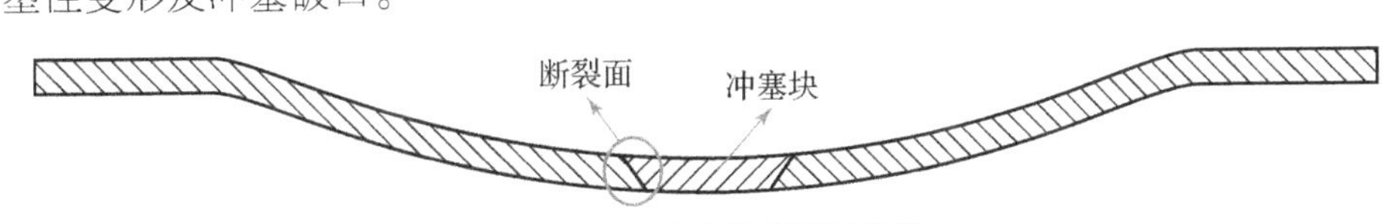

图5－16　冲塞块断裂面示意

将试验中未发生破口的钢板进行切割，各钢板切割后的侧视图如图5－17所示。通过测量得到了各工况下钢板的变形挠度列于表5－3中，挠度随药量的变化关系如图5－18所示。

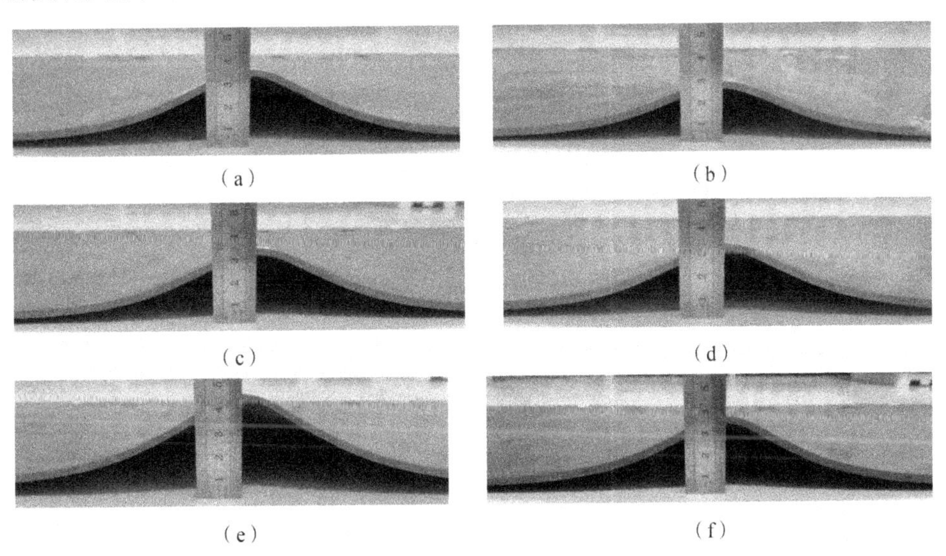

(a)　(b)　(c)　(d)　(e)　(f)

图5－17　钢板切割面

(a) 50 g药量Q235板；(b) 50 g药量船用钢板

(c) 70 g药量Q235板；(d) 70 g药量船用钢板

(e) 90 g药量Q235板；(f) 90 g药量船用钢板

表 5－3　不同工况下钢板挠度

组别	药量/g	钢板材料及编号	板厚/mm	挠度/mm
第一组	50	Q235 钢 4#	3.88	31.8
		船用钢 4#	3.96	25.8
第二组	70	Q235 钢 3#	3.81	36.5（修正值）
		船用钢 3#	3.98	29.5
第三组	90	Q235 钢 2#	3.88	41.1
		船用钢 2#	4.05	33.0

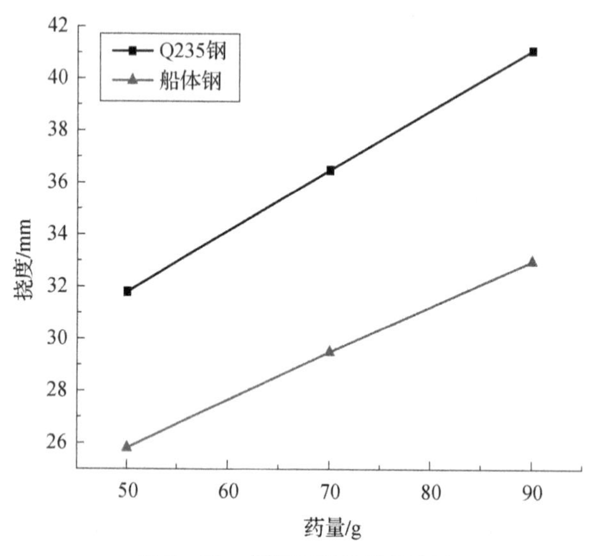

图 5－18　挠度随药量变化关系

从表 5－3 中船用钢板的挠度变化来看，50 g 药量下，靶板挠度为 25.8 mm；70 g 药量下，靶板挠度为 29.5 mm，与 50 g 药量下挠度相差 3.7 mm；90 g 药量下，靶板挠度为33.0 mm，与70 g 药量下挠度相差3.5 mm。可见随着药量均匀增加，船用钢板挠度线性增加。从表 5－3 中 Q235 靶板的挠度变化来看，50 g 药量下，靶板的挠度为 31.8 mm；70 g 药量下，靶板挠度为 36.5 mm（修正值）；90 g 药量下，靶板挠度为 41.1 mm。可见与船用钢同样，随着药量增加线性增加，但 Q235 钢板挠度增加的增幅大于船用钢。通过分析可知，在相同药量下，Q235 钢的变形挠度约为船用钢的 1.24 倍。

从图 5－14 ~ 图 5－17 可以看到，目标板的受载区域相对较小，爆炸载荷对方板周边作用较小，因此板四周并未发生变形，仅在板中心附近发生明显的塑性变形。参考 Talor 和 Hudson 等的计算方法，可以认为同工况下，仅有材料的压缩屈服强度起作用，通过研究，可得到冲击波作用下基于静态屈服压强的毁伤效应等效计算式：

$$\frac{H_{Q235}}{H_{船用钢}} = \sqrt{\frac{\sigma_{s_{船用钢}}}{\sigma_{s_{Q235}}}} \tag{5-20}$$

式中：H_{Q235}——Q235 钢的厚度，mm；

$H_{船用钢}$——船用钢的厚度，mm；

$\sigma_{s_{Q235}}$——Q235 静态压缩屈服强度，MPa；

$\sigma_{s_{船用钢}}$——船用钢静态压缩屈服强度，MPa；

5.3　易损性模型的数字化

5.3.1　关键字及定义

根据上述介绍可知，参与毁伤效能计算的目标易损性模型建立中，模型并不是简单的整体三维结构，还包括不同部件结构以及部件功能之间的逻辑关系和部件的毁伤判据以及准则等。因此，所需的信息复杂，且信息量大。目前尚没有统一的数据格式规范及模型数据驱动方法，一般采用单个目标不断分解分析的方法进行，传统非结构化数据对数据积累工作带来了麻烦，无法为后续目标易损性模型的自动化建立以及不断深入研究提供数据支撑。这就需要对目标易损性模型表征的数据进行结构化规范，即格式规范化，并构建基于数据驱动的模型自动生成方法。因此，数据驱动的目标易损性模型建立方法是快速建模以及数据便利存储的基础，可为后续模型的智能化构建研究提供支撑，具有重要的现实意义和应用价值。在此，本章说明了采用关键字文件建立目标易损性模型的方法，并规定了一些基本格式，可用于目标易损性模型建立，也可为相关研究提供参考和借鉴。

1. 文件符号及格式说明

参考 LS - Dyna 等仿真软件用计算文件的格式定义方法，定义目标易损性模型文件里的符号及数据格式说明如下：

(1) 每行不多于 10 个参数，参数与参数之间用“;”(西文：半角) 隔开；

（2）每个参数默认值为0，若没有值，可不输入，采用“；；”的格式进行；

（3）采用“ $ ”作为注释行的开始；

（4）变量只给出了值的说明，没有给出量纲，在撰写文件时，需自定义相应的量纲体系。建议在定义文件时，先定义文件的量纲系统（一般定义“长度－时间－质量”）。

2. 文件的整体说明

目标易损性模型由（特定毁伤等级下）毁伤树、目标（或多个部件）等效模型（含网格信息）和部件毁伤判据以及准则三部分组成（图5－19）。因此，整个文件需将对这三个部分进行表述。

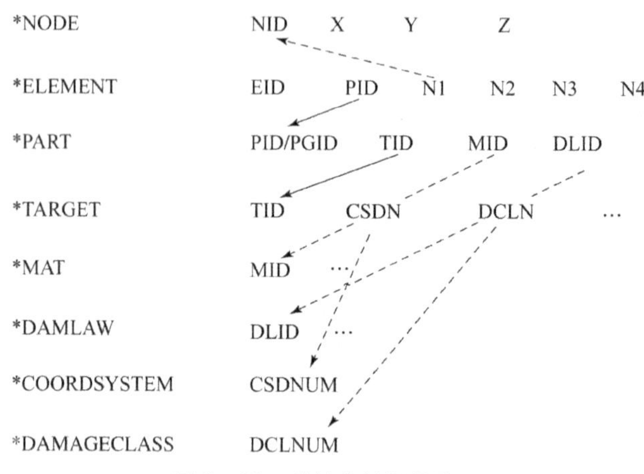

图5－19　关键字的逻辑关系

3. 关键字说明

（1） ＊NODE。

①功能及卡片格式。

功能：该关键字定义了节点。

关键字卡片格式如下：

卡片1	1	2	3	4	5	6	7	8	9	10
变量	NID	X	Y	Z						
类型	I	F	F	F						
默认设置	no	0.	0.	0.						
备注										

②变量说明。

NID：节点号

X：X坐标（X coordinate）

Y：Y坐标（Y coordinate）

Y：Z坐标（Z coordinate）

③例子。

*NODE

1；10.015 000 3；0.000 000 000E+00；0.000 000 000E+00；

2；10.0150 003；0.000 000 000E+00；0.100 000 000；

诠释：若定义为“m-s-kg”单位制，定义2个节点，节点1坐标为（10.015 000 3 m；0.0 m；0.0 m）；节点2坐标为（10.015 000 3 m；0.0 m；0.1 m）。

（2）*ELEMENT。

功能：该关键字定义了单元类型，包括关键字如下：

*ELEMENT_SURFACE_TRI

*ELEMENT_SURFACE _QUAD

*ELEMENT_SOLID_HEX

①*ELEMENT_ SURFACE_ TRI。

a. 功能及卡片格式。

功能：该关键字定义了三角形面单元。

关键字卡片格式如下：

卡片1	1	2	3	4	5	6	7	8	9	10
变量	EID	PID	N1	N2	N3	T				
类型	I	I	I	I	I	F				
默认设置	no	no	no	no	no	0.				
备注										

b. 变量说明。

EID：单元号；

PID：部件号，见*PART关键字；

N1：节点1；

N2：节点2；

N3：节点3；

T：面元厚度。

节点 1、2、3 按逆时针进行排布，如图 5 – 20 所示。

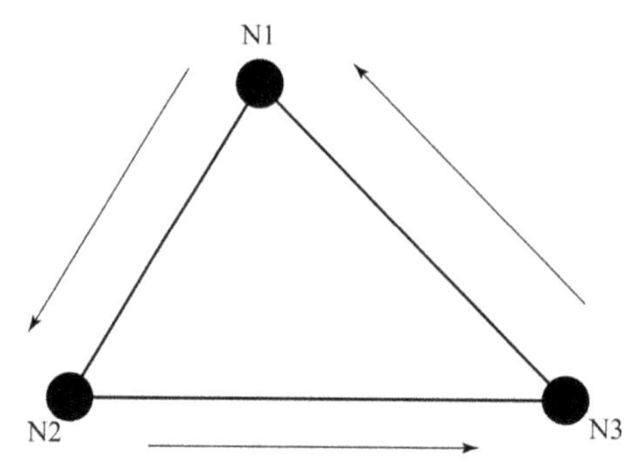

图 5 – 20　三角面元节点排布图

c. 例子。

* ELEMENT_SURFACE_TRI

1；1；1；2；3；0.01；

2；1；7；8；9；0.015；

诠释：若定义为“m – s – kg”单位制，定义了两个三角形单元，单元 1 隶属 part1，包含节点 1、2、3，厚度为 0.01 m；单元 2 隶属 part1，包含节点 7、8、9，厚度为 0.015 m。

② * ELEMENT_SURFACE_QUAD。

a. 功能及卡片格式。

功能：该关键字定义了四边形面单元。

关键字卡片格式如下：

卡片 1	1	2	3	4	5	6	7	8	9	10
变量	EID	PID	N1	N2	N3	N4	T			
类型	I	I	I	I	I	I	F			
默认设置	no	no	no	no	no	no	0.			
备注										

b. 变量说明。

EID：单元号；

PID：部件号，见 * PART 关键字；

N1：节点 1；

N2：节点2；

N3：节点3；

N4：节点4；

T：面元厚度。

节点1、2、3、4按逆时针进行排布，如图5－21所示。

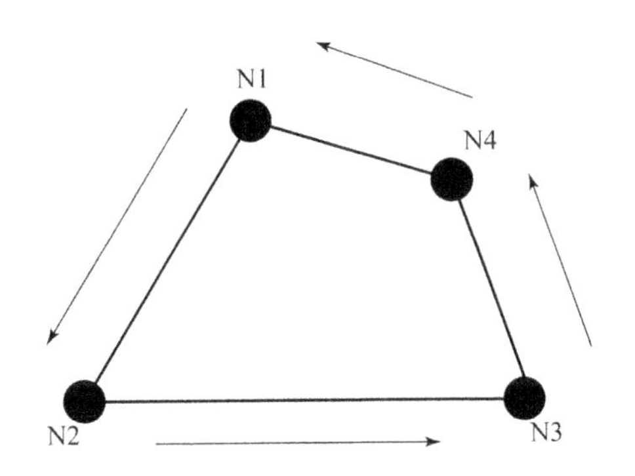

图5－21　四边形面元节点排布图

c. 例子。

＊ELEMENT_SURFACE_QUAD

1；1；1；2；3；4；0.01；

2；1；7；8；9；10；0.015；

诠释：若定义为“m－s－kg”单位制，定义了两个四边形单元，单元1隶属part1，包含节点1、2、3，4，厚度为0.01 m；单元2隶属part1，包含节点7、8、9，10，厚度为0.015 m。

③＊ELEMENT_SOLID_HEX。

a. 功能及卡片格式。

功能：该关键字定义了六面体体单元。

关键字卡片格式如下：

卡片1	1	2	3	4	5	6	7	8	9	10
变量	EID	PID	N1	N2	N3	N4	N5	N6	N7	N8
类型	I	I	I	I	I	I	I	I	I	I
默认设置	no	no	no	no	no	no	no	no	no	no
备注										

b. 变量说明。

EID：单元号；

PID：部件号，见 * PART 关键字；

N1：节点 1；

N2：节点 2；

N3：节点 3；

N4：节点 4；

N5：节点 5；

N6：节点 6；

N7：节点 7；

N8：节点 8。

节点 1、2、3、4 按先下后上，逆时针进行排布，如图 5－22 所示。

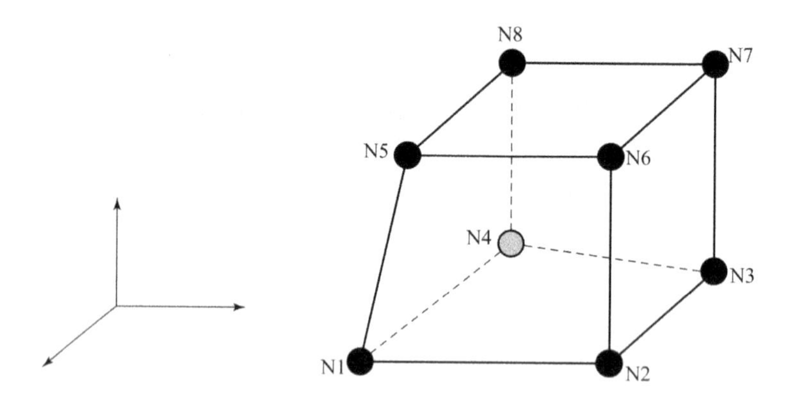

图 5－22　六面体单元节点排布图

c. 例子。

* ELEMENT_SOLID_HEX

1；1；1；1072；1093；22；2；1073；1094；23；

2；1；1072；2143；2164；1093；1073；2144；2165；1094；

3；1；2143；3214；3235；2164；2144；3215；3236；2165；

4；1；3214；4285；4306；3235；3215；4286；4307；3236；

诠释：定义了四个六面体单元，单元 1 隶属 part1，包含节点 1、1072、1093、22、2、1073、1094、23；单元 2 隶属 part1，包含节点1072、2143、2164、1093、1073、2144、2165、1094；单元 3 隶属 part1，包含节点 2143、3214、3235、2164、2144、3215、3236、2165；单元 4 隶属 part1，包含节点 3214、4285、4306、3235、3215、4286、4307、3236。

（3）＊PART。

功能：该关键字定义了部件，服务于部件的属性加载，包括关键字如下：

＊PART_{PROPERTY1}_{PROPERTY2}

＊PART_GROUP

① ＊PART。

a. 功能及卡片格式。

功能：该关键字定义了部件及相关属性。

关键字卡片格式如下：

卡片 1	1	2	3	4	5	6	7	8	9	10
变量	PID	TID	MID	DLID	WEIG					
类型	I	I	A8	A8	F					
默认设置	no	no	no	no	0.					
备注										

卡片 2 (PROPERTY1)	1	2	3	4	5	6	7	8	9	10
变量	IFSEL	SHELL	HOLLOW	OUTL						
类型	I	I	I	I						
默认设置	no	no	no	no						
备注										

卡片 3 (PROPERTY2)	1	2	3	4	5	6	7	8	9	10
变量	INV									
类型	F									
默认设置	0.									
备注										

b. 变量说明。

（i）卡片 1。

PID：部件号；

TID：所对应的目标号；

MID：材料号，看 * MAT，不超过 8 位数的整数；

DLID：毁伤准则模型号，见 * DAMLAW 关键字，不超过 8 位数的整数；

WEIG：权重值，只用于逻辑“或”运算，0 ~ 1 之间的数。

(ii) 卡片 2（属性卡片，可没有）

IFSEL：是否为顶事件的下层，设置方法如下：

EQ. 0：不是顶事件的下层，自定义默认被使用；

EQ. 1：是顶事件的下层。

SHELL：是否是壳体，设置方法如下：

EQ. 0：是壳体，自定义默认被使用；

EQ. 1：不是壳体。

HOLLOW：是否是空心，设置方法如下：

EQ. 0：是空心体，自定义默认被使用；

EQ. 1：不是空心体。

OUTL：是否是轮廓件（为了显示好看，不参与计算），设置方法如下：

EQ. 0：不是轮廓件，自定义默认被使用；

EQ. 1：是轮廓件。

(iii) 卡片 3（属性卡片，可没有）：

INV：内体积；

c. 例子。

```
* PART。
1; 1; 2; 3;
0; 0; 0; 0;
210;
2; 1; 2; 3;
0; 1; 1; 0;
0;
```

诠释：若定义为“m-s-kg”单位制，定义了两个 part，part 号分别为 1 和 2，两个 part 对应的材料号、毁伤准则模型号以及权重号等是一致的，但是 1 号 part 是壳体且为空心体，内体积为 210 m^3；2 号 part 不是壳体且不为空心体，内体积为 0 m^3，两个 part 均不是轮廓件。

② * PART_GROUP。

a. 功能及卡片格式。

功能：该关键字定义了部件组，通过该关键字可实现毁伤树的构建。

关键字卡片格式如下：

卡片1	1	2	3	4	5	6	7	8	9	10
变量	PGID	TID	IFSEL	TYPE	LOGIC	WEIG				
类型	I	A8	I	I	I	F				
默认设置	no	no	0	0	0	0				
备注										

卡片2 (PID)	1	2	3	4	5	6	7	8	9	10
变量	PGID	PID	PID	PID	PID	PID	PID	PID	PID	PID
类型	I	A8	A8	A8	A8	A8	A8	A8	A8	A8
默认设置	no	no	no	no	no	no	no	no	no	no
备注										

卡片3 (PGID)	1	2	3	4	5	6	7	8	9	10
变量	PGID	PGID	PGID	PGID	PGID	PGID	PGID	PGID	PGID	PGID
类型	I	A8	A8	A8	A8	A8	A8	A8	A8	A8
默认设置	no	no	no	no	no	no	no	no	no	no
备注										

b. 变量说明。

PGID：部件组号；

TID：所对应的目标号；

IFSEL：是否为顶事件的下层；

EQ. 0：不是顶事件的下层，自定义默认被使用；

EQ. 1：是顶事件的下层；

TYPE：部件组类型；

EQ. 0：全由单个部件组成，后面需跟卡片2；

EQ. 1：全由部件组组成，后面需跟卡片3；

EQ.2：由单个部件和部件组组成，后面需跟卡片2和卡片3。

LOGIC：逻辑关系；

EQ.0：逻辑“与”；

EQ.1：逻辑“或”；

WEIG：权重值，只用于“或”运算，0~1之间的数。

c. 例子。

(i) 全部由单个部件组成。

*PART_GROUP。

1；1；0；0；0；1

1；1；2；3；4；5；6；7；8；

诠释：根据上述命令可形成毁伤树如图5-23所示。

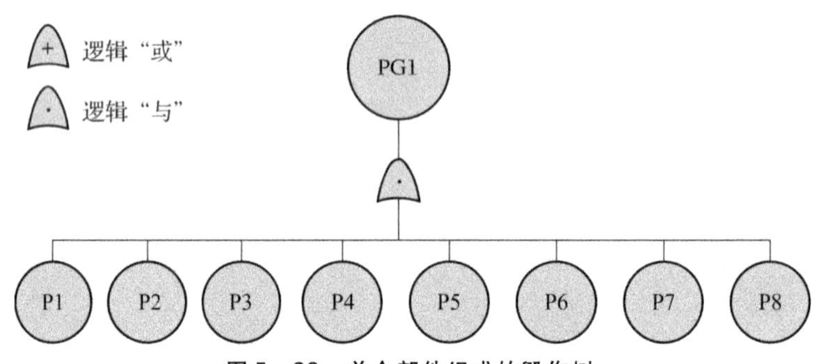

图5-23　单个部件组成的毁伤树

(ii) 全由部件组（群）组成。

*PART_GROUP

4；1；0；1；1；1

4；1；2；3；

诠释：根据上述命令可形成毁伤树如图5-24所示。

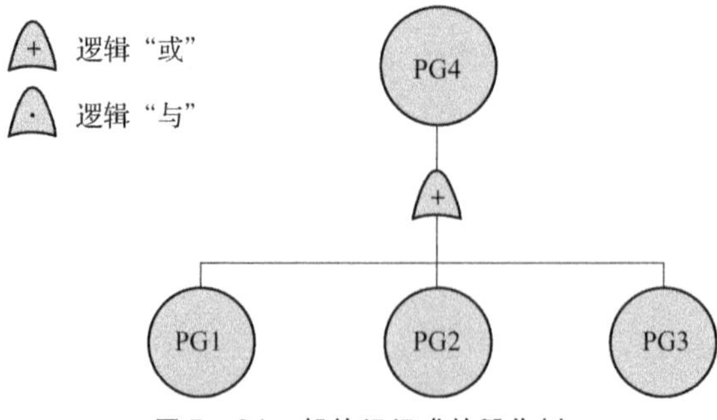

图5-24　部件组组成的毁伤树

(iii) 由部件和部件组混合组成。

*PART_GROUP

1; 1; 0; 0; 0; 1

1; 4; 5

*PART_GROUP

2; 1; 0; 0; 1;

2; 6; 7

*PART_GROUP

3; 1; 0; 2; 1

3; 1; 2; 3;

3; 1; 2;

诠释：根据上述命令可形成毁伤树如图 5-25 所示。

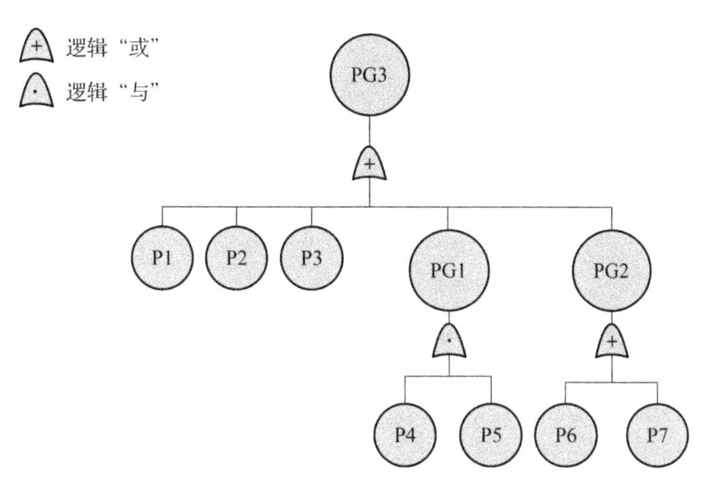

图 5-25　由部件和部件组混合组成

(4) *MAT。

功能：该关键字定义了材料的属性，服务于部件材料的属性加载，可根据需要不断增加，包括关键字形式如下：

*MAT_{PROPERTY1}_{PROPERTY2}

PROPERTY1：定义了材料属性大类型，如力学（MACHANICS，用于结构毁伤分析）、探测近场（DETECTNEARFIELD，用于引信探测分析）等；

PROPERTY2：大类型下的子类型，如力学性能，可根据毁伤效应分析模型进行相关归类后进行细分为金属、纤维板等；现阶段，金属是比较成熟的，关键字也比较成熟，后续可根据相关材料的成熟度进行扩展。

① *MAT_MACHANICS_METAL。

a. 功能及卡片格式。

功能：该关键字定义了金属类材料的力学性能，通过该关键字可定义金属类材料的力学性能参数。

关键字卡片格式如下：

卡片1	1	2	3	4	5	6	7	8	9	10
变量	PID	RO	SR	TYS	TFS	ER	CYS	CFS	SYS	SFS
类型	I	F	F	F	F	F	F	F	F	F
默认设置	no	0	0	0	0	0	0	0	0	0
备注										

b. 变量说明。

PID：材料号；

RO：材料密度；

SR：应变率；

TYS：拉伸屈服强度；

TFS：抗拉极限强度；

ER：延伸率；

CYS：压缩屈服强度；

CFS：抗压极限强度；

SYS：剪切屈服强度；

SFS：抗剪极限强度。

c. 例子。

*MAT_MACHANICS_METAL

1；7830；0.0001；665E6；787E6；0.23；526E6； -1； -1； -1

诠释：若定义为“m-s-kg”单位制，定义了一个金属材料的力学性能数据，材料密度为7 830 kg/m^3，力学性能数据的应变率为0.000 1 s^{-1}，拉伸屈服强度为665 MPa，抗拉极限强度为787 MPa，延伸率为23%，压缩屈服强度为526 MPa，抗压极限强度、抗压极限强度、剪切屈服强度和抗剪极限强度为-1，表示没有数据。

② *MAT_MACHANICS_PLAINCONCERTE。

a. 功能及卡片格式。

功能：该关键字定义了素混凝土类材料的力学性能，通过该关键字可定义素混凝土类材料的力学性能参数。

关键字卡片格式如下：

卡片1	1	2	3	4	5	6	7	8	9	10
变量	MID	RO	SR	PR	UCFS	UTFS	CoP	FS	TCFSC	
类型	I	F	F	F	F	F	F	F	I	
默认设置	no	0.	0.	0.	0.	0.	0.	0.	0.	
备注										

卡片2 (value)	1	2	3	4	5	6	7	8	9	10
变量	EM	BM								
类型	F	F								
默认设置	0.	0.								
备注										

卡片3 (TCFS Curve)	1	2	3	4	5	6	7	8	9	10
变量	ID	ConP	TCFS							
类型	I	F	F							
默认设置	no	0.	0.							
备注										

b. 变量说明。

(i) 卡片1。

MID：材料号；

RO：材料密度；

SR：应变率；

PR：泊松比；

UCFS：单轴压缩极限强度；

UTFS：单轴抗拉极限强度；

FS：抗折强度；

TCFSC：三轴压缩极限强度与围压关系曲线号。

(ii) 卡片 2 (Value)。

EM：弹性模量；

BM：体积模量。

(iii) 卡片 3 (TCFS Curve)。

ID：三轴压缩极限强度与围压关系曲线号，与 TCFSC 相一致；

ConP：围压值；

TCFS：对应围压的三轴压缩极限强度值。

c. 例子。

```
*MAT_MACHANICS_PLAINCONCERTE
1; 2700; 0.007; 0.20; 4.2E7; 4.2E6; 5.5E6; 1;
3E10; 3.24E10;
1; 0; 2.47E7;
; 3E6; 5.42E7
; 6E6; 6.53E7
; 9E6; 8.04E7
; 1.2E7; 9.61E7
; 1.5E7; 1.086E8
```

诠释：若定义为“m-s-kg”单位制，定义了一个（非金属）混凝土材料的力学性能数据，材料密度为 2 700 kg/m^3，力学性能数据的应变率为 0.007 s^{-1}，泊松比为 0.2，单轴压缩极限强度为 42 MPa，单轴抗拉极限强度为 4.2 MPa，抗折强度为 5.5 MPa，弹性模量为 30 GPa，体积模量为 32.4 GPa，三轴压缩极限强度与围压关系曲线号为 1。同时，通过点定义 1 号曲线，当围压为 0 MPa 时，三轴压缩极限强度为 24.7 MPa；当围压为 3.0 MPa 时，三轴压缩极限强度为 54.2 MPa；当围压为 6.0 MPa 时，三轴压缩极限强度为 65.3 MPa；当围压为 9.0 MPa 时，三轴压缩极限强度为 80.4 MPa；当围压为 12.0 MPa 时，三轴压缩极限强度为 96.1 MPa；当围压为 15.0 MPa 时，三轴压缩极限强度为 108.6 MPa。

(5) *DAMLAW。

功能：该关键字定义了毁伤准则模型（毁伤准则模型反映了部件毁伤概率与战斗部及毁伤元威力表征物理量之间的关系），服务于部件毁伤准则模型的加载，是易损性模型中最活跃，且会不断增加的一个关键字，包括关键字形式如下：

* DAMLAW_{PROPERTY1}_{PROPERTY2}

PROPERTY1：定义毁伤准则模型的大类，如：0－1分布函数、线性分布函数、泊松分布函数等。

PROPERTY2：大类型下的子类型，如针对不同毁伤元威力表征物理量定义毁伤准则模型的具体形式。

① * DAMLAW_ZEROANDONE_PENETRATION。

a. 功能及卡片格式。

功能：该关键字定义了侵彻类毁伤元的0－1分布函数毁伤准则模型，通过该关键字可实现基于0－1分布函数侵彻类毁伤元的毁伤准则模型参数定义。

关键字卡片格式如下：

卡片1	1	2	3	4	5	6	7	8	9	10
变量	DLID	VEL	ANG	MASS	KE	MOM	NUM			
类型	I	I	I	I	I	I	I			
默认设置	no	no	no	no	no	no	no			
备注										

卡片2 (value)	1	2	3	4	5	6	7	8	9	10
变量	LOGIC	VEL_VA	ANG_VA	MASS_VA	KE_VA	MOM_VA	NUM_VA			
类型	I	F	F	F	F	F	I			
默认设置	no	0.	0.	0.	0.	0.	0.			
备注										

前文已介绍过，0－1分布的概率分布函数是一种较为简单也是比较常用的分布函数形式，可适用于多种毁伤元，如冲击波、侵彻体等，具体表达形式为

$$p(k)=\begin{cases}0, & k<m\\ 1, & k\geqslant m\end{cases} \tag{5-21}$$

式中：k——描述毁伤元威力的物理参量；

m——毁伤目标所需毁伤元素参数的阈值，一般为试验常数。

b. 变量说明。

(i) 卡片1。

DLID：毁伤准则模型号；

VEL：是否设置为速度量准则，设置方法如下：

EQ. 0：不设置成速度量；

EQ. 1：设置成速度量。

ANG：是否设置为撞击角度量（撞击角度：着角，与目标法线的夹角）准则，设置方法如下：

EQ. 0：不设置成撞击角度量；

EQ. 1：设置成撞击角度量。

MASS：是否设置为质量准则，设置方法如下：

EQ. 0：不设置成质量；

EQ. 1：设置成质量。

KE：是否设置为动能量准则，设置方法如下：

EQ. 0：不设置成动能量；

EQ. 1：设置成动能量。

MOM：是否设置为动量准则，设置方法如下：

EQ. 0：不设置成动量；

EQ. 1：设置成动量。

NUM：是否设置为贯穿数量准则，设置方法如下：

EQ. 0：不设置成贯穿数量；

EQ. 1：设置成贯穿数量。

(ii) 卡片 2。

LOGIC：逻辑关系，设置方法如下：

EQ. 0：逻辑“与”，所有值都必须满足毁伤概率为 1；

EQ. 1：逻辑“或”，所有值有 1 个满足毁伤概率即为 1；

VEL_VA：设置速度阈值（如果 VEL 值为 1 则需要设置）；

ANG_VA：设置撞击角度阈值（如果 ANG 值为 1 则需要设置）；

MASS_VA：设置质量阈值（如果 MASS 值为 1 则需要设置）；

KE_VA：设置动能阈值（如果 KE 值为 1 则需要设置）；

MOM_VA：设置动量阈值（如果 MOM 值为 1 则需要设置）；

NUM_VA：设置数量阈值（如果 NUM 值为 1 则需要设置）。

上述值可以设置，也可以通过计算公式计算获得，相应的计算公式可以关键字函数模型的形式不断完善。

c. 例子。

*DAMLAW_ZEROANDONE_PENETRATION

1；1；1；1；0；0；1；

0；1500；80；0.008；0；0；10；

诠释：若定义为“m-s-kg”单位制，必须满足速度在1 500 m/s以上，质量为8 g以上，撞击角度（着角）在80°以上，破片数为10枚以上所有条件时，毁伤概率才为1。

② *DAMLAW_ZEROANDONE_SHOCKWAVE。

a. 功能及卡片格式。

功能：该关键字定义了冲击波类毁伤元的0-1分布函数毁伤准则模型，通过该关键字可实现基于0-1分布函数冲击波类毁伤元的毁伤准则模型参数定义。

关键字卡片格式如下：

卡片1	1	2	3	4	5	6	7	8	9	10
变量	DLID	OVP	SPI	OVP-SPI						
类型	I	I	I	I						
默认设置	no	no	no	no						
备注										

卡片2 (value)	1	2	3	4	5	6	7	8	9	10
变量	LOGIC	OVP_VA	SPI_VA	OVP-SPI_VA1	OVP-SPI_VA2	OVP-SPI_VA3				
类型	I	F	F	F	F	F				
默认设置	no	0.	0.	0.	0.	0.				
备注										

b. 变量说明。

(i) 卡片1。

DLID：毁伤准则模型号

OVP：是否设置为超压值准则，设置方法如下：

EQ.0：不设置成超压量；

EQ. 1：设置成超压量。

SPI：是否设置为比冲量值准则，设置方法如下：

EQ. 0：不设置成比冲量；

EQ. 1：设置成比冲量。

OVP－SPI：是否设置为超压－比冲量联合准则，设置方法如下：

EQ. 0：不设置成质量量；

EQ. 1：设置成质量量。

（ii）卡片 2。

LOGIC：逻辑关系，设置方法如下：

EQ. 0：逻辑“与”，所有值都必须满足毁伤概率为 1；

EQ. 1：逻辑“或”，所有值有 1 个满足毁伤概率即为 1；

OVP_VA：设置超压阈值（如果 OVP 值为 1 则需要设置）；

SPI_VA：设置比冲量阈值（如果 SPI 值为 1 则需要设置）；

OVP－SPI_VA1：设置目标破坏的最小临界冲击波超压，具体见式（5－22）（如果 OVP－SPI 值为 1 则需要设置）；

OVP－SPI_VA2：设置目标破坏的最小临界冲击波比冲量，具体见式（5－22）（如果 OVP－SPI 值为 1 则需要设置）；

OVP－SPI_VA3：超压和比冲量联合阈值常数，与目标结构性质和破坏等级有关，具体见式（5－22）（如果 OVP－SPI 值为 1 则需要设置）；

$$(\Delta p - P_{cr})(I - I_{cr}) = C \tag{5-22}$$

式中：Δp——冲击波超压；

P_{cr}——目标破坏的最小临界冲击波超压；

I——冲击波比冲量；

I_{cr}——目标破坏的最小临界冲击波比冲量；

C——超压和比冲量联合阈值常数；

上述值可以设置添加，也可以通过计算公式计算获得，相应的计算公式可以关键字函数模型的形式不断完善。

c. 例子。

```
*DAMLAW_ZEROANDONE_SHOCKWAVE
1; 1; 0; 0;
0; 30000; -1; -1; -1; -1
```

诠释：若定义为“m－s－kg”单位制，必须满足冲击波超压值在 0.03 MPa以上时，可造成目标毁伤。

```
*DAMLAW_ZEROANDONE_SHOCKWAVE
```

1；0；1；0；

0；－1；220；－1；－1；－1

诠释：若定义为“m－s－kg”单位制，必须满足冲击波比冲量值在220 Pa·s以上时，可造成目标毁伤。

＊DAMLAW_ZEROANDONE_SHOCKWAVE

1；0；0；1；

0；－1；－1；86000；224.3；820

诠释：若定义为“m－s－kg”单位制，必须满足目标破坏的最小临界冲击波超压大于86 000 Pa，目标破坏的最小临界冲击波比冲量大于224.3 Pa·s，超压和比冲量联合阈值大于820，可实现对目标毁伤。

③＊DAMLAW_LADDER_PENETRATION。

a. 功能及卡片格式。

功能：该关键字定义了侵彻类毁伤元阶梯分布函数毁伤准则模型，通过该关键字可实现基于阶梯分布函数侵彻类毁伤元的毁伤准则模型参数的定义。

关键字卡片格式如下：

卡片1	1	2	3	4	5	6	7	8	9	10
变量	DLID	VEL_VA	ANG_VA	MASS_VA	KE_VA	MOM_VA	NUM_VA			
类型	I	F	F	F	F	F	I			
默认设置	no	0.	0.	0.	0.	0.	0.			
备注										

卡片2 (curve)	1	2	3	4	5	6	7	8	9	10
变量	CUR_VAR	CUR_VAL	CUR_TYPE	LAD_N	LAD_VA	LAD_PRO				
类型	I	I	I	I	F	F				
默认设置	no	no	no	no	0.	0.				
备注										

b. 变量说明。

(i) 卡片1。

DLID：毁伤准则模型号

VEL_VA：达到毁伤所需速度的最小值；

ANG_VA：达到毁伤所需撞击角度的最小值；

MASS_VA：达到毁伤所需质量的最小值；

KE_VA：达到毁伤所需动能的最小值；

MOM_VA：达到毁伤所需动量的最小值；

NUM_VA：达到毁伤所需贯穿数量的最小值；

（ii）卡片 2。

CUR_VAR：曲线参量，设置方法如下：

EQ. 0：曲线参用的变量与卡片 1 中变量相同；

EQ. 1：曲线参用的变量与卡片 1 中变量不相同；

CUR_VAL：曲线所对应的参量，设置方法如下：

EQ. 0：速度曲线；

EQ. 1：角度曲线；

EQ. 2：质量曲线；

EQ. 3：动能曲线；

EQ. 4：动量曲线；

EQ. 5：贯穿数量曲线；

CUR_TYPE：曲线类型，设置方法如下：

EQ. 0：水平；

EQ. 1：线性；

LAD_N：阶段数；

LAD_VA：阶段值；

LAD_PRO：阶段值对应的概率。

c. 例子。

```
*DAMLAW_LADDER_PENETRATION
1; 200; -1; -1; -1; -1; -1;
0; 0; 1; 300; 0.2;
; ; ; 600; 0.5;
; ; ; 900; 1.0
```

诠释：若定义为“m－s－kg”单位制，达到目标毁伤最低条件是侵彻体速度大于 200 m/s；当侵彻体速度在 200～300 m/s 时，对目标的毁伤概率为 0～0.2，服从线性分布；当侵彻体速度在 300～600 m/s 时，对目标的毁伤概率为 0.2～0.5，服从线性分布；当侵彻体速度在 600～900 m/s 时，对目标的毁伤概率为0.5~1.0，服从线性分布；当侵彻体速度大于900 m/s时，对目标的毁伤概率为1.0。

（6） *TARGET。

a. 功能及卡片格式。

功能：该关键字定义了目标的易损性模型的基本信息，如毁伤等级、坐标系描述，坐标原点在大地坐标系中的坐标，目标在大地坐标系中的轨迹俯仰角和轨迹偏角等。

关键字卡片格式如下：

卡片1	1	2	3	4	5	6	7	8	9	10
变量	TID	CSDN	DCLN	PNUM	PGNUM	TLO_G	TLA_G	TH_G	TALTA_G	TAZIA_G
类型	I	I	I	I	I	F	F	F	F	F
默认设置	no	no	no	1	1	0	0	0	0	0
备注										

b. 变量说明。

TID：目标编号；

CSDN：坐标系定义序号，起始1，小于CSDNUM，详见*COORDSYSTEM；

DCLN：毁伤等级定义序号，起始1，小于DCLNUM，详见*DAMAGECLASS；

PNUM：部件数量；

PGNUM：部件组数量；

TLO_G：大地（地球）坐标系下目标中心点经度坐标，东经为正，向西为负；

TLA_G：大地（地球）坐标系下目标中心点纬度坐标，北纬为正，南纬为负；

TH_G：大地（地球）坐标系下目标中心点高度坐标；

TALTA_G：大地（地球）坐标系下目标的轨迹俯仰角，(°)；

TAZIA_G：大地（地球）坐标系下目标的轨迹偏角，(°)。

c. 例子。

*TARGET

1；1；3；10；5； -5；6；0；0；10；

诠释：定义一个目标，目标坐标系定义为序号1的坐标系，目标毁伤等级定义为3号的毁伤等级定义，目标总共包括了10个部件，5个部件组；目标在大地坐标系下的经度为-5°，纬度为6°，高度为0，在大地坐标系下目标轨迹俯仰角为0°，在大地坐标系下目标轨迹偏角为10°。

（7） *COORDSYSTEM。

a. 功能及卡片格式。

功能：该关键字定义了各类坐标系的描述。

关键字卡片格式如下：

卡片1	1	2	3	4	5	6	7	8	9	10
变量	CSDN									
类型	I									
默认设置	1									
备注										

卡片2（描述）	1	2
变量	CSDNUM	DESCRIBE
类型	I	String
默认设置		“/0”
备注		

b. 变量说明。

CSDN：含有坐标系描述的个数，至少为1，描述目标坐标系的定义；

CSDNUM：第几个坐标系描述；

DESCRIBE：坐标系的描述语言。

c. 例子。

*COORDSYSTEM

1；

1；“大地（地球）坐标系：大地坐标系是以地球椭球赤道面和大地起始子午面为起算面并依地球椭球面为参考面而建立的地球椭球面坐标系。它是大地测量的基本坐标系，大地经度L、大地纬度B和大地高H为此坐标系的3个坐标分量。”

诠释：定义大地（地球）坐标系，并进行描述。

＊COORDSYSTEM

2；

2；“目标坐标系：坐标原点设在目标的几何中心，*X* 轴选为水平指向目标头部的方向，*Z* 轴垂直于 *X* 轴竖直向上，按右手定则确定 *Y* 轴。”

诠释：定义目标坐标系，并进行描述。

（8）＊DAMAGECLASS。

a. 功能及卡片格式。

功能：该关键字定义了目标毁伤等级的描述。

关键字卡片格式如下：

卡片 1	1	2	3	4	5	6	7	8	9	10
变量	DCLN									
类型	I									
默认设置	1									
备注										

卡片 2	1	2
变量	DCNUM	DESCRIBE
类型	I	String
默认设置		“/0”
备注		

DCLN：含有毁伤等级描述的个数，至少为 1，描述毁伤程度的定义；

DCNUM：第几个毁伤等级；

DESCRIBE：毁伤等级的描述语言。

b. 例子。

＊DAMAGECLASS

3；

1；“毁伤等级Ⅰ：………”

2；“毁伤等级Ⅱ：………”

3；“毁伤等级Ⅲ：………”

诠释：定义 3 个毁伤等级，并进行每一个毁伤等级的描述。

5.3.2 结构模型数字化实例

上述介绍了基于关键字的目标易损性模型数字化表征方法，在易损性模型建立过程中最为烦琐的是结构模型的建立，涉及网格划分等工作，可通过已有 CAD 软件（如：SolidWorks，UG，CATIA 等）建立，以期提高模型建立的效率，主要工作流程包括：基于商业 CAD 软件建立几何模型并输出，STL 格式的节点、面元、部件数据解析以及结构模型等效三个部分。下面以蔡子雷硕士论文《反舰导弹对舰船目标毁伤效能快速精准评估技术》中舰船目标易损性数字化模型构建为例，进行简单介绍。

1. 舰船目标几何模型

（1）目标坐标系定义。

在建立目标易损性模型前，首先进行目标坐标系定义，目标坐标系用于三维模型建立的节点坐标定义、弹目交会计算时的炸点坐标定义以及毁伤效应计算时毁伤元位置从弹体坐标系到目标坐标系下的坐标转换。关于目标坐标系的定义已在第 2 章进行了详细介绍，故此处不再进行定义。

（2）几何模型建立原则。

舰船目标的结构分为主舰体、舰桥上层建筑以及甲板设备等舰面部件、弹药舱和动力装置等船体内部部件。由于反舰导弹打击水面舰船一般打击主舰体部分，因此在进行三维建模时主要考虑舰船的主舰体部分。

舰船主舰体部件按常用分类方法可分为结构类部件和功能类部件。结构类部件主要指维持舰船结构完整性和稳定性的部件，如甲板、舱壁、外壳等；功能类部件主要指舰船完成任务目标所需的动力设备（锅炉、发动机）、武器设备（发射架）、侦察设备（雷达、声呐）等。通常，在进行舰船目标的几何建模时，可使用三维建模软件，如 SolidWorks、CATIA 和 3DMAX 等进行舰船目标的几何建模，建模时的主要原则及命名规则如下：

①为与目标坐标系对应，建模时应确保建模软件 x 轴方向指向舰艏方向，y 轴方向指向正上方，与甲板垂直，由右手原则确定 z 轴。

②建模时按照舰船目标的支撑结构和设备分部件建模，在结构建模时要分解到最小部件板。

③舰船结构部件中外壳使用单个零件绘制，各层甲板分别使用一个零件绘制，各舱壁使用一个零件绘制，并采用统一规则进行命名，例如：×××_外壳，×××_甲板 01，×××_舱室 1_01 等（其中 ××× 为舰船名称，下同），有利

于区分舰船设备与结构部件，判断各部件隶属关系。

④舰船设备部件按单个设备、单个零件绘制，命名方式为 ××× _ + 设备名，如 ××× _指挥台。

⑤三维模型的保存格式采用 STL 文件格式中的 ASCLL 类型，具有更好的通用性和可解析性。

（3）典型目标结构分析及模型建立。

本章根据已有研究成果，以典型航空母舰为例，开展舰船目标结构建模相关研究，根据查阅到的资料建立目标的三维模型。

①整体结构分析。

航空母舰战斗群由多艘大型水面舰艇组成，阵容庞大，作战能力强，可以对空、对海面、反潜和电子等综合作战。航空母舰为航母战斗群重要的组成部分，处于核心地位，因为其强大的战斗能力而具有高的军事价值。当前世界上有数十艘航空母舰装备于 10 余个国家，但是其中能够独立完整建造航空母舰的国家仅有美国和中国。在此以国外某型航空母舰为例进行模型建立，根据已有文献报道，该航母总长 332 m，斜角甲板长 237. 7 m，在水线部分测量长约 317 m；宽度为 77. 1 m，水面船舷高度为22 m，吃水深度为 11. 3 m；飞行甲板的全长为 335. 6 m，宽度为 76 m，飞行甲板面积约为 20 000 m^2；水线部分的宽度 41 m，推测水线位置在第 3 甲板和第 4 甲板间；正常排水量 91 487 吨，满载排水量 97 000 吨以上。图 5 – 23 为该航母舱室及主要结构。舰体从龙骨到桅顶共有 24 层，总高度 76 m，约占舰长的2/3，宽约为 32. 92 m，约占船宽的 3/4，机库面积约 6 000 m^2，机库高度为 8. 08 m，净高 7. 80 m，机库长 208 m，占 3 层甲板层高，由此可推测该航母平均甲板层高在 2. 7m 左右；航母上层建筑上部布满各种通信、导航、雷达、电子战天线和探测棒杆；中部设有作战指挥所、航行管制中心以及各种办公室；主舰体各层甲板上设有 2 000 多个舱室，其中包括生活用舱 1 500 多个，还有弹药库 120 个，各种物资供应仓库 154 个以及其他大型燃料隔舱等。

根据已有研究，通常，航空母舰上的空间分为以下几种类型。

a. 军事负载空间。

机库航空作业设备、武器系统及其控制设备、弹药库等。这类负载空间要求高度较大，有的甚至占据多层甲板。武器系统一般布置在上层，弹药库则主要布置在下层较为安全的部位。

b. 人员相关空间。

住舱、食堂、厨房、卫生设备、通道、行政管理用房、储藏室等。

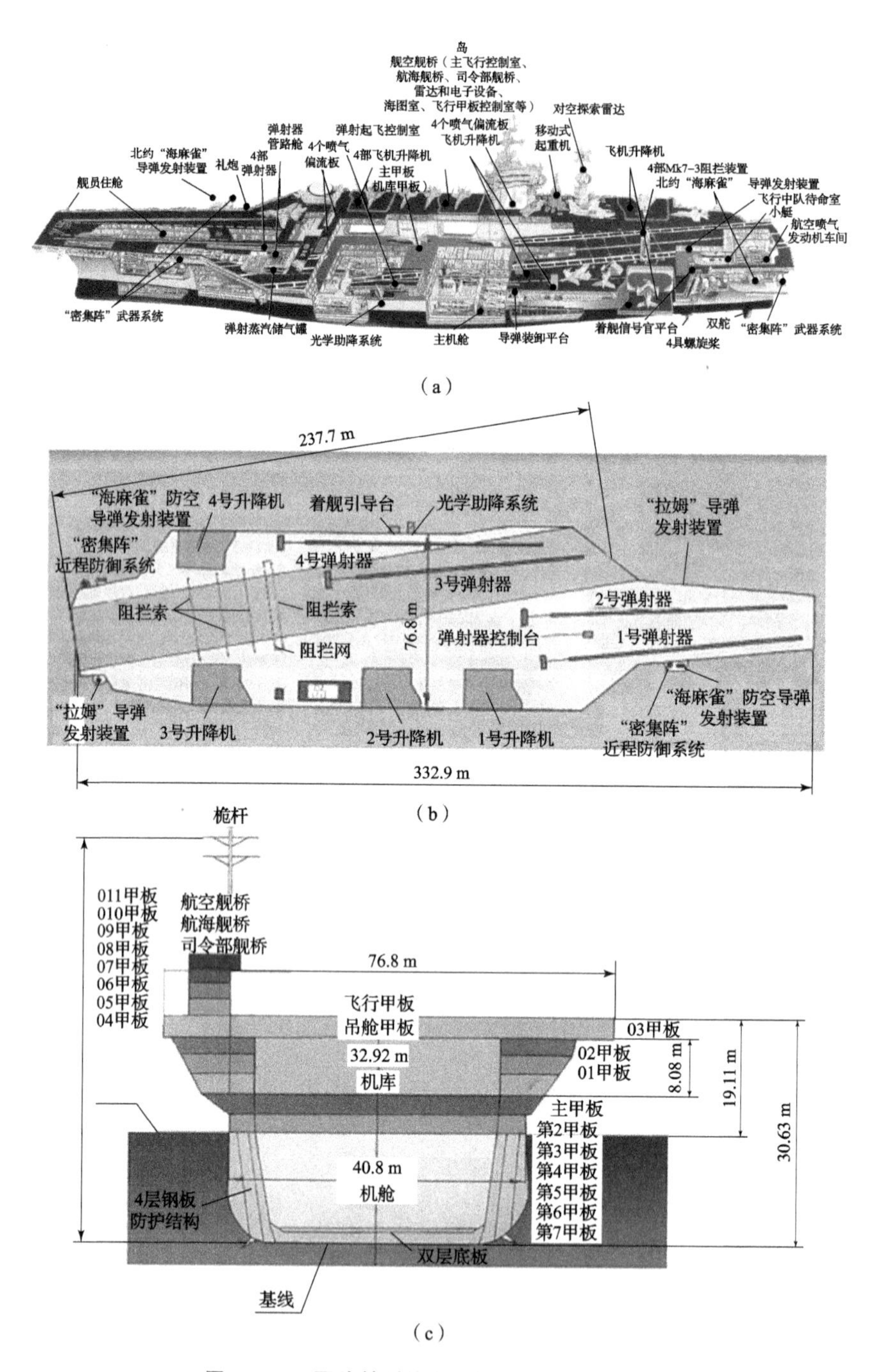

图5－27　国外某型航空母舰舱室及主要结构

（a）主要设备及舱室；（b）主要结构俯视图；（c）主要结构横剖面图

（图片来自互联网）

c. 平台负载空间

航空母舰的动力操纵设备、破损管制系统、机电设备、燃油舱、各种水舱、舵机舱、锚链舱等。这一类空间中，有一部分要求较大的高度，甚至会占据几层甲板，如动力装置、辅助机械、舵机、锚机等，其余大部分只需单层甲板布置。

d. 其他特殊空间

包括空舱、舱口盖等。

②水面关键结构布置。

航空母舰的舰桥是航母航行和飞行作业的指挥和控制中心，也是航母进行观测以及与其编队进行联系和实施指挥的主要部位，同时又是安装雷达天线、电子战天线、武器系统指向器、气象设备、监视摄像等设备的唯一上层建筑，是水面的关键结构。该结构布置在舰桥内大体包括驾驶室和航海作业部位、舰载机起降作业指挥部位、武器系统探测观察设备、气象部门的信息接收和观测部位、电子战设备的对外部分、其他必须在舰面进行操作的作战指挥部位等部分。

航母舰桥的最上两层布置需要观测海面和监视全舰状态的航空控制中心、航行指挥舰桥以及需要监视舰载机起降状态的飞机起降管制所和其他各种相应的设备，图 5－28 是这两层的布置示意图。

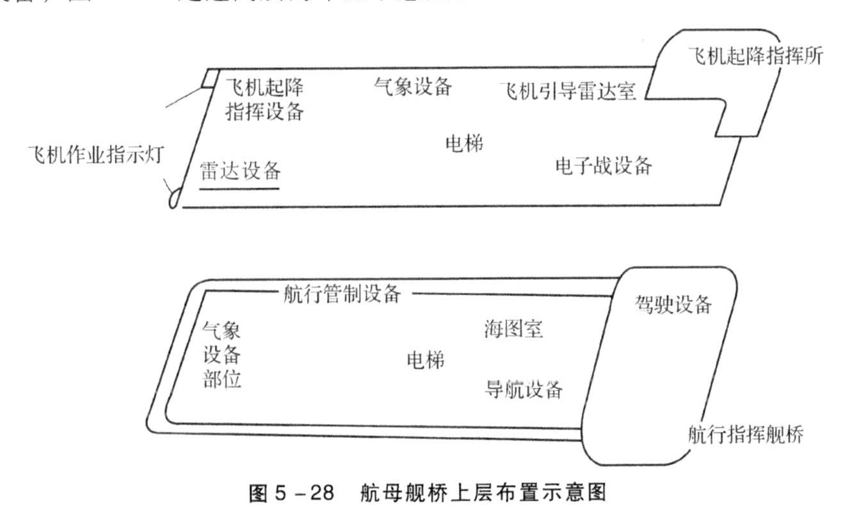

图 5－28　航母舰桥上层布置示意图

舰桥中部的 3 层布置武器、电子设备、作战和指挥调度部位、通信设备等，其布置示意见图 5－29（a）。靠近飞行甲板的下层布置飞行甲板控制室、飞机工程师的值班室、飞机常用部件的储藏室、气象实验室等，图 5－29（b）是这些层的布置示意图。

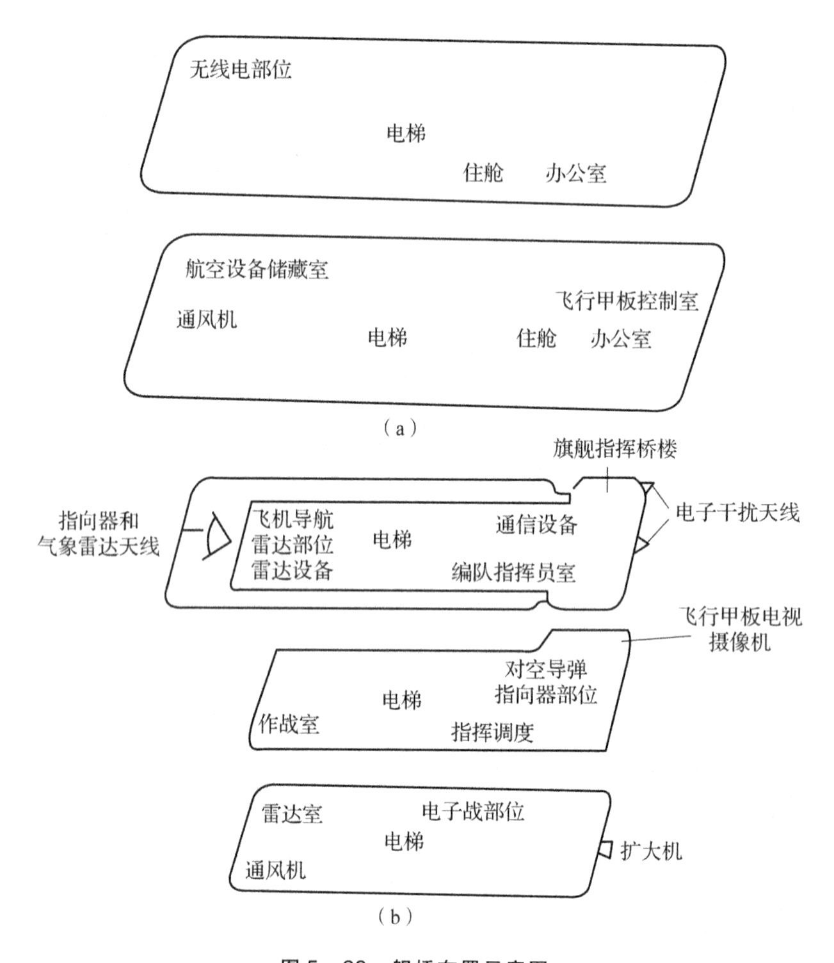

图 5－29　舰桥布置示意图

(a) 舰桥中层的布置示意图；(b) 舰桥中层的布置示意图

③分层甲板布置。

a. 飞行甲板

飞行甲板主要是为舰载机的起降和停放服务的，它的布置根据舰载机起降、停放要求确定。为减少飞机起飞、降落、停放等运行操作之间的相互影响和干扰，飞行甲板采取斜角布置形式，并划分成几个飞机作业区域来进行管理。甲板上除配备舰载机起飞用弹射装置和降落用阻拦装置以及相应的跑道、飞机升降机外，还布置有弹药升降机、综合助降装置、炸弹投弃坡道、飞机和舰载小艇的收放吊车、近程武器系统、无线电通信天线等许多设备，图5－30是飞行甲板的布置示意图。

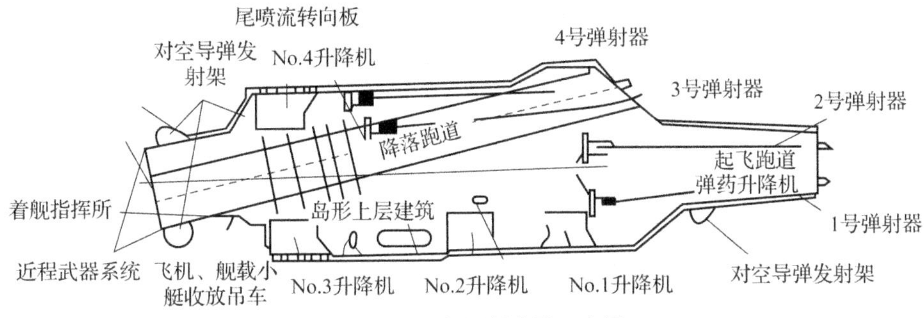

图5－30　飞行甲板布置示意图

b. 顶楼甲板

顶楼甲板处于飞行甲板和机库之间，此层甲板布置与飞行作业关系比较密切的重要舱室，图5－31是这层甲板的布置示意图。

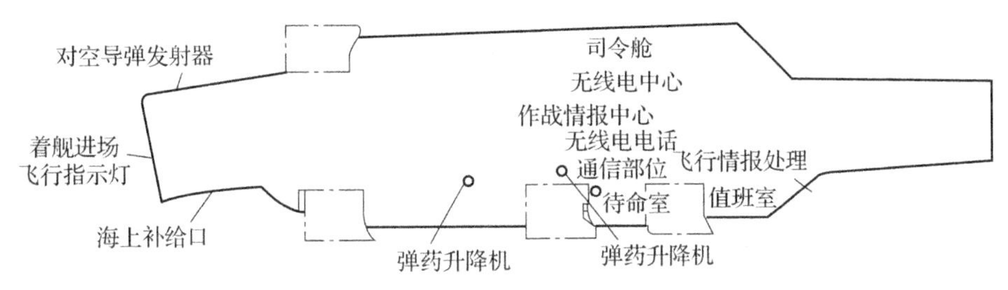

图5－31　顶楼甲板布置示意图

c. 中楼甲板

中楼甲板处于机库甲板的上层。机库采取3层甲板空间，中楼甲板有2层。在机库四周布置一些舱室，中间的空间属于机库。这层甲板上布置海上补给、甲板机械以及和机库有关的舱室，图5－32是中楼甲板的布置示意图。

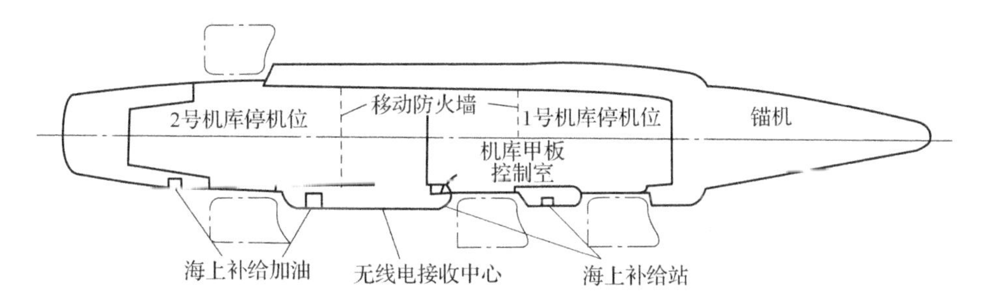

图5－32　中楼甲板布置示意图

d. 主甲板

与飞行甲板一样，机库甲板也是航空母舰为舰载机服务的主要甲板，舰载机的主要保养维修任务在机库里完成，机库内配备有保养维修设施，同时安装有两面可以移动的防火隔离墙。机库内设置机库控制室，对飞机的安放、流动、运行操作、维修等作业进行管理。岸电装置及配电室也布置在这一层，图5－33是主甲板的布置示意图。

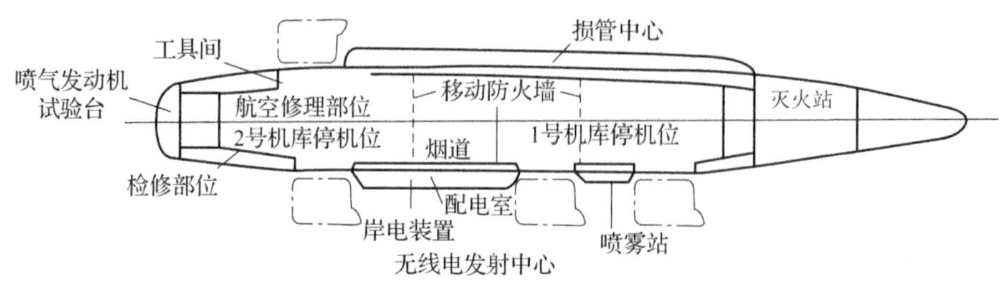

图5－33　主甲板布置示意图

根据上述三维模型建立原则，使用SolidWorks三维建模软件建立该航母的三维模型，如图5－34所示，并保存为STL格式（STereo Lithography）。STL格式是由3D Systems软件公司创立、原本用于立体光刻计算机辅助设计软件的文件格式，它有一些“事后诸葛”的字头语如“标准三角语言（Standard Triangle Language）”“标准曲面细分语言（Standard Tessellation Language）”“立体光刻语言（Stereolithography Language）”和“（立体光刻曲面细分语言）”；因许多套装软件支持这种格式，它被广泛用。因STL格式文件对外是开放的，因此，可采用自己编写的解析程序进行读入解析，可以基于STL格式结构文件确定组成目标及部件结构的三角面元，并进行后续目标及部件的结构等效、毁伤准则绑定以及毁伤效能计算等工作。

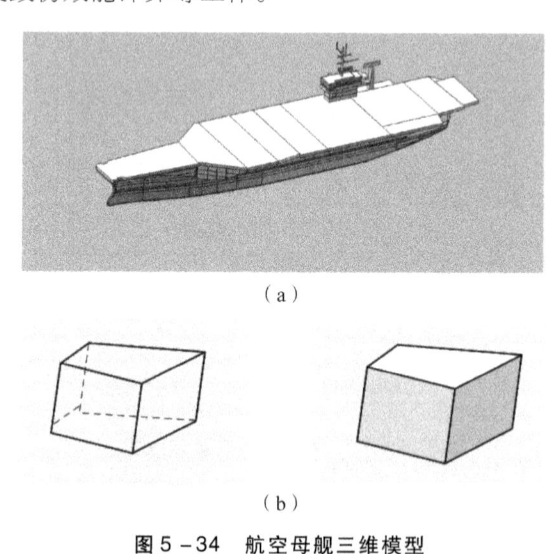

（a）

（b）

图5－34　航空母舰三维模型

（a）整体三维模型；（b）单个舱室模型

2. STL 格式的节点、面元、部件数据解析

上文已经介绍过 STL（STereo Lithographic）文件格式能用来表示封闭的面或体，有 ASCII 明码和二进制两种文件格式。其中 ASCII 码格式的 STL 文件逐行给出三角面片的几何信息，具体文件结构列于表 5－4 中。

表 5－4　STL 文件结构

明码	值	字符段意义
solid	0	文件名
facet normal	$x\ y\ z$	三角形面片法向量的三个分量
outer loop	/	三角面片定义开始
vertex	$x\ y\ z$	三角面片第一个定点坐标
vertex	$x\ y\ z$	三角面片第二个定点坐标
vertex	$x\ y\ z$	三角面片第三个定点坐标
end loop	/	三角面片定义结束
end facet	/	完成一个三角面片定义
…		其他三角面片定义
end solid	0	整个 STL 文件定义结束

在进行舰船目标三维建模时，由于是按照舰船目标的支撑结构和设备分部件建模，即每一个 STL 文件对应着舰船目标的一个部件；因此，在进行 STL 文件解析时，应该逐个 STL 文件解析，每个 STL 文件对应一个部件，将部件按解析顺序编号，解析 STL 文件中从 facet normal 行到 endloop 行对应一个单元，将部件按解析顺序进行全局编号，每个单元中的 vertex 行对应一个单元节点，将节点按顺序全局编号，再统计每个单元拥有的节点数量，以及每个单元隶属的部件编号，进行记录，记录的数据格式列于表 5－5 中。

表 5－5　舰船目标三维模型格式

单元编号	单元所属部件编号	节点数量	节点编号	节点坐标
1	1	3	1	X_1，Y_1，Z_1
			2	X_2，Y_2，Z_2
			3	X_3，Y_3，Z_3

续表

单元编号	单元所属部件编号	节点数量	节点编号	节点坐标
2	1	3	2	X_2，Y_2，Z_2
			3	X_3，Y_3，Z_3
			4	X_4，Y_4，Z_4
3	2	3	4	X_4，Y_4，Z_4
			5	X_5，Y_5，Z_5
			6	X_6，Y_6，Z_6
…	…	…	…	…

3. 舱室结构等效

（1）舱室结构化网格模型。

舱室是描述舰船内部结构的基本单元。在此将两层甲板之间多个舱壁围成的区域作为单个舱室，如图 5－35（a）所示。由于船体结构两甲板平行，因此可对舱室进行简化，如图 5－35（b）所示。

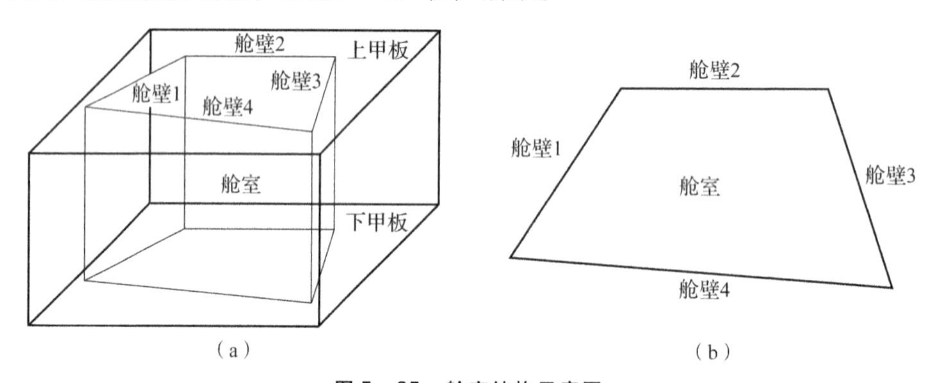

图 5－35　舱室结构示意图

（a）舱室三维结构；（b）舱室二维结构

在进行反舰导弹对舰船目标毁伤内爆计算时，需按舱室逐个进行；因此，需要建立单个舱室简化模型。舱室简化模型包括构成舱室的舱壁信息和舱室内包含的设备信息；舱壁信息包括构成此舱室的舱壁数量和各舱壁名称。舱壁名称与几何模型中的舱壁部件名称一一对应，由于舰船内部舱室相邻，会出现同一个舱壁隶属于两个舱室的情况，如图 5－36 所示；此时，两个舱室均需记录此舱壁的名称。

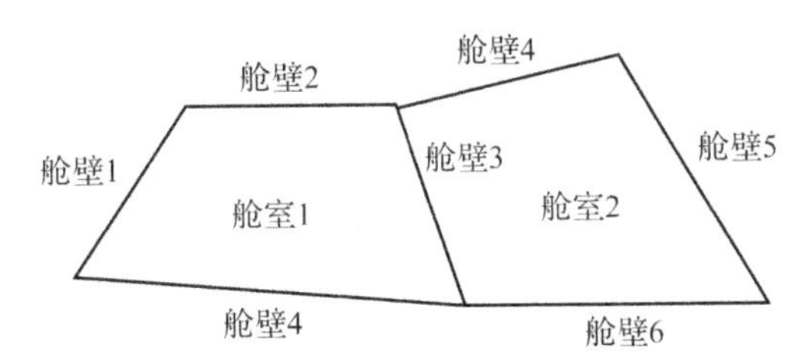

图5-36　舱室结构共用舱壁示意图

舱室简化模型的设备信息包括属于此舱室内的设备数量和各设备名称，设备名称与几何模型中的设备部件名称一一对应。

由于舰船目标舱室较多，在进行弹目交会计算时，为快速准确地找到反舰导弹与各舱室的交点，需要对舰船的整体舱室结构进行三维结构化网格划分。

由于舱室结构为由甲板分隔开的分层结构，可以将每层甲板进行编号，从最下层开始，记为甲板 i，如图5-37所示。

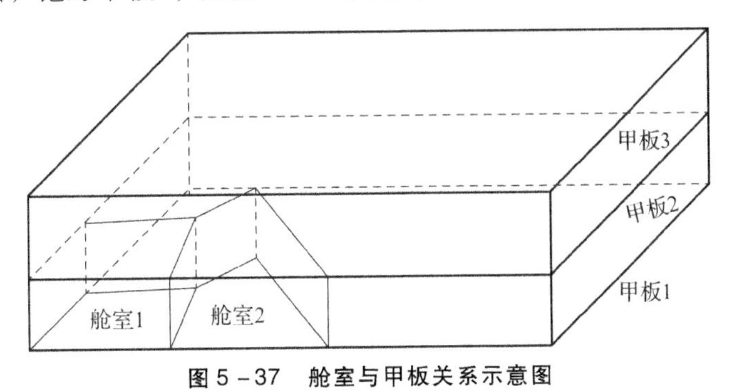

图5-37　舱室与甲板关系示意图

每一层甲板上的舱室可看作二维平面上的多边形，如图5-38所示。

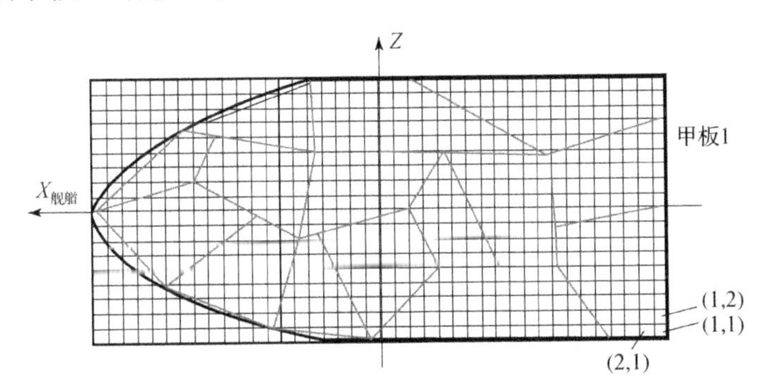

图5-38　单层舱室结构结构化网格划分

由于单层甲板上各个舱室的形状一般不为矩形，排列也没有规则，因此在进行结构化网格划分时，先找出主舰体三维模型所有节点坐标中 x 值最大的节点以及 x 值最小的节点，得到坐标值 X_{max} 和 X_{min}，再找出主舰体三维模型所有

节点坐标中 z 值最大的节点以及 z 值最小的节点，得到坐标值 $Z_{\max}$ 和 $Z_{\min}$。得到该层甲板外接最小矩形的四个顶点为 $L_1(X_{\max}, Z_{\max})$，$L_2(X_{\max}, Z_{\max})$，$L_3(X_{\max}, -Z_{\max})$，$L_4(X_{\max}, -Z_{\max})$。

将外接矩形进行网格划分，参考 2.4.1 节的二维矩形网格划分方法，x 轴方向和 z 轴方向划分的网格数量分别为 D_L，D_W，则网格尺寸 l，w 为

$$\begin{cases} l = (X_{\max} - X_{\min})/D_L \\ w = (Z_{\max} - Z_{\min})/D_W \end{cases} \tag{5-23}$$

网格编号规则是从俯视图右下角开始逐行编号，编号格式为（j，k）；将位于 x 坐标轴与 z 坐标轴负方向最远处的舱室编号为（1，1），向 x 轴正方向增加 j 的值；向 z 轴正方向增加 k 的值，如图 5-38 所示。结合舱室所在的甲板编号 i，各单元的编号为（i，j，k）。

网格划分完毕之后，将各网格分配到各个多边形舱室内，分配的方法是单个单元网格包括网格的 4 个顶点和几何中心点在内的 5 个点有 3 个及以上在舱室内部，则该网格属于该舱室。因此需要用到单个点是否在多边形内的判断方法，此处仍可采用射线法。

由此得到各舱室包含的网格单元，并将网格单元的编号记录下来，最终单个舱室结构化网格模型参数列于表 5-6 中。

表 5-6　舱室结构化网格模型参数示例

<table>
<tr><td>舱室名称</td><td colspan="2">×××_舱室 1</td></tr>
<tr><td>网格数量</td><td colspan="2">7</td></tr>
<tr><td>网格编号</td><td colspan="2">(1, 1, 1) (1, 2, 1) (1, 1, 2) …</td></tr>
<tr><td>舱室高度/mm</td><td colspan="2">3 000</td></tr>
<tr><td rowspan="5">舱壁参数</td><td>包含舱壁数量</td><td>4</td></tr>
<tr><td rowspan="4">包含舱壁名称</td><td>×××_舱室_01</td></tr>
<tr><td>×××_舱室_02</td></tr>
<tr><td>×××_舱室_03</td></tr>
<tr><td>×××_舱室_04</td></tr>
<tr><td rowspan="3">设备参数</td><td>包含设备数量</td><td>2</td></tr>
<tr><td rowspan="2">包含设备名称</td><td>×××_设备 1</td></tr>
<tr><td>×××_设备 2</td></tr>
</table>

（2）舱壁结构化网格模型。

舱壁是舱室的组成部分，一个舱室通常由多个舱壁组成。在进行三维建模时，舱室一般建成壁面与底面垂直的多边形柱体，其中的各个舱壁建成矩形面，如图 5－39（a）所示。因此能够将单个舱壁简化为二维平面上的矩形，如图 5－39（b）所示。

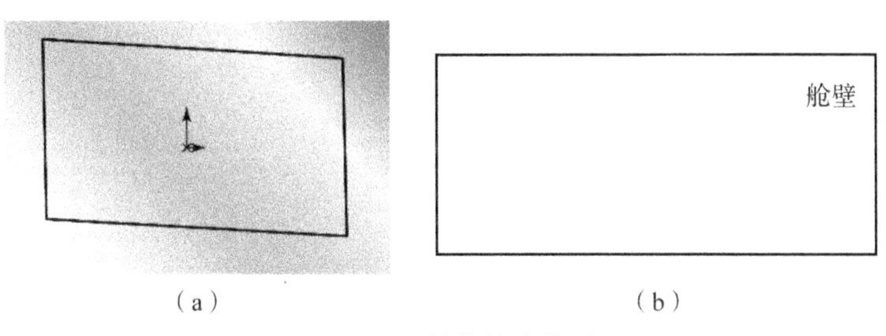

图 5－39　单个舱壁模型

（a）舱壁三维模型；（b）舱壁简化矩形

为记录舱壁上不同位置的冲击波压力数据和准静态压力数据，将舱壁进行结构化网格划分，具体方法参考 2.4.1 节二维矩形结构化网格生成方法，生成结构化网格后的矩形如图 5－40 所示，水平方向和高度方向上的网格划分数量分别为 D_L，D_W，则单个网格尺寸为

$$\begin{cases} l = (X_{\max} - X_{\min})/D_L \\ w = (Z_{\max} - Z_{\min})/D_W \end{cases} \tag{5-24}$$

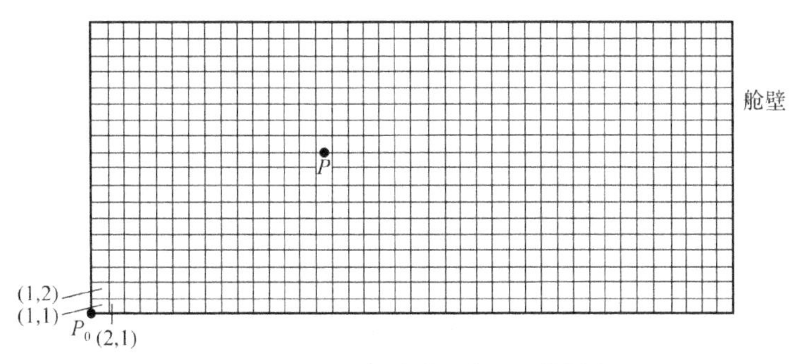

图 5－40　舱壁部件的结构化网格划分

将舱壁结构左下角的节点作为基准点 $P_0(x_0, y_0, z_0)$，可得到舱壁上任意一点 $P(x, y, z)$ 所在网格的编号 (i, j)，计算方法如下：

$$\begin{cases} i = \sqrt{(x - x_0)^2 + (z - z_0)^2}/l \\ j = (y - y_0)/w \end{cases} \tag{5-25}$$

将上式计算得到的结果均向上取整即可得对应的网格编号，通过该办法命中网格计算时间不随网格数的增加发生变化，可提升计算的效率。

以上为舱壁结构的结构化网格模型建立方法。在此基础上，赋予舱壁在进行毁伤效应计算时所需的计算物理量参数，参数根据毁伤元对舱壁毁伤效应模型计算所需的输入量确定，通常为舱壁厚度与舱壁的材料力学参数等，见表 5－7。

表 5－7　舱壁结构化网格模型参数表及示例

舱壁名称	××× _舱室 1_001
舱壁材料	××× 钢
舱壁等效厚度/mm	5
基准点坐标	（10. 2，13. 5）
平面方向网格数量	60
高度方向网格数量	30

（3）设备毁伤准则数字化表征。

设备在进行三维建模时，一般可通过等效直接建成单个实体模型，如长方体、圆柱等，并在表面网格单元上附上厚度与材料属性，以便于毁伤效应计算。在计算反舰导弹爆炸产生的破片、冲击波对设备的毁伤效应时，仅考虑毁伤元与结构表面相交以及对等效结构的毁伤效应作用，设备的内部结构破坏对功能的影响通过毁伤判据或准则进行体现；在计算时，则仅计算毁伤元对设备部件各单元的毁伤效应。

为反映设备对不同毁伤元毁伤作用的敏感度，在三维模型基础上需要增加针对各种毁伤元的毁伤准则和判据，对于毁伤元有时毁伤准则和判据是耦合在一起使用的，如破片对设备的毁伤效应主要模式为破片对设备外壳及内部的动能侵彻，因此可使用破片动能作为设备的毁伤判据，而达到一定动能的枚数则作为关键部件毁伤的毁伤准则，如表 5－8 所示。

表 5－8　破片毁伤元动能判据

序号	达到毁伤动能破片的个数 x	毁伤概率
1	$0 < x < k_1$	e_1
2	$k_1 \leqslant x < k_2$	e_2
3	$k_2 \leqslant x < k_3$	e_3
…	…	…
n	$x < k_n$	1

将破片功能作为设备的毁伤判据，将破片个数作为毁伤准则自变量，设备的毁伤概率作为因变量，绘制“贯穿破片枚数 - 毁伤概率”关系，如图 5 - 41 所示，这里采用分段阶跃函数形式。在进行设备毁伤概率计算时，根据设备命中且达到一定动能（Val_{KeT}）的个数，可得到设备不同的毁伤概率。

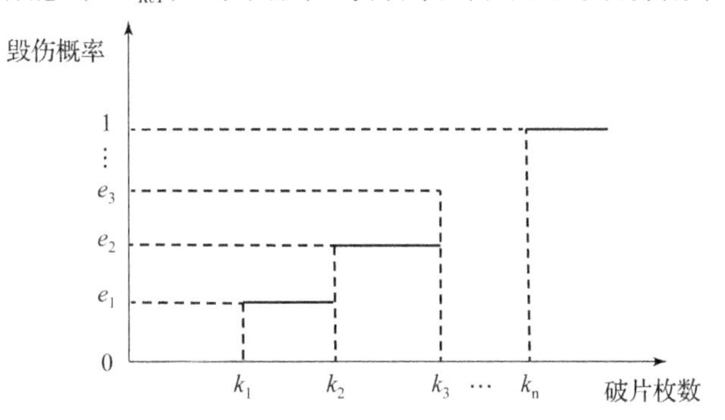

图 5 - 41　贯穿破片枚数 - 毁伤概率关系图

针对该设备的毁伤准则，可采用上述 * DAMLAW_LADDER_PENETRATION 关键字，形成毁伤准则的数字化关键字文件如下：

```
* DAMLAW_LADDER_PENETRATION
1; -1; -1; -1; Val_KeT; -1; -1;
1; 5; 0; 0; 0;
; ; ; k1; e1;
; ; ; k2; e2;
; ; ; k3; e3;
……
; ; ; kn; en;
```

第6章

毁伤元毁伤效应计算及输入/输出参量

6.1 概述

战斗部通过形成毁伤元对目标进行毁伤，毁伤元是弹药战斗部及武器系统作用于目标、对目标实施破坏的基本能量或物质单元，是战斗部作用于目标能量的载体以及载荷承载的基本单元。常见的毁伤元主要有冲击波、破片、准静态压力、动能侵彻体、聚能射流/EFP、气泡、热等，不同种类的毁伤元对不同类型目标作用过程中的毁伤机理并不完全相同；因此，毁伤效应也不同，毁伤效应计算模型也并不相同。世界各军事强国针对上述各类毁伤元对目标结构的毁伤效应及判据开展了大量的研究工作，得到了众多分析模型，但不同的分析模型均有一定的适用范围，无法适用所有情况，应用时均需在适用范围内才可达到较好的精度。毁伤效应模型的研究工作随着新机理、新材料和新结构的应用不断发展和扩展，也永无止境。

本章主要针对现有各类毁伤元对不同目标结构的毁伤效应模型进行归纳、整理与总结，并非要全面研究毁伤效应，只是通过归纳和总结得到不同毁伤元毁伤效应模型计算的输入/输出物理量，为后续毁伤效能评估系统框架设计与毁伤效应算子接口参量规范构建提供支撑，下面将按毁伤元类型一一开展毁伤效应模型的介绍。

6.2　破片毁伤效应

破片是指金属壳体在内部炸药装药爆炸作用下猝然解体而产生的高速碎片型毁伤元素。破片最常见的毁伤作用模式表现为高速撞击目标，并在目标内强行开辟一条通道，造成目标结构损伤并最终导致目标功能丧失或降低。通常用破片命中目标时的着靶速度、动能或比动能来衡量其威力大小是最为常用的方法。对于绝大多数常规战斗部，炸药装药通常由金属壳体承载；因此，破片现象普遍存在，即破片毁伤元是战场上最为常见的一种毁伤元。在破片毁伤元对目标结构毁伤效应模型研究方面，国内外学者开展了大量的工作，研究对象主要包括破片对金属、非金属、复合结构以及带壳装药的侵彻、贯穿与毁伤，通过试验和仿真建立多个毁伤效应计算模型，可用来计算破片对结构的弹道极限速度、靶后剩余速度、贯穿厚度以及对带壳装药的冲击引爆速度等。在此，分破片对金属、非金属、复合结构和带壳装药靶体侵彻毁伤四个部分，分别介绍破片对靶体结构的毁伤效应。

6.2.1　破片对金属靶体毁伤效应

破片对金属靶体侵彻毁伤方面的研究是破片毁伤效应中研究最多的，也是最为成熟的。第二次世界大战前后，研究者就对弹体壳体作用内涵有了新的见解，将壳体断裂及破碎的碎片拓展成新的毁伤元素进行杀伤机理研究，最为典型的为前面所述的 Gurney 公式建立。但多年来关于破片这类小长径比侵彻体对金属靶体的毁伤问题研究远远没有长杆弹体侵彻研究进行的广泛，且多以工程经验和分析方法为主。例如：1943 年 BRL（美国弹道研究所）以试验数据为依据推导出一定速度钢球对软钢贯穿厚度的计算公式：

$$T=\sqrt{A}\left[\frac{MV^2}{2CA^{k_1}}\right]^{k_2} \tag{6-1}$$

式中：T——撞击速度 V 时钢球刚好能贯穿靶板的厚度；

A——破片与目标接触面在与飞行方向垂直平面上的投影；

M——破片质量；

V——破片撞击速度；

C——靶体强度参数；

k_1、k_2——试验系数。

此后，Johns Hopkins 大学（1958）对钢制破片侵彻软钢、杜拉铝、防弹玻璃和胶质玻璃 4 种材料进行了试验研究，收集了剩余速度数据，并依次推导出钢制破片对靶体侵彻弹道极限速度计算公式：

$$V = k_1(T\bar{A})^{\alpha_1}(m_f)^{\beta_1}(\sec\theta_c)^{\gamma_1} \tag{6-2}$$

式中：k_1、α_1、β_1、γ_1——根据每种材料特性分别确定的试验系数；

T——目标靶厚；

$\bar{A}$——破片平均着靶面积；

m_f——破片质量；

θ_c——弹体着角。

此外，Recht 和 Ipson（1963）研究了在弹道极限已知情况下的剩余速度，假设破片在侵彻过程中的变形很小且靶板以绝热剪切冲塞形式破坏，塞块与破片的剩余速度相同，从能量守恒定律出发，认为在侵彻与贯穿过程中，弹体的初始动能转化为弹体和冲塞块剩余动能、在弹孔周围由于形成弹孔所消耗的能量以及弹－靶接触中由于形成共同速度时所消耗的能量三个部分，建立了破片对薄靶板贯穿后剩余速度的计算公式：

$$V_r = \frac{M_p}{M_p + M_t}(V_0^2 - V_{50}^2)^{1/2} \tag{6-3}$$

式中：V_r——破片剩余速度；

V_0——破片撞击速度；

V_{50}——弹道极限速度；

M_p——破片质量；

M_t——塞块质量。

在上述工作基础上，Recht 和 Grubin（1967）进一步针对钢质破片的斜侵彻，提出了剩余速度计算模型：

$$V_r = \frac{M_p}{M_{rp} + M_t} \cdot \frac{M_p + M_t\sin^2\beta}{M_p + M_t} \cdot (V_0^2 - V_{50}^2)^{\frac{1}{2}} \tag{6-4}$$

式中：M_{rp}——破片剩余质量；

β——破片入射速度方向和剩余速度方向之间的夹角。

美国弹道试验室（1971）假设弹体/破片在撞击金属靶板时不变形，所有动能都消耗在击穿靶板上、靶板材料均匀且弹体只作直线运动、不旋转不活动的基础上，根据试验数据拟合建立了 THOR 方程，可用于估算圆柱体或立方体钢制破片（长径比接近 1，小于 3）在不变形、不破碎条件下，对多种金属靶和非金属靶的弹道极限、剩余速度和质量，基本形式（SI 单位制）为

$$
\begin{cases}
V_{ijr} = V_{ijs} - 0.304\ 8 \times 10^{c_{11}} (61\ 023.75hA_{ij})^{c_{12}} (15\ 432.1m_{ijs})^{c_{13}} (\sec\theta_{ij})^{c_{14}} (3.280\ 84V_{ijs})^{c_{15}} \\
V_{ij0} = 0.304\ 8 \times 10^{c_{21}} (61\ 023.75hA_{ij})^{c_{22}} (15\ 432.1m_{ijs})^{c_{23}} (\sec\theta_{ij})^{c_{24}} (3.280\ 84V_{ijs})^{c_{25}} \\
m_{ijr} = m_{ijs} - 6.48 \times 10^{c_{31}} (61\ 023.75hA_{ij})^{c_{32}} (15\ 432.1m_{ijs})^{c_{33}} (\sec\theta_{ij})^{c_{34}} (3.280\ 84V_{ijs})^{c_{35}}
\end{cases}
\tag{6-5}
$$

式中：V_{ijr}——破片剩余速度；

V_{ijs}——破片撞击速度；

V_{ij0}——靶板对破片的防护速度；

h——靶板材料厚度；

A_{ij}——破片碰撞面积；

m_{ijs}——破片初始质量；

m_{ijr}——破片的剩余质量；

θ——破片弹道与靶板法线的夹角；

$c_{11} \sim c_{35}$——根据每种靶材分别定义的系数，可通过试验获得。

国内高修柱和蒋浩征（1985）通过试验研究，给出了 10 种金属靶材和 7 种非金属靶材 THOR 方程的计算参数，修正的 THOR 方程如下：

$$
\begin{cases}
m_{ijr} = m_{ijs} - 6.48 \times 10^{R_1} (61\ 023.75hA_{ij})^{R_2} (1\ 542.1m_{ijs})^{R_3} (\sec\theta)^{R_4} (3.280\ 84V_{ijs})^{R_5} \\
V_{ijs} = V_{ijs} - 0.304\ 8 \times 10^{R_6} (61\ 023.75hA_{ij})^{R_7} (1\ 542.1m_{ijs})^{R_8} (\sec\theta_{ij})^{R_9} (3.280\ 84V_{ijs})^{R_{10}}
\end{cases}
\tag{6-6}
$$

式中：A_{ij}——破片形状系数；

$R_1 \sim R_{10}$——方程中由靶板材料定义的系数，可通过试验获得。

另外，Zukas（1990）经研究给出了估算钢制破片垂直侵彻铝靶板的弹道极限：

$$
V_{50} = [C(T/d)^b + K]/(L/d)^{\frac{1}{2}} \tag{6-7}
$$

式中：T——靶板厚度；

d——破片直径；

L——破片长度；

b、C、K、J——经验常数，可通过试验获得。

在此，将破片对金属靶结构的毁伤效应分析常见模型汇总于表 6-1 中，并详细列出各个计算模型的公式形式、输入与输出参量以及适用情况，可为其他研究提供参考和借鉴，并基于上述公式，归纳得到破片对金属靶体毁伤效应计算的输入/输出参量，列于表 6-2 中；输入/输出参量可以为后续基于中间件的毁伤效应多算子插拔式共架设计提供支撑。

表 6-1　破片对金属板毁伤效应分析模型

序号	计算输出参量	计算公式	公式输入参量		适用情况
			公式中的基本参量	其他参量	
1	弹道极限速度	$v_{50}=A\cdot\frac{D^{\alpha}}{m_f^{\beta}}\cdot T^{\gamma}\cdot(\sec\theta_c)$	破片直径 D 破片质量 m_f 破片着角 θ_c 靶板厚度 T	修正系数 A 拟合系数 α、β、γ	本公式是最为经典的弹体侵彻时弹道极限速度计算公式，主要适用于弹丸侵彻；适用条件为：弹丸/破片在撞击靶板时不变形，所有动能都消耗在击穿靶板上，靶板材料是均匀的；弹丸只作直线运动，不旋转，靶板固定很牢的情况。 弹速不高时，公式计算结果和实际情况差别不大，但公式计算的准确度取决于修正系数值
2	弹道极限速度	$v_{50}=k_1(T\bar{A})^{\alpha_1}(m_f)^{\beta_1}(\sec\theta_c)^{\gamma_1}$	破片质量 m_f 破片着角 θ_c 靶板厚度 T	破片平均着靶面积 $\bar{A}$ 各试验系数 k_1、α_1、β_1、γ_1	用于破片对一定厚度靶板侵彻的弹道极限速度计算，主要适用于对软钢、杜拉铝、防弹玻璃和胶质玻璃的弹道极限速度进行计算

续表

序号	计算输出参量	计算公式	公式输入参量		适用情况
			公式中的基本参量	其他参量	
3	弹道极限速度	$v_{50}=A\times\frac{h_t^a\sigma_{bt}^b\rho_t^c}{d^d\rho_p^e}$	破片直径 d 靶板厚度 h_t 破片材料密度 ρ_p 靶板材料密度 ρ_t 靶板材料极限强度 σ_{bt}	试验系数 A、a、b、c、d、e	主要用于钨合金破片对装甲钢的侵彻计算，当靶板厚与钨球直径之比小于1时，钨球以刚性球假设进行计算；当靶板厚与钨球直径之比大于等于1时，钨球以塑性球假设进行计算；两种情况下主要体现在计算模型系数的不同
4	弹道极限速度	$v_{50}=A\times\left(\frac{h_t}{d}\right)^{a_1}\times\left(\frac{\rho_t}{\rho_p}\right)^{a_2}\times\left(\frac{\sigma_{st}}{\sigma_{sp}}\right)^{a_3}\times\sec^{a_4}\theta$	破片直径 d 破片着角 θ 靶板厚度 h_t 破片材料密度 ρ_p 靶板材料密度 ρ_t 破片材料极限强度 σ_{sp} 靶板材料极限强度 σ_{st}	试验系数 A、a_1、a_2、a_3、a_4	该式是基于量纲分析得到的弹道极限速计算式，式中系数可通过试验拟合获得，主要用于计算钨合金球形破片对装甲钢的侵彻，计算值与试验值间的偏差适中

续表

序号	计算输出参量	计算公式	公式输入参量		适用情况
			公式中的基本参量	其他参量	
5	剩余速度	（a）垂直侵彻： $v_r = \dfrac{1}{1+\dfrac{\rho_t}{\rho_p}\left(\dfrac{D_t}{D}\right)\dfrac{T}{L}}(v_0^2 - v_{50}^2)^{1/2}$ （b）斜侵彻： $v_r = \dfrac{\cos\beta}{1+\dfrac{\rho_t}{\rho_p}\left(\dfrac{D_t}{D}\right)\dfrac{T}{L\cos\theta}}(v_0^2 - v_{50}^2)^{1/2}$	破片直径 D 破片长度 L 破片着角 θ 破片速度 v_0 靶板厚度 D_t 破片材料密度 ρ_p 靶板材料密度 ρ_t 塞块直径 T 弹道极限速度 v_{50}	斜侵彻时破片离靶板偏角 β	大多数弹体剩余速度计算均可基于该公式进行，对于破片计算准确性尚有待进一步验证
6	剩余速度	$v_r = \sqrt{\dfrac{v_0^2 - v_c^2}{1+\dfrac{k\pi d^2 b\rho_t}{4m\cos\alpha}}}$	破片直径 d 破片质量 m 破片着角 α 破片速度 v_0 靶板厚度 b 靶板材料密度 ρ_t 弹道极限速度 v_c	拟合系数 k	①破片在侵彻过程中的变形很小；②靶板以绝热剪切冲塞形式破坏，且塞块与破片的剩余速度相同

表6-2 破片对金属靶板毁伤效应分析模型输入/输出参量

毁伤元类型	靶体类型	毁伤效应输入		毁伤效应输出
		参量	量纲	
破片	金属靶板	破片结构尺寸	长度	弹道极限速度
		破片质量	质量	
		破片侵彻形状系数	—	
		破片速度	速度（长度/时间）	
		破片着角	度	
		靶板厚度	长度	
		破片材料密度	密度（质量/长度^3）	
		靶板材料密度	密度（质量/长度^3）	
		破片材料极限强度（抗压、抗剪、抗拉）	压强（质量/长度/时间^2）	
		靶板材料极限强度（抗压、抗拉、抗剪）	压强（质量/长度/时间^2）	
破片	金属靶板	弹道极限速度	速度（长度/时间）	破片剩余速度
		塞块质量	质量	
		塞块尺寸	长度	
		破片质量	质量	
		破片速度	速度（长度/时间）	

6.2.2 破片对非金属靶体毁伤效应

现在战争表明，高强、轻质防护结构对提高装备的机动性、攻击力、战场生存力至关重要；因此，近年来武器装备用防护材料一直朝着高强度、轻量化的方向发展。在多种轻质高强非金属材料中，陶瓷和纤维增强复合材料因其独特的性能越来越受到重视，开始用于装备防护。在此，主要针对破片侵彻陶瓷、纤维增强复合材料的毁伤效应分析模型进行归纳、总结。

1. 破片对陶瓷靶体侵彻

早在第一次世界大战中，研究人员就尝试在金属表面添加硬质陶瓷层以提升金属的抗弹能力，但由于技术与理论的局限，直到20世纪60年代，陶瓷装甲的研究才得以延续；在这一时期，加利福尼亚大学威尔金斯教授指出陶瓷在防弹领域有着优良的应用前景，由此相关试验与理论研究不断开展。至今，陶瓷材料仍是弹道防护领域关注的重点，有着很强的发展潜力。在众多陶瓷中，氧化铝（Al_2O_3）陶瓷制备工艺成熟、成本低，但是其防弹能力并不突出。相比于氧化铝陶瓷，碳化硼（B_4C）陶瓷密度低、制备成本高，相同抗弹能力的面板，碳化硼陶瓷可以比氧化铝陶瓷减重 30%。近年来，新型具有高强度、高硬度和高耐磨性的非氧化物陶瓷硼化钛（TiB_2）的性能与碳化硼陶瓷相当，却能节约 50% 的成本。除此之外，多种组分的复相陶瓷也在进一步研制中。图 6－1 显示了陶瓷材料在破片侵彻作用下的典型破坏模式，由图可见，陶瓷在高速冲击下的破坏模式主要有以下两个特点：①反射拉伸应力波使冲击点下方区域内的陶瓷大量碎裂（相比于抗压强度，陶瓷材料的抗拉强度较低），形成一个破碎区，该破碎区的直径向下方区域不断扩大，破碎区边界及垂直方向角度与侵彻弹体形状、材料及陶瓷材料自身几何相关，但一般情形下为 65°左右；②由于陶瓷材料极高硬度和抗压强度，在弹体冲击陶瓷的过程中，弹体自身也会出现碎裂，并向四周飞散，但是在破片中低速侵彻金属材料时，破片基本保持完整状态。

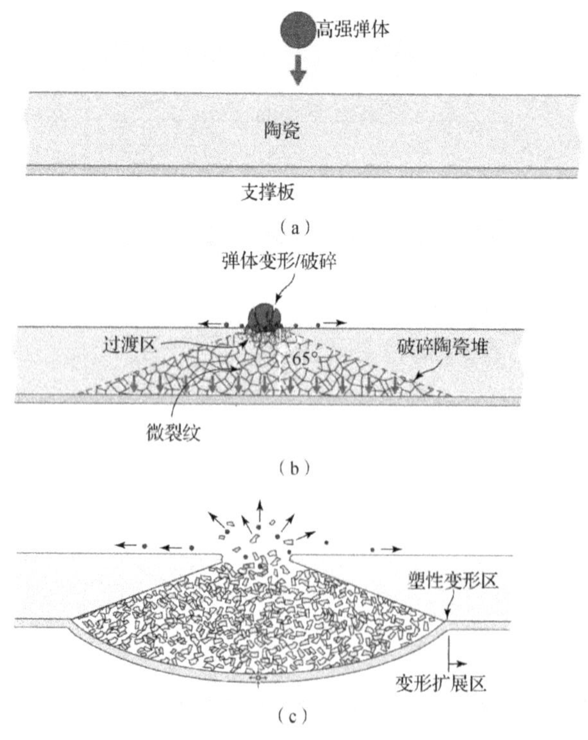

图 6－1　陶瓷在弹丸侵彻下的破坏模式

上述特点①中陶瓷破碎形成大量碎片会增强侵彻弹体的动能耗散，碎片数量越多，消耗动能也越多；特点②中弹体碎裂会使其动能分散，降低整体抗侵彻能力。因此，这两种变形特点均有益于能量吸收，是陶瓷材料在抗侵彻方面的巨大优势。但是，陶瓷材料和弹体大范围碎裂可能带来碎片飞散，不利于人员和其他装备的安全，也使其抵御二次冲击能力大幅降低。特别对于多弹体同时冲击，该变形特点会在一定程度上降低防护结构的整体抗侵彻能力，所以陶瓷材料通常和纤维增强复合材料共同使用，构成复合结构整体提升靶体抗高速破片侵彻能力。目前，破片对单一陶瓷板侵彻效应的研究不多，而对复合结构侵彻的研究较多。

2. 破片对纤维增强复合材料靶毁伤效应

纤维增强复合材料是近年来迅速发展的轻质高强材料，可分为软质复合材料和硬质复合材料两种。软质复合材料由织物经过二维或三维编制工艺制备而成，可用于制备软质防护结构，例如：防弹衣。硬质复合材料是由纤维与树脂复合压制而成，通常用于制备装甲背板。目前，用于装甲防护的典型纤维有玻璃纤维、芳纶纤维（如：Kevlar、Twaron）和超高分子量聚乙烯纤维（如：Dyneema、Spectra）等。已有研究表明，这类材料的抗侵彻机理为：弹体侵彻的前期，破片挤压纤维材料使纤维和基体在高应变率条件下产生压、剪破坏；在侵彻的后期，由于靶体剩余部分剪切、压缩刚度降低，破片与靶面挤压作用减弱，靶板背面纤维拉伸破坏，层裂吸能。根据已有研究，破片在侵彻纤维过程中，有纤维拉伸断裂、基体层裂、纤维拔脱等吸能形式，这些均影响破片对材料板的毁伤效果。

目前，对纤维增强复合材料主要在试验的基础上，推导出层合板抗弹道侵彻理论公式。王晓强（2009）通过3.3 g立方体破片高速侵彻不同厚度高强聚乙烯纤维模压板的试验研究，建立了弹道极限、剩余速度与面密度的经验公式：

$$v_{50} = k_1\rho_{AD} + k_2 \tag{6-8}$$

$$v_r = (v_0^n - (k_3\rho_{AD} + k_4)^n)^{1/n} \tag{6-9}$$

式中：v_{50}——弹道极限速度，m/s；

v_r——剩余速度，m/s；

ρ_{AD}——纤维板的面密度，kg/m²；

v_0——破片初速度，m/s；

n——可调参数，$n = 1.3916\exp(0.0505\rho_{AD})$；

k_1、k_2、k_3、k_4——试验系数，可通过试验获得。

国内，文鹤鸣（2000，2001）基于局部变形假设，把弹丸冲击过程中材料板的受力分为材料弹塑性变形产生的黏性准静态阻力和由冲击速度引起的动态阻力。给出了大范围撞击速度下，不同头部形状弹丸（截锥形、圆锥形、扁平形和半球形）对厚纤维增强复合材料层合板侵彻和穿孔的解析模型，建立了弹体对层合板侵彻深度和弹道极限分析模型；李永池等（1993）利用球腔膨胀和柱腔贯穿相结合的方法提出了一种用于研究钢球贯穿橡胶基复合靶问题的准一维近似计算模型；李硕等（2014）对破片模拟弹侵彻芳纶层合板进行了试验研究，得到了破片余速和极限速度的关系式；胡年明（2014）将破片侵彻纤维增强材料分为四个阶段，比较不同厚度超高分子量聚乙烯材料的吸能特性，给出了弹道极限计算模型。冯志威（2021）等通过硬质合金破片侵彻UHMWPE 纤维层合板试验，研究 UHMWPE 纤维层合板在破片侵彻下的弹道极限、变形过程与失效模式；研究结果表明，层合板失效模式包括剪切冲塞破坏、拉伸变形破坏、分层破坏和基体开裂破坏等形式，破片冲击后分层破坏使层合板迎弹面、背弹面均发生凸起，剪切冲塞破坏为主要破坏形式。Naik 等（2004）比较了平纹玻璃/环氧树脂和斜纹编织 T300/环氧复合材料抗弹体侵彻冲击性能，研究了弹体侵彻过程中的靶体损伤和能量吸收机制，将纤维增强材料的吸能分为锥形破坏区域形成、纱线变形与抗拉破坏、分层与基体开裂、剪切堵塞和贯穿中的摩擦等过程中的吸能，并给出各能量吸收机理的解析公式，利用该解析公式可以对破片侵彻纤维增强复合材料板进行弹道极限、接触时间、锥形破坏区域半径和损伤区半径计算。除此之外，他还发现低速侵彻条件下E－玻璃纤维/环氧树脂复合材料的破坏模式为纤维丝拉伸变形、分层和基体开裂，并给出了能量守恒关系式：

$$E_{\mathrm{TOTAL}i} = E_{\mathrm{KE}i} + E_{\mathrm{SP}i} + E_{\mathrm{D}i} + E_{\mathrm{TF}i} + E_{\mathrm{DL}i} + E_{\mathrm{MC}i} + E_{\mathrm{F}i} \tag{6-10}$$

式中：$E_{\mathrm{TOTAL}i}$——破片初始动能；

$E_{\mathrm{KE}i}$——形成靶板背凸能量；

$E_{\mathrm{SP}i}$——剪切冲塞能量；

$E_{\mathrm{D}i}$——间接作用区域纤维丝变形能量；

$E_{\mathrm{TF}i}$——直接作用区域纤维丝拉伸失效能量；

$E_{\mathrm{DL}i}$——分层消耗能量；

$E_{\mathrm{MC}i}$——基体破碎消耗能量；

$E_{\mathrm{F}i}$——摩擦消耗能量。

在此，将破片对非金属靶体毁伤效应分析常见的模型汇总于表 6－3 中，并详细列出各个计算模型的公式形式、输入/输出参量以及适用情况，可为其他研究提供参考和借鉴；并基于上述公式，归纳得到破片对非金属靶体毁伤效应计算的输入/输出参量，列于表 6－4 中；输入/输出参量可以为后续基于中间件的毁伤效应多算子插拔式共架设计提供支撑。

表 6-3 破片对非金属板结构毁伤效应分析模型

序号	计算输出参量	靶体材料	计算公式	公式输入参量		适用情况
				所用基本参量	其他参量	
1	弹道极限速度	超高强聚乙烯纤维板	$v_{50}=k_1\rho_{AD}+k_2$	靶体面密度 ρ_{AD}	试验系数 k_1、k_2	适用于立方体破片侵彻高强聚乙烯纤维，撞击速度范围为 600～1 800 m/s
2	弹道极限速度	超高强聚乙烯纤维板	$v_{50}=k_1\ (h_f/d_P)^{k_2}$	靶体厚度 h_f 破片直径 d_p	试验系数 k_1、k_2	适用于钨合金球形破片对超高强聚乙烯纤维靶体的侵彻，适用参数范围为 $v<$ 1 200 m/s 和 $1.16<h_f/d_P<3.33$
3	弹道极限速度	纤维增强复合材料板	$v_{50}=\left(\frac{\pi D(h_0-H_E)^2\tau+\varepsilon_r\sigma_{LS}H_E/(0.91f(a))}{m_p}\right)^{1/2}$ $f(a)=m_p/\pi d^2(m_p+m_m\pi d^2)$ $D=1.2d$ $H_E=2d$	靶体厚度 h_0 靶体材料极限强度 σ_{LS} 靶体面密度 m_m 破片质量 m_p 破片直径 d	靶体材料最大拉伸应变 ε_r 靶体垂直方向的压缩力极值 τ	适用于破片垂直侵彻有限厚度纤维增强复合材料板。破片侵彻玻璃纤维层合板，速度在 300～700 m/s 时，与试验值对比误差小于 12.8%

续表

序号	计算输出参量	靶体材料	计算公式	公式输入参量		适用情况
				所用基本参量	其他参量	
4	弹道极限速度	玻璃纤维层合板	$v_{50}=\frac{0.07(1-\mu^2)\sigma_T(3.5h_0+0.6d)(5h_0+1.2d)^2}{(mEh_0^3)^{1/2}}$	靶体材料泊松比 μ 靶体材料动态屈服强度 σ_T 破片直径 d 破片质量 m 靶体材料弹性模量 E	塞块高度 h_0	适用于弹丸垂直侵彻有限厚度正交各向异性纤维层合材料，其中弹丸是刚性体，侵彻过程中无质量损失。 直径分别为 4.76 mm 和 6.35 mm 的平头弹丸侵彻正交纤维层合靶板时，与试验值对比平均误差分别为 -11.2% 和 -3.8%
5	剩余速度	超高强聚乙烯纤维板	$v_r=(v_0^n-(k_1\rho_{AD}+k_2)^n)^{1/n}$ $n=1.3916\exp(0.0505\rho_{AD})$	靶体面密度 ρ_{AD} 破片初速度 v_0	试验系数 k_1、k_2	适用于立方体破片侵彻高强聚乙烯纤维，撞击速度范围为 600～1 800 m/s
6	弹道极限速度	玻璃钢和PVC泡沫夹芯板	$v_r=\left(\frac{2E_{pi}}{G}\right)^{1/2}$ $E_{pi}=\varphi E_f$	破片质量 G	动态增强因子 Φ 准静态试验时纤维的局部断裂吸能 E_f 靶体的整体变形能 E_{pi}	适用于半球形和锥形弹丸侵彻复合材料夹芯板

续表

序号	计算输出参量	靶体材料	计算公式	公式输入参量		适用情况
				所用基本参量	其他参量	
6	弹道极限速度	玻璃钢和PVC泡沫夹芯板	$v_r=\left(\frac{2E_{pi}}{G}\right)^{1/2}$ $E_{pi}=\varphi E_f$	破片质量 G	动态增强因子 Φ 准静态试验时纤维的局部断裂吸能 E_f 靶体的整体变形能 E_{pi}	直径为10.5 mm的半球形和锥形弹丸以305 m/s速度侵彻不同厚度0.3 m方形玻璃钢/H130泡沫芯夹层板的误差分别小于6.69%和5.81%；直径为45 mm的半球形和锥形弹丸以102 m/s速度侵彻不同厚度0.9 m方形玻璃钢/H130泡沫芯夹层的误差分别小于4.06%和8.46%
7	剩余速度	纤维增强复合材料板	$v_{50}=\frac{\pi\sqrt{\rho_t\sigma_e}D^2T}{2m_p}\left[1+\sqrt{1+\frac{2m_p}{\pi\rho_t D^2T}}\right]$	靶体材料密度 ρ_t 破片直径 D 破片质量 m_p 靶体厚度 T	靶体材料沿厚度方向的弹性极限 σ_e	适用于柱形破片垂直侵彻纤维增强复合材料板。破片侵彻GRF层压板，当速度在200～700 m/s，且0.5 < T/D < 2.5时，与试验值对比误差较小

表 6-4　破片对金属板结构毁伤效应分析模型输入/输出参量

毁伤元类型	靶体类型	毁伤效应输入		毁伤效应输出
		参量	量纲	
破片	纤维增强复合材料	破片尺寸	长度	弹道极限速度 破片剩余速度
		破片质量	质量	
		破片初速度	速度（长度/时间）	
		靶体厚度	长度	
		破片材料密度	密度（质量/长度^3）	
		靶体材料密度	密度（质量/长度^3）	
		靶体面密度	面密度（质量/长度^2）	
		靶体材料泊松比	—	
		靶体材料动态屈服强度	压强（质量/长度/时间^2）	
		靶体材料弹性模量	压强（质量/长度/时间^2）	
		靶体材料极限强度	压强（质量/长度/时间^2）	

6.2.3　破片对复合结构靶体毁伤效应

二战后期，针对装甲及个体目标，战场武器毁伤威力大幅提升，且毁伤模式趋于多样化，任何一种材料在特定空间和一定质量限定下，都无法完全满足对任意毁伤元高性能防护的要求，具有不同防弹功能面板的有机组合成为防护结构的首选，最具代表的是20世纪60年代大范围应用的陶瓷复合装甲和双硬度钢。相应的复合结构弹道冲击机理研究始于其后，Florence（1969）最先提出了一种针对刚体弹丸侵彻双层复合装甲的分析模型，可以预估侵彻弹体的弹道极限，也成为后来众多分析模型的基础，此分析模型如下：

$$v_p = \sqrt{\frac{\sigma_2 \varepsilon_2 h_2}{0.91 m_p f(a)}} \tag{6-11}$$

$$f(a) = \frac{m_p}{[m_p + (h_1\rho_1 + h_2\rho_2)\pi a^2]\pi a^2} \tag{6-12}$$

$$a = a_p + 2h_1 \tag{6-13}$$

式中：v_p——侵彻复合装甲的弹道极限速度；

m_p——弹体质量；

a_p——弹体半径；

h_1——陶瓷面板厚度；

h_2——背板厚度；

ρ_1——陶瓷面板材料密度；

ρ_2——背板材料密度；

σ_1——陶瓷面板材料最大拉伸强度；

σ_2——背板材料最大拉伸强度；

ε_1——陶瓷面板材料失效应变；

ε_2——背板材料失效应变。

式中各参量下标1和2分别表示复合装甲中的陶瓷和背板，Florence弹道侵彻模型的原理如图6-2所示。

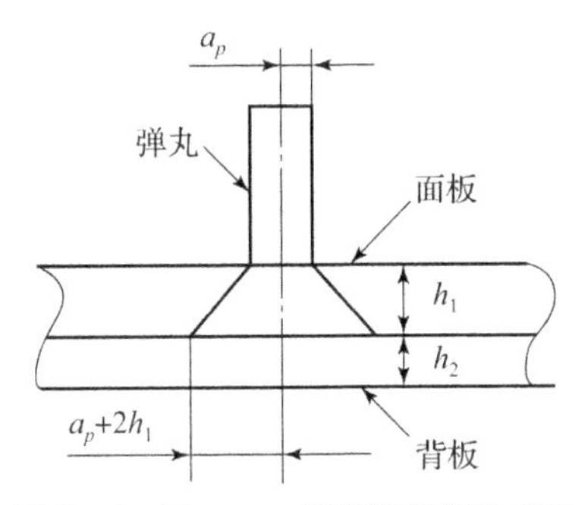

图6-2 Florence弹道侵彻模型原理

试验证明，当侵彻体垂直侵彻面板厚度与弹体直径相当的陶瓷/金属靶板时，Florence冲击模型与试验结果吻合较好；随后，Ben-Dor等（2000）通过引入一个系数α对Florence模型加以修正，修正后模型变为

$$v_p=\sqrt{\frac{\alpha\sigma_2\varepsilon_2h_2}{0.91m_pf(a)}} \tag{6-14}$$

式中，α——试验拟合系数，可通过试验获得。

由此可见，原来的Florence侵彻模型为新模型中$\alpha=1$时的特殊情况。

21世纪以来，在强烈军事需求的推动下，防护工程科学技术迅猛发展，新材料的推陈出新也推动了复合结构装甲的发展与完善，促进了装甲防护能力大幅提高，国内外相应的复合结构弹道侵彻研究也更加广泛。在理论分析方面，Zaera（1998）基于Tate和Alekseevski所建立的弹体对陶瓷侵彻计算模型，推导出弹体侵彻钢/陶瓷复合结构的分析模型。并通过弹道试验验证该分析模型的可靠性。Benloulo（1998）提出了陶瓷/复合装甲抗弹体侵彻的一维解析模型，并通过弹道试验和数值模拟验证了该分析模型的正确性。Naik（2013）

在波动理论的基础上，建立了陶瓷复合装甲抗弹体侵彻性能分析模型，指出弹体速度和接触力是时间的函数，并给出了弹道极限速度、接触时间和损伤级数的关系；杜忠华等（2003）根据能量守恒定律，推导出弹体对陶瓷复合装甲侵彻的弹道极限速度计算模型：

$$v_{50} = \exp\frac{6c_p h_c - 2a_p}{l_0}\sqrt{\frac{\varepsilon_r \sigma_{sf} h_f}{0.91 m_p f(a)} + \frac{\varepsilon_r \sigma_{sf} h_b D^2}{2m_p}} \tag{6-15}$$

$$f(a) = \frac{m_p}{[m_p + m_c + m_m \pi a^2]\pi a^2} \tag{6-16}$$

式中：v_{50}——弹体的弹道极限速度；

h_c——陶瓷厚度；

a_p——弹体直径；

l_0——弹体长度；

ε_r——纤维材料的最大破坏应变；

σ_{sf}——材料的抗压强度；

h_f——纤维板的厚度；

m_p——第一阶段结束时弹丸的剩余质量；

m_c——破碎陶瓷锥角的质量；

m_m——纤维板面密度；

h_b——钢板厚度；

D——靶板成坑直径；

a——破碎陶瓷锥角的半径；

c_p——弹体材料塑性波速，$c_p = \sqrt{E_t/\rho_p}$，其中 E_t 和 ρ_p 分别为弹体材料塑性硬化模量和密度。

此外，Gonçalves 等（2004）对陶瓷/金属板抗弹体侵彻性能进行了理论分析，建立了可计算破片损失质量、速度及背板挠度的计算模型，并通过试验验证了模型的可靠性；Fernández - Fdz 等（2008）通过融合人工神经网络提出了一种破片对陶瓷/金属侵彻性能计算方法，可预估侵彻体侵蚀及贯穿后剩余质量和速度。

在此，将破片对复合结构靶体毁伤效应分析模型汇总于表 6 - 5 中，并详细列出各个计算模型的公式形式、输入/输出参量以及适用情况，可为其他研究提供参考和借鉴；并基于上述计算模型，归纳得到破片对复合结构靶体毁伤效应计算的输入/输出参量，列于表 6 - 6 中，为后续的毁伤效能评估软件框架及毁伤效应接口设计提供支撑。

表 6－5　破片对复合结构靶板毁伤效应分析模型

<table>
<tr><th rowspan="2">序号</th><th rowspan="2">计算输出参量</th><th rowspan="2">计算公式</th><th colspan="2">公式输入参量</th><th rowspan="2">适用情况</th></tr>
<tr><th>所用基本参量</th><th>其他参量</th></tr>
<tr><td>1</td><td>弹道极限速度</td><td>$v_{50} = k_1 \times \left(\frac{h_c}{d_p}\right)^{k_2} \times \left(\frac{h_f}{d_p}\right)^{k_3}$</td><td>陶瓷板厚度 h_c
超高分子量聚乙烯板厚度 h_f
破片直径 d_p</td><td>拟合系数 k_1、k_2、k_3</td><td>适用于钨合金球形破片侵彻贯穿陶瓷/超高强聚乙烯纤维靶板。
适用参数范围：$0.53 < h_c/d_p < 1.52$ 和 $v < 1\,200$ m/s</td></tr>
<tr><td>2</td><td>弹道极限速度</td><td>$v_{50} = \exp\frac{6c_p h_c - 2a_p}{l_0}\sqrt{\frac{\varepsilon_r \sigma_{sf} h_f}{0.91 m_p f(a)} + \frac{\varepsilon_r \sigma_{sf} h_b D^2}{2m_p}}$
$f(a) = \frac{m_p}{[m_p + m_c + m_m \pi a^2]\pi a^2}$
$c_p = \sqrt{E_t/\rho_p}$</td><td>陶瓷板厚度 h_c
破片直径 a_p
破片长度 l_0
纤维板厚度 h_f
钢板厚度 h_b
破片材料密度 ρ_p
纤维板面密度 m_m
材料的抗压强度 σ_{sf}
破片材料塑性硬化模量 E_t 纤维材料的极限应变 ε_r</td><td>第一阶段结束时弹丸的剩余质量 m_p
破碎陶瓷锥角的质量 m_c
靶板的成坑直径 D
破碎陶瓷锥角的半径 a</td><td>适用于破片垂直侵彻有限厚陶瓷/玻璃纤维/装甲钢复合靶板。
适用参数范围：破片速度范围为 1 000 ~ 2 200 m/s</td></tr>
</table>

续表

序号	计算输出参量	计算公式	公式输入参量		适用情况
			所用基本参量	其他参量	
3	弹道极限速度	$v_{50}=\sqrt{\dfrac{\alpha\sigma_2\varepsilon_2h_2}{0.91m_pf(a)}}$ $f(a)=\dfrac{m_p}{[m_p+(h_1\rho_1+h_2\rho_2)\pi a^2]\pi a^2}$ $a=a_p+2h_1$	破片质量 m_p 破片半径 a_p 陶瓷面板厚度 h_1 背板厚度 h_2 陶瓷面板材料密度ρ_1 背板材料密度ρ_2 陶瓷面板材料抗拉强度σ_1 背板材料抗拉强度σ_2 陶瓷面板材料极限应变ε_1 背板材料极限应变ε_2	修正系数 α	适用于陶瓷/金属靶板

续表

序号	计算输出参量	计算公式	公式输入参量		适用情况
			所用基本参量	其他参量	
4	弹道极限速度	$v_{50}=\sqrt{\frac{2\pi d^2 h_c Y_s}{m_p}+\frac{\pi D_B h_f^2 \sigma_{YS}}{m_p}+\frac{\pi\sigma_{sd} h_b^2 D}{m_p}}$ $D_B=(1.5\sim1.8)d$ $D\approx1.8d$	破片质量 m_p 破片直径 d 陶瓷板厚度 h_c 陶瓷板材料动态抗力 Y_s 纤维板垂直板面方向极限强度 σ_{YS} 纤维板厚度 h_f 钢板厚度 h_b 钢板材料动态屈服强度 σ_{sd}	—	适用于破片垂直侵彻有限厚陶瓷/玻璃纤维板/装甲钢复合靶板。 适用参数范围：破片速度范围为1 000～3 000 m/s
5	弹道极限速度	$v_{50}=k_1 h_c+k_2 h_s+k_3$	陶瓷面板厚度 h_c 背板厚度 h_s	拟合系数 k_1、k_2、k_3	适用于10g FSP侵彻装甲陶瓷（99陶瓷）/船用钢（Q235）。 适用参数范围：试验速度范围为800～1 200 m/s

表 6-6　破片对复合结构靶体毁伤效应分析模型输入/输出参量

毁伤元类型	靶体类型	毁伤效应输入		毁伤效应输出
		参量	量纲	
破片	复合结构靶体	破片尺寸	长度	弹道极限速度，破片剩余速度
		破片质量	质量	
		复合靶板各组元厚度	长度	
		破片材料密度	密度（质量/长度^3）	
		复合靶板各组元材料密度	密度（质量/长度^3）	
		复合靶板各组元材料面密度	面密度（质量/长度^2）	
		破片材料硬化模量	压强（质量/长度/时间^2）	
		复合靶板各组元材料抗压强度	压强（质量/长度/时间^2）	
		复合靶板各组元材料抗拉强度	压强（质量/长度/时间^2）	
		复合靶板各组元材料极限应变	—	
		钢板材料动态屈服强度	压强（质量/长度/时间^2）	
		纤维板垂直板面方向极限强度	压强（质量/长度/时间^2）	
		陶瓷板材料动态极限强度	压强（质量/长度/时间^2）	

6.2.4　破片对带壳装药的毁伤效应

破片因具有较高的动能可以冲击起爆战斗部，是反导弹药最为常用的毁伤模式。针对炸药冲击起爆机理，20 世纪 50 年代，英国学者 Bowden 和 Yaffe（1952）首先提出和阐述了非均质炸药冲击起爆中“热点”概念，他们认为某些炸药以各种形式受到冲击后（如撞击、冲击波等），冲击波到达密度间断处就可以突然形成局部高温区域，这个区域称为热点；Campbell 等（1961）最早提出，当冲击波进入非均质炸药后，在初始波阵面后面，炸药首先受冲击整体加热，然后发生化学反应，并通过著名的平面冲击波起爆实验观察到相关现象，阐述了非均质炸药冲击起爆理论，奠定了非均质炸药起爆的理论根据；德列明（1963）用电磁方法测定了起爆区中的质点速度，证明了 Campbell 等关于非均质炸药的起爆理论；Gettings（1965）研究了薄铝飞片撞击下 PBX－9404 炸药的起爆行为，发现炸药是否起爆同入射冲击波压力和持续时间两个因素相关；Ramsay 和 Popolate（1965）引入临界压力概念，提出了适用于大面积、厚飞片的一维持续脉冲冲击起爆判据：

$$P^b X = B \tag{6-17}$$

式中：P——撞击压力；

B——常数，通过试验获得；

X——与压力有关的临界炸药厚度，即冲击波增长为爆轰波的距离。

Walder 和 Wasle（1969）用平面波装置研究了 LX－04 和 TNT 炸药的起爆行为，根据能量守恒定律提出了一维短脉冲飞片冲击非均匀炸药的起爆判据：

$$P^2 \tau = 常数 \tag{6-18}$$

式中：τ——压力脉冲作用时间。

该公式一直沿用至今，也成为后来众多冲击起爆判据的基础。

出于反导武器系统研究的需要，带壳装药的冲击引爆机理研究起源于 20 世纪 60 年代，但开展研究远远少于裸装药，且多以试验研究获得相应判据为主；如：皮克汀尼兵工厂（Picatinny Arsenal）（1965）根据理论研究和试验建立了预测带壳装药被破片撞击引爆的分析模型：

$$V_b = \left[\frac{K_f \exp(k_1 \times t_a / m^{\frac{1}{3}})}{m^{\frac{2}{3}}(1 + k_2 \times t_a / m^{\frac{1}{3}})}\right]^{\frac{1}{2}} \tag{6-19}$$

式中：K_f——炸药感度常数；

t_a——靶板厚度；

V_b——临界起爆撞击速度；

m——破片质量；

k_1，k_2——试验系数，可通过试验获得。

Rosland 等（1973）通过试验研究发现圆柱形平头钢射弹正向撞击带钢盖板 Comp. B 炸药引发爆轰的阈值速度随盖板厚度变化近似呈线性关系的规律；因此，可以用 $Vd^{1/2} = A + Bh/d$ 计算临界起爆条件；对于不同头部形状的弹体冲击引爆问题，Jacob 提出了相应的计算模型如下：

$$Vd^{1/2} = (1+k)(A + Bh/d) \tag{6-20}$$

式中：d——破片直径；

h——靶板厚度；

A、B——试验系数，可通过试验获得；

k——弹体头部形状系数，当射弹为平头时，$k=0$。

Ball 和 Vantine 等（1981）研究了平头和圆头钢弹体对不同壳体屏蔽装药的冲击引爆效应，并给出了试验和计算结果；Green（1981）考虑到冲击波阵面旁侧稀疏波影响，提出一种小直径柱形弹体对屏蔽装药冲击引爆的简单计算方法，计算结果与试验结果吻合较好；Howe（1985）针对剪切效应引爆问题用长径比为 1 的圆柱形钢弹撞击引爆壳体厚度为 1.03 cm 钢盖板的 B 炸药，发现盖板冲塞阈值与炸药点火阈值一致，由此推论炸药反应是由于塞子的侵入引起的；英国皇家军械研究发展中心（1985）进行了 ϕ12.7 mm × 12.7 mm 破片撞击带壳装药试验，把炸药响应程度分为 0 ~ 4 共 5 个等级，得到了引发 B 炸药、TNT 等发生 4 级爆轰反应的最小撞击速度。

国内在该方面的研究起步于 20 世纪 90 年代，主要针对具体工程实际问题开展研究，如：美籍华人周培基（1991）分别采用冲击引爆和宏观剪切作用两种机制计算了 ϕ12.7 mm 平头圆柱钢破片撞击 14 mm 厚钢盖板屏蔽 PBX－9404 炸药（ϕ40 mm）的引爆过程；方青（1997）根据 Jacob 判据建立了破片斜撞击带盖板炸药引发爆轰的判据：

$$Vd^{1/2} = (1+k)(A + Bh/(d\cos\theta)) \tag{6-21}$$

式中：d——破片直径；

h——靶板厚度；

A、B——试验系数；

k——头部形状系数，当破片为平头时，$k=0$；

θ——破片飞行方向与盖板法线方向的夹角。

于宪峰（1997）在上述研究基础上，针对预制破片引爆导弹战斗部进行了理论分析和试验研究，结合试验数据、破片对带盖板装药引爆机理和数值计算结果，拟合出适用范围更广的引爆判据模型：

$$V_b = K_1 \times K_2 \times (1+K_3) \times \left(\frac{1}{\sqrt{d}} + \frac{K_4 T}{\sqrt{d^3}}\right) \tag{6-22}$$

式中：K_1——与炸药起爆能量有关参量；

K_2——与破片材料有关参量；

K_3——与破片形状有关参量；

K_4——与壳体材料有关参量；

d——破片直径；

T——战斗部装药壳体厚度。

方青（2001）在周培基研究基础上通过试验认为破片侵彻带盖板（软制或硬质）炸药过程中，冲击波是引发爆轰的主控机制，在一定条件下宏观剪切机制也起一定作用；此外，李卫星（1994）在DYNA程序中加入了炸药冲击起爆模型，针对不同材质（钨、钢）、不同形状（圆柱形、球形）、不同质量破片对不同厚度壳体屏蔽装药的冲击引爆进行了计算，得到了各参量对装药引爆作用过程的影响关系。此外，董小瑞（1997）就破片对屏蔽B炸药的撞击引爆进行了理论分析和试验研究，并给出了屏蔽B炸药临界起爆能量和临界起爆压力；洪建华（2004）就杀伤破片侵彻击穿和引爆靶弹的毁伤机理进行了分析与研究，得出了具有一定通用性的引爆速度阈值计算模型，并通过试验验证了其正确性和可行性；黄静（2004）就钨合金破片撞击复合靶后装药的引爆进行了试验研究，得到了钨合金破片动能下降较快及发生破裂是未能起爆装药的一个主要原因；陈海利（2006）对破片高速冲击铝壳屏蔽炸药的引爆问题进行了二维数值模拟，得到了破片对Octol炸药的临界冲击起爆速度；宋浦（2006）就破片对柱壳装药的撞击毁伤进行了相关试验研究，与常用的工程判据进行了对比，给出了破片对柱壳装药可能毁伤的阈值范围；李园（2007）、马晓飞（2009）结合坦克装甲车辆主动防护系统的研究就钢制破片引爆薄壳装药（8701、B炸药）进行了试验，并建出了毁伤准则计算模型。

在此，将破片对带壳屏蔽装药冲击起爆毁伤效应分析模型汇总于表6-7，并详细列出各个计算模型的公式形式、输入/输出参量以及适用情况，可为其他研究提供参考和借鉴；并基于上述公式，归纳得到破片对带壳装药冲击起爆毁伤效应计算输入/输出参量，列于表6-8中，可为后续基于中间件的毁伤效应多算子插拔式共架设计提供支撑。

表 6-7　破片对带壳装药的冲击起爆毁伤效应分析模型

序号	计算输出参量	计算公式	公式输入参量		适用情况
			所用基本参量	其他参量	
1	冲击起爆临界速度	$V_b = \left[\frac{K_f \exp(k_1 \times t_a/m^{\frac{1}{3}})}{m^{\frac{2}{3}}(1 + k_2 \times t_a/m^{\frac{1}{3}})}\right]^{\frac{1}{2}}$	靶板厚度 t_a 破片质量 m	炸药感度常数 K_f 系数 k_1、k_2	适用于小质量规则破片垂直撞击平面带壳装药的起爆阈值计算
2	冲击起爆临界速度	$V_b = \left[\frac{K_f \exp(k_1 \times t_a/m^{\frac{1}{3}})}{m^{\frac{2}{3}}(1 + k_2 \times t_a/m^{\frac{1}{3}})}\right]^{\frac{1}{2}}$ $[1 + (k_3 + k_4 e^{\frac{\sin\theta}{k_5}})(k_6 + k_7 e^{\frac{t_a}{k_8 r}})]$	壳体厚度 t_a 破片质量 m 破片着角 θ	拟合系数 k_1、k_2、k_3、k_4、k_5、k_6、k_7、k_8 装药曲率半径 r	适用于起爆柱面带壳装药临界破片速度，与试验值、数值计算值误差小于7%
3	冲击起爆临界速度	$Vd^{1/2} = (1 + k)(A + Bh/d)$	破片直径 d 靶板厚度 h	头部形状系数 k 拟合系数 A、B	适用于破片正向撞击带钢盖板的 Comp. B 炸药
4	冲击起爆临界速度	$V_{cr}^2 = V_0^2 \frac{e^{\alpha T/d_p}}{1 + \beta T/d_p}$	壳体厚度 T 破片直径 d_p	相同破片引爆裸装药临界速度 V_0 与破片及壳体材料有关的系数 α、β	适用于破片冲击引爆带壳炸药，对钢质破片撞击钢质壳体屏蔽的 B 炸药，α 取 2.66、β 取 1.64

续表

序号	计算输出参量	计算公式	公式输入参量		适用情况
			所用基本参量	其他参量	
5	冲击起爆临界速度	$Va^{1/2}=(1+k)(A+Bh/(d\cos\theta))$	破片直径 d 靶板厚度 h 破片着角 θ	头部形状系数 k 拟合系数 A、B	适用于破片撞击带钢盖板屏蔽的 Comp. B 炸药
6	冲击起爆临界速度	$V_b=K_1\times K_2\times(1+K_3)\times\left(\frac{1}{\sqrt{d}}+\frac{K_4T}{\sqrt{d^3}}\right)$	破片直径 d 战斗部装药壳体厚度 T	与炸药起爆能量有关参量 K_1 与破片材料有关参量 K_2 与破片形状有关参量 K_3 与壳体材料有关参量 K_4	适用于长径比 $D/L=1$ 的钢质破片冲击起爆屏蔽炸药，炸药外屏蔽的材料为钢和复合材料
7	冲击起爆临界速度	$V_b=k^{e^{-T/d_p}}\sqrt{\frac{I_{cr}}{d_p}}\left(1+\sqrt{\frac{\rho_e}{\rho_p}}\right)\sqrt{\frac{1+\alpha T/d_p}{e^{\beta T/d_p}}}$ $I_{cr}=u^2d_p$	破片直径 d_p 装药密度 ρ_e 破片材料密度 ρ_p 炸药壳体厚度 T	破片头部形状系数 k 侵彻速度 u 考虑破片材料经验参数 α 考虑壳体材料经验参数 β	适用于破片冲击引爆带壳炸药

表 6-8 破片对带壳装药毁伤效应分析模型输入/输出参量

毁伤元类型	结构类型	毁伤效应输入		毁伤效应输出
		参量	量纲	
破片	壳体屏蔽装药	破片尺寸	长度	冲击起爆临界速度
		破片质量	质量	
		破片着角	度	
		破片材料密度	密度（质量/长度^3）	
		壳体厚度	长度	
		装药密度	密度（质量/长度^3）	
		壳体材料强度	压强（质量/长度/时间^2）	

6.3 冲击波毁伤效应

冲击波是战场上另一种常见的毁伤元，只要有炸药的弹药战斗部爆炸就会产生冲击波。在冲击波对目标结构毁伤效应模型方面，国内外开展了大量的研究工作，建立了多个分析模型，但因为目标结构的复杂性，毁伤效应模型多针对简单板架结构开展。在爆炸冲击波对固支梁毁伤效应研究方面，Menkes 等（1973）通过实验发现了爆炸荷载作用下固支梁的三种失效模式：塑性大变形失效模式、端部拉伸撕裂失效模式和剪切破坏失效模式；在这三种破坏模式中，较轻的破坏形式为塑性大变形失效；最严重的破坏形式则是端部剪切破坏；爆炸载荷作用下固支梁的三种失效模式为后来科研人员研究爆炸冲击波对薄板结构毁伤效应奠定了基础。在爆炸冲击波对薄板结构毁伤效应研究方面，Nurick 团队（1989，1989，1996，1996，2007，2017）对固支方薄板和圆薄板在爆炸载荷作用下的永久变形和撕裂现象进行大量的试验研究，掌握了板的尺寸以及边界条件对变形和撕裂的影响，并建立了圆薄板和方薄板挠厚比的计算模型，但此经验公式是在小当量（几克至几十克 TNT 当量）试验结果的基础上提出的，在大当量装药条件下仍待进一步验证；为此，Yuan 等（2008）开展了大当量装药空爆下低碳钢方形板的毁伤效应试验，结合小当量试验结果，对式中冲量比例因子系数进行了修正；Houlstonlle（1989，1985，1987）对非接触爆炸作用下加筋板结构的动态响应和挠度变形进行了大量试验和数值模拟，讨论了空爆作用下爆炸冲击波产生的反射作用对加筋板结构动态响应的相关影响；同时，还对此种情况下加筋板变形计算模型进行了研究。Langdon 等（2015）分析比较了低碳钢、装甲钢、铝合金几种材料在近距离空爆载荷下的破坏效应，通过试验研究表明，这些金属材料破坏模式存在差别明显，各不相同，低碳钢的破坏模式为拉伸断裂破坏，装甲钢的破坏模式为碎裂破坏，而铝合金的破坏模式为材料熔化向四周喷射使该区域板厚减薄后产生花瓣形破坏且最容易产生破口破坏，低碳钢与装甲钢结构抗撕裂破口破坏能力相当。不同种类的金属钢具有不同的材料力学性能（如强度、韧性、模量等），同时伴有应变率效应，而上述理论分析模型通常是对确定材料的板架结构通过试验研究获得，这就决定了其很难适用于其他材料以及结构毁伤效应分析；因此，现有计算模型均具有一定的适用范围。

因战场上目标结构且各不相同，不同结构在冲击波作用下的动力学响应和毁伤模式也不尽相同。在此，仅将冲击波对薄金属板结构的毁伤效应分析模型汇总于表 6－8 中，并详细列出计算模型的公式形式、输入/输出参量以及适用情况（包括适用的靶板材料，靶板厚度和 TNT 当量），可为其他研究提供参考和借鉴；并基于上述公式，归纳得到冲击波对薄金属板结构毁伤效应计算的输入/输出参量，列于表 6－9 中；该方面的研究也可为其他冲击波毁伤效应模型归纳提供参考和借鉴。

表 6-8　冲击波对固支薄金属板毁伤效应分析模型

序号	计算输出参量	计算公式	公式输入参量		适用情况
			所用基本参量	其他参量	
1	靶板不同处的应变值	边界总应变：$\varepsilon_0=\frac{1}{4}\theta_0+\frac{1}{2}\theta_0^2$ 边界内总应变场： $\varepsilon=\begin{cases}\frac{1}{2}\left[1-\left(\frac{l}{L}\right)^n\right], & L>l>L_1\\ \frac{1}{2}\frac{H}{L_1}\theta_0+\frac{1}{2}\left[1-\left(\frac{L_1}{L}\right)^n\frac{1-\frac{1}{2}\theta_0^2}{1-\frac{1}{2}\left(\frac{l}{L_1}\right)^2\theta_0^2}\right], & l\leqslant L_1\end{cases}$ $L_1=2\left(L-\frac{W_m}{\theta_0}\right)\frac{h}{H}=1-\frac{1}{2}\theta_0^2$	靶板边界半长 L 靶板厚度 H	边界转角 θ_0（试验测定） 最大残余挠度 W_m（试验测定） 锥顶平台边长 l	适用情况：四边完全固支方板，非接触爆炸情况，破坏模式考虑大变形拉伸和弯曲破坏，忽略剪切应变。 试验验证条件：靶板为低碳钢和铝，板面尺寸：15 cm × 15 cm，厚度：1.4 mm、2.94 mm、5.00 mm、6.75 mm；炸药为 600 g 柱状 TNT，直径 10 cm，高度 5 cm，模型计算结果与试验结果误差小于 9%
2	破裂临界压力	$P_{cr}=\frac{1}{2A}\left(B+\sqrt{B^2-4AC}\right)\cdot P_c$ 当 $t_d>0.4T_n$ 时 $\begin{cases}A=2+\frac{2}{(\omega_n t_d)^2}-\frac{\pi}{\omega_n t_d}\\ B=4-\frac{\pi}{\omega_n t_d}+K\left[-\frac{1}{4}+\sqrt{\frac{1}{16}+2E_c}\right]\\ C=2+K\left[-\frac{1}{4}+\sqrt{\frac{1}{16}+2E_c}\right]\end{cases}$ 当 $t_d\leqslant 0.4T_n$ 时 $\begin{cases}A=1+2\frac{1-\cos\ {}_{n}t_d}{(\omega_n t_d)^2}-2\frac{\sin\omega_n t_d}{\omega_n t_d}\\ B=2\left(\frac{\sin\omega_n t_d}{\omega_n t_d}-1\right)\\ C=1-\left[K\left(-\frac{1}{4}+\sqrt{\frac{1}{16}+2E_c}\right)+1\right]^2\end{cases}$ $\eta=\frac{P_0}{P_c}$，$P_c=\frac{12M_0}{L^2}$，$K=\frac{L}{H}-\frac{1}{2}\frac{L_1}{H}$，$T_n=\frac{2\pi}{\omega_n}$，$\omega_n=\frac{1}{L}\sqrt{\frac{6\sigma'_0}{\rho}}$	靶板边界半长 L 靶板材料密度 ρ 靶板材料屈服强度 σ'_0	载荷作用时间 t_b 板单位宽度上的极限弯曲力矩 M_0	适用情况：四边固支方板的非接触爆炸

续表

序号	计算输出参量	计算公式	公式输入参量		适用情况
			所用基本参量	其他参量	
3	接触爆炸破口尺寸	$L=\frac{l_c}{\cos\theta}$ $t_c^2=\frac{0.18\cdot\rho\cdot t}{M}\ l_c^3$，$\theta=\frac{\pi}{n}$ $\frac{1}{2}\pi t\rho v_0^2 r_p^2=W+\int_{r_{p1}}^{t_c}\left[\frac{3.84M_0\delta_t^{\frac{1}{3}}R^{\frac{2}{3}}\dot{l}\ (\sin\theta)^{\frac{4}{3}}}{t\cos\theta}+\frac{2M\dot{l}l\tan\theta}{R}\right]d\tau$	靶板厚度 t 靶板材料密度 ρ	绞线最终位移 l_c 花瓣半顶角 θ 花瓣数 n 裂纹停止扩展的时刻 t_c 花瓣塑性弯矩 M 柱状炸药与圆板接触半径 r_p 靶板初始速度 v_0	适用情况：基于能量守恒原理，适用于刚塑性圆板柱状炸药接触爆炸。 试验验证条件：半径为50 mm，厚度为 1.6 mm 的圆形平板，平板屈服应力为 330 MPa，极限应变为 0.3。装药与板的接触半径为 12.5 mm；装药：5 g、6 g、8 g、10 g 圆柱形装药，模型计算结果与试验结果误差小于4%
4	空爆接触爆炸破口尺寸	$R_d=6.4\alpha Q^{0.38}/t$	靶板厚度 t 装药质量 Q	结构特征系数 α	适用情况：接触爆炸，不考虑裂纹的扩展受板架的加强形式、板架的连接方式以及残余应力的影响。 试验验证条件：无直接试验验证。但采用此公式对某大型非对称舰船的甲板和舷侧板架受到某型装药量为 43 kg 导弹攻击时的破口半径进行了计算，并与破口半径经验值进行对比，具有可用性，计算误差小于 29.4%

续表

序号	计算输出参量	计算公式	公式输入参量		适用情况
			所用基本参量	其他参量	
5	空爆加载下加筋板破口尺寸	$r=\dfrac{R(1-\cos\varphi)+0.5\bar{\delta}W_0/(R-r_0)}{\varepsilon_f+1-\cos\varphi}$ $W_0=\dfrac{-b_1+\sqrt{b_1^2-4a_1c_1}}{2a_1}$ $a_1=\left(\dfrac{2\pi R\overline{M_0}}{R-r_0}+2\pi\cdot\overline{M_0}\right)^2+\pi^2\bar{\delta}^2\sigma_0^2(R-r_0)^2$ $b_1=2\left[\pi\bar{\delta}\sigma_0(R-r_0)^2-\dfrac{1}{2}M\bar{v}^2\right]\cdot\left(\dfrac{2\pi R\overline{M_0}}{R-r_0}+2\pi\overline{M_0}\right)$ $c_1=[\pi\bar{\delta}\sigma_0(R-r_0)^2-M\bar{v}^2/2]^2-\pi^2\bar{\delta}^2\sigma_0^2(R-r_0)^4$ $\bar{\delta}=(LB\delta+\sum_{i=1}^{n}F_iL+\sum_{j=1}^{m}F_jB)/(LB)$ $D=\min\{L,B\}$，$R=\dfrac{D}{2}$ $\varphi<45°$时：$\varphi=\dfrac{W_0}{R-r_0}$ $\varphi>45°$时： $\dfrac{M\bar{v}^2}{2}=2\pi R\overline{M_0}\varphi+\pi\bar{\delta}\sigma_0(R-r_0)^2(1-\cos\varphi)+2\pi\overline{M_0}$ $\tan\varphi\left[(R-r_0)+\dfrac{R(1-\cos\varphi)}{\cos\varphi}\ln\dfrac{R}{R(1-\cos\varphi)+r_0\sin\varphi}\right]$ $\varepsilon_f=\left(\dfrac{R}{r}\right)(1-\cos\varphi)+\dfrac{1}{2}\dfrac{\bar{\delta}\sin\varphi}{R(1-\cos\varphi)+r\cos\varphi}$ $\overline{M_0}=\dfrac{M_0}{b},M_0=\sigma_0(S_1+S_2),M=\rho\cdot\pi\bar{\delta}(R^2-r_0^2)$ $\bar{v}=\dfrac{2\pi[A_1(R^2-r_0^2)/2+B_1(R-r_0)+C_1(\ln R-\ln r_0)]}{M}$	靶板长度 L 靶板宽度 B 靶板厚度 δ 纵向筋的数量 n 横向筋的数量 m 纵向筋的截面尺寸 F_i 横向筋的截面尺寸 F_j 靶板材料屈服强度 σ_0 靶板材料密度 ρ	靶板初始破口半径 r_0 筋间受拉部分面积形心对中轴的静力矩 S_1 筋间受压部分面积形心对中轴的静力矩 S_2 系数 A_1、B_1、C_1	适用情况：将船体加筋板按照体积相等原则简化为圆形板，以最大环向应变等于极限动应变为板架径向撕裂的判据，采用动量定理和能量守恒定理建立破口计算公式，适用于船体板架在空中接触爆炸作用下的破口计算。 试验验证条件：无直接验证试验。 通过与美国“斯塔克”号护卫舰和英国“勇敢”号驱逐舰的实船战损事例以及二战中的战损经验公式吉田隆公式进行比较，该公式理论计算值与战例中破口和吉田隆公式理论计算破口对比量级相同但结果均偏小

续表

序号	计算输出参量	计算公式	公式输入参量		适用情况
			所用基本参量	其他参量	
6	冲击波作用下（不加筋）舱壁结构的变形挠度	$AW_0^2+BW_0-C=0$ $W_0=\frac{-B-\sqrt{B^2+4AC}}{2A}$ $A=\frac{\pi^2\sigma_s h}{8}\left[\frac{b}{a}+\frac{a}{b}\right]$，$C=\frac{8ab}{\rho hH^2}A_i^2 m_e^{\frac{4}{3}}$ $B=\frac{8\sigma_s h^2}{4\sqrt{3}}\left[\frac{2b}{a}+\frac{a}{b}+\frac{1}{2\left[-\frac{a}{2b}+\sqrt{\frac{a^2}{4b^2}+\frac{3}{4}}\right]}\right]$	靶板半长 a 靶板半宽 b 靶板厚度 h 爆距 H 装药质量 m_e 靶板材料密度 ρ 靶板材料屈服强度 σ_s	系数 A_i	适用情况：采用能量守恒原理，考虑矩形板变形过程中的弯矩效应、膜力效应对变形的影响。基本假设：①钢为理想刚塑性材料，其弹性变形忽略不计；②结构计算模型范围内，爆炸产生的入射波同时到达结构表面，亦即钢板表面每一点的冲击参数随时间变化的函数一致；③爆炸冲击波载荷垂直均匀地作用在整个板面上。适用于空中非接触爆炸下四边固支矩形板变形挠度计算。 试验验证条件： 试验①：试验靶板有效尺寸为 508 mm × 508 mm，厚度为 1.5 mm 和 3.4 mm；装药悬浮于板中心的上方，模型计算结果与试验值对比误差小于 9.45%。 试验②：试验靶板：板面尺寸为 15 cm × 15 cm，厚度分别为 0.2 cm，0.3 cm，0.15 cm 三种，材料为静屈服极限为 $2353.68\times10^5\ N/m^2$ 的普通低碳钢；采用 600 g 柱状 TNT 炸药，直径 10 cm，高度 5 cm，通过调节炸药与试板间的距离，改变脉冲压力的幅值，模型计算结果与试验值对比误差小于 2.0%。 试验③：靶板为边长为 500 mm 的正方形 A3 钢板，厚度分别为 1 mm 和 2 mm；炸药采用长径比为 1:1 的 TNT 裸装圆柱形药柱，模型计算结果与试验值对比误差小于 10.93%

续表

序号	计算输出参量	计算公式	公式输入参量		适用情况
			所用基本参量	其他参量	
7	近距非接触空爆下固支方板破口尺寸	$r_c=\frac{l_c}{\cos\beta}$ $l_c=r_0+\left[\frac{E_k-U_{rb}-U_{\theta b}-U_{\theta t}-W_{cr}}{1.37\pi\sigma_0\eta^{0.4}h^{1.6}(\beta(\sin\beta)^{0.4}\cos\beta)^{-1}}\right]^{1/1.4}$ $d^2+r_0^2+\left(\frac{2A_iG^{4/3}\varepsilon_f^{0.5}}{\rho Lhm}\right)^{1/q}(d^2+r_0^2)^{1-\frac{1}{q}}-\frac{2A_i^2G^{4/3}}{\rho\sigma_0h^2\varepsilon_f}=0$ $E_k=\frac{2\pi A_i^2G^{\frac{4}{3}}}{\rho h}\ln[1+(L/d)^2]$ $U_{rb}=\int_0^{2\pi}\int_{r_0'}^{L}M_0\omega''r\mathrm{d}r\mathrm{d}\theta$, $U_{\theta b}=\int_0^{2\pi}\int_{r_0'}^{L}M_0K_\theta r\mathrm{d}r\mathrm{d}\theta$ $U_{\theta t}=\int_0^{2\pi}\int_0^{h}\int_{r_0'}^{L}\sigma_0\varepsilon_{\theta t}r\mathrm{d}r\mathrm{d}z\mathrm{d}\theta, \omega(r)=\omega_0\frac{\ln(L/r)}{\ln(L/r_0)}$ $\omega_0=[2Lr_0'(r_0'-r_0)/(L-r_0')]^{1/2}\ln(L/r_0')$ $W_{cr}=0.5\pi r_0^2h\rho V_{cr}^2$, $V_{cr}=1.89(\varepsilon_f\sigma_0/\rho)^{0.5}$ $\varepsilon_f=\ln(1+\delta_s)$, $r_0'=(1+\varepsilon_f)r_0$ $\eta=1+2\beta^2/h[2Lr_0'(r_0'-r_0)/(L-r_0')]^{1/2}$ $\beta=\pi/n$, $M_0=\sigma_0h^2/4$	方板半长 L 靶板厚度 h; 装药质量 G; 爆距 d; 靶板材料密度 ρ; 靶板材料屈服强度	靶板结构系数 A_i 靶板材料应变率系数 m、q 结构总动能 E_k 靶板材料平均流动应力 σ_0 靶板材料伸长率 δ_s 花瓣半顶角 β 花瓣数量 n 靶板材料失效应变 ε_f r 处的环向曲率 K_θ r 处的环向拉伸应变 $\varepsilon_{\theta t}$	适用情况：①塑性区域为圆形，将方板简化为圆板处理；②假设作用于结构的冲击波能转化为结构的初始动能具有合理性；③基于刚塑性假设和能量密度准则提出了确定结构初始破孔大小的计算方法，利用能量守恒原理得到最终破口的计算模型。适用于近距非接触空爆载荷作用下固支大尺寸方板破口计算。 试验验证条件： 试验靶板：700 mm × 700 mm × 4 mm 的 Q235 钢板，实际抗爆面积为 500 mm × 500 mm。静态试验测得材料参数：密度 ρ = 7 800 kg/m^3、泊松比 v = 0.30、杨氏模量 E = 210 GPa、硬化模量 E_h = 250 MPa、屈服应力 σ_s = 235 MPa、极限抗拉强度 σ_u = 400 ~ 490 MPa、伸长率 δ_s = 35%；炸药为 600 g 柱状 TNT，爆距为 58 mm，模型计算结果与试验值对比误差为 12.7%

续表

序号	计算输出参量	计算公式	公式输入参量		适用情况
			所用基本参量	其他参量	
8	空爆下加筋方板挠度	$D\omega_0^2+(A+B+C)\omega_3-k_e=0$ $A=\dfrac{\sqrt{3}\pi(a^2+b^2)+[illegible]ab}{2\sqrt{3}ab}h^2\sigma_s$ $B=\dfrac{\pi nlt^2}{4b}\sigma_s, C=\dfrac{\tau lt^2}{4b}\sigma_s\sum_{i=1}^{n}\cos\dfrac{\pi x_i}{a}$ $D=\dfrac{3\sqrt{3}\pi^2(a^2+b^2)+256ab}{32\sqrt{3}ab}h\sigma_s$ 空中爆炸时： 若 $t_+\leqslant T$：$k_e=8\dfrac{abA_i^2}{\rho[illegible]}Q^{\frac{4}{3}}r^{-2}$ 若 $t_+\geqslant T$：$k_e=\Delta P_m W ab$，$W=A_0\left(1+\cos\dfrac{\pi y}{a}\right)\left(1+\cos\dfrac{\pi y}{b}\right)$	靶板半长 a 靶板半宽 b 靶板厚度 h 靶板材料密度 ρ 靶板材料屈服强度 σ_s 装药质量 Q； 爆距 r 筋的截面尺寸 $l\times t$ 筋的数量 n	沿着 y 方向的 n 根矩形梁在 x 方向的位置 x_i 冲击波加载时间 t_+ 靶板自身振动周期 冲击波超压 ΔP_m 板架本身振动周期 T 系数 A_0、A_i	适用情况：适用非接触爆炸，四边固支单向加筋的船体板架结构。基本假设：①不考虑弹性变形，将板架结构当作钢塑性材料处理；②假设板架边界为四边固支；③假设冲击波载荷均匀作用于板架。 试验验证条件： 试验①：靶板结构：508 mm × 508 mm 的方形薄板，板材屈服极限为 260 MPa 和 285 MPa；炸药：药量为 14.5 kg，模型计算结果与试验值对比误差小于 4.5%。 试验①：靶板结构：4572 mm × 2 438 mm的矩形板架，加 4 条筋，各筋间隔距离为 914 mm，板架材料参数：E = 207 GPa，ρ = 7 772 kg/m^3，σ_s = 310 MPa，模型计算结果与试验值对比误差小于 2.0%

续表

序号	计算输出参量	计算公式	公式输入参量		适用情况
			所用基本参量	其他参量	
9	四边约束方形靶挠度公式	$\omega_0 = k\left(\frac{\omega_e}{\rho_e}\right)^{\frac{1}{3}} \frac{32ab\alpha r_e i_+}{\pi^3 h\sqrt{\sigma_Y \rho(a^2+b^2)}}$ $r_e = \begin{cases} \frac{\Delta P_1}{\Delta P_2} = 2 + \frac{6\Delta P_1}{\Delta P_1 + 7P_u}, & \Delta P_1 \leqslant 0.8\ \text{MPa} \\ 5, & 0.8\ \text{MPa} < \Delta P_1 \leqslant 5\ \text{MPa} \end{cases}$	靶板长度 a 靶板宽度 b 靶板厚度 h 靶板材料屈服强度 σ_Y 靶板材料密度 ρ 装药质量 ω_e	入射冲击波超压 ΔP_1 反射冲击波超压 ΔP_2 入射比冲量 i_+ 未扰动空气压力 P_u 系数 α、k 装药密度 ρ_e	适用情况：四边约束方形靶板，非接触爆炸。采用能量守恒原理，基本假设：①板为刚性理想塑性材料，爆炸冲击波载荷传给靶板的能量全部转化为板的动能和塑性变形能；②当板结构在爆炸冲击波作用下的塑性变形挠度达到几十倍板厚甚至更大时，忽略弯矩效应，只考虑膜力效应；③假定爆炸冲击波载荷垂直均匀地作用在整个板面上。 试验验证条件： 靶板：边长为 500 mm 的正方形 A3 钢板，厚度分别为 1 mm 和 2 mm；装药：长径比为1:1 的700 g 和1 100 gTNT 裸装圆柱形药柱，模型计算结果与试验值对比误差小于 9.0%
10	方形和圆形薄板（不加筋）挠厚比经验公式	$\frac{\delta}{t} = 0.446\varphi + 0.261$ 圆板：$\varphi = \frac{I(1+\ln(R/R_0))}{(1+\ln(S/R_0))\pi R t^2(\sigma\rho)^{0.5}}$ 方板：$\varphi = \frac{I(1+\ln(LB/\pi R_0{}^2))}{2t^2(1+\ln(S/R_0))(LB\sigma\rho)^{0.5}}$	靶板半径 R； 靶板厚度 t； 靶板材料密度 ρ； 靶板材料屈服强度 σ； 爆距 S；	装药半径 R_0； 冲击波冲量 I	适用情况：圆形和方形薄钢板，近距离非接触爆炸。 试验验证条件： 靶板：113 mm × 70 mm、89 mm × 89 mm 方形薄板和半径为 50 mm 的圆形薄板，厚度均为 1.6 mm，材料均为低碳钢；炸药：几克至几十克柱状炸药，爆距：13 mm≤S≤300 mm，模型计算结果与试验值对比误差为 12.0%

表 6-9　冲击波对结构毁伤效应分析模型输入/输出参量

毁伤元类型	结构类型	毁伤效应输入参量		毁伤效应输出量
		参量	量纲	
冲击波	固支单质钢板/固支加筋钢板	爆距	长度	板架中心的变形挠度 板架中心的变形破口半径
		装药质量	质量	
		靶板长度	长度	
		靶板宽度	长度	
		靶板半径	长度	
		靶板厚度	长度	
		靶板材料密度	密度（质量/长度^3）	
		靶板材料屈服强度	压强（质量/长度/时间^2）	
		冲击波超压	压强（质量/长度/时间^2）	
		比冲量	质量/长度/时间	
		筋的数量	—	
		筋的截面尺寸	长度	
		筋的位置	长度	

6.4　准静态压力毁伤效应

准静态压力是炸药装药在封闭或半封闭空间内爆炸，冲击波阶段结束后在空间内形成的相对稳定、变化缓慢且持续时间较长的压力载荷，主要对密闭空间内的设备、人员以及空间结构进行毁伤。准静态压力来源主要是爆轰产物及空气在爆炸热作用下导致温度升高后的气体热运动，同时伴随着爆轰产物的后燃烧效应。对于准静态压力毁伤计算关注重点包括准静态压力峰值计算模型以及准静态压力对目标结构的毁伤效应计算模型。在准静态压力峰值计算模型方面，Carlson（1945）通过试验得到准静态压力计算模型：

$$P_{QS} = k_1 \times (W/V) \tag{6-23}$$

式中：P_{QS}——准静态压力；

W——炸药当量；

V——密闭空间体积；

k_1——试验系数。

Weibull（1968）通过在球形、长方体、圆柱管道三种密闭环境中，将爆炸当量和体积的比 W/V 的范围在 0 ~ 5 kg/m³，在不同内部体积情况下，改变炸药当量，进行了一系列的试验。由试验结果拟合了准静态压力峰值的经验公式：

$$P_{QS} = k_1 \cdot (W/V)^{k_2} \tag{6-24}$$

式中：P_{QS}——准静态压力；

W——炸药当量；

V——密闭空间体积；

k_1、k_2——试验系数。

Baker（1983）对前人全封闭和局部受限空间爆炸试验成果进行更进一步研究，通过对 177 组实验数据分析，得到了经验公式：

$$\lg P_{QS} = k_1 + k_2 M + k_3 M^2 + k_4 M^3 + k_5 M^4 + k_6 M^5 + k_7 M^6 + k_8 M^7 \tag{6-25}$$

$$M = \lg\left(\frac{M}{V}\right) \tag{6-26}$$

式中：M——炸药当量；

V——密闭空间体积；

k_1、k_2、k_3、k_4、k_5、k_6、k_7、k_8——试验系数，其中 $k_1 = 0.307\ 59$，$k_2 = 0.518\ 15$，$k_3 = -0.1505\ 34$，$k_4 = 0.318\ 92$，$k_5 = 0.104\ 34$，$k_6 = -0.141\ 38$，$k_7 = -0.019\ 206$，$k_8 = 0.0214\ 86$。

Anderson 等（1983）对试验数据进行处理，认为随着爆炸当量和体积比 W/V 的增大，准静态压力峰值与 W/V 关系不再是线性的，由于随着炸药当量的增大，容器内没有足够的氧气与爆炸产物反应；因此，根据前人试验结果得到了式（6-27）的分段形式如下：

$$\begin{cases} P_{QS} = k_1 P_0 \left(\dfrac{E}{P_0 V}\right)^{k_2}, & \dfrac{E}{P_0 V} \leqslant 350 \\ P_{QS} = k_3 P_0 \left(\dfrac{E}{P_0 V}\right)^{k_4}, & \dfrac{E}{P_0 V} > 350 \end{cases} \tag{6-27}$$

式中：E——爆炸释放的总能量；

P_0——初始爆炸室内空气压力；

k_1、k_2、k_3、k_{48}——试验系数。

随着研究的不断深入，研究人员发现在密闭空间内炸药后燃烧反应对内爆准静态压力有较大影响，Fischer 等（2010）通过研究准静态压力和二次化学反应关系，发现提高氧气浓度能够增强 TNT 的后燃烧效应，从而增强准静态压力。后燃烧反应指的是炸药爆炸后形成的爆炸产物与空气中氧气结合，在爆炸高温作用下发生的燃烧反应，是炸药爆轰的后续效应，具有一定增压作用。根据 Bryan，Steward（2006）的研究结果，随着反应从左到右的进行，反应克服了活化能 E_a，转化为热力学能量更低的产物，在整个过程中内爆能量变化如图6－1 所示；这一过程可以分为两个步骤，第一步是爆轰过程，炸药爆炸形成爆轰产物，爆轰产物中有氧气生成，并释放了部分能量 ΔH_{det}；随着氧气加入，第二步开始了爆轰产物后燃烧过程，附加能量 ΔH_{det}被释放，整个过程中释放能量为 ΔH_c。

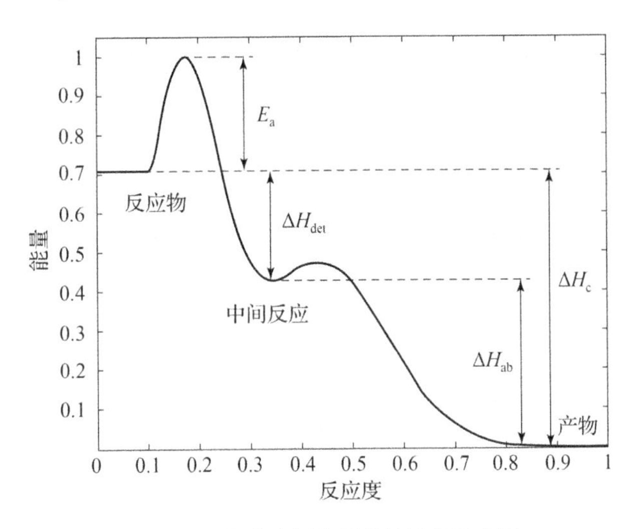

图6－3　炸药内爆能量释放过程示意图

从图6－3 可以看出，爆轰过程中释放能量 ΔH_{det}比爆轰产物后燃烧释放能量要小，爆轰产物后燃烧释放能量主要是以热能的形式存在，在内爆条件下会使气体温度升高，从而导致舱室内爆产生的准静态压力升高。在此将内爆准静态压力峰值计算模型整理列于表6－10 中；由表6－10 可见，内爆准静态压力载荷计算的输入参量主要为装药当量、密闭空间体积、初始爆炸室内空气压力以及爆炸释放的总能量等。

表 6-10 内爆准静态压力载荷计算模型

序号	计算输出参量	计算公式	公式输入参量
1	准静态压力载荷峰值	$P_{QS}=k_1(W/V)^{k_2}$	爆炸当量 W 舱室体积 V 系数 k_1、k_2
2	准静态压力载荷峰值	$P_{QS}=k_1(W/V)$	爆炸当量 W 舱室体积 V 系数 k_1
3	准静态压力载荷峰值	$\begin{cases} P_{QS}=k_1(W/V), & W/V<1.8\ \text{kg/m}^3 \\ P_{QS}=k_2+k_3(W/V), & W/V\geqslant 1.8\ \text{kg/m}^3 \end{cases}$	爆炸当量 W 舱室体积 V 系数 k_1、k_2、k_3
4	准静态压力载荷峰值	$\lg P_{QS}=k_1+k_2M+k_3M^2+k_4M^3+k_5M^4+k_6M^5+k_7M^6+k_8M^7$ $M=\lg\left(\frac{M}{V}\right)$	爆炸当量 W 舱室体积 V 拟合系数 k_1、k_2、k_3、k_4、k_5、k_6、k_7、k_8
5	准静态压力载荷峰值	$\begin{cases} P_{QS}=k_1P_0\left(\frac{E}{P_0V}\right)^{k_2}, & \frac{E}{P_0V}\leqslant 350 \\ P_{QS}=k_3P_0\left(\frac{E}{P_0V}\right)^{k_4}, & \frac{E}{P_0V}>350 \end{cases}$	爆炸释放的总能量 E 初始爆炸室内空气压力 P_0 系数 k_1、k_2、k_3、k_4

在准静态压力对目标的毁伤效应研究方面，目前的研究主要集中在准静态压力对舱室结构的毁伤，Geretto 等（2015）开展了一系列钢箱内爆试验，炸

药置于箱体中心，结果表明随着炸药量的增加，目标结构变形程度会线性增大，其试验布置及箱体变形部分结果如图 6 – 4 所示。Tan（2013）基于很多学者的试验结果，结合 ABAQUS 仿真计算，对不同长宽比矩形靶板在均布载荷下失效模式进行了研究，如图 6 – 5 所示。

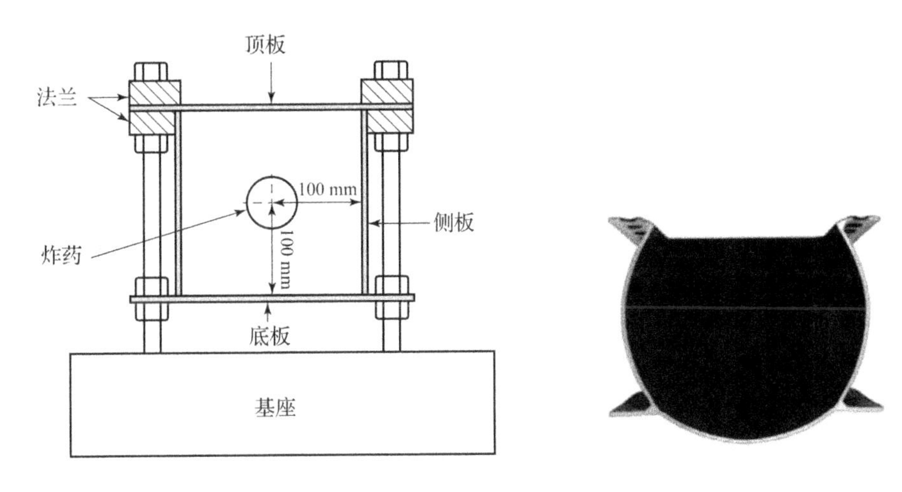

图 6 – 4　Geretto 钢箱内爆试验布置及结果

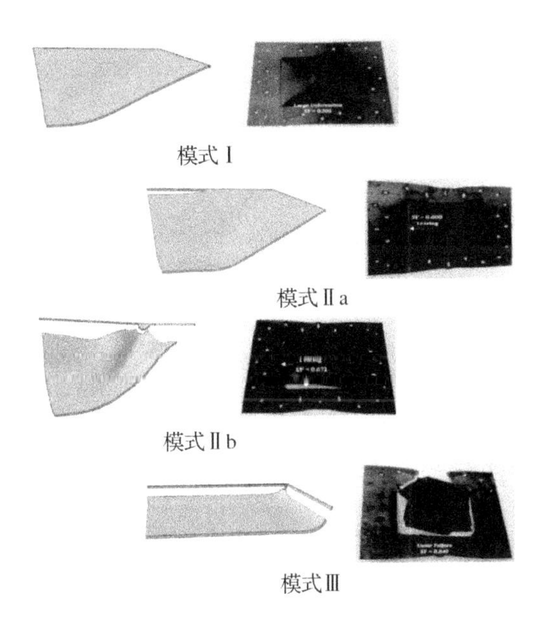

图 6 – 5　均布爆炸载荷加载下靶板的失效模式

Nurick 和 Martin（1989）提出了适用于矩形板的无量纲数：

$$\varphi = \frac{I}{2t^2(BL\rho\sigma_0)^{1/2}} \tag{6-28}$$

式中：t——靶板厚度；

B——靶板宽度；

L——靶板长度。

在此基础上基于大量试验数据提出了均布载荷下矩形板挠度计算模型：

$$\left(\frac{W}{H}\right) = k_1\varphi + k_2 \tag{6-29}$$

式中：W——靶板的最终挠度；

k_1、k_2——试验系数。

长期以来，国内外学者经过长时间研究，得到了很多均布载荷作用下薄板结构变形和破坏模型，由于准静态压力载荷也近似于均布载荷，所以得到的均布载荷对薄板结构毁伤效应部分计算模型可以适用于准静态压力；Johnson（1971）以理想刚塑性模型为前提，忽略材料应变率效应，推导了金属薄板在均布冲击载荷下变形挠度的计算方法。

在此，将现有均布载荷作用下薄板结构变形和破坏的部分模型列于表 6－11，并详细列出计算模型的公式形式、输入/输出参量以及适用情况，可为其他研究提供参考和借鉴；并基于上述公式，归纳得到均布载荷对薄金属板结构毁伤效应计算的输入/输出参量，列于表 6－12 中，可为后续基于中间件的毁伤效应多算子插拔式共架设计提供支撑。

表 6-11　均布载荷对固支薄金属板结构毁伤效应分析模型

序号	计算输出参量	方形板中间点位移预测公式	公式输入参量		试验验证条件数据	适用情况
			所用基本参量	其他参量		
1	均布冲击载荷作用下板的变形挠度计算	$W = H\left\{\frac{(3-\zeta_0)[(1-\Gamma)^{1/2}-1]}{2[1+(\zeta_0-1)(\zeta_0-2)]}\right\}$ $\Gamma = \frac{2\rho V_0^2 a\beta^2}{3\sigma_0 H^2}(3-2\zeta_0)\left(1-\zeta_0+\frac{1}{2-\zeta_0}\right)$ $\zeta_0 = \beta[(3+\beta^2)^{1/2}-\beta]$ $\beta = \frac{b}{a}$	靶板长度 a 靶板宽度 b 靶板厚度 H 靶板初始速度 V_0 靶板密度 ρ; 靶板材料屈服极限 σ_0	—	靶板结构长方形； 靶板厚度 1.6 mm、2.5 mm、4.4 mm。 靶板尺寸： 129 mm×76 mm 试验条件：装药均匀贴于靶板上。 模型计算结果与试验结果误差小于21.3%	边界条件：靶板四周固支。 载荷情况： 压力波垂直作用于靶板整个平面，且作用在靶板上各个点的压力相同。 靶板变形情况： ①不考虑材料的应变率效应； ②假设靶板的变形模态； ③忽略靶板弹性变形
2	均布冲击载荷作用下板的变形挠度计算	$W = \left[\frac{0.077I}{t^2L^2\rho\sigma_0}+0.177t^2\right]^{1/2}-0.421t$	冲量 I 靶板边长 L 靶板厚度 t 靶板密度 ρ; 靶板材料屈服极限 σ_0	—	采用直径为100 mm，厚度为6.3 mm的铝板和低碳钢对模型进行验证，模型计算结果与试验结果误差小于45.5%	边界条件：靶板四周固支。 载荷情况： ①压力波垂直作用于靶板整个平面，且作用在靶板上各个点的压力相同； ②作用在靶板上冲量已知或可以计算得到。 靶板变形情况：不考虑材料的应变率效应

续表

序号	计算输出参量	方形板中间点位移预测公式	公式输入参量		试验验证条件数据	适用情况
			所用基本参量	其他参量		
3	均布冲击载荷作用下板的变形挠度计算	$W=\frac{0.235I}{t(BL\rho\sigma_0)^{1/2}}$	冲量 I 靶板长度 B 靶板宽度 L 靶板厚度 t 靶板密度 ρ; 靶板材料屈服极限 σ_0	靶板中心点挠度	文献中通过冲击摆测到了冲量。加载过程：将炸药均匀铺在靶板上	边界条件：靶板四周固支。 载荷情况： ①压力波垂直作用于靶板整个平面，且作用在靶板上各个点的压力相同; ②作用在靶板上冲量已知或可以计算得到。 靶板变形情况：不考虑材料的应变率效应
4	均布冲击载荷作用下板的变形挠度计算	$W=k_1\varphi t-k_2t$ $\varphi=\frac{I}{2t^2(BL\rho\sigma_0)^{1/2}}$	冲量 I 靶板长度 B 靶板宽度 L 靶板厚度 t 靶板密度 ρ; 靶板材料屈服极限 σ_0	系数 k_1、k_2	该公式是将前人完成的 356 个试验数据整合在一起得到的数据，计算模型与试验值拟合决定系数 $R^2=0.94$	边界条件：靶板四周固支。 载荷情况： ①压力波垂直作用于靶板整个平面，且作用在靶板上各个点的压力相同; ②作用在靶板上冲量已知或可以计算得到。 靶板变形情况：不考虑材料的应变率效应

表 6-12　准静态压力对固支薄金属板结构毁伤效应分析模型输入/输出参量

毁伤元类型	靶体结构类型	毁伤效应输入		毁伤效应输出
		参量	量纲	
准静态压力	固支薄金属板结构	结构体积	体积（长度^3）	靶板的变形挠度
		等效 TNT 当量	质量	
		靶板长度	长度	
		靶板宽度	长度	
		靶板等效厚度	长度	
		靶体材料拉伸屈服强度	压强（质量/长度/时间^2）	
		材料密度	密度（质量/长度^3）	

6.5　动能侵彻毁伤效应

弹体侵彻所产生的毁伤效应与弹体侵彻威力是同一个问题的两种表述，很多时候威力更多体现在对标准靶体的侵彻，以体现出弹体的侵彻能力；侵彻毁伤效应则体现在对不同靶体侵彻产生毁伤结果的因果联系上，体现在量效关系上。在第 3 章进行了简单侵爆战斗部侵彻威力计算模型介绍；在此，对其侵彻毁伤效应模型进行简单介绍。

在动能侵彻体对目标结构毁伤效应方面，主要针对的典型目标包括坚固工事、桥梁、机场跑道等，这些目标多为土木建筑类目标，材料多为钢筋混凝土。目前，世界各国军事机构开展了很多动能侵彻体对钢筋混凝土、岩石等各类材料的侵彻试验，得到了很多侵彻模型。法国工程师 Pencelet（1829）应用物理、力学和数学等学科理论针对动能侵彻体对混凝土堤坝的侵彻问题，假设弹体在介质中作直线运动且作用于弹丸上阻力分为静阻力和动阻力之和，在此基础上提出了计算弹丸侵彻深度的阻力公式；1912 年，俄国在（得涅泊河口的岛上）大量射击试验的基础上，采用将靶板特性参数与弹形系数结合在一起的方法，假设弹体在介质中作直线运动且不考虑弹体旋转对侵彻影响的前提下总结出了适应于土壤、混凝土、砂岩等地质材料的别列赞公式（第3章已经介绍）；1946年美国国防研究委员会在大量实验数据基础上得到了动能侵彻体对混凝土靶板侵彻深度的计算模型。另外，在理论研究方面，应用最广泛的就是最早由Bishop等（1945）提出的空腔膨胀理论，Goodier等（1964）首次将空腔膨胀理论应用到弹体侵彻半无限厚靶体问题上，提出了动态空腔膨胀理论。Forrestal等（1981，1992，1994，1996）以动态空腔膨胀理论为基础，综合考虑靶体材料的力学本构模型与失效准则，建立了动能弹体对各类不同材料靶体的侵彻深度模型，并结合系统试验，校正模型参数，验证了理论模型的可靠性。蔺建勋等（1999）使用Euler方法建立了球形空腔膨胀理论，并建立了弹体侵彻土壤－混凝土靶体的力学分析模型。陈小伟等（2002，2003，2007）在一般形式侵彻深度计算公式中引入撞击函数和弹头形状函数，构建了计算侵深的半经验公式，后来又引入阻尼函数进行了进一步改进。

除空腔膨胀理论之外，速度势和速度场理论应用也较为广泛，该理论主要来自Yarin（1995）和Rubin（1995，2001，2012）等的工作，是通过速度势函数得到靶体的速度场和应力场，进而求得作用在弹体上的阻力，对具有Rankine卵形弹头的弹体侵彻分析比较方便。该理论同空腔膨胀理论最显著的差别是可以得到二维速度场和应力场，但只适用于计算正侵彻问题。

在此，将动能侵彻体混凝土、岩石类靶目标结构的毁伤效应分析模型汇总于表6－13中，并详细列出各个计算模型的公式形式、公式输入参量、公式适用情况，可为其他研究提供参考和借鉴；并基于上述公式，归纳得到动能侵彻体对混凝土、岩石类靶目标结构的毁伤效应计算输入/输出参量列于表6－14。

表 6-13　动能侵彻体对混凝土、岩石类目标结构毁伤效应分析模型

序号	计算输出参量	计算公式	公式输入参量		适用情况
			所用基本参量	其他参量	
1	侵彻深度（法国 Pencelet 公式）	$L_{\max}=\frac{m}{24K_2}\ln\left(1+\frac{k_2}{k_1}V_0{}^2\right)$	弹体质量 m 弹体着靶速度 V_0	静阻力系数 k_1 动阻力系数 k_2	适用条件：①弹丸在介质中作直线运动；②作用于弹丸上阻力为静阻力和动阻力之和
2	侵彻深度（俄国别列赞公式）	$L_{\max}=iK_3\frac{m}{d^2}V_0$	弹体质量 m 弹体着靶速度 V_0 弹体直径 d 弹形系数 i	介质阻力系数 k_3	适用条件：①弹丸在介质中作直线运动；②不考虑弹体旋转对侵彻的影响。 试验用弹药： 试验使用的火炮有 76 mm 加农炮、152 mm 和 280 mm 榴弹炮。 试验次数：783 次，给出了各种材料的系数表
3	侵彻深度（我国对别列赞公式修正）	修正公式①：$L_{\max}=\lambda_1\lambda_2K_q\frac{m}{d^2}V_0\cos\left(\frac{n+1}{2}\alpha\right)$ 修正公式②：$L_{\max}=\lambda_1\lambda_2K_q\frac{m}{d^2}V_0K_\alpha\cos\alpha$	弹体着靶速度 V_0 弹形系数 λ_1 弹体质量 m 弹体直径 d 弹体着角 α	偏转系数 n 弹体偏转系数 K_α 弹径系数 λ_1 介质材料侵彻系数 K_q	$\lambda_1=1+0.3(l_n/d-0.5)$，$l_n$ 为弹体长度； 当介质为土壤、回填石渣、干砌块石及抗压强度 15 MPa 的岩石中，取 $K_q=1$

续表

序号	计算输出参量	计算公式	公式输入参量		适用情况
			所用基本参量	其他参量	
4	侵彻深度（美国国防研究委员会）	$\frac{L}{d}=\begin{cases}2\times\left[2.1\times10^{-7}\frac{KNmv_0^{1.8}}{d^{2.8}}\right], & \frac{L}{d}\leqslant2.0\\ 2.1\times10^{-7}\frac{KNmv_0^{1.8}}{d^{2.8}}+1, & \frac{L}{d}>2.0\end{cases}$	弹体质量 m 弹体着靶速度 V_0 侵彻系数 K 弹头形状系数 N 弹体直径 d	—	K 值范围为 2～5；N 为弹头形状系数，对于平头弹 $N=0.72$，钝头弹 $N=0.84$，球形弹 $N=1$，卵形和锥形弹头 $N=1.14$
5	侵彻深度（Forrestal 方程）	$\frac{L}{d}=\frac{2m}{\pi d^3\rho_t N}\ln\left(1+\frac{N\rho_t V_t^2}{Sf_c}\right)+2$ $V_t=\frac{2mV_0^2-\pi d^3 Sf_c}{2m+\pi d^3 N\rho_t}$ $N=\frac{8(\mathrm{CRH})-1}{24(\mathrm{CRH})^2}$	弹体质量 m 混凝土密度 ρ_t 弹体直径 d 弹头形状系数 N 靶体介质强度系数 f_c 弹体着靶速度 V_0	弹头部曲率半径与弹体横截面直径之比 CRH 无量纲常数 S，与混凝土强度有关	考虑了靶体材料性质、弹头形状、弹体尺度因素对侵彻过程的影响
6	侵彻深度（美国陆军《抗常规武器设计规范》）	$L_{\max}=3.5\times10^{-4}\times\frac{mV_0^{1.5}}{f_c^{0.5}d^{1.785}}+0.5d$	弹体着靶速度 V_0 靶体介质强度系数 f_c 弹体直径 d 弹体质量 m	—	靶强度覆盖了 13.5～100 MPa的范围，侵彻速度涵盖了 300～1 000 m/s 的范围
7	侵彻深度（美国陆军工程兵）	$L_{\max}=\left(5.45\frac{md^{0.215}V_0^{1.5}}{A(f_c)^{0.5}}+0.5d\right)\pm15\%$	弹体直径 d 弹体质量 m 靶体介质强度系数 f_c 弹体着靶速度 V_0	弹体截面积 A	—

表 6-14　动能侵彻体对混凝土、岩石类目标毁伤效应分析模型输入/输出参量

毁伤元类型	毁伤效应输入		毁伤效应输出
	参量	量纲	
动能侵彻体	弹体直径	长度	弹体侵彻深度
	弹体质量	质量	
	弹体形状系数	—	
	弹体着靶速度	速度（长度/时间^2）	
	侵彻系数	—	
	弹体着角	—	
	靶板强度系数	—	
	靶板厚度	长度	
	靶板材料密度	密度（质量/长度^3）	
	混凝土强度	压强（质量/长度/时间^2）	

6.6　射流/EFP 毁伤效应

在聚能射流/EFP 对目标结构毁伤效应分析模型方面，国内外学者也开展了很多试验和仿真研究，建立了相应的毁伤效应计算模型。其中，Weiauch 基于金属材料撞击实验现象分析，提出了按撞击速度进行撞击现象分类的准则，指出撞击速度处于 1 000 ~ 3 000 m/s 时，材料变形由流体行为向塑性行为过渡，应考虑材料强度对侵彻的影响；伯克霍夫和希尔等针对聚能射流，采用不可压缩、非黏性流体假定，根据碰撞射流流体动力学理论发展了一种简单侵彻理论；Pack 和 Evans（1951）考虑到靶板材料强度对射流侵彻的重要性，得到了射流侵彻深度计算模型；Tale（1967，1969）考虑了靶板强度，对定常理论进行修改，将弹、靶强度引入一维流体动力学理论模型中，得到修正的 Bernoulli 方程。Allison 和 Vitalil（1963）假定存在一虚拟原点，将虚拟原点视为所有射流出发的起始点，由此研究得到射流穿深与射流及靶板密度有关的结论，同时其也与射流速度和炸高密切相关。Dipersio 和 Simo（1968）在前人研究基础上提出了射流截断前、射流在侵彻过程中截断、射流到达靶板前射流截断三种情况下射流侵彻深度计算模型，称之为 DSM 理论；Gehring（1970）通过考虑第一阶段和第二阶段的侵彻效应，发展了一种侵彻模型，在 2.0 ~ 6.7 km/s 速度范围内，与试验数据具有较好的一致性。

在此，将射流/EFP毁伤效应分析模型汇总于表6－15，并详细列出计算模型的公式形式、输入/输出参量以及适用情况，可为其他研究提供参考和借鉴；并基于上述公式，归纳得到射流/EFP结构毁伤效应计算的输入/输出参量，列于表6－16中，可以为后续基于中间件的毁伤效应多算子插拔式共架设计提供支撑。

表6－15　射流对金属板结构毁伤效应分析模型

序号	计算输出参量	计算公式	公式输入参量		适用情况
			所用基本参量	其他参量	
1	射流侵彻穿深	$P=\frac{U}{V-U}L$	射流长度 L 射流侵彻速度 V	—	忽略靶板材料强度
2	射流侵彻穿深	$P=\left(\frac{\rho_j}{\rho_t}\right)^{\frac{1}{2}}L$	射流密度 ρ_j 靶板密度 ρ_t 射流长度 L	—	忽略靶板材料强度、应变、应变率
3	射流侵彻穿深	$P=\left(\frac{\lambda\rho_j}{\rho_t}\right)^{\frac{1}{2}}L$	射流密度 ρ_j 靶板密度 ρ_t 射流长度 L	修正系数 λ	可适用于连续射流和颗粒状射流
4	射流侵彻穿深	$P=\left(\frac{\lambda\rho_j}{\rho_t}\right)^{\frac{1}{2}}\cdot L\cdot\left(1-\frac{aY}{\rho_j V^2}\right)$	射流密度 ρ_j 靶板密度 ρ_t 射流长度 L 靶板强度 Y 射流速度 V	—	靶板强度已知情况

续表

序号	计算输出参量	计算公式	公式输入参量		适用情况
			所用基本参量	其他参量	
5	EFP 侵彻深度	$P=\dfrac{V_0-\sqrt{\dfrac{\rho_t}{\eta\rho_p}V_0^2+\left(1-\dfrac{\rho_t}{\eta\rho_p}\right)\dfrac{2R}{\eta\rho_p}}}{-\dfrac{\rho_t V_0}{\eta\rho_p}+\sqrt{\dfrac{\rho_t}{\eta\rho_p}V_0^2+\left(1-\dfrac{\rho_t}{\eta\rho_p}\right)\dfrac{2R}{\eta\rho_p}}}(l_0-0.5d)66$	EFP 密度 ρ_p 靶板密度 ρ_t EFP 头部密实度 η EFP 初始长度 l_0 EFP 直径 d EFP 初速度 V_0	EFP 和靶板破坏强度差 R	EFP 着靶速度范围：1500 ~ 2 500 m/s
6	EFP 侵彻深度	$P=l_0\sqrt{\dfrac{\eta\rho_p}{\rho_t}}$	EFP 密度 ρ_p 靶板密度 ρ_t EFP 头部密实度 η EFP 初始长度 l_0	—	—
7	EFP 侵彻深度	$\dfrac{P}{L}=\left(1-\dfrac{D}{L}\right)\left(\dfrac{\rho_p}{\rho_t}\right)^{1/2}+K\dfrac{D}{L}\left(\dfrac{\rho_p}{\rho_t}\right)^{2/3}\left(v\sqrt{\dfrac{\rho_t}{R_t}}\right)^{2/3}$	EFP 密度 ρ_p 靶板密度 ρ_t EFP 直径 D EFP 初始长度 L EFP 速度 v 靶板材料强度 R_t	系数 K	适用于聚能杆式弹丸侵彻混凝土靶的侵彻深度计算（$K=0.242$）或者2.0 ~ 6.7 km/s范围内侵彻金属靶板（$K=0.8969$）

表 6－16 破片对金属板结构毁伤效应分析模型输入/输出参量

毁伤元类型	毁伤效应输入		毁伤效应输出
	参量	量纲	
射流	射流初始长度	长度	射流侵彻深度
	射流速度	速度（长度/时间^2）	
	射流密度	密度（质量/长度^3）	
	靶板材料密度	密度（质量/长度^3）	
	靶板材料极限强度	压强（质量/长度/时间^2）	
EFP	EFP 初始长度	长度	EFP 侵彻深度
	EFP 速度	速度（长度/时间^2）	
	EFP 头部密实度	—	
	EFP 密度	密度（质量/长度^3）	
	EFP 直径	长度	
	靶板材料密度	密度（质量/长度^3）	
	靶板材料强度	压强（质量/长度/时间^2）	

6.7 气泡脉动及射流毁伤效应

水下爆炸产生的气泡以及气泡溃灭时形成的射流对舰船、潜艇等目标具有极强的破坏作用。一般认为，气泡脉动在作用过程中产生的脉动频率与舰船的低级固有频率接近，容易使舰船产生鞭状运动，甚至导致舰船从中间折断，直接摧毁其总纵强度，如图 6－6 所示；气泡射流则是在近场水下爆炸中因为边界条件产生的，可对舰船结构产生局部破坏毁伤。

图6-6　水下爆炸作用下舰船折断现象

在水下爆炸气泡脉动方面，Hicks（1986）和Smiljanic（1994）等基于固定的气泡模型，利用水弹性方法进行了细致的理论研究。姚熊亮等（2001）将船体梁视为两端自由的Timoshenko梁，基于二维切片法和水弹性方法计算了船体梁在气泡作用下的响应特性。李玉节等（2001）研究了气泡脉动激起细长船模作鞭状响应运动的现象，并将计算结果与弹性船模试验结果进行了对比，发现两者吻合较好。宗智（2005）研究了浮于水面的两端自由梁在水下爆炸气泡脉动作用下的刚塑性响应，并将两端自由梁的刚塑性动态响应分为三相，得到了能够初步预测船体结构在水下爆炸气泡脉动作用下的塑性响应公式。李玉节等（2005）对船体缩比模型在水下爆炸气泡下的动力学响应特性进行了试验研究，发现气泡脉动能够诱发严重的船体鞭状响应，致使船舯处出现最大应变，且当气泡在船体中部下脉动时，激起的船体变形最大。朱锡（2007）在假设爆炸气泡开始作用时船体是静止的且保持正浮状态、船体未发生大的总体变形以及爆炸气泡位于船底下方、气泡关于船舯纵剖面左右对称且气泡为球状的条件下，给出了气泡脉动作用下舰船总纵强度计算方法。张弩（2014）基于势流理论，推导并建立了气泡载荷作用下船体梁总纵弯矩计算方法。

水射流因是近场爆炸产生对舰船的毁伤效应，通常耦合爆炸冲击波一起发生，往往难以区分，单独作用下的毁伤效应计算模型并不多。在此，根据已有研究成果将水下爆炸气泡脉动对舰船的毁伤效应计算方法整理列于表6-17中，并详细列出计算模型的公式内容、输入/输出参量以及适用情况，可为其他研究提供参考和借鉴。

表 6-17 气泡脉动对舰船的毁伤效应模型

序号	计算输出参量	计算公式	公式输入参量	适用情况
1	气泡载荷作用下舰船剪力	$N(x)=N_s(x)+N_e(x)$ $N_s(x)=\int_{L/2}^{x}[g(x)-b(x)]\mathrm{d}x$ $N_e(x)=\int_{x_a}^{x}q_e(x)\mathrm{d}x$	静水剪力$N_s(x)$ 气泡产生的附加剪力$N_e(x)$	①爆炸气泡开始作用时船体是静止的且保持正浮状态，船体未发生大的总体变形；②爆炸气泡位于船底下方，气泡关于船舯纵剖面左右对称，气泡为球状
2	气泡载荷作用下舰船剪力	$M(x)=M_s(x)+M_e(x)$ $M_s(x)=\int_{-L/2}^{x}N_s(x)\mathrm{d}x$ $M_e(x)=\int_{x_a}^{x}N_e(x)\mathrm{d}x$	静水弯矩$M_s(x)$ 气泡产生的附加弯矩$M_e(x)$	①爆炸气泡开始作用时船体是静止的且保持正浮状态，船体未发生大的总体变形；②爆炸气泡位于船底下方，气泡关于船舯纵剖面左右对称，气泡为球状
3	水射流作用下舰船结构的挠度	$w=2\dfrac{64a^2b^2P_m}{\pi^4\sigma_f h(a^2+b^2)}\sin\dfrac{\pi\sqrt{\dfrac{\sigma_f}{\rho}}(a^2+b^2)\tau}{4ab}$	材料屈服强度σ_f 矩形板半长a 矩形板半宽b 射流载荷压力峰值P_m 板厚h	适用于固支板，且忽略材料应变率效应

6.8 热毁伤效应

战场上弹药爆炸产生的热主要对有生力量进行毁伤，在热毁伤元毁伤效应模型研究方面，国内外开展了热辐射对暴露目标毁伤效应的研究工作，建立了热辐射能剂量理论分析模型。例如，Martinsen（1999）基于火球热辐射基础理论，建立了适用于过热可燃液体瞬间燃烧的火球热辐射动态模型，该模型可以较好地模拟火球事故下每个时刻的变化，并合理地评估火球热辐射后果，但由于缺乏火球热辐射毁伤现场试验数据，此模型的合理性只能从机理上加以论证，而缺乏统计意义上的验证；Rashid 等通过热辐射强度及目标暴露时间决定热辐射对目标的伤害程度，即运用热通量 $I(x, t)$ 对火光持续时间积分得到热辐射能剂量 Q_d评估热辐射对暴露目标的毁伤，热辐射能剂量对应的毁伤等级列于表 6－18 中。因此，可通过第 4 章战斗部威力计算中所介绍的火球温度、火球直径及持续时间、热通量与热剂量的计算模型和人员毁伤判据进行热威力毁伤效应分析，得到不同弹药爆炸下的热毁伤区域，以支撑毁伤效能分析。

表 6－18　热量剂的毁伤阈值

$Q_d/(\mathrm{kJ\cdot m^{-2}})$	毁伤效应
1 030	引燃木材
592	死亡
392	重伤
375	三度烧伤
250	二度烧伤
172	轻伤
125	一度烧伤
65	皮肤疼痛

第7章

武器弹药毁伤效能评估系统

7.1 概述

根据上述各章的介绍可知，武器弹药毁伤效能评估是一个复杂的过程，涉及战斗部威力、目标易损性、毁伤效应以及弹目交会等多个方面的内容，且弹药战斗部威力分析又可根据毁伤模式分为杀伤战斗部、爆破战斗部、杀伤爆破战斗部、侵彻爆破战斗部、聚能破甲战斗部、温压/云爆战斗部、穿甲战斗部、子母战斗部，共 8 类；目标易损性分析及模型构建虽然整体研究内容不多，仍涉及毁伤等级定义、毁伤程度表征、毁伤树建立、部件结构等效和毁伤准则和判据绑定等多项工作；此外，战场目标种类繁多（目标通常分类可见图 7－1，在此特别说明关于目标分类，不同的研究者总是有不同的见解，图 7－1 中的分类也不是唯一分法，在此仅是为了说明目标种类繁多，均要兼顾，对毁伤效能评估系统的研制具有一定的挑战性），且目标结构各异，破片、冲击波、动能侵彻体、射流、EFP 等不同种类毁伤元作用在目标结构上的毁伤模式也不完全相同，将这么多种类的战斗部、目标以及庞大、多样的毁伤效应模型、毁伤准则、毁伤判据，相互耦合集成在一起开发弹药毁伤效能评估系统是一个复杂的系统工程，如图 7－2 所示；因此，整个武器弹药毁伤效能评估系统需要顶层设计、分模块开发，不断深化和完善；从另一个角度来讲，应当归属于系统总体的学科范畴。

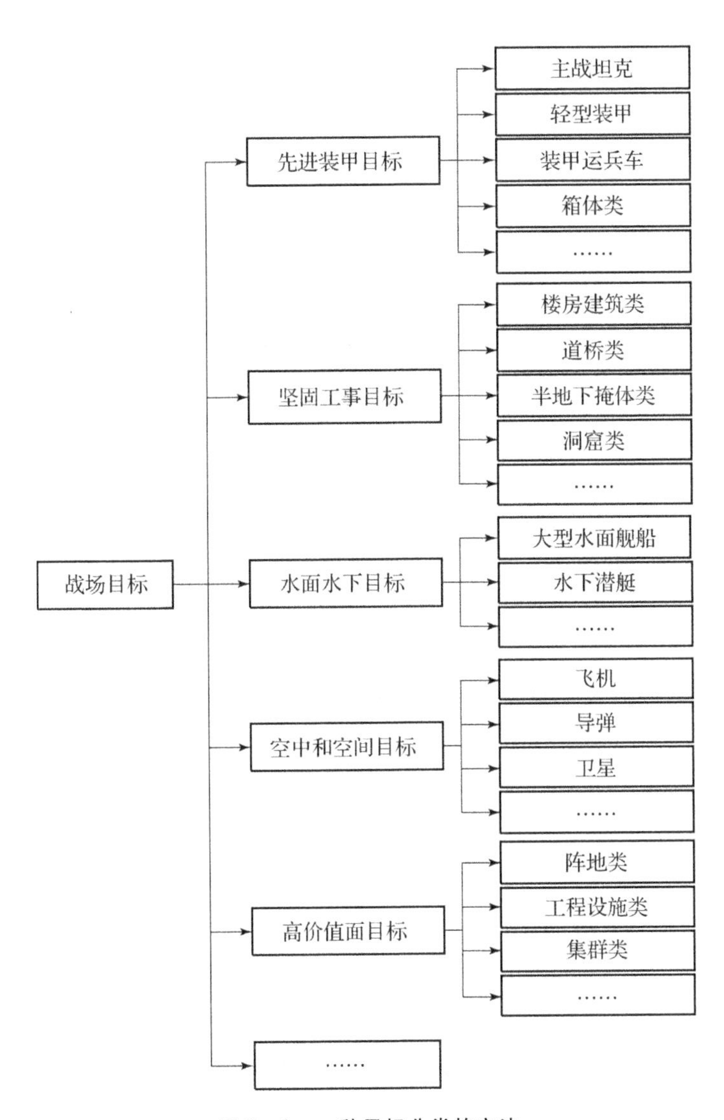

图7-1　一种目标分类的方法

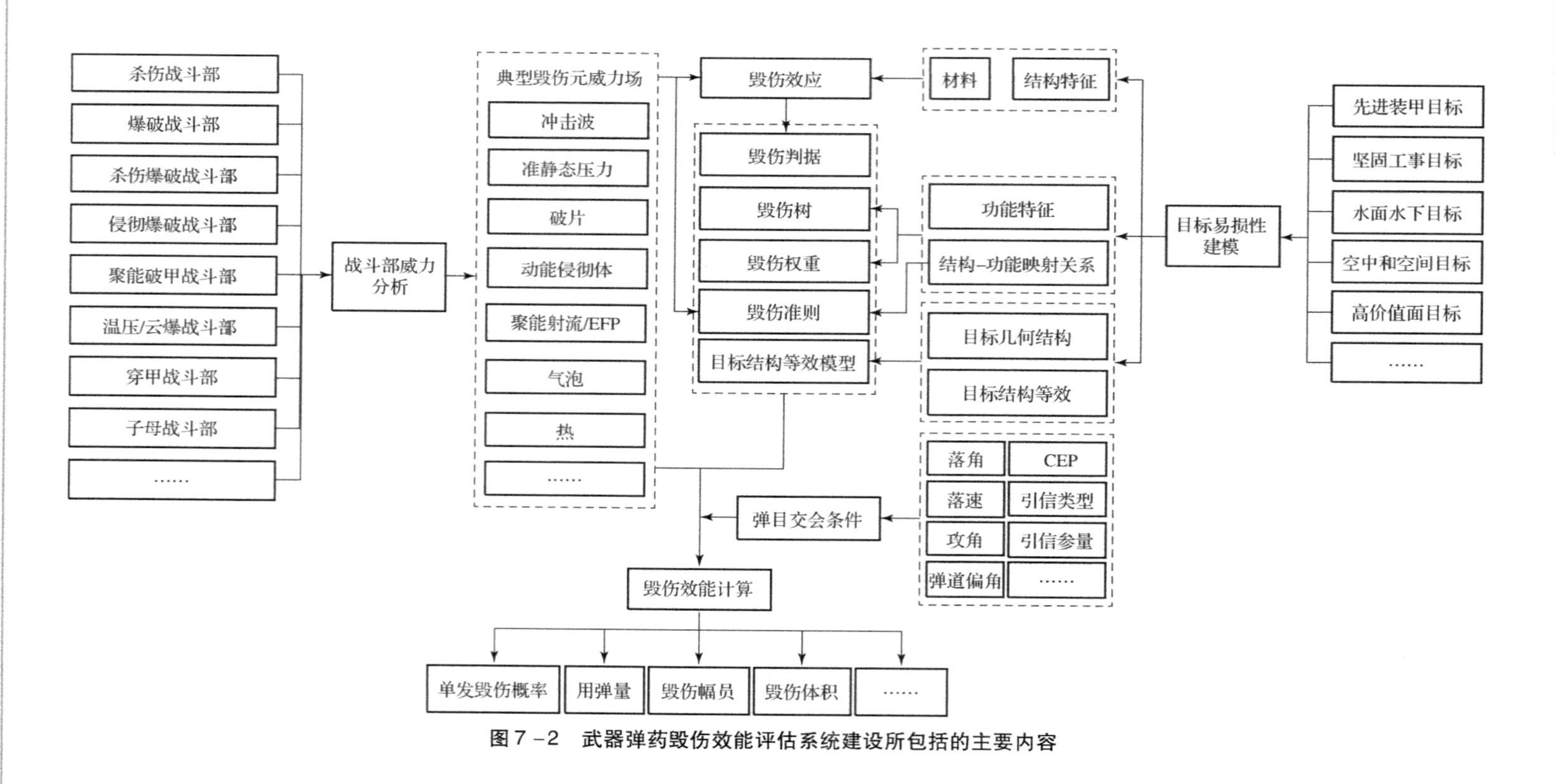

图7-2 武器弹药毁伤效能评估系统建设所包括的主要内容

7.2 功能需求

功能需求分析是软件系统开发的第一步，也是最为重要的一步。功能分析限定了开发边界，决定了后续的概要设计、详细设计以及测试；针对弹药毁伤效能评估系统进行功能需求分析，可为后续的总体架构、分系统及功能实现提供设计输入。根据已有研究基础和经验，弹药毁伤效能评估软件系统一般需要具有以下基本功能：

（1）各类数据存储、查询功能，可以存储战斗部威力、弹药性能、目标易损性和武器弹药毁伤效能数据以及威力、效能计算过程中所需的材料、环境等数据和各算子模型的系数；

（2）战斗部模型展示功能，能够基于各类战斗部结构数据驱动进行战斗部三维模型展示；

（3）战斗部威力分析功能，能够基于已有战斗部结构进行战斗部威力分析，并进行战斗部威力场数据输出；

（4）能够读入各类战斗部威力场数据，并基于数据进行各类战斗部动、静爆威力场展示；

（5）能够进行各类目标易损性数字化模型构建，构建的易损性模型应包括且不少于如下内容：目标结构或等效结构、目标确定毁伤等级或毁伤程度下的毁伤树、目标部件上的毁伤准则或判据，并可输出目标易损性数字化模型文件；

（6）能够基于弹药的命中精度等基本性能参数和引信参数计算弹药炸点坐标；

（7）能够基于战斗部动态威力场计算各类毁伤元与目标结构表面交会点位置坐标；

（8）能够计算各类毁伤元对各类目标结构的毁伤效应，并基于部件的毁伤准则和判据，计算出部件的毁伤概率，并可根据毁伤树，由部件的毁伤概率得到目标整体的毁伤概率；

（9）能够对面目标计算毁伤幅员，对体目标计算毁伤体积；

（10）能够基于数据驱动显示末端弹道，以及末端弹道与目标的相交情况、毁伤元与目标结构的弹目交会情况和目标的毁伤效果等。

7.3 系统组成与总体架构

7.3.1 计算流程

对第2章介绍的弹药毁伤效能评估计算流程以及以上各章介绍的具体内容进行进一步的细化分析，得到武器弹药毁伤效能计算的流程如图7-3所示。

7.3.2 系统工作流程

根据计算流程以及第4~6章的介绍，可知武器弹药毁伤效能评估主体为战斗部威力分析、目标易损性模型构建以及弹目交会条件下的毁伤效应计算，如图7-4所示。相对而言，弹药毁伤效能计算虽然十分重要且涉及多次模拟打靶以及末端弹道与目标结构的弹目交会计算和炸点坐标计算等，但计算流程相对比较固定，不像战斗部威力、目标易损性和毁伤效应那样种类繁多、公式繁多、系统庞杂。

在此，根据已有研究成果，归纳武器弹药毁伤效能评估软件系统工作流程，具体流程如图7-5所示。

（1）选择战斗部类型，输入战斗部部件（如破片、内衬、炸药等）几何结构参数和材料，进行战斗部模型建立和威力场分析，并将结果存入战斗部威力数据库中，或通过有限元仿真计算或试验等得到战斗部威力场结果，通过数据接口读入数值仿真计算或试验得到的战斗部威力场，参与后续的毁伤效能评估计算；

（2）选择目标种类，在通用三维建模软件构建的目标几何模型基础上，进行目标易损性模型建立，包括结构等效、毁伤树建立以及毁伤准则绑定等，并将结果存入目标数据库中；

（3）根据实际作战场景或靶场布置要求进行评估方案制定，包括：虚拟布场、选择战斗部、目标，设置弹目交会条件、引信作用参数，选择需要调用的毁伤效应工程算法等；

（4）进行毁伤效能评估计算，得到计算结果数据文件，通过视景演示子系统或结果显示模块进行计算结果显示。

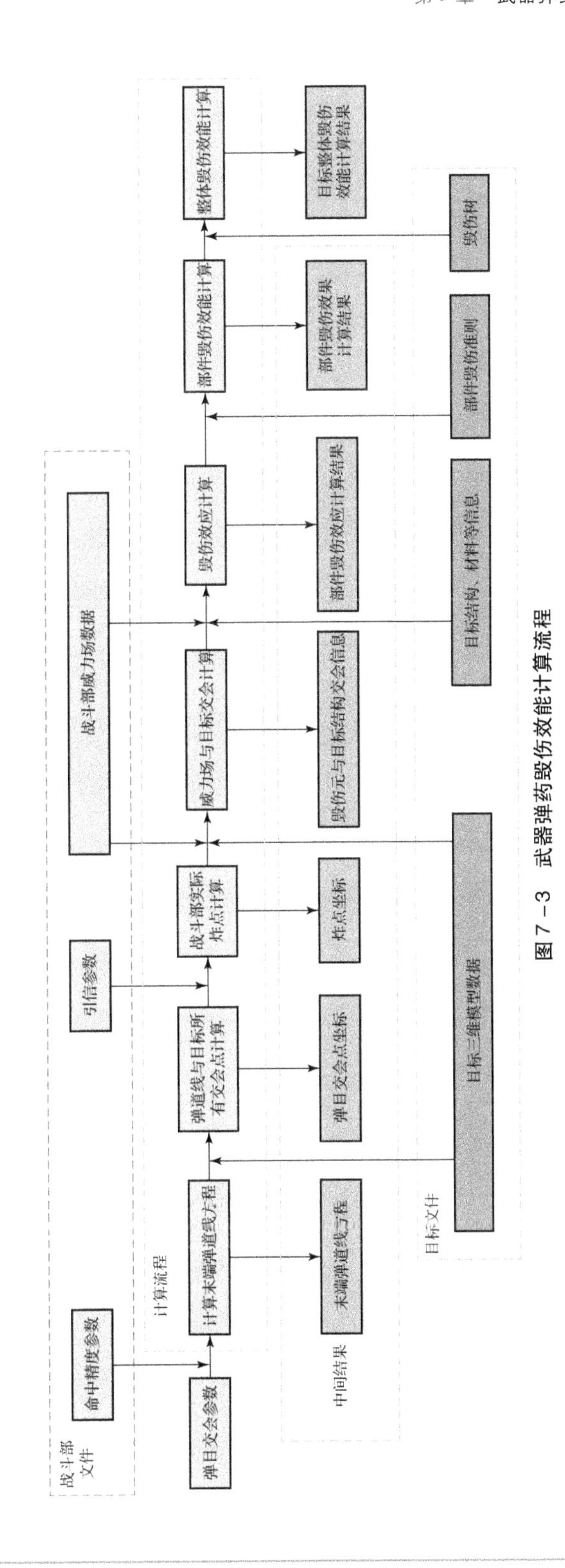

图7-3 武器弹药毁伤效能计算流程

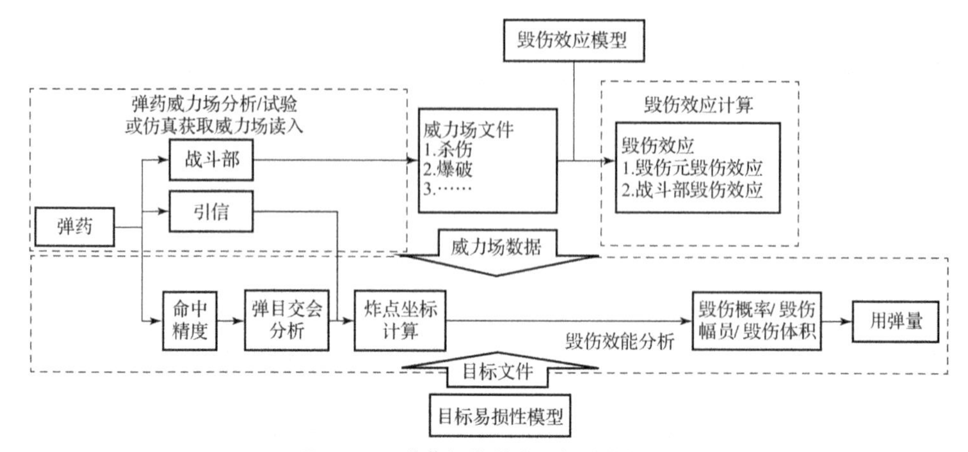

图 7－4　弹药毁伤效能评估主体模块

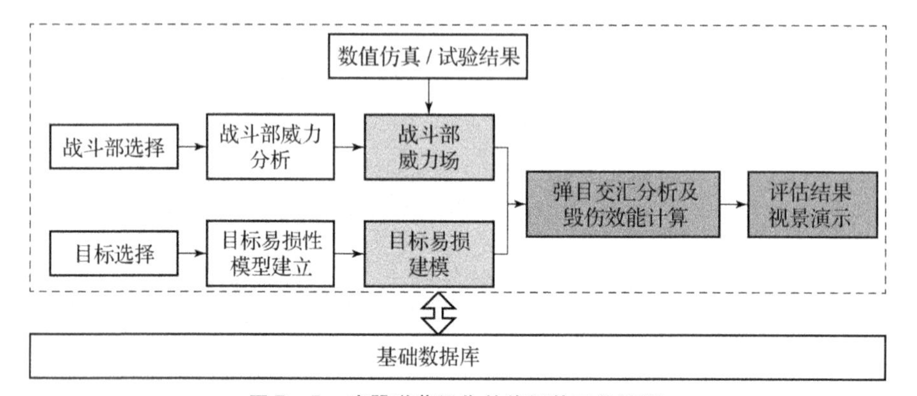

图 7－5　武器弹药毁伤效能评估工作流程

7.3.3　系统组成

根据上述主要功能需求、计算流程以及工作流程，设计武器弹药毁伤效能评估系统可由战斗部威力分析子系统、目标易损性模型构建子系统、毁伤效能计算子系统三个主要功能组件组成，考虑大量的数据的积累和传递，可增加基础数据库，并采用 B/S 架构，通过 B/S 架构将所有子系统进行集成，满足分布式计算的要求，整体的系统组成如图 7－6 所示。其中核心是毁伤效能计算子系统，而战斗部威力分析子系统主要输出战斗部威力场文件，目标易损性模型构建子系统主要输出目标易损性模型的数字化文件。如果考虑到更好去展示计算结果，毁伤效能计算子系统最好还应有一个视景演示子系统，方便弹目交会以及目标毁伤效果的三维显示，便于使用者使用。

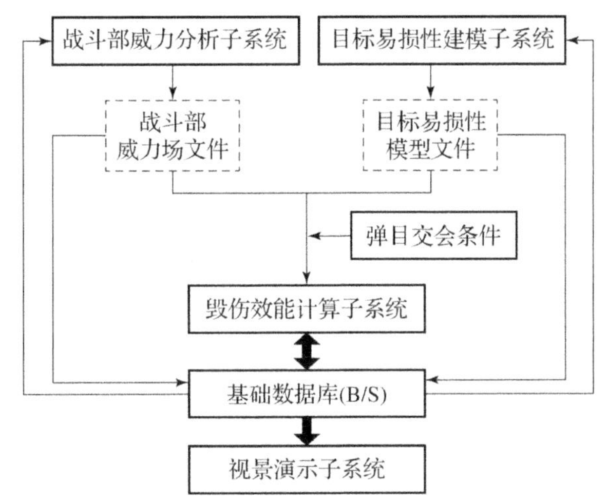

图7-6　武器弹药毁伤效能评估系统组成

7.3.4　总体架构

对于一个复杂的软件系统，为了考虑其拓展性、开发的可实施性和后续的维护性，多层架构以及弱耦合是一有效的技术途径。弹药毁伤效能评估软件系统采用数据层、应用层、界面层和视景演示层（结果输出和显示）的分层设计思路进行开发设计，如图7-7所示。

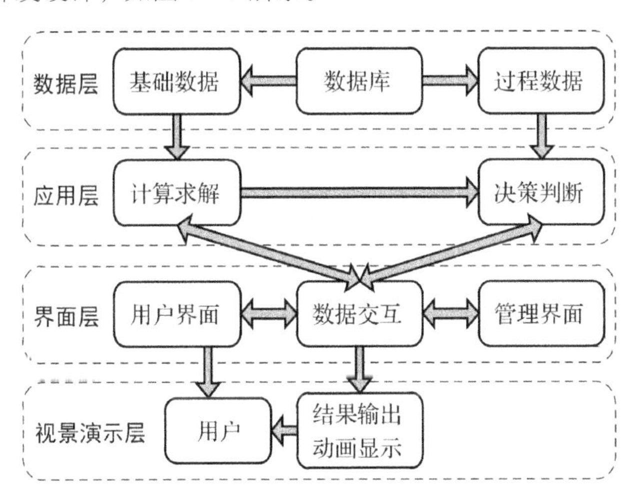

图7-7　弹药毁伤效能评估软件系统分层设计思路

数据层由若干数据库构成，为应用层提供基本数据和模型文件，主要包括材料数据子库、战斗部数据子库、目标数据子库、毁伤效应工程算法子库、毁伤效能数据子库；应用层主要进行弹药威力计算、目标易损性模型构建、弹药毁伤效能计算等核心功能实现，主要包括战斗部威力分析子系统、目标易损性建模子系统、毁伤效能分析子系统（含弹目交会分析、目标毁伤效果分析、弹药毁伤效能分析）；界面层用于实现计算参数的界面输入、计算选项界面选择等人机交互功能；视景演示层进行数据驱动的计算结果输出和二维/三维动画显示，主要包括战斗部二维/三维几何模型显示、目标三维几何模型显示、毁伤树显示、战斗部威力场可视化显示、毁伤效果云图可视化显示、弹目毁伤场景显示以及毁伤效能数据的显示等功能。对于核心的算法库及计算引擎可采用图 7 - 8 所示的架构。目前，经过多年研究，该架构的最大好处在于易于拓展，但工作量庞大。经过多年积累，北京理工大学已经在毁伤效能算法库方面形成完整的体系架构，自主开发了 100 多个工程、2 000 多个 CPP 程序文件，50 余万行代码可应用于国产 CPU 以及各类操作系统。

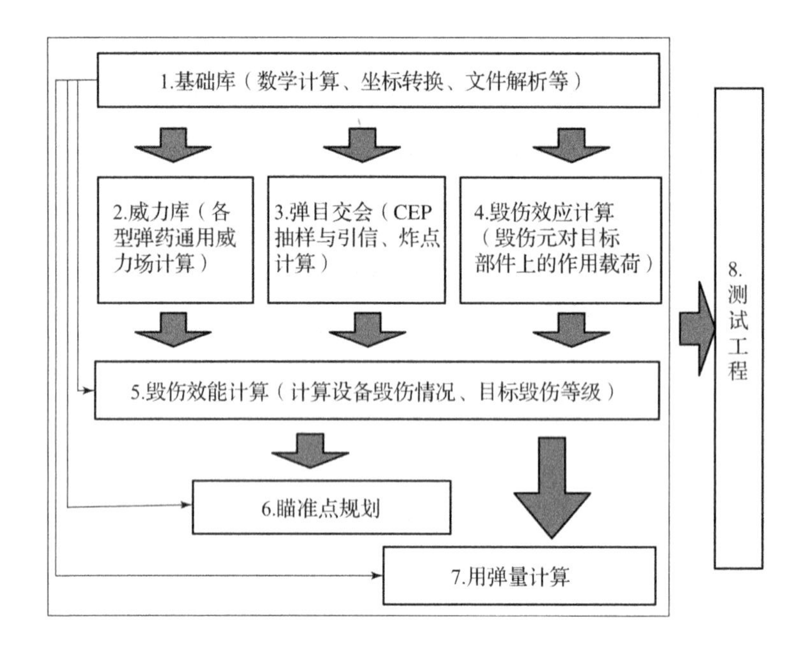

图 7 - 8　武器弹药毁伤效能算法体系架构

7.3.5　内部接口关系

根据上述武器弹药毁伤效能算法体系架构可见，整个武器弹药毁伤效能算法库是复杂的，软件内除底层算法库还有应用层、界面层等；因此，软件系统内各模块之间采用数据文件进行信息的传递，易于开发、维护和拓展，这就需要设计各个模块之间的接口关系，各系统模块之间内部接口关系见图 7 - 9。

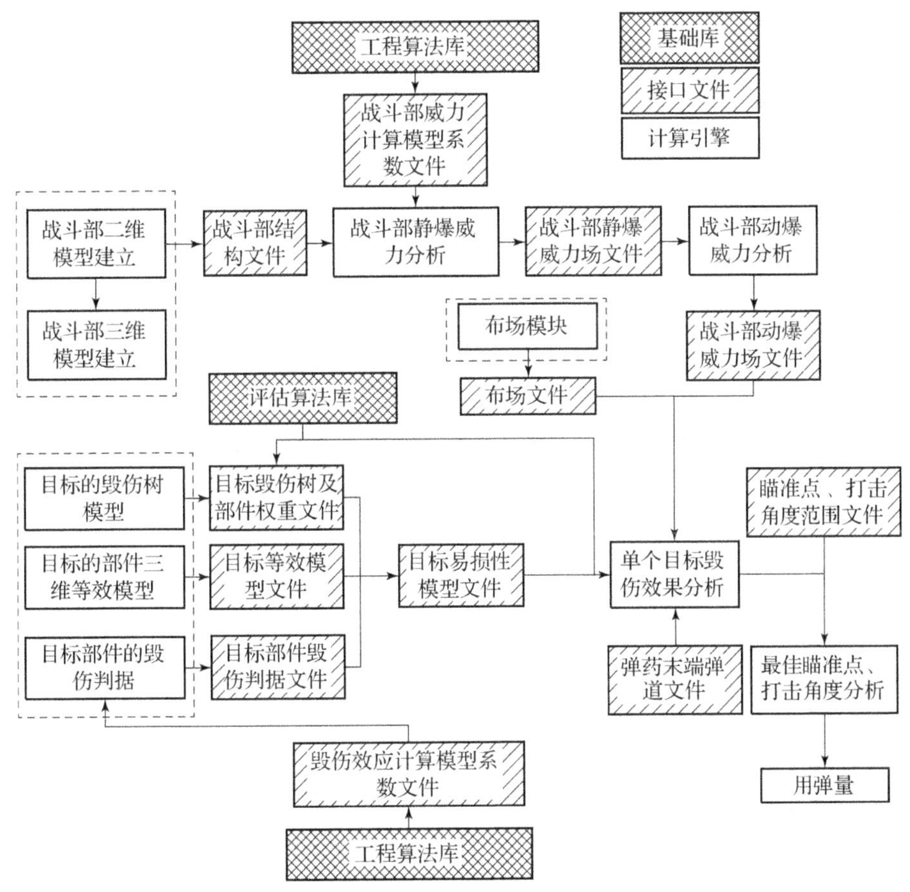

图7-9 弹药毁伤效能评估软件系统内部接口关系图

武器弹药毁伤效能评估软件系统内部接口数据文件输入/输出关系及文件格式见表7-1。

表7-1 接口数据关系表

序号	接口数据内容	请求方	响应方	文件格式
1	战斗部结构文件	战斗部静爆威力分析	战斗部建模	DAT/TXT/XML/…
2	战斗部威力模型计算系数文件	战斗部静爆威力分析	工程算法库	DAT/TXT/XML/…
3	战斗部静爆威力场文件	战斗部动爆威力场分析	战斗部静爆威力分析	DAT/TXT/XML/…

续表

序号	接口数据内容	请求方	响应方	文件格式
4	战斗部动爆威力场文件	单个目标毁伤效果分析	战斗部动爆威力分析	DAT/TXT/XML/…
5	布场文件	目标毁伤效果分析	布场模块	DAT/TXT/XML/…
6	目标毁伤树及部件权重文件	目标易损性模型文件	目标毁伤树模型建立模块	DAT/TXT/XML/…
7	目标等效模型文件	目标易损性模型文件	目标等效模型建立模块	DAT/TXT/XML/…
8	毁伤效应计算模型系数文件	目标部件的毁伤判据	工程算法库	DAT/TXT/XML/…
9	目标部件绑定毁伤判据文件	目标易损性模型文件	目标部件毁伤判据绑定模块	DAT/TXT/XML/…
10	目标易损性模型文件	单个目标毁伤效果分析	目标毁伤树及权重、等效模型和部件绑定毁伤判据文件	DAT/TXT/XML/…
11	弹药末端弹道文件	单个目标毁伤效果分析	视景演示界面	DAT/TXT/XML/…
12	瞄准点、打击角度范围文件	最佳瞄准点、打击角度分析模块	视景演示界面	DAT/TXT/XML/…

7.4 子系统及功能实现

根据上述武器弹药毁伤效能评估系统组成与总体框架，需要进行系统的功能实现。在此，就战斗部威力分析、目标易损性模型构建和武器弹药毁伤效能计算三个主要子系统及功能实现进行简单介绍，同时介绍三个子系统共用的结果输出/显示模块功能及实现方案。

7.4.1 战斗部威力分析子系统

1. 功能和组成

战斗部威力分析子系统由威力分析的各计算模块组成，主要是对战斗部威力场进行分析。

战斗部威力分析应包括杀伤、爆破、杀爆、侵爆、聚能破甲、温压/云爆、穿甲和子母等多种类型战斗部的威力分析功能。

该子系统需实现功能如下：

（1）具有战斗部模型导入、修改和导出功能；

（2）杀伤战斗部威力分析；

（3）爆破战斗部威力分析；

（4）杀爆战斗部威力分析；

（5）侵爆战斗部威力分析；

（6）聚能破甲战斗部威力分析；

（7）温压/云爆战斗部威力分析；

（8）穿甲战斗部侵彻威力分析；

（9）子母战斗部威力场分析；

（10）战斗部威力效果显示；

（11）战斗部威力场数据输出功能。

2. 技术要求

对于该子系统，技术要求如下：

（1）能够按照战斗部基本设计参数，使用多个工程算法对战斗部威力进行分析；

（2）威力场计算结果与试验结果基本一致，如果有试验数据可进行精度分析；

（3）工程算法单次仿真时间合理，不超过 2 min；

（4）能够按约定接口读入给定战斗部威力参数，并进行数据驱动显示；

（5）提供针对计算结果的多种方式查询。

3. 实现方案

（1）数据解析模块。

定义威力分析的基础数据结构，并从战斗部模型文件中解析数据到内存里的数据结构。

①弹体数据，分析弹体结构数据，包括弹头类型、弹体总质量、弹头材料；

②装药数据，分析冲击波场时用，包括：装药质量、装药材料；

③……；

对于常见的侵彻爆破战斗部，在战斗部威力分析中，主要体现在侵彻威力和爆破威力，通过文件解析战斗部结构参数后调用算子库中相关算法进行战斗部侵彻威力计算，调用相关算子进行战斗部在密闭空间内爆炸载荷的分析和在密实混凝土内爆炸成坑体积的计算等，如图 7-10 所示。对于其他种类战斗部可进行类推，其核心在于第 4 章的分析，基于第 4 章分析获得的威力计算算子输入/输出参量，根据这些参量就可以实现插件化的算子设计，提高系统的可拓展性。

（2）算子库调用模块。

算子库调用模块实现读取外部算子功能。

算子库调用模块主要类：文件操作类、数据库操作类、算子调用类等。

（3）主模块。

主模块调用各子模块实现子系统功能，并设置各子模块的关联。

主模块主要类：主窗口类。

7.4.2 目标易损性模型构建子系统

1. 功能和组成

目标易损性模型构建子系统主要实现目标易损性数字化模型建立，可实现目标易损性模型建立过程中不同程度毁伤等级、部件等效、反映功能逻辑关系毁伤树的建立与显示，便于毁伤效应快速计算的几何等效模型建立，以及用于毁伤效果评估的毁伤准则与部件的绑定、毁伤判据的设定等易损性数据的处理。

（1）目标实体模型导入与等效模型建立功能：

①目标（CAD 软件建立）实体模型导入、修改和导出功能；

②标准几何体三维建模功能；

③目标部件等效模型构建功能；

④目标等效模型文件输出功能。

（2）目标易损性模型建立功能：

①目标不同毁伤程度对应失效功能定义；

②根据等效模型和目标功能实现部件功能关联，即毁伤树建立；

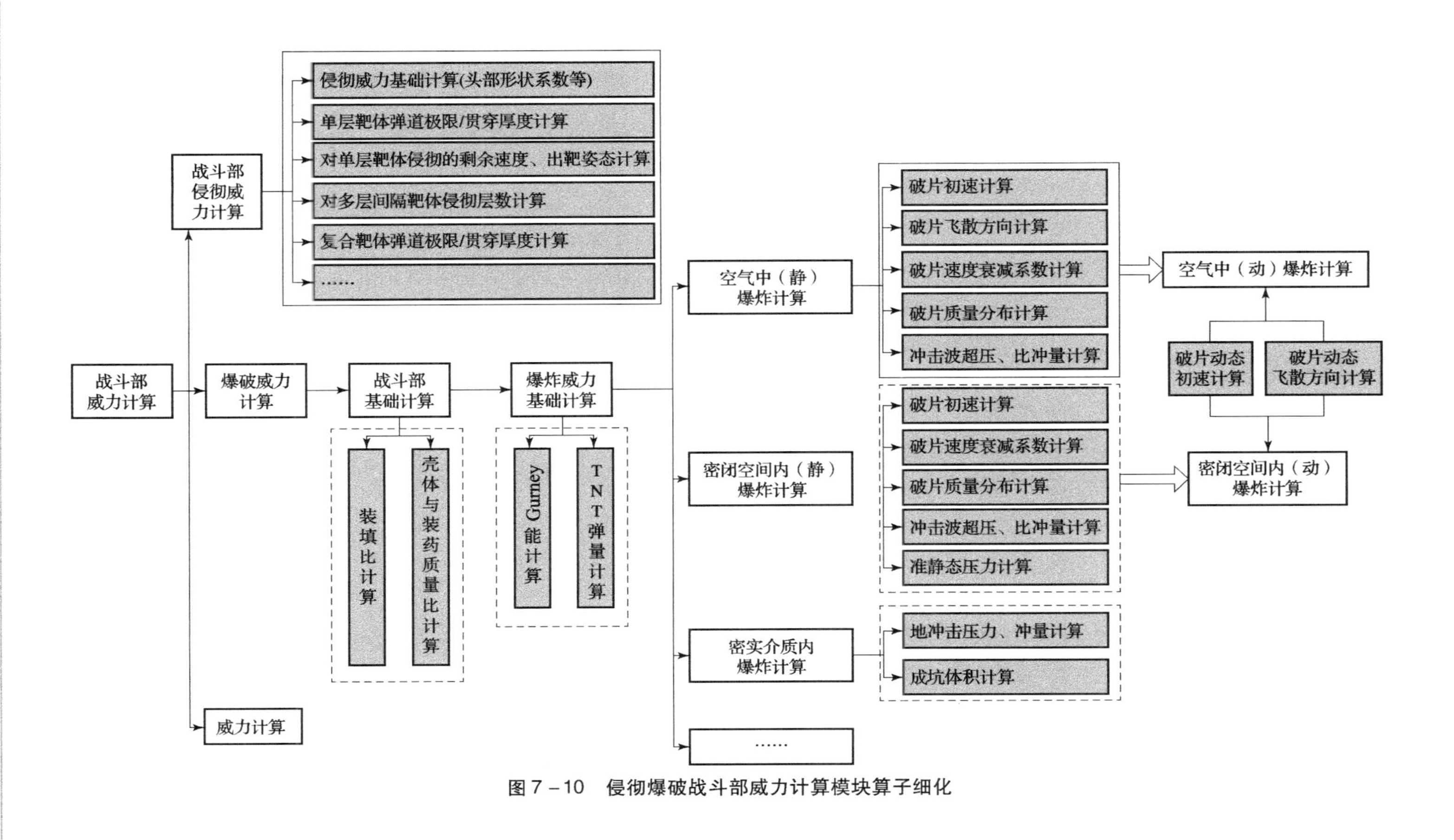

图7-10　侵彻爆破战斗部威力计算模块算子细化

③确定关键构件/部件，绑定毁伤准则，定义毁伤判据，并计算关键构件/部件贡献因子，即权重；

④目标易损性模型文件输出功能；

⑤对易损性模型进行效果显示、结果查看和修改。

2. 技术要求

对于该子系统，技术要求如下：

（1）能够对目标及结构等效模型进行三维显示；

（2）能够对毁伤树进行可视化显示；

（3）能够对毁伤准则进行选择，对毁伤判据进行编辑，并与构件绑定。

3. 实现方案

目标易损性模型构建子系统提供导入（stl）通用格式的目标实体模型，进行部件区分（透明度、颜色），显示部件，构建目标系统组成的结构树，设定各部件的等效模型（包括：基本几何体结构特性、部件模型的几何描述、材料及其属性）。支持毁伤等级描述（如：Ⅰ级毁伤：目标彻底毁伤，退出战斗；Ⅱ级毁伤：目标重度毁伤，短时不可修复；Ⅲ级毁伤：目标部分作战功能损伤等）；支持毁伤树建立，通过毁伤树反映目标功能部件对目标整体毁伤贡献的逻辑关系，支持（特定毁伤等级下）目标模型建立，并将目标等效模型中各部件与毁伤准则模型进行关联设定，根据数据驱动进行三维等效结构实体构建与显示，并可查看每个部件所关联的毁伤准则。

（1）毁伤树构建。

毁伤树可看作是一些2D图元的组合展示，并且图元之间有连接线。故在此采用图形视图技术构建毁伤树，图形视图提供了一个界面来实现对大量2D图元项的管理；一个视图窗口来使这些项可视化，并支持缩放和旋转。图形视图包括一个事件传播体系，可以使得场景中的项达到双精度控制。其中，项可以处理键盘和鼠标事件，如：鼠标按压、移动、释放和双击，它们也可以追踪鼠标的移动。

（2）等效模型建立。

对于目标的关键部件，有时候比较复杂，如图7－11所示，发动机，在毁伤计算时，可以将其等效为一个立方体进行计算，以简化计算。因此，对于目标易损性建模子系统需要具备目标结构等效模型建立功能，并对等效的简单化图形进行网格划分，基本几何结构及网格划分方法列于表7－2中。

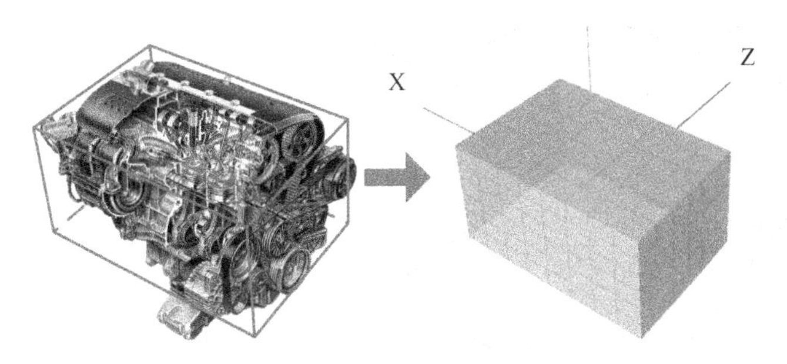

图 7－11　复杂结构的等效

表 7－2　基本几何结构及网格划分

编号	名称	示意图	基本参数	网格划分
1	圆柱面		半径 R 长度 L 长度分段：n_1 端面分段：n_2 圆周分段：n_3	
2	圆锥/圆台面		上端半径 R_1 下端半径 R_2 长度 L 长度分段：n_1 端面分段：n_2 圆周分段：n_3	
3	球面		半径 R 周向分段与径向分段一样均为：n_1	

续表

编号	名称	示意图	基本参数	网格划分
4	长方体面	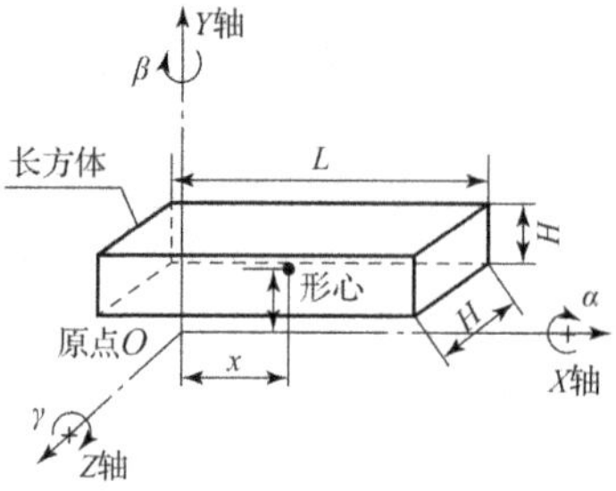 Y轴 β 长方体 L H 形心 原点O x H α X轴 γ Z轴	长 L 宽 W 高 H 长度分段：n_1 宽度分段：n_2 高度分段：n_3	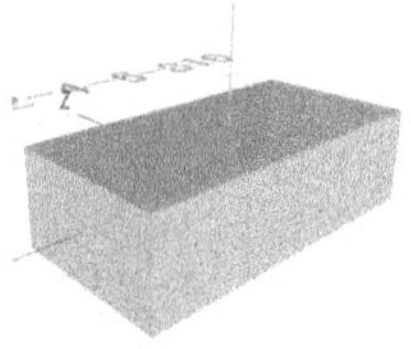
5	壳平面	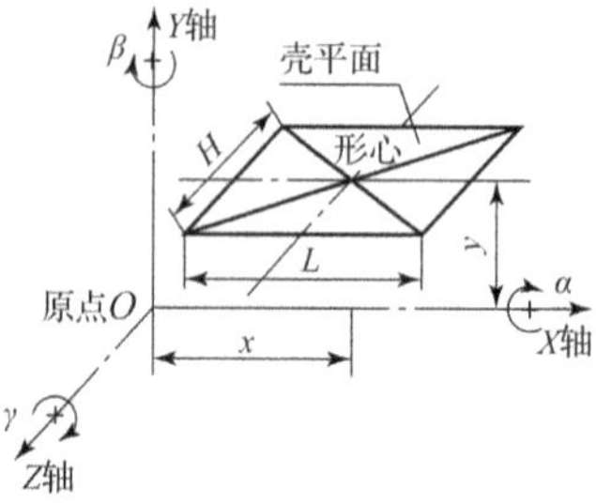 Y轴 β 壳平面 H 形心 L y 原点O α X轴 x γ Z轴	长 L 宽 W 长度分段：n_1 高度分段：n_2	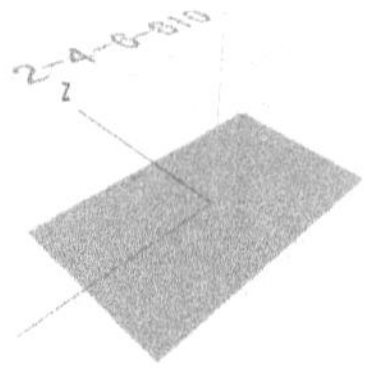
6	圆弧面	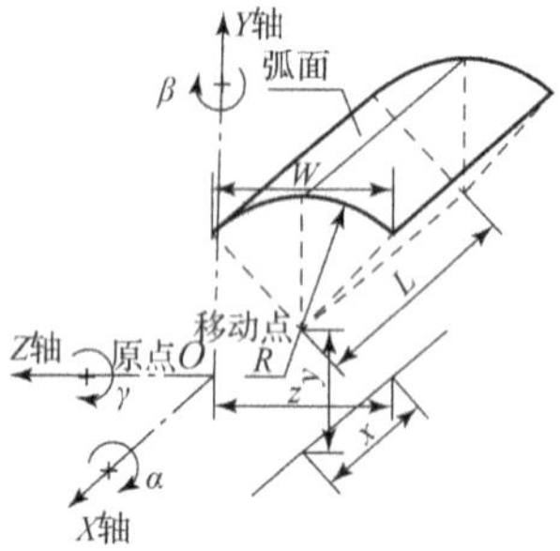 Y轴 β 弧面 W L 移动点 Z轴 原点O R γ z y x α X轴	长 L 宽 W 半径 R 长度分段：n_1 圆周分段：n_2	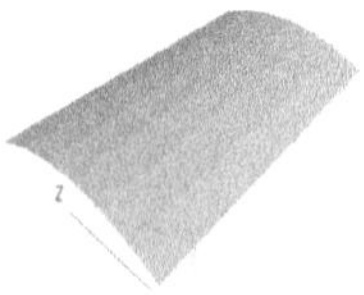
7	三角面	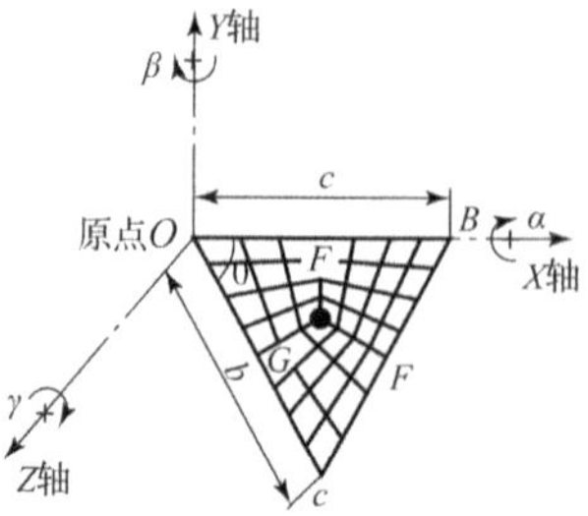 Y轴 β c 原点O B α X轴 F G F b γ Z轴 c	边长 C 边长 b b、c 边夹角 a 边分段：n_1 b 边分段：n_2 c 边分段：n_3	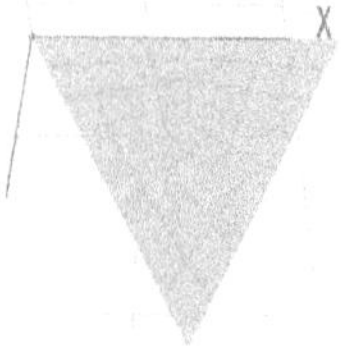

续表

编号	名称	示意图	基本参数	网格划分
8	梯形面		上底 a 下底 c 左边 d 右边 q a、b 边 上下底分段：n_1 左右边分段：n_2	

对于结构复杂的目标，在不影响效能计算结果情况下可对其复杂结构进行一定程度简化，将其简化为立方体、圆柱等简单几何结构的组合，并划分结构化的网格，如图7－12所示；如将车轮简化为圆柱体，将复杂结构目标等效为长方体、圆柱等简单几何结构的组合。

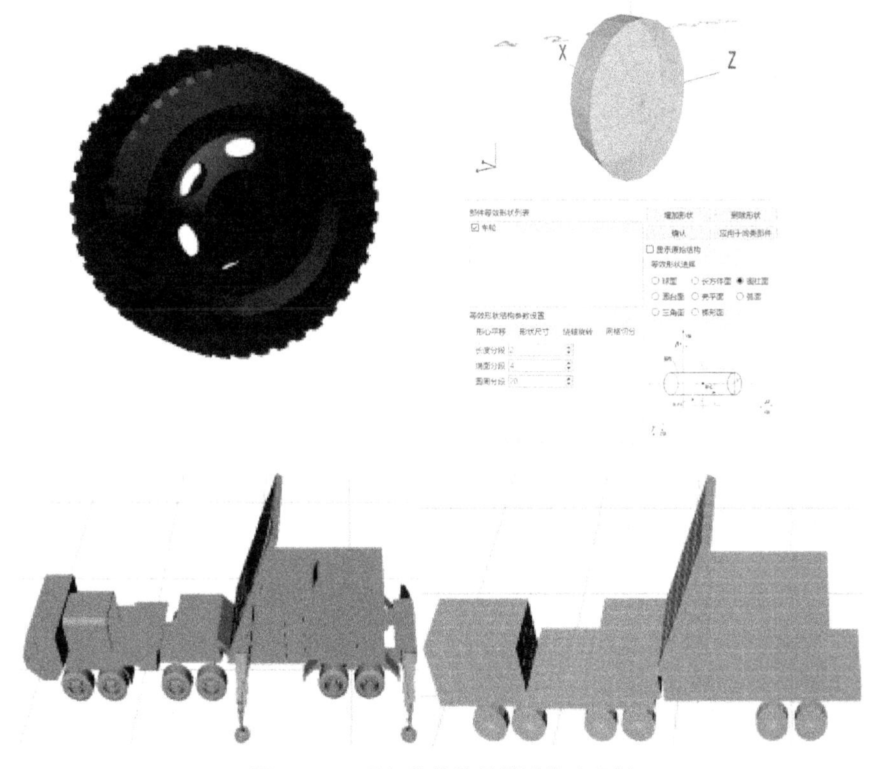

图7－12　目标结构等效模型构建示例

（3）毁伤判据绑定。

对已建立的目标毁伤树，需对其底事件对应目标结构部件设置材料、厚度等结构参数，根据不同毁伤元作用下毁伤效应确定毁伤判据，通过综合考虑作战场景下弹目匹配情况，对目标结构部件根据不同毁伤元打击条件进行毁伤判据设置，如图 7－13 所示。如雷达车轮胎作战环境下易受破片及爆炸冲击波毁伤，因此对其绑定破片贯穿数量作为毁伤判据，绑定冲击波峰值超压作为毁伤判据。

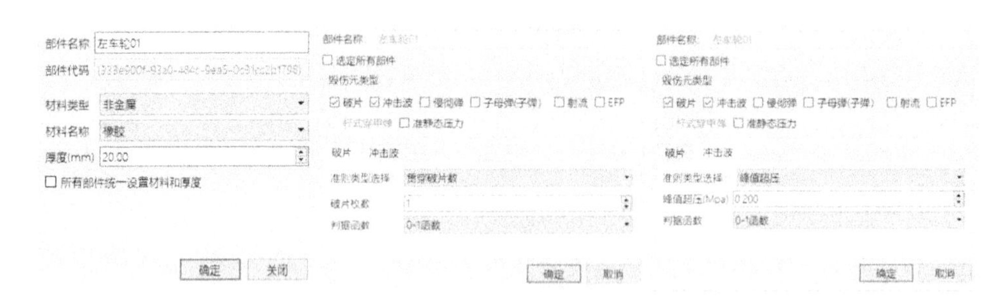

图 7－13　目标部件毁伤判据绑定示例

7.4.3　毁伤效能计算子系统

不同弹目交会条件下武器弹药的炸点不同，对目标毁伤效果也是不同的，毁伤效能计算之前需要对弹目交会条件（弹药战斗部姿态、目标姿态、弹道末端参数）进行设置，并基于弹目交会参数、命中精度和引信作用参数计算战斗部炸点坐标。因此，可以把武器弹药毁伤效能计算子系统进一步细分为弹目交会计算模块和毁伤效能计算模块两部分。

1. 弹目交会计算模块

（1）功能和组成。

弹目交会计算模块用于设置包括弹药末端运动速度、弹道俯仰角、弹道偏角、弹药对目标的瞄准点、抽样样本量、引信作用参数、制导误差等弹目交会条件参数。

弹目交会计算模块功能如下：

①能够输入各种弹目交会条件（弹药末端姿态、目标姿态、弹药制导参数、瞄准点等）及引信作用等参数；

②能够对各种弹目交会条件进行炸点分析；

③能够计算弹体与目标的交会情况及交会点坐标；

④能够计算破片、冲击波等毁伤元与目标的交会情况及交会点坐标。

（2）技术要求。

对于该子系统，技术要求如下：

①弹目位置可视化显示；

②弹目作用过程可视化演示。

（3）实现方案。

弹目交会计算模块不仅可以设定弹目交会参数，而且能够直观显示弹目位置、瞄准点空间位置、末端弹道及不同弹目作用过程等情况。

①界面交会参数设定。

在界面上实现瞄准点位置、弹药命中精度、抽样样本量、弹药落速、落角、攻角、弹道偏角以及引信作用等参数设置；同时，可以读入战斗部威力场以及目标易损性模型文件，与战斗部威力分析子系统、目标易损性模型构建子系统实现关联。

②炸点分析。

基于弹药飞行的末端弹道数据、命中精度和目标结构，通过坐标转换分析末端弹道与目标或地面的撞击点，调用所建立的引信启动模型及弹药炸点计算模型，基于撞击点、目标结构以及引信参数等计算得到弹药的炸点坐标，以及爆炸时弹药相对于目标的速度、姿态等。

③毁伤元与目标相交。

以炸点为起始位置，根据战斗部威力场文件计算出地面坐标系下毁伤元的运动轨迹线，并进行数学表征，尽量采用几何相交计算，而不是遍历的办法，计算毁伤元与目标的相交情况，计算精度高，时间又短。

④毁伤效果显示。

通过对弹目交会条件设定，编写显示引擎，对弹目位置、瞄准点空间位置、末端弹道、不同弹目作用过程、毁伤元对目标毁伤效果等进行显示，这项功能也可以放在结果显示模块进行实现。

2. 毁伤效能计算模块

（1）功能和组成。

毁伤效能计算模块主要是对弹药毁伤效能及目标毁伤效果进行量化分析，评估结果包括：在瞄准点坐标已知条件下，分析不同毁伤等级要求下单/多发弹药对目标的毁伤效能，从而为武器（弹药）战斗部威力指标论证、优化、考核提供核心依据；为武器（弹药）装备体系规划与论证以及武器（弹药）配备、储存量的合理确定提供重要支撑；为打前目标毁伤效果预测、打中目标毁伤实时评估和打后目标毁伤情况最终评估提供支撑，服务于武器作战运用和火力规划。

毁伤效能计算模块功能如下：

①不同毁伤等级下战斗部对目标的毁伤效能计算；

②单/多发战斗部对目标的毁伤效能计算；

③单/多瞄准点对目标的毁伤效能计算；

④对目标毁伤效果计算结果显示。

（2）技术要求。

对于该子系统，技术要求如下：

①针对不同毁伤效能表征可进行弹药对目标的毁伤效能计算；

②毁伤效能计算时间合理，通常不超过 2 min；

③对评估结果以曲线、柱状图、云图等方式进行多样化显示；

④提供针对评估结果的多种查询方式。

（3）实现方案。

①不同毁伤等级下弹药对目标的毁伤效能计算。

根据炸点以及战斗部动爆威力场、目标易损性模型、毁伤效应算法等，分析弹药战斗部对目标各个部件的毁伤效果，并根据不同毁伤等级下目标毁伤树及绑定的权重和毁伤判据，计算目标在不同毁伤等级下的毁伤效果，近而得到毁伤效能。

②单/多发弹药部对目标毁伤效能计算。

根据炸点以及战斗部动爆威力场、目标易损性模型、评估方法等，计算单/多发弹药对目标在同一毁伤等级下的毁伤效能，分析不同瞄准点下对目标的毁伤效果以及对弹药毁伤效能的影响。

③单/多瞄准点对目标/目标体系毁伤效能计算。

根据炸点以及战斗部动爆威力场、目标易损性模型、毁伤效应模型等，计算单/多瞄准点条件下弹药战斗部对目标/目标体系在同一毁伤等级下的毁伤效能，分析不同瞄准点对目标/目标体系毁伤效果以及弹药毁伤效能的影响程度。

7.4.4 结果输出/显示模块

不管是战斗部结构、威力场，还是目标结构、易损性模型，以至于弹目交会和目标毁伤效果都需要对计算结果进行三维显示和输出；因此，结果输出/显示模块是一个共性模块，这里进行简单介绍。

（1）功能和组成。

结果输出/显示模块主要包括战斗部侵彻过程及结果、爆炸威力场（破片场、冲击波场等）、起爆瞬间战斗部与目标交会位置与姿态、起爆后形成的战斗部威力场与目标的交会情况、毁伤元对目标及部件作用情况（目标表面破片着点分布、破片是否贯穿目标部件、目标表面入射冲击波超压分布等）显示、目标整体及各部件的毁伤效果（不同颜色代表不同的毁伤效果）的显示，同时支持毁伤幅员或毁伤体积等显示。

模块功能如下：

①弹药对目标毁伤效能结果图形化输出；

②战斗部模型、目标易损性模型可视化显示；

③战斗部威力场显示；

④导弹毁伤目标整个过程三维演示；

⑤目标毁伤效果显示。

（2）技术要求。

①提供弹药毁伤目标整个过程的三维动画演示（含场景和环境、弹药及姿态、战斗部威力场、目标及姿态、炸点、毁伤元与目标交会、目标毁伤效果等）；

②具备对毁伤效能及效果的多种查询方式，对查询结果的三维显示和二维表格数据等多种方式显示。

（3）实现方案。

结果输出/显示模块通过解析战斗部威力模型文件、目标易损性模型文件，能够自动构建演示场景中的战斗部威力场和目标，通过毁伤效能评估结果文件解析进行数据驱动的演示，生成动画。生成的动画包含弹目交会过程、弹体侵彻过程、破片毁伤过程、冲击波毁伤过程等，并且还加入了弹体运动轨迹等特效以增强真实感。

①数据解析模块。

模型数据解析模块主要解析毁伤效能评估过程中用到的弹药战斗部、目标模型基本参量及战斗部威力场、目标毁伤效果、弹药毁伤效能分析结果等。本模块会调用其他分系统的相关模块：战斗部模型读写模块、威力分析结果读写模块、目标易损性模型读写模块、评估结果读写模块等。

a）弹药模型

➢ 弹药的外形模型，弹药绘制时调用。

b）战斗部模型

➢ 战斗部的总体结构，战斗部绘制时调用；

➢ 壳体结构，壳体破裂时调用；

➢ 装药结构，战斗部爆炸模拟时调用。

c）目标模型

➢ 目标总体结构，目标绘制时调用；

➢ 单个部件，部件分解成碎片及破片毁伤过程、冲击波冲击过程时调用。

d）战斗部威力模型

➢ 破片总数、破片位置、速度矢量，生成壳体破裂过程及破片毁伤过程时调用；

➢ 冲击波计算模型，冲击波计算时调用；

➢ 侵彻计算模型，侵彻计算时调用。

e）毁伤效能分析结果

➢ 弹药起始位置、撞击点等，生成弹目交会过程时调用；

➢ 侵彻深度（炸点），生成弹体侵彻过程时调用；

➢ 部件击中/贯穿破片统计，生成破片毁伤过程调用；

➢ 破片的终点位置，生成破片毁伤过程时调用；

➢ 数据解析模块主要类：战斗部模型解析类、目标模型解析类、战斗部威力模型解析类、毁伤效能评估结果解析类。

②场景构建模块。

场景构建模块将生成演示用场景，为增加真实感，还可支持加载地形模型；

场景构建主要类：地形模型绘制类。

③数据驱动演示模块。

数据驱动演示模块根据数据解析模块的结果，进行数据驱动的三维演示，包括如下过程：

➢ 弹药运动过程；

➢ 弹目交会过程；

➢ 弹体侵彻过程；

➢ 破片飞行过程；

➢ 冲击波运动过程；

➢ ……

数据驱动演示模块主要包括生成弹药运动过程、弹目交会过程、破片飞行过程、冲击波运动过程等。

④动画播放模块。

动画播放模块将播放生成的动画，并加入特效，支持播放任一过程和所有过程，支持设置每一过程的播放时间及步长，支持暂停、快进、后退、加速、减速播放。

动画播放主要种类：播放控制类、声音类、特效类等。

⑤物理引擎模块。

物理引擎模块提供如下方法：

➤ 物理引擎模块主要包括：破片、碎片飞散模拟，弹体侵彻过程模拟，冲击波模拟等。

➤ 破片、碎片飞散模拟：模拟破片或碎片的飞散过程。

➤ 冲击波模拟：调用冲击波运动衰减模拟冲击波的运动及衰减规律。

➤ 弹体侵彻过程模拟：模拟弹体或破片侵彻目标时的过程。

7.5　计算实例

基于上述弹药毁伤效能评估系统总体架构及各子系统功能实现方法，开发武器弹药毁伤效能评估软件系统，应用层的算法库采用标准 C ++ 进行开发，支持算法添加，执行程序界面层采用 QT 进行设计，数据库可采用 B/S 架构。在此，对所开发的评估系统通过实例计算的方式进行简单介绍。

7.5.1　杀爆战斗部对轻型装甲车毁伤效能评估

1. 杀爆战斗部威力场分析

根据战斗部结构参数、材料类型，建立杀爆战斗部结构模型，如图 7 - 14 所示。

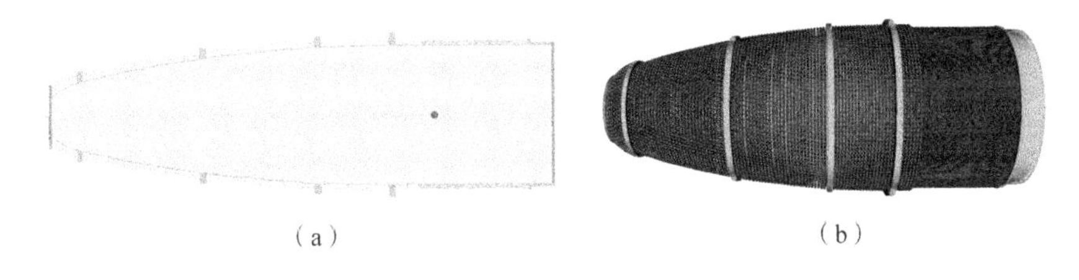

（a）　　　　　　（b）

图 7 - 14　杀爆战斗部结构模型

（a）二维模型；（b）三维模型

杀爆型战斗部打击轻型装甲车目标一般选用破片穿透数量、冲击波超压峰值等作为主要毁伤判据；因此，对杀爆型战斗部破片威力、破片分布、冲击波威力等进行计算分析，得到杀爆型战斗部威力场文件，存入战斗部威力数据库，杀爆战斗部的威力计算如图 7 - 15 ~ 图 7 - 17 所示。

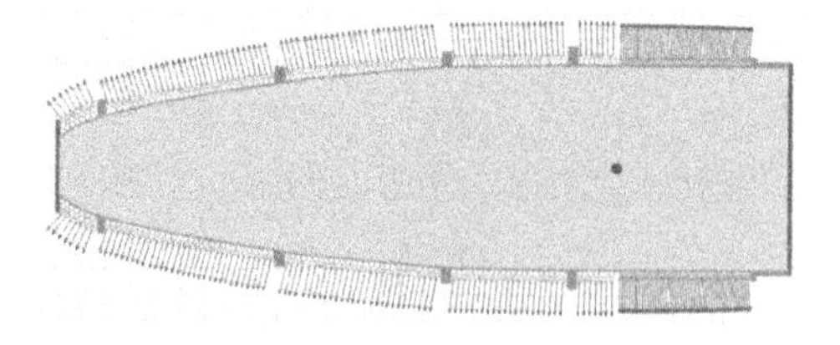

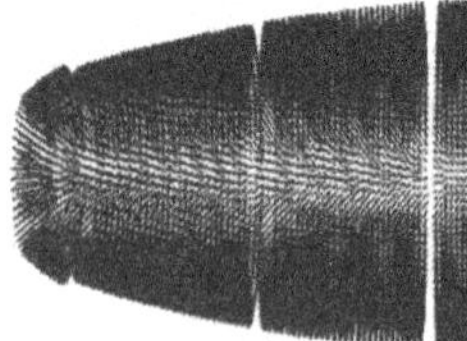

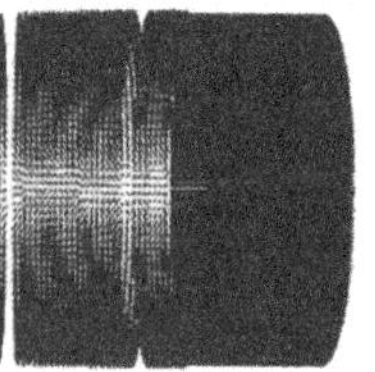

2D 视图　　　　3D 视图

图 7－15　破片飞散方向

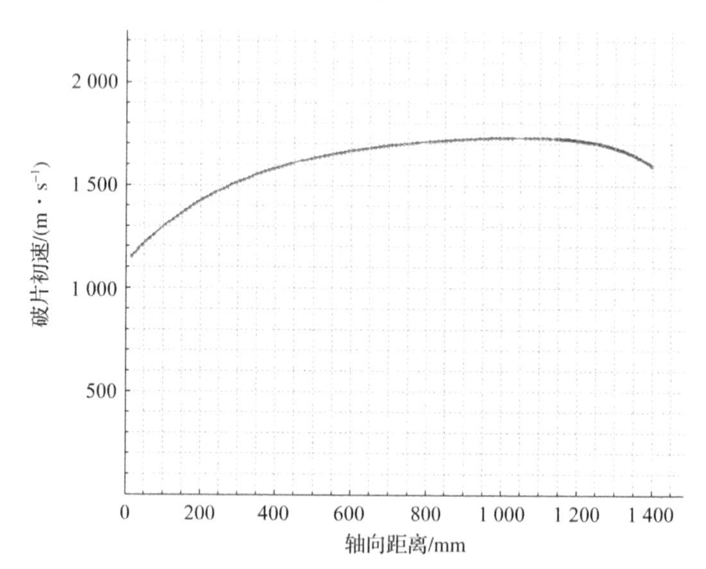

图 7－16　战斗部爆炸破片初速沿弹轴方向分布

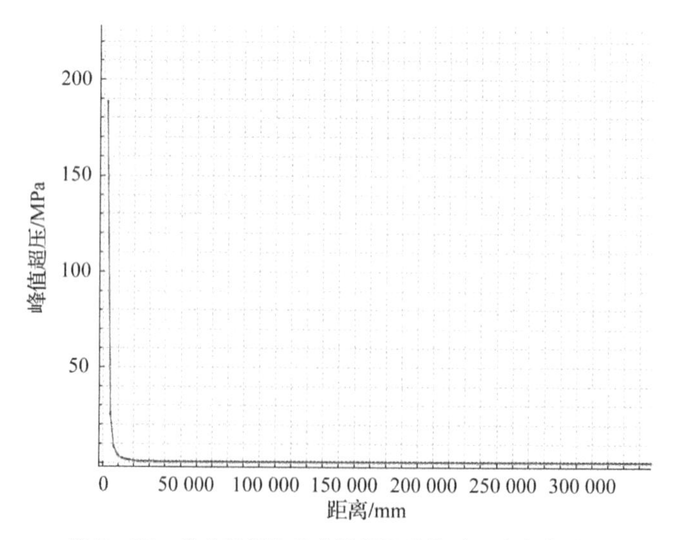

图 7－17　战斗部爆炸冲击波超压峰值随距离变化关系

2. 轻型装甲车目标易损性模型构建

根据目标几何结构特征，采用商用3D建模软件（如SolidWorks），建立轻型装甲车3D几何模型，如图7－18所示。

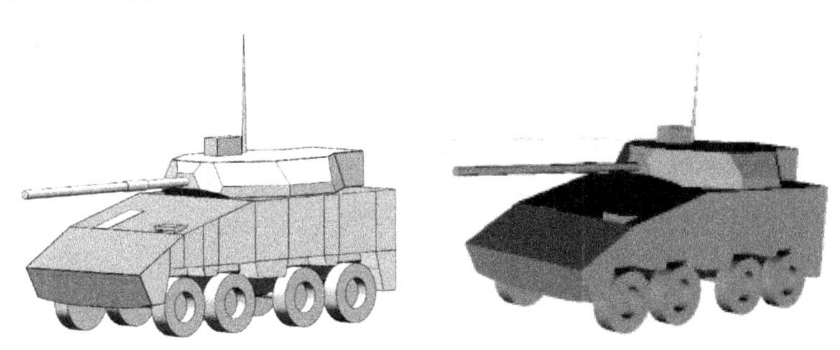

图7－18　轻型装甲车3D几何模型

根据目标三维几何模型参数建立目标结构等效模型，针对不同毁伤元绑定毁伤判据，根据目标功能－结构映射关系建立目标毁伤树，如图7－19所示。

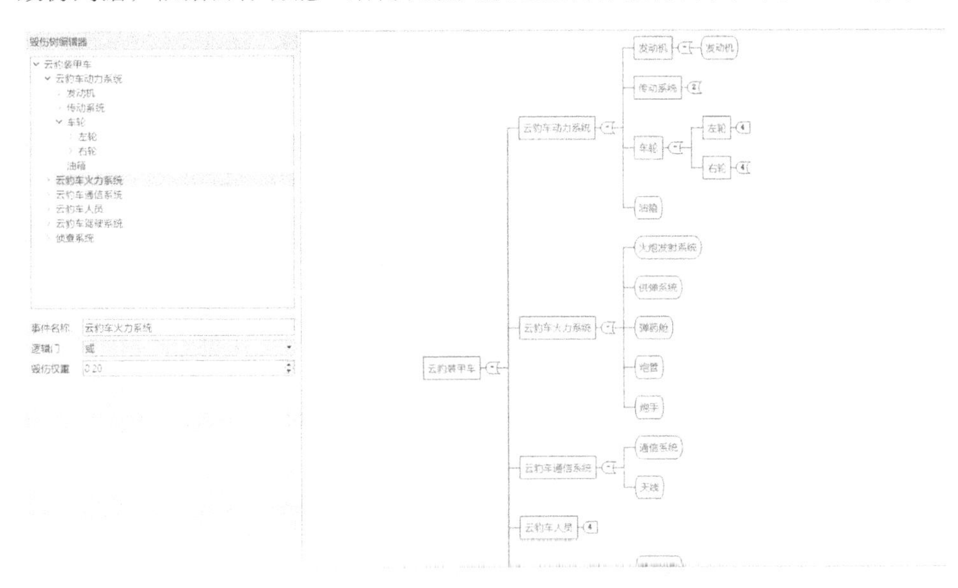

图7－19　轻型装甲车目标毁伤树构建

杀爆型战斗部打击轻型装甲车主要毁伤元为破片和爆炸冲击波；因此，选择0－1毁伤准则，并设定对轻型装甲车部件击穿破片数和冲击波峰值为毁伤判据。

3. 杀爆战斗部对轻型装甲车毁伤效能计算

建立毁伤效能评估方案，具体包括：选取战斗部、目标，设置弹目交会条件，设置引信参量，设置CEP及蒙特卡洛抽样次数，开始计算。计算条件设置如下：瞄准点为目标几何中心，置CEP为10.0 m，落点偏差2~3 m，落速为400 m/s，落角为75°，攻角为0°，弹道偏角为0°；引信类型为近炸引信，炸高为4.0 m。杀爆型战斗部打击轻型装甲车炸点如图7-20所示。

图7-20　杀爆型战斗部打击轻型装甲车炸点示意图

设置蒙特卡洛抽样次数为100次，进行毁伤效能计算，采用毁伤概率表征毁伤效能，输出计算结果为：61.68%的毁伤概率，弹药对目标毁伤效果如图7-21所示。

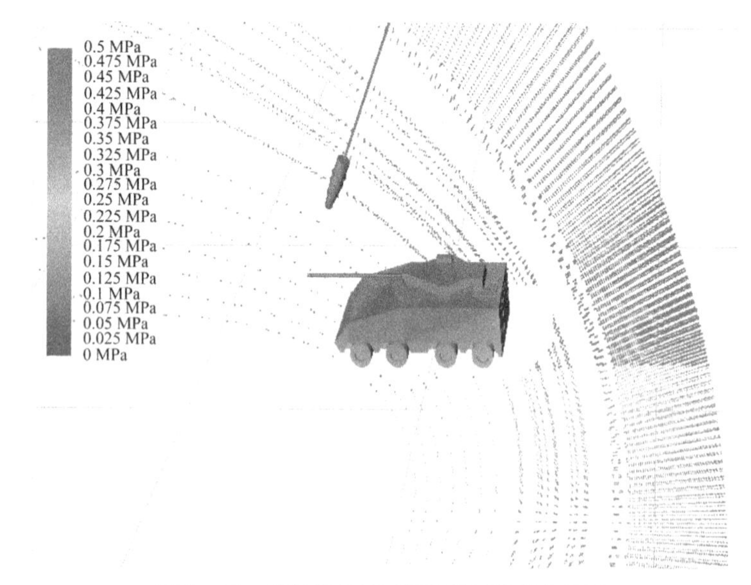

图7-21　杀爆战斗部对轻型装甲车毁伤效果

7.5.2　爆破型鱼雷对大型水面舰艇毁伤效能评估

1. 爆破型鱼雷威力场分析

根据战斗部结构参数、装药类型、壳体材料等，在战斗部威力分析子系统中建立爆破型鱼雷战斗部结构模型（图7－22），装药通过换算可得等效TNT当量。

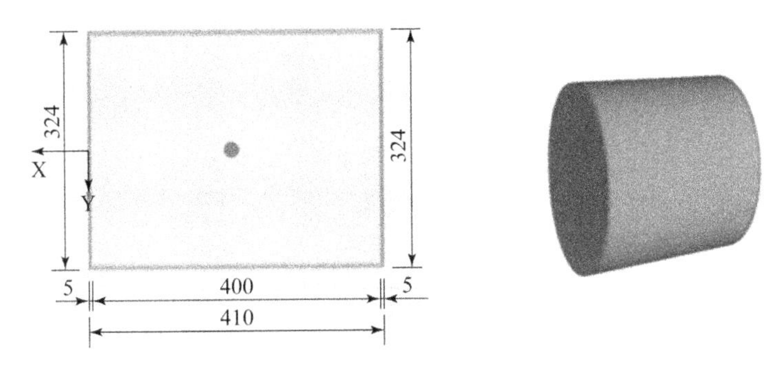

图7－22　爆破型鱼雷战斗部2D、3D几何模型

爆破型鱼雷打击大型水面舰艇接触爆炸条件下一般选用冲击波超压峰值作为打击舰船结构主要毁伤判据，因此主要对爆破型鱼雷战斗部爆炸冲击波威力进行计算分析，得到爆破型鱼雷战斗部水中爆炸冲击波威力数据（图7－23）。

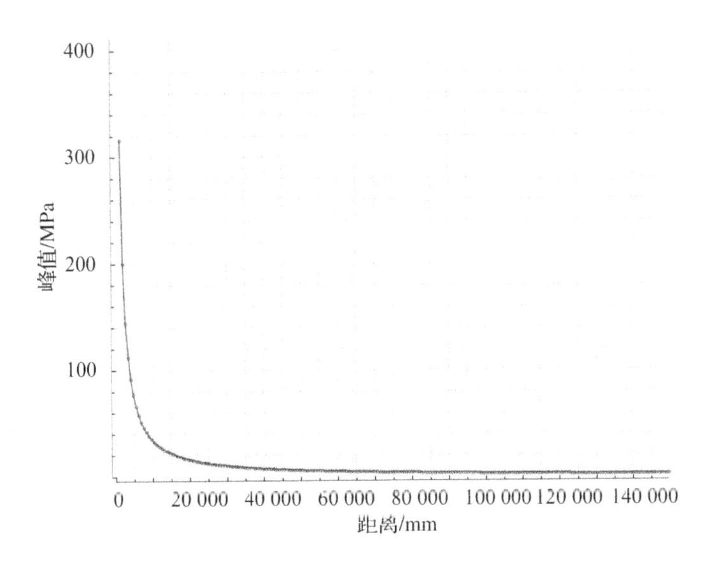

图7－23　爆破型鱼雷战斗部冲击波超压峰值－距离曲线

2. 大型水面舰艇目标易损性模型构建

根据目标几何结构特征，运用通用3D建模软件，建立大型水面舰艇目标3D几何模型，如图7－24所示。

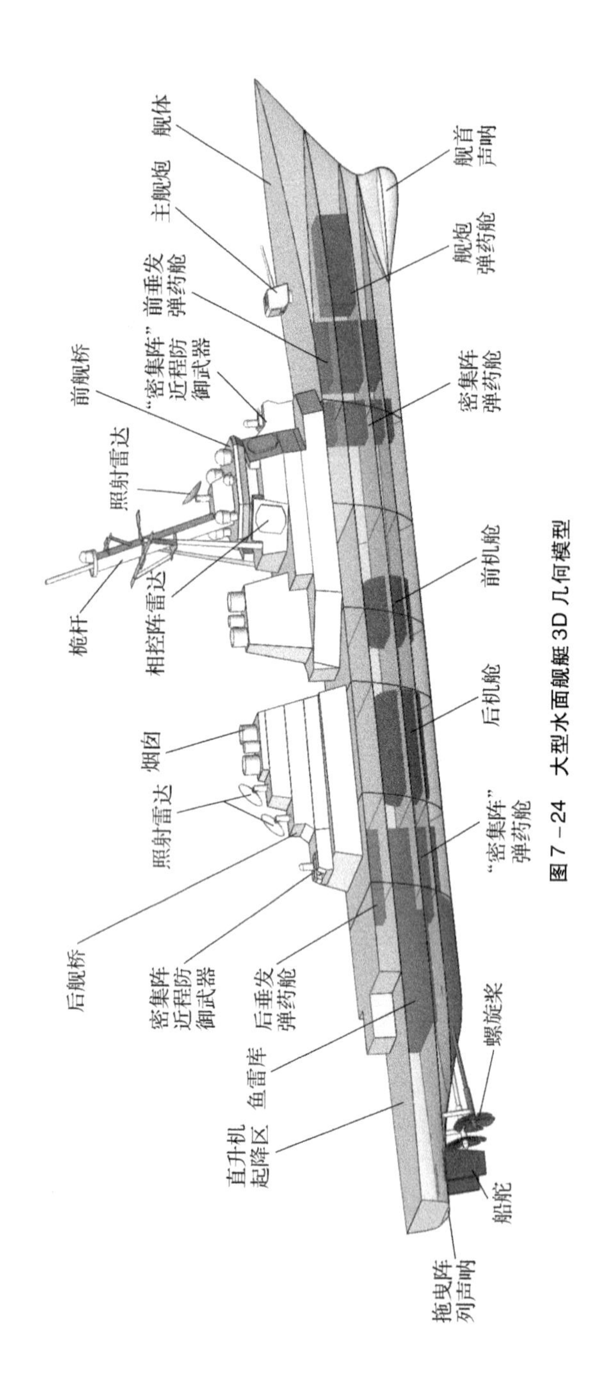

图 7-24 大型水面舰艇 3D 几何模型

为使大型水面舰艇物理结构数据参与毁伤计算及可视化，应用ICEM软件将舰船三维模型各零部件进行网格划分。为方便导出STL文本文件格式，选用直角三角形单元，单元尺寸不超过100 cm，不小于20 cm，同时将各零部件的单元法向量全部指向舰船外部，得到驱逐舰网格模型，如图7-25所示。

图7-25　大型水面舰艇网格模型

将舰艇目标几何模型转换为STL格式导入目标易损性建模子系统进行毁伤树构建、毁伤权重设置、毁伤准则选择毁伤判据绑定等操作（图7-26）。

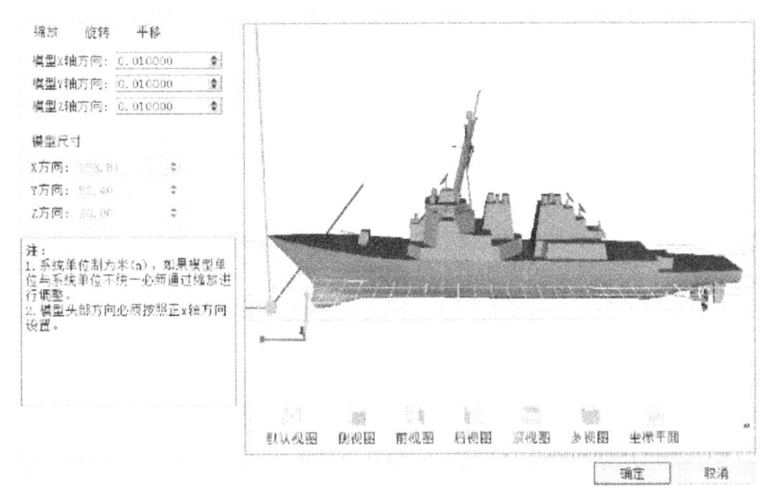

图7-26　目标STL模型文件导入

根据大型水面舰艇功能分析及功能-结构映射关系，结合各功能之间逻辑关系及各功能丧失对舰艇整体作战能力影响，构建目标毁伤树，设置毁伤权重。大型舰船功能结构复杂繁多，毁伤树构建越细致，效能评估计算结果越精准，在此为演示毁伤树构建功能，仅对毁伤树进行简单展示（图7-27）。

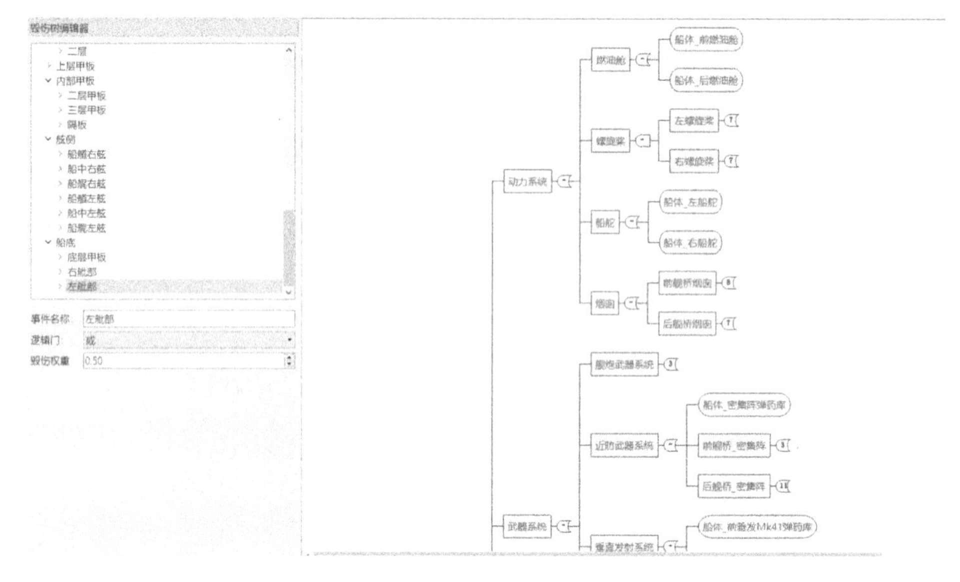

图 7-27　大型水面舰艇毁伤树

爆破型鱼雷打击大型水面舰艇主要毁伤元为水中爆炸冲击波，因此对舰艇部件绑定冲击波峰值以及冲击加速度为毁伤判据。

3. 爆破型鱼雷对大型水面舰艇目标毁伤效能评估计算

建立毁伤效能评估方案，具体包括：选取战斗部、目标，设置弹目交会条件，设置引信参量，设置 CEP 及蒙特卡洛抽样次数，开始计算。计算条件设置如下：瞄准点设置为船舷船舯，设置鱼雷末端弹道速度为 25 m/s，弹道 CEP 半径设置为 1 m，弹道偏角为 270°，弹道俯仰角为 -10°，引信类型设置为触发引信（图 7-28）。

图 7-28　爆破型鱼雷攻击大型水面舰艇炸点示意图

设置蒙特卡洛抽样次数为100次，进行毁伤效能计算采用毁伤概率表征毁伤效能，输出计算结果为：81.95%的毁伤概率；弹药对目标毁伤效果如图7-29所示。

图7-29　鱼雷毁伤船舷船艄效果

附录：基于单位制自动转换的算子计算示例

1. 计算公式

针对破片弹道极限计算公式，进行算子编写，计算公式如下：

$$v_{50}=K_1\times\left(\frac{h_t}{d}\right)^{K_2}\times\left(\frac{\rho_t}{\rho_p}\right)^{K_3}\times\left(\frac{\sigma_{st}}{\sigma_{sp}}\right)^{K_4}\times\sec^{K_5}\theta \qquad (F1-1)$$

式中：V_{50}——临界穿透速度（弹道极限）；

h_t——靶板垂直厚度；

d——破片直径；

ρ_p，ρ_t——钨球和靶板材料的密度；

σ_{sp}，σ_{st}——钨球和靶板材料的强度极限；

θ——破片侵彻着角；

K_1，K_2，K_3，K_4，K_5——公式系数。

2. 输入参量及单位制

输入参量：靶体厚度（m_oneValTarBThickness）

靶板密度（m_oneValTarBDensity）

靶板强度极限（m_oneValTarBStrengthLimit）

钨球直径（m_oneValTunBDiameter）

钨球密度（m_oneValTunBDensity）

钨球强度极限（m_oneValTunBStrengthLimit）

破片侵彻着角（m_dImpactAngle）

输入单位制：默认为国际单位制（kg-m-s），若不是这个单位制参数，需进行单位制设置。

3. 输出单位制

默认为国际单位制（kg-m-s），若不是这个单位制的参数，需要进行单位制设置。

4. 系数单位制

默认为国际单位制（kg-m-s），若不是这个单位制的参数，需要进行单位制设置。

5. 系数个数及默认系数

系数个数：5 个

默认系数：

a） 1 022；

b） 1.23；

c） 0.7；

d） 0.15；

e） 0.85；

6. 测试代码

1）设置多个带单位制输入量、一个系数单位制以及输出单位制（必须调用 setOperatorData( )）

```
//破片对钢板弹道极限计算
    Bit_BallisticExtremeFun_1Ex TheBit_BallisticExtremeFun_1;
    //系数单位制数值
    Bit_UnitSystem USCoff = Bit_UnitSystem(LENGTH_COEF_M,
MASS_COEF_KG, TIME_COEF_S);
    //输出单位制数值
    Bit_UnitSystem USOutput = Bit_UnitSystem(LENGTH_COEF_
CM, MASS_COEF_G, TIME_COEF_US);
    //定义装变量
    //靶体厚度单位制及赋值
    Bit_UnitSystem US_TarThick = Bit_UnitSystem(LENGTH_COEF_
CM, MASS_COEF_G, TIME_COEF_S);
    Bit_OneValueUS TarThick = Bit_OneValueUS(1, US_TarThick);
    //靶板密度单位制及赋值
    Bit_UnitSystem US_TarDensity = Bit_UnitSystem(LENGTH_
COEF_M, MASS_COEF_KG, TIME_COEF_S);
    Bit_OneValueUS TarBDensity = Bit_OneValueUS(7850, US_
TarDensity);
    //靶板强度极限单位制及赋值
    Bit_UnitSystem US_TarStrengthLimit = Bit_UnitSystem
```

```
(LENGTH_COEF_M, MASS_COEF_KG, TIME_COEF_S);
    Bit_OneValueUS TarStrengthLimit = Bit_OneValueUS(1200e6,
US_TarStrengthLimit);
    //钨球直径单位制及赋值
    Bit_UnitSystem US_TunBDiameter = Bit_UnitSystem(LENGTH_
COEF_MM, MASS_COEF_G, TIME_COEF_S);
    Bit_OneValueUS TunBDiameter = Bit_OneValueUS(7, US_
TunBDiameter);
    //钨球密度单位制及赋值
    Bit_UnitSystem US_TunDensity = Bit_UnitSystem(LENGTH_
COEF_M, MASS_COEF_KG, TIME_COEF_S);
    Bit_OneValueUS TunBDensity = Bit_OneValueUS(17500, US_
TunDensity);
    //钨球强度极限单位制及赋值
    Bit_UnitSystem US_TunStrengthLimit = Bit_UnitSystem
(LENGTH_COEF_M, MASS_COEF_KG, TIME_COEF_S);
    Bit_OneValueUS TunStrengthLimit = Bit_OneValueUS(900e6,
US_TunStrengthLimit);
    //弹体着角
    double ProjectileImpactA = 0 * 180 /pi;
    //设置计算输入值
    //靶体厚度
    TheBit_BallisticExtremeFun_1.m_dTarBThickness = TarThick;
    //靶板密度
    TheBit_BallisticExtremeFun_1.m_dTarBDensity = TarBDensity;
    //靶板强度极限
    TheBit_BallisticExtremeFun_1.m_dTarBStrengthLimit =
TarStrengthLimit;
    //钨球直径
    TheBit_BallisticExtremeFun_1.m_dTunBDiameter = TunBDiameter;
    //钨球密度
    TheBit_BallisticExtremeFun_1.m_dTunBDensity = TunBDensity;
    //钨球强度极限
    TheBit_BallisticExtremeFun_1.m_dTunBStrengthLimit =
```

```
TunStrengthLimit;
        //弹体着角
        TheBit_BallisticExtremeFun_1.m_dImpactAngle = Project-
ileImpactA;
        //设置系数
        //设置系数单位制
        TheBit_BallisticExtremeFun_1.SetCoefficientUS(USCoff);
        //设置系数(5 个)
        TheBit_BallisticExtremeFun_1.m_pdCoefficientVal[0] =
1 022;
        TheBit_BallisticExtremeFun_1.m_pdCoefficientVal[1] =1.23;
        TheBit_BallisticExtremeFun_1.m_pdCoefficientVal[2] =0.7;
        TheBit_BallisticExtremeFun_1.m_pdCoefficientVal[3] =0.15;
        TheBit_BallisticExtremeFun_1.m_pdCoefficientVal[4] =0.85;
        //设置输出单位制
        TheBit_BallisticExtremeFun_1.SetOutputUS(USOutput);
        //进行数据设置(必须)
    TheBit_BallisticExtremeFun_1.setOperatorData();
        //计算
        bool Jube = TheBit_BallisticExtremeFun_1.Compute();
        ////得到值
        if(Jube == true)
        {
               double  PPD  =  TheBit _ BallisticExtremeFun _ 1.
GetBallisticLimitValue().Get_Value();
            cout << "计算值(cm/us): " << PPD << endl;
        }
```

2）设置一个共用输入单位制、系数单位制、输出单位制（必须调用 setOperatorData()）

```
    //破片对钢板弹道极限计算
        Bit_BallisticExtremeFun_1Ex TheBit_BallisticExtremeFun_1;
        //输入单位制
        Bit_UnitSystem USInPut = Bit _UnitSystem(LENGTH _COEF _CM,
MASS_COEF_G, TIME_COEF_US);
```

```
    //系数单位制数值
    Bit_UnitSystem USCoff = Bit_UnitSystem(LENGTH_COEF_M, MASS
_COEF_KG, TIME_COEF_S);
    //输出单位制数值
    Bit_UnitSystem USOutput = Bit_UnitSystem(LENGTH_COEF_CM,
MASS_COEF_G, TIME_COEF_US);
    //*********** 定义变量 ******************
    //靶体厚度 1cm
    double TarThick =1;
    //靶体密度 cm - g
    double TarBDensity =7.85;
    //靶板强度极限(Mbar)
    double TarStrengthLimit =1200E -5;
    //钨球直径 cm
    double TunBDiameter =0.7;
    //钨球密度 cm - g
    double TunBDensity =17.5;
    //钨球强度
    double TunStrengthLimit =900E -5;
    //弹体着角
    double ProjectileImpactA =0 * 180 /pi;
    //设置计算输入值
    //靶体厚度
    TheBit_BallisticExtremeFun_1.SetTarBThicknessValue
(TarThick);
    //靶板密度
    TheBit_BallisticExtremeFun_1.SetTarBDensityValue
(TarBDensity);
    //靶板强度极限
    TheBit _BallisticExtremeFun _1.SetTarBStrengthLimitValue
(TarStrengthLimit);
    //钨球直径
    TheBit _ BallisticExtremeFun _ 1.SetTunBDiameterValue
(TunBDiameter);
```

```
    //钨球密度
    TheBit_BallisticExtremeFun_1.SetTunBDensityValue(TunBDensity);
    //钨球强度极限
    TheBit_BallisticExtremeFun_1.SetTunBStrengthLimitValue(TunStrengthLimit);
    //弹体着角
    TheBit_BallisticExtremeFun_1.m_dImpactAngle = ProjectileImpactA;
    //设置输入单位制(必须在所有值输入完后再输入)
    TheBit_BallisticExtremeFun_1.SetInputUS(USInPut);
    //设置系数
    //设置系数单位制
    TheBit_BallisticExtremeFun_1.SetCoefficientUS(USCoff);
    //设置系数(5个)
    TheBit_BallisticExtremeFun_1.m_pdCoefficientVal[0]=1022;
    TheBit_BallisticExtremeFun_1.m_pdCoefficientVal[1]=1.23;
    TheBit_BallisticExtremeFun_1.m_pdCoefficientVal[2]=0.7;
    TheBit_BallisticExtremeFun_1.m_pdCoefficientVal[3]=0.15;
    TheBit_BallisticExtremeFun_1.m_pdCoefficientVal[4]=0.85;
    //设置输出单位制
    TheBit_BallisticExtremeFun_1.SetOutputUS(USOutput);
    //进行数据设置(必须)
    TheBit_BallisticExtremeFun_1.setOperatorData();
    //计算
    bool Jube=TheBit_BallisticExtremeFun_1.Compute();
    ////得到值
    if(Jube==true)
    {
        double PPD = TheBit_BallisticExtremeFun_1.GetBallisticLimitValue().Get_Value();
        cout<<"计算值(cm/us): "<<PPD<<endl;
    }
```

3)采用默认系数单位制,设置输出单位制(不调用 setOperatorData())

```
//破片对钢板弹道极限计算
Bit_BallisticExtremeFun_1Ex TheBit_BallisticExtremeFun_1;
//输出单位制数值
Bit_UnitSystem USOutput = Bit_UnitSystem(LENGTH_COEF_CM,
MASS_COEF_G, TIME_COEF_US);
//得到默认系数单位制
Bit_UnitSystem USCoeff = TheBit_BallisticExtremeFun_1.
GetCoefficientUS();
//***********定义变量******************
//靶体厚度(默认,m)
double TarThick =0.01;
//靶体密度(默认,m-kg)
double TarBDensity =7850;
//靶板强度极限(默认,m-kg-s)
double TarStrengthLimit =1200e6;
//钨球直径(默认,m)
double TunBDiameter =0.007;
//钨球密度(默认,m-kg)
double TunBDensity =17500;
//钨球强度(默认,m-kg-s)
double TunStrengthLimit =900e6;
//弹体着角
double ProjectileImpactA =0 * 180 /pi;
//设置计算输入值
//靶体厚度
TheBit_BallisticExtremeFun_1.SetTarBThicknessValue
(TarThick);
//靶板密度
TheBit_BallisticExtremeFun_1.SetTarBDensityValue
(TarBDensity);
//靶板强度极限
TheBit_BallisticExtremeFun_1.SetTarBStrengthLimitValue
(TarStrengthLimit);
//钨球直径
```

```
    TheBit_BallisticExtremeFun_1.SetTunBDiameterValue
(TunBDiameter);
    //钨球密度
    TheBit_BallisticExtremeFun_1.SetTunBDensityValue
(TunBDensity);
    //钨球强度极限
    TheBit_BallisticExtremeFun_1.SetTunBStrengthLimitValue
(TunStrengthLimit);
    //弹体着角
    TheBit_BallisticExtremeFun_1.m_dImpactAngle =
ProjectileImpactA;
    //设置系数
    //设置系数(5个)
    TheBit_BallisticExtremeFun_1.m_pdCoefficientVal[0]=1022;
    TheBit_BallisticExtremeFun_1.m_pdCoefficientVal[1]=1.23;
    TheBit_BallisticExtremeFun_1.m_pdCoefficientVal[2]=0.7;
    TheBit_BallisticExtremeFun_1.m_pdCoefficientVal[3]=0.15;
    TheBit_BallisticExtremeFun_1.m_pdCoefficientVal[4]=0.85;
    //设置输出单位制
    TheBit_BallisticExtremeFun_1.SetOutputUS(USOutput);
    //计算
    bool Jube=TheBit_BallisticExtremeFun_1.Compute();
    ////得到值
    if(Jube==true)
    {
        double PPD=TheBit_BallisticExtremeFun_1.
GetBallisticLimitValue().Get_Value();
        cout<<"计算值(cm/us): "<<PPD<<endl;
    }
```

参考文献

[1] 李雯，编译．第一次世界大战简史 [M]．北京：三联书店，1953：105.

[2] 李代斌．美国军事系统易损性研究 [R]．中国工程物理研究院科技信息中心，GF－B0055170，1997.

[3] Kent R H. The theory of the motion of a bullet about its center of gravity in dense media with applications to bullet design [R]. AD705381, 1930.

[4] Reed E L, Kruegel S L. Study of the mechanism of penetration of homogeneous armor plate [R] . AD－A9537192, 1937.

[5] Engineering design handbook. Elements of terminal ballistics. Part Two, collection and analysis of data concerning targets [R]. AD－389318/7SL, 1962.

[6] Klopcic J T, Reed H L. Historical perspectives on vulnerability/lethality analysis [R]. AD－A361916, 1999.

[7] Dotterweich E J. A stochastic approach to vulnerability assess ment [R]. AD－A330103, 1984.

[8] Robert D L, Kunkel R W, Juarascio S S. An analysis comparison using the vulnerability analysis for surface targets (VAST) computer code and the computation of vulnerable area and repair time (COVART) computer code [R]. AD－A321736, 1997.

[9] Beverly W. A tutorial for using the Monte－Carlo method in vehicle ballistic vulnerability calculations [R]. AD－A104432, 1981.

[10] Nelson M K. Vulnerability and lethality assessment: the role of full－up system－Level Live－fire testing and evaluation [R]. AD－A377058, 2000.

[11] Baker W E, Smith J H, Winner W A. Vulnerability/lethality modeling of armored combat vehicles－status and recommendations [R]. ARL－TR－42, AD－A261691, 1993.

[12] Walbert J N. The mathematical structure of the vulnerability spaces [R]. ARL－TR－634, 1994.

[13] Grimes B F. VISAGE: improving the ballistic vulnerability modeling and

analysis process [R]. AD - A293812, 1995.

[14] Deitz P H, Applin K A. Practices and standard in the construction of BRL - CAD target descriptions [R]. AD - A274312, 1993.

[15] Butter L A, Edwards E W, Kregel D L. BRL - CAD tutorial series: volume - principles of effective modeling [R]. AD - A403602, 2002.

[16] Butter L A, Edwards E W, Kregel D L. BRL - CAD tutorial series: volume - principles of effective modeling [R]. AD - A419250, 2003.

[17] Klopcic J T, Starks M W, Walbert J N. A taxonomy for the vulner ability/lethality analysis process [R]. AD - A250036, 1992.

[18] Deitz P H, Starks M W. The generation, use, and misuse of "PKs" in vulnerability/lethality analysis [R]. AD - A340652, 1998.

[19] Haverdings W. General description of the missile systems damage assessment code (MISDAC) [R]. AD - A288622, 1994.

[20] 李廷杰. 导弹武器系统的效能及其分析 [M]. 北京：国防工业出版社，2000.

[21] вентцель Е С, лихтров Я М, мильграм, et al. Основы терии бовой зффекивност исследования операций [M]. москва: ввиА, 1960.

[22] Колмогоров А Н. Число попаданий при нескольких выстрелах и общие принципы оценки эффективности стрельбы. Тр. МИАН СССР. - Том 12, 1945.

[23] 温特切勒. 现代武器运筹学导论 [M]. 北京：国防工业出版社，1964.

[24] мильграм ЮГ, попов ИС. ьоевая зффективность авиаЦионных техики и исследования операций. Москва: ввиА, 1970.

[25] Калабухова Е П. Основы теории зффективности воздушной стрелъбы и бомбометлния. Москва: Май, 1983.

[26] 马卡罗维茨，乌斯季诺夫，阿沃藤. 多管火箭武器系统及其效能 [M]. 中国兵器科学研究院，译. 北京：国防工业出版社，2008.

[27] Gyllenapetz I M, Zabel P H. Comparison of U. S. and Swedish aerial target vulnerability assessment methodologies [R]. AD - A095906.

[28] 黄寒砚，王正明. 武器毁伤效能评估综述及系统目标毁伤效能评估框架研究 [J]. 宇航学报，30 (3): 827 - 836.

[29] Bush J T. Visualization and animation of a missile/target encounter [R]. AD - A336994, 1998.

[30] 高修柱，蒋浩征. 内爆炸的小口径杀伤爆破弹毁伤效率评价模型及优化

[J]. 兵工学报，1991 (2).
[31] 张志鸿，周申生. 防空导弹引信与战斗部配合效率和战斗部设计 [M]. 北京：宇航出版社，1994.
[32] 翟晓丽. 装甲车辆易损性研究 [D]. 北京：北京理工大学，1997.
[33] 赵文杰. 反辐射导弹战斗部毁伤效应研究 [D]. 北京：北京理工大学，1999.
[34] 余文力，蒋浩征. 地地导弹对面目标毁伤效率仿真研究 [J]. 兵工学报，2000，21 (1)：93 – 95.
[35] 龚苹. 某导弹战斗部效能评估 [D]. 北京：北京理工大学，2002.
[36] 郭华. 航空碳纤维弹毁伤效应研究 [D]. 北京：北京理工大学，2004.
[37] 陈颖瑜. 某导弹战斗部效能评估 [D]. 北京：北京理工大学，2005.
[38] 孟庆锋. 导电粉末弹技术相关问题研究 [D]. 北京：北京理工大学，2005.
[39] 宋磊. 超空泡射弹反鱼雷的毁伤效能研究 [D]. 北京：北京理工大学，2006.
[40] 李园. 坦克主动防护系统防护弹药毁伤效应研究 [D]. 北京：北京理工大学，2006
[41] 葛成建. 动能杆战斗部毁伤评估研究 [D]. 北京：北京理工大学，2007.
[42] 马晓飞. 装甲车辆主动防护系统拦截弹药毁伤效应研究 [D]. 北京：北京理工大学，2009.
[43] 钱立新. 防空导弹战斗部威力评定与目标毁伤研究 [R]. 绵阳：中国工程物理研究院总体工程研究所，GF – A0055529G，1998.
[44] 刘彤. 防空战斗部杀伤威力评估方法研究 [D]. 南京：南京理工大学，2004.
[45] 焦晓娟. AHEAD 弹对典型目标毁伤的计算机模拟与仿真 [D]. 南京：南京理工大学，2002.
[46] 张凌. 聚焦战斗部对巡航导弹的毁伤及引战配合研究 [D]. 南京：南京理工大学，2008.
[47] 梁国栋. 钻地弹攻击地下目标的效能评估 [D]. 南京：南京理工大学，2007.
[48] 陈超，王志军. 蒙特卡洛法在武器系统毁伤计算中的应用 [J]. 弹箭与制导学报，2002，22 (1).
[49] 尹建平. MEFP 智能雷对装甲目标毁伤效能研究 [D]. 太原：华北工学

院，2003.
[50] 邹德坤. 导弹子母弹抛撒技术研究 [D]. 太原：中北大学，2007.
[51] 徐豫新. 破片杀伤式地空导弹战斗部杀伤概率计算 [D]. 太原：中北大学，2008.
[52] 王树山. 终点效应学 [M]. 北京：科学出版社，2019.
[53] 隋树元，王树山. 终点效应学 [M]. 北京：国防工业出版社，2000.
[54] 徐豫新，赵晓旭，任杰. 破片毁伤效应与防护技术 [M]. 北京理工大学出版社，2020.
[55] 赵晓旭. 破片对钢/纤维复合结构的高速侵彻效应研究 [D]. 北京理工大学，2016.
[56] 徐豫新，蔡子雷. 弹药毁伤效能评估技术研究现状与发展趋势 [J]，北京理工大学学报，2021.
[57] 黄松. 舰船易损性分析中船用钢的等效靶研究 [D]. 太原：中北大学，2019.
[58] 李建广. 爆破型鱼雷对大型水面舰艇毁伤效能评估 [D]. 太原：中北大学，2020.
[59] 任杰. 35CrMnSiA 钢对低碳合金钢的侵彻效应 [D]. 北京：北京理工大学，2018.
[60] 徐豫新. 破片毁伤效应若干问题研究 [D]. 北京：北京理工大学，2012.
[61] D Riels M R. Weaponeering: conventional weapon system effectiveness (Second Edition) [M]. American Institute of Aeronautics and Astronautics, 2013.
[62]《兵器工业科学技术辞典》编委会. 兵器工业科学技术辞典 [M]. 北京：国防工业出版社.
[63] B. C. Пугачев. 空中射击 [M]. 北京：国防工业出版社，2000.
[64] E. C. Вентцель. 现代武器运筹学导论 [M]. 北京：国防工业出版社，1974.
[65] 方洋旺，伍友利，方斌. 机载导弹武器系统作战效能评估 [M]. 北京：国防工业出版社，2010.
[66] 李向东，杜忠华. 目标易损性 [M]. 北京：北京理工大学出版社，2013.
[67] 甄涛，王平均，张新民等. 地地导弹武器系统效能评估方法 [M]. 北京：国防工业出版社，2005.

[68] 张廷良，陈立新. 地地弹道式战术导弹效能分析 [M]. 北京：国防工业出版社，2001.
[69] 邢昌风，李敏勇，吴玲. 舰载武器系统效能分析 [M]. 北京：国防工业出版社，2007.
[70] 方洋，旺方斌. 机载导弹武器系统作战效能评估 [M]. 北京：国防工业出版社，2010.
[71] 韩珺礼，杨晓红，徐豫新. 野战火箭武器系统效能分析 [M]. 北京：国防工业出版社，2015.
[72] 陶俊林，等. 内爆作用下钢筋混凝土框架结构及承重件的毁伤与评估 [M]. 北京：科学出版社，2017.
[73] 周旭. 导弹毁伤效能试验与评估技术 [M]. 北京：国防工业出版社，2014.
[74] 卢芳云，等. 武器毁伤与评估 [M]. 北京：科学出版社，2021.
[75] 王树山，马峰，等. 武器弹药终点毁伤评估 [M]. 北京：北京理工大学出版社，2021.
[76] Henderson C B. Drag coefficient of spheres in continuum and rarefied flows [J]. AIAA Journal, 1976, 16 (06): 707 - 708.
[77] 谭多望，温殿英，张忠斌，等. 球形破片长距离飞行时速度衰减规律研究 [J]. 高压物理学报学 报，2002，16 (04): 271 - 275.
[78] 刘建斌. 破片空气阻力效应研究 [D]. 北京：北京理工大学，2019.
[79] Rinehart J S, Hansche G E. Air drag on cubes at Mach number 0.5 to 3.5 [J]. Journal of the Aeronautical Sciences, 1952, 19 (02): 83 - 84.
[80] Pugh E M, Eichelberger R J, Rostoker N. Theory of jet formation by charges with lined conical cavities [J]. J Appl Phys, 2, 3 (5): 532 - 537.
[81] Birkhoff G, MacDougall D, Pugh E, et al. Explosives with Lined Cavities [J]. J. Appl. Phys., 1948, 19 (6): 563 - 582.
[82] Bennett G F . Explosion hazards and evaluation : By W. E. Baker, P. A. Cox, P. S. Westine, J. J. Kulesz and R. A. Sttehlow, Elsevier Scientific Publishing Co. Amsterdam, The Netherlands, 1982, ISBN 0 - 444 - [J]. Journal of Hazardous Materials, 1983, 8 (2): 195 - 196.
[83] Bauwens C R, Dorofeev S B . Effects of the primary explosion site and bulk cloud in VCE prediction: A comparison with historical accidents [J]. Process Safety Progress, 2015, 34.
[84] 北京工业学院八系《爆炸及其作用》编写组，爆炸及其作用（下册）

[M]. 北京：国防工业出版社，1979.
[85] 王儒策，赵国志. 弹丸终点效应 [M]. 北京：北京理工大学出版社，1993.
[86] Menkes S B, Opat H J. Tearing and shear failures in explosively loaded clamped beams [J]. Experimental Mechanics, 1973, 13 (11): 480-486.
[87] Aune V, Valsamos G, Casadei F, et al. On the dynamic response of blast-loaded steel plates with and without pre-formed holes [J]. International Journal of Impact Engineering, 2017, 108: 27-46.
[88] Chung Kim Yuen S, Nurick G N. Experimental and numerical studies on the response of quadrangular stiffened plates. Part I: Subjected to uniform blast loads [J]. International Journal of Impact Engineering, 2005, 31 (1): 55-83.
[89] Langdon G S, Chung Kim Yuen S, Nurick G N. Experimental and numerical studies on the response of quadrangular stiffened plates. Part II: Localised blast loading [J]. International Journal of Impact Engineering, 2005, 31 (2): 85-111.
[90] 蒋建伟，侯俊亮，门建兵，等. 爆炸冲击波作用下预制孔靶板塑性变形规律的研究 [J]. 高压物理学报，2014, 28 (6): 723-728.
[91] 梅志远，朱锡，刘润泉. 船用加筋板架爆炸载荷下动态响应数值分析 [J]. 爆炸与冲击，2004, 24 (1): 80-84.
[92] 侯海量，朱锡，古美邦. 爆炸载荷作用下加筋板的失效模式分析及结构优化设计 [J]. 爆炸与冲击，2007, 27 (1): 26-33.
[93] 王芳，冯顺山. 爆炸冲击波作用下靶板的塑性大变形响应研究 [J]. 中国安全科学学报，2003, (13): 58-61.
[94] Gurney R W. The Initial Velocities of Fragments From Bombs, Shells, and Grenades [C]. BRL Memo Report No. 405, Ballistic Research Laboratories, Aberdeen, Md. BRL: September 1943.
[95] Walters A G, Rosenhead L. The Penetrating and Perforating of Targets by Bombs, Shells, and Irregular Fragments, Report 4994, Advisory Council on Scientific Research and Technical Development, Ministry of Supply, London, October, 1943.
[96] The Johns Hopkin University. A Study of Residual Velocity Data for Steel Fragments Impacting on Four Materials; Empirical Relationships (U), Project Thor Technical Report No. 36, Ballisitic. Analysis Laboratory, Institute for Cooperative Research, April 1958.

[97] Recht R F, Ipson T W. J. Applied Mechanics, ASME, 1963, 30: 384.

[98] Recht R F, Smith J C, Grubin E S, et al. Application of Ballisitic Perforation Mechanics to Target Vulnerability and Weapons/Effectiveness Analysis [R]. Naval Weapons Center, NWC TP 4333, China Lake, CA, Oct. 1967.

[99] Greenspon J E. Damage to Structures by Fragments and Blast [M]. BRL. Tech. Rept. No. Bll. June, 1971.

[100] 高修柱，蒋浩征. 弹丸、战斗部的破片威力参数计算模型 [R]. GF - HY862863, 1985.

[101] Zukas J A. High Velocity Impact Dynamics [M]. New York: Wiley. 1990.

[102] 王晓强，朱锡，梅志远. 高速钢质破片侵彻高强聚乙烯纤维增强塑料层合板试验研究 [J]. 兵工学报, 2009, 30 (12): 1574 - 1578.

[103] Wen H M. Predicting the penetration and perforation of FRP laminates struck normally by projectiles with different nose shapes [J]. Composite Structures, 2000, 49 (3): 321 - 329.

[104] Wen H M. Penetration and perforation of thick FRP laminates [J]. Composites Science and Technology, 2001, 61 (8): 1163 - 1172.

[105] 李永池，王肖钧，邢春春，等. 橡胶基复合靶抗贯穿特性的近似分析方法 [J]. 爆炸与冲击, 1993 (04): 289 - 295.

[106] 李硕，王志军，田非，等. 芳纶复合材料抗破片模拟弹丸侵彻的一种工程分析方法 [J]. 弹箭与制导学报, 2014, 34 (05): 98 - 101. DOI: 10. 15892/j. cnki. djzdxb. 2014. 05. 025.

[107] 胡年明，朱锡，侯海量，等. 高速破片侵彻下高分子聚乙烯层合板的弹道极限估算方法 [J]. 中国舰船研究, 2014, 9 (04): 55 - 62.

[108] 冯志威，董方栋，王志军. 硬质合金球形破片侵彻 UHMWPE 纤维层合板试验研究 [J]. 兵器装备工程学报, 2021, 42 (01): 69 - 73.

[109] Naik N K, Shrirao P. Composite structures under ballistic impact [J]. Composite structures, 2004, 66 (1 - 4): 579 - 590.

[110] Florence A. L. Interaction of projectiles and composite armor (part 2). Standford research Institute, Menlo Park, California, AMMRG - CG - 69 - 15, 1969.

[111] Ben - Dor G, Dubinsky A, ElperinT, et al. Optimisation of two - component ceramic armor for a given impact velocity. Theor Appl Fract Mech, 2000, 33: 185 - 190.

[112] Zaera R, Sánchez - Gálvez V. Analytical modelling of normal and oblique

ballistic impact on ceramic/metal lightweight armours [J]. International journal of impact engineering, 1998, 21 (3): 133 - 148.

[113] Benloulo I S C, Sanchez - Galvez V. A new analytical model to simulate impact onto ceramic/composite armors [J]. International journal of impact engineering, 1998, 21 (6): 461 - 471.

[114] Naik N K, Kumar S, Ratnaveer D, et al. An energy - based model for ballistic impact analysis of ceramic - composite armors [J]. International Journal of Damage Mechanics, 2013, 22 (2): 145 - 187.

[115] 杜忠华，赵国志，杨玉林. 陶瓷/玻璃纤维/钢板复合靶板抗弹性能的研究 [J]. 兵工学报，2003 (02): 219 - 221.

[116] Gonçalves D P, Melo F, Klein A N, et al. Analysis and investigation of ballistic impact on ceramic/metal composite armour [J]. International Journal of Machine Tools & Manufacture, 2004, 44 (2 - 3): 307 - 316.

[117] D Fernández - Fdz, Zaera R . A new tool based on artificial neural networks for the design of lightweight ceramic - metal armour against high - velocity impact of solids [J]. International Journal of Solids & Structures, 2008, 45 (25 - 26): 6369 - 6383.

[118] Bowden P P, Yaffe A D. Initiation and Growth of Explosion in Liquids and Solids, Cambridge University Pree, 1952.

[119] Campbell A W, Davis W G, Travis J R. Shock of Detonation in Liquid Explosives [J]. Physics of Fluids, 4 (4), 1961: 498 - 521.

[120] 德列明. 凝聚介质中的爆轰波 [M]. 北京：原子能出版社，1976.

[121] Liddiard T P. The Initiation of solid High Explosives by a short - duration shock [C]//Proceeding of 4th Symposium (Int) on Detonation, 1965: 373 - 380.

[122] J. B. Ramsay, A. Poplalo, 4th symp. On det. 1965: 233.

[123] Walker F E, Wasley R J. Critical energy for shock initiation of heterogeneous explosives [J]. Explosive Stofe, 1969, 17 (1): 9.

[124] Roslund L A, et al. Initiation of Warhead Fragment I. Normal Impacts, NOLTR, Naval Surface Weapons Center, White Oak, 1973: 73 - 124.

[125] Bahl K L, Vantine H C, Weingart R C. The Shock Initiation of Bare and Covered Explosives by Projectile Impact [C]// 7th Symposium on Detonation. White Oak, Silver Spring, Maryland: Naval Surface Weapons Center, 1982.

[126] Green L. Shock Initiation of Explosives by the Impact of Small Diameter Projectiles [C]//7th Symposium on Detonation. White Oak. Silver Spring.

Maryland: Naval Surface Weapons Center, 1982.

[127] Howe P M. On the role of shock and shear mechanism in the initiation of detonation by fragment impact [C] // Proc of 8th symp. On Detonation, 1985: 107.

[128] M. A. Barker, et al. Response of Confined Explosive Charges To Fragment Impact Proceedings 8th Detonation Symposium, 1985: 577.

[129] Pei Chi Chou, et al. The effect of cover plate on the impact initiation of explosives. 17th Symposium (International) Pyrotechnics Seminar, Beijing. China, 1991: 570 - 576.

[130] 方青，卫玉章，张克明. 射弹倾斜撞击带盖板炸药引发爆轰的条件 [J]. 爆炸与冲击，17 (2)，1997：153 - 158.

[131] 于宪峰. 预制破片弹对导弹的毁伤研究 [D]. 南京：南京理工大学，1997.

[132] 方青，卫玉章，赵玉华，等. 钢破片对带不同材料盖板炸药的侵彻 [C]. 2001 年材料侵彻学术专题研讨会，2001：49 - 54.

[133] 李卫星. 破片对战斗部作用过程的数值模拟与试验研究 [D]. 北京：北京理工大学，1994.

[134] 董小瑞，隋树元，马晓青. 破片对屏蔽炸药的撞击起爆研究 [J]. 弹箭与制导学报，17 (2)，1997：1 - 4.

[135] 洪建华，刘彤. 杀伤破片侵彻击穿和引爆靶弹的分析与研究 [J]. 兵工学报，2003，24 (8)：316 - 321.

[136] 黄静，肖川，李晋庆. 钨合金破片撞击复合靶后装药的试验研究 [J]. 火炸药学报，27 (2)，2004：28 - 30.

[137] 陈海利，蒋建伟，门建兵. 破片对带铝壳炸药的冲击起爆数值模拟研究 [J]. 高压物理学报，2006，20 (1)：109 - 112.

[138] 宋浦，梁安定. 破片对柱壳装药的撞击毁伤试验研究 [J]. 弹箭与制导学报，2006，26 (1)，2006：87 - 92.

[139] 王昕，蒋建伟，王树有，门建兵. 破片撞击起爆柱面带壳装药的临界速度修正判据 [J]. 爆炸与冲击，2019，39 (01)：25 - 32.

[140] Menkes S B, Opat H J. Tearing and shear failures in explosively loaded clamped. beams [J]. Experimental Mechanics, 1973, 13 (728): 480 - 486.

[141] Martin G N N B. Deformation of thin plates subjected to impulsive loading—A review: Part I: Theoretical considerations [J]. International Journal of

Impact Engineering, 1989.
[142] Martin G N N B. Deformation of thin plates subjected to impulsive loading—a review Part II: Experimental studies [J]. International Journal of Impact Engineering, 1989.
[143] Nurick G N, Gelman M E, Marshall N S. Tearing of blast loaded plates with clamped boundary conditions [J]. International Journal of Impact Engineering, 1996, 18 (7-8): 803-827.
[144] Nurick G N, Shave G C. The deformation and tearing of thin square plates subjected to impulsive loads—An experimental study [J]. International Journal of Impact Engineering, 1996, 18 (1): 99-116.
[145] Jacob N, Nurick G N, Langdon G S. The effect of stand-off distance on the failure of fully clamped circular mild steel plates subjected to blast loads [J]. Engineering Structures, 2007, 29 (10): 2723-2736.
[146] Yuen S C K, Nurick G N, Langdon G S, et al. Deformation of thin plates subjected to impulsive load: Part Ⅲ - an update 25 years on [J]. International Journal of Impact Engineering, 2017, 107 (sep.): 108-117.
[147] Yuen S C K, et al. Deformation of mild steel plates subjected to large-scale explosions [J]. International Journal of Impact Engineering, 2008, 35 (8): 684-703.
[148] Houlston R. Finite strip analysis of plates and stiffened panels subjected to air-blast loads [J]. Computers & Structures, 1989, 32 (3-4): 647-659.
[149] Houlston R, Slater J E, Pegg N, et al. On analysis of structural response of ship panels subjected to air blast loading [J]. Computers & Structures, 1985, 21 (1-2): 273-289.
[150] Houlston R, Desrochers C G. Nonlinear structural response of ship panels subjected to air blast loading [J]. Computers & Structures, 1987, 26 (1-2): 1-15.
[151] Carlson R W. Confinement of an explosion by a steel vessel [R]. Los Alamos: LANL, 1945.
[152] Departments of the army, the navy and the airforce. Structures to resist the effects of accidental explosions. TM5-1300 [S]. 1990.
[153] Baker W E, Hokanson J C, Esparza E D, et al. Gas pressure loads with invented and unvented structures. San Antonio, TX: Southwest Research Institute; 1983.

[154] Anderson C E Jr. , Baker W E, Wauters D K, et al. Quasi - static pressure, duration, and impulse for explosions (e. g. HE) in structures [J]. International Journal of Mechanical Sciences. 1983, 25 (6): 455 - 464.

[155] Fischer T, Kessler A, Gerber P, et al, Characterisation of explosives with enhanced blast output in detonation chamber and free field experiments [J]. International Annual Conference of ICT. 2010, 39: 1 - 17.

[156] Bryan J, Steward B S. Reproducibility, Distinguishability, and Correlation of Fireball and Shockwave Dynamics in Explosive Munitions Detonations [D]. Master Thesis. 2006.

[157] Geretto C, Yuen S C K, Nurick G N. An experimental study of the effects of degrees of confinement on the response of square mild steel plates subjected to blast loading [J]. International Journal of Impact Engineering, 2015, 79: 32 - 44.

[158] Yuan Y, Tan P J. Deformation and failure of rectangular plates subjected to impulsive loadings [J]. International Journal of Impact Engineering, 2013, 59: 46 - 59.

[159] Nurick G N, Martin J B. Deformation of thin plates subjected to impulsive loading - a review. Part - II: Experimental studies [J]. International Journal of Impact Engineering, 1989, 8 (2): 171 - 186.

[160] Jones N. A theoretical study of the dynamic plastic behaviour of beams and plates with finite - deflections [J]. INTERNATIONAL JOURNAL OF SOLIDS AND STRUCTURES, 1971, 7 (8): 1007 - 29.

[161] Pencelet J V. Cours de mecanique industrielle. Paris. 1829.

[162] NDRC. Effects of impact and expansion [R]. National Defense Research Committee, 1946.

[163] 徐建波，林俊德，唐润棣，等. 长杆射弹侵彻混凝土实验研究 [J]. 爆炸与冲击，2002，22 (2)：174—178.

[164] 王斌，金丰年，徐汉中. 武器侵彻钢纤维混凝土深度的实用计算方法 [J]. 爆炸与冲击，2004，24 (4)：376—381.

[165] Bishop R F, Hill R, Mott N F. The theory of indentation and hardness tests [J]. Proceedings of the Physical Society (1926 - 1948), 1945, 57 (3): 147.

[166] Goodier J N. On the mechanics of indentation and cratering in solid targets of strain - hardening metal by impact of hard and soft spheres [M]. Stanford

Research Institute, 1964.

[167] 蔺建勋，蒋浩征．弹丸垂直侵彻土壤混凝土复合介质的理论分析模型 [J]．弹道学报．1999，11 (1)：1－10.

[168] Chen X W, Li Q M. Deep penetration of a non－deformable projectile with different geometrical characteristics [J]. Int J Impact Eng, 2002, 27: 619－37.

[169] Li Q M, Chen X W. Dimensionless formulae for penetration depth of concrete target impacted by a non－deformable projectile [J]. Int J Impact Eng, 2003, 28 (1): 93－116.

[170] 陈小伟，李小签，陈裕泽，等．刚性弹侵彻力学中的第三无量纲数 [J]．力学学报，2007，39 (1)：77－84.

[171] Yarin A L, Rubin M B, Roisman I V. Penetration of a rigid projectile into an elastic－plastic target of finite thickness [J]. Int J Impact Eng, 1995, 16: 801－831.

[172] Rubin M B, Yarin A L. On the relationship between phenomenological models for elastic－viscoplastic metals and polymeric liquids [J]. J Non－Newtonian Fluid Mech, 1993, 50: 79－88 and 1995, 57: 321.

[173] Yossifon G, Rubin M B, Yarin A L. Penetration of a rigid projectile into a finite thickness elastic－plastic target－comparison between theory and numerical computations [J]. Int J Impact Eng, 2001, 25: 265－290.

[174] Rubin M B. Analytical formulas for penetration of a long rigid projectile including the effect of cavitation [J]. Int J Impact Eng, 2012, 41: 1－9.

[175] Forrestal M J, Norwood F R, Longcope D B. Penetration into targets described by locked hydrostats and shear strength [J]. Int J Solids Structures, 1981, 17: 915－924.

[176] Forrestal M J, Luk V K . Penetration into soil targets [J]. Int J Impact Engineer, 1992, 12 (3): 427－444.

[177] Forrestal M J, Altman B S, Cargile J D, et a1. An empirical equation penetration depth of ogive－nose projectiles into concrete targets [J]. Int J Impact Engineer, 1994, 15 (4): 395－405.

[178] Forrestal M J, Frew D J, Hanchak S J, et a1. Penetration of grout and concrete targets with ogive－nose steel projectiles [J]. Int J Impact Engineer, 1996, 18 (5): 465－476.

[179] 周健南，金丰年，王斌．别列赞公式中弹体参数取值的探讨 [J]．弹道学报，2008，20 (2)：4.

[180] Pack D C, Evans W M. Penetration by high - velocity (Munroe´) jets: I [J]. Proceedings of the Physical Society. Section B, 1951, 64 (4): 298.

[181] Tate A. A theory for the deceleration of long rods after impact [J]. J Mech Phys Solids, 1967, 15 (6): 387 - 399.

[182] Tate A. Further results in the theory of long rod penetration [J]. Mech Phys Solids, 1969, 17 (3): 141 - 150.

[183] Allison F E, Vitali I R. A new method of computing penetration variables for shaped - charge jets [R]. AD400485, 1963.

[184] Dipersio T W, Simon R G. An analytical model for non - steady shaped charge jet formation junction [J]. Journal of Applied Physics, 1968, 37 (8): 178 - 184.

[185] Gehring JW. Theory of impact on thin targets and shields and correlation with experiment [C] //High - Velocity Impact Phenomena. New York: Academic Press, 1970.

[186] 张健，程春，相升海，等. 基于量纲分析法的 EFP 速度计算模型 [J]. 弹箭与制导学报，2016，36 (3)：31 - 34.

[187] 周翔，龙源，岳小兵，等. 一种基于能量法则的爆炸成形弹丸速度的工程计算方法 [J]. 爆炸与冲击，2005，25 (4)：378 - 381.

[188] 刘飞. 爆炸成型弹丸 (EFP) 研制及其工程破坏效应研究 [D]. 合肥：中国科学技术大学，2006.

[189] 林加剑. EFP 成型及其终点效应研究 [D]. 中国科学技术大学，2009.

[190] 李成兵，沈兆武，裴明敬. 聚能杆式弹丸侵彻混凝土靶计算分析 [J]. 中国科学技术大学学报，2008 (02)：215 - 219.

[191] Hicks A N. Explosion induced hull whipping [C] //Advances in Marine Structures, 1986: 390 - 410.

[192] Smiljanic B, Bobanac N, Senjanovic I. Bending moment of ship hull girder caused by pulsating bubble of underwater explosion [C] // Proceeding of International Confernce on Hydroelasticity in Marine Technology, 1994: 149 - 156.

[193] 姚熊亮，陈建平. 水下爆炸二次脉动压力下舰船抗爆性能研究 [J]. 中国造船，2001，42 (2)：48 - 55.

[194] Zong Z. A hydroplastic analysis of a free - free beam floating on water subjected to an underwater bubble [J]. Journal of Fluids and Structures, 2005, 20: 359 - 372.

[195] 李国华，李玉节．张效慈，等．气泡运动与舰船设备冲击振动关系的试验验证 [J]．船舶力学，2005，9 (1)：98 - 105.
[196] 朱锡，方斌．舰船静置爆炸气泡时总纵强度计算方法研究 [J]．海军工程大学学报，2007 (06)：6 - 11.
[197] 张弩．水下爆炸气泡作用下船体总纵强度估算方法 [J]．中国舰船研究，2014，9 (6)：14 - 18，25.
[198] 岳永威，孙龙泉，王超，等．水下爆炸气泡射流对壳板毁伤的计算方法 [J]．舰船科学技术，2012，34 (10)：3 - 8.
[199] Keil A H. The response of ships to underwater explosions. Annual meeting of SNAME [M]. New York：NY，USA，1961.
[200] 李国华，李玉节，张效慈，等．气泡运动与舰船设备冲击振动关系的试验验证 [J]．实验力学，2005，20 (12)：128 - 134.
[201] 李玉节，潘建强．水下爆炸气泡诱发舰船鞭状效应的实验研究 [J]．船舶力学，2001，5 (6)：78 - 83.
[202] 李玉节，张效慈，吴有生，等．水下爆炸气泡激起的船体鞭状运动 [J]．中国造船，2001，42 (3)：1 - 7.
[203] 朱锡，方斌．舰船静置爆炸气泡时总纵强度计算方法研究 [J]．海军工程大学学报，2007，19 (6)：6 - 11.
[204] 姚熊亮，张阿漫，于秀波，等．水下爆炸气泡与波浪载荷联合作用下的船体响应 [J]．哈尔滨工程大学学报，2007，28 (9)：970 - 975.
[205] 古滨，刘亮涛，魏铭利，等．近物面爆炸气泡溃灭与射流载荷特性研究 [J]．四川轻化工大学学报（自然科学版），2020，33 (05)：35 - 43.
[206] Martinsen W E，Marx J D. An improved model for the prediction of radiant heat flux from fireball [C]. // Proceedings of CCPS International Conference and Workshop on Modeling Consequences of Accidental Releases of Hazard - ous Materials. San Francisco，California，1999：605 - 621.
[207] 汪侃．大开放空间高压天然气管道泄漏爆炸火球热毁伤效应研究 [D]．北京：北京理工大学，2016.
[208] 张永辉．五体航母设计研究 [D]．哈尔滨：哈尔滨工程大学，2015.
[209] 轩尘．浅谈航母的分层甲板布局 [J]．科技与国力，2012，000 (021)：43 - 44.
[210] 张广磊．大型舰船舱室划分与布置研究 [D]．哈尔滨：哈尔滨工程大学，2010.
[211] 高鹏．火箭杀爆弹实战毁伤区域仿真与应用研究 [D]．北京：北京理

工大学，2016.
[212] 王潇. 舰队最先毁伤单元与舰艇最优毁伤瞄准点规划算法及实现 [D]. 北京：北京理工大学，2016.
[213] 蔡子雷. 反舰导弹对舰船目标毁伤效能快速精准评估技术 [D]. 北京：北京理工大学，2021.
[214] 徐培德，谭东风. 武器系统分析 [M]. 长沙：国防科技大学出版社，2001.
[215] LS - DYNA KEYWORD USER'S MANUAL (Version 971) [M]. USA, 2007.
[216] 曹柏桢. 飞航导弹战斗部与引信 [M]. 北京：宇航出版社，1995.
[217] 中国大百科全书总编辑委员会. 中国大百科全书 [M]. 北京：中国大百科全书出版社，2009.
[218] 军事科学院外国军事研究部. 简明军事百科词典 [M]. 北京：解放军出版社，1985.
[219] Robert E. Ball. The fundamentals of aircraft combat survivability analysis and design [M]. American Institute of Aeronautics and Astronautics, 1985.
[220] Paul H. Deitz, et al. Fundamentals of ground combat system ballistic vulnerability/lethality [M]. American Institute of Aeronautics and Astronautics, 2009.
[221] [美] 陆军装备部编著. 终点弹道学原理. 王维和，李惠昌译. 北京：国防工业出版社，1988.
[222] U. S. AMCP 706 - 160, AMCP 706 - 161. Elements of Terminal Ballistics [R]. (AD389219, AD389220).
[223] 徐豫新，蔡子雷，吴巍，等. 弹药毁伤效能评估技术研究现状与发展趋势 [J]. 北京理工大学学报，2021，41 (6)：10.

索　引

0～9

A～Z

A～B

C

D

E ~ F

G

H

J

K~L

N ~ P

Q

R

S

T

W

X

Y

Z

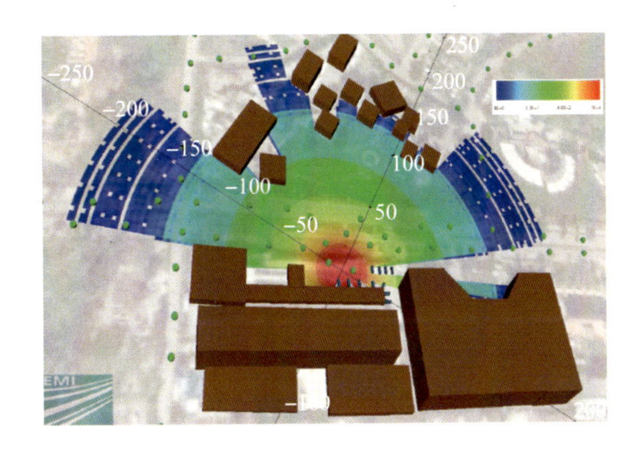

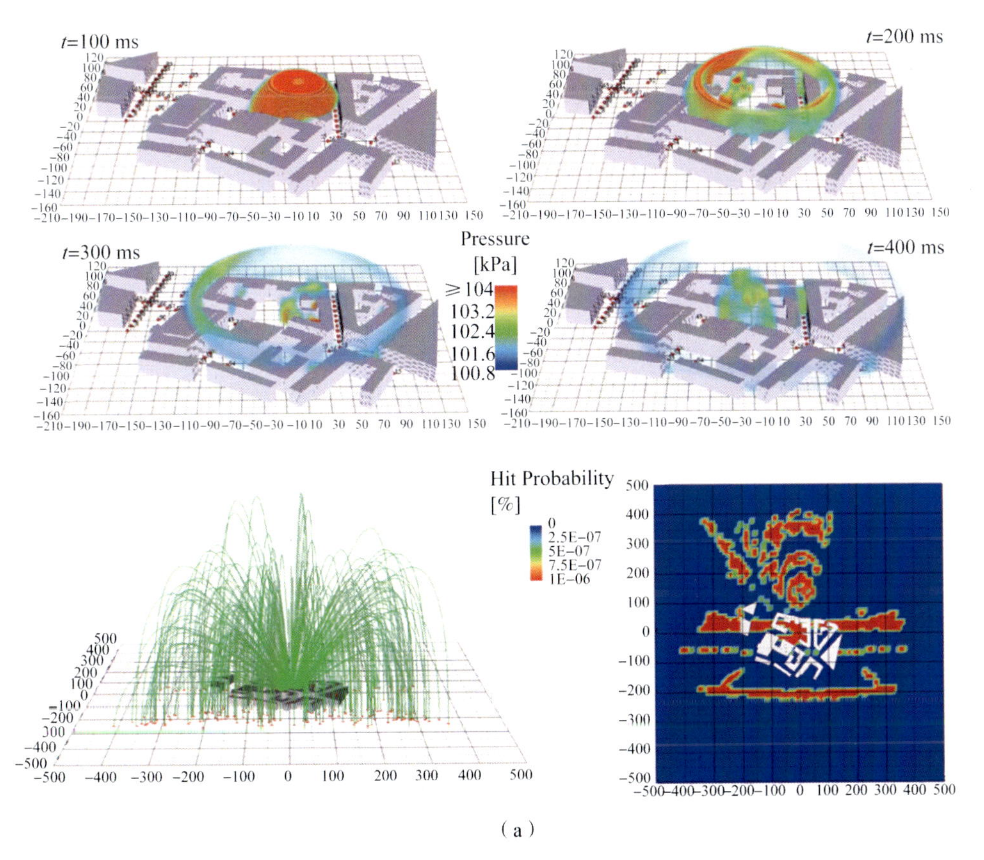

（a）

图1-7　应用于爆炸安全计算的国外大场景毁伤仿真软件

（a）城市街区爆炸威力场

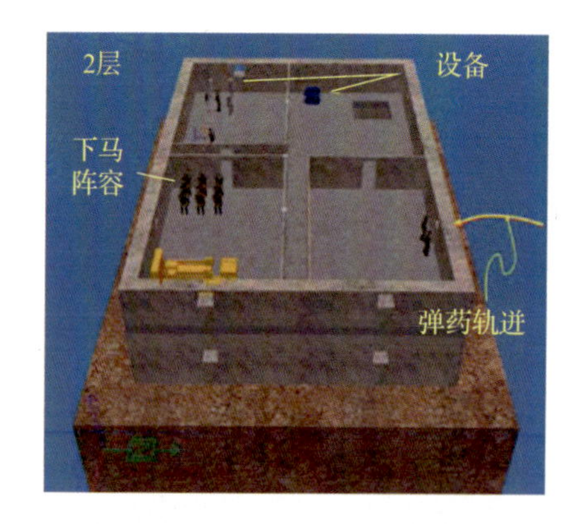

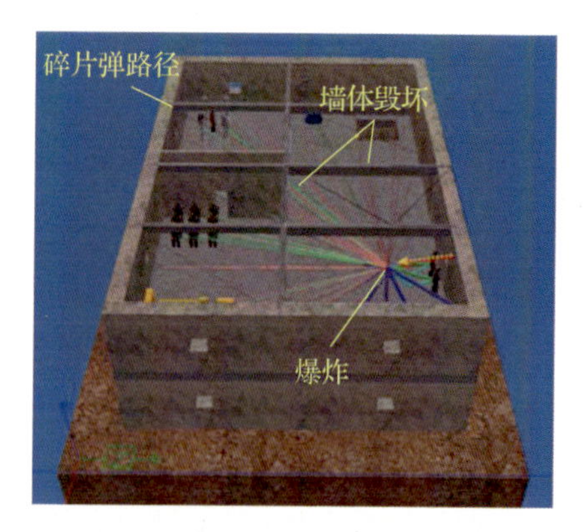

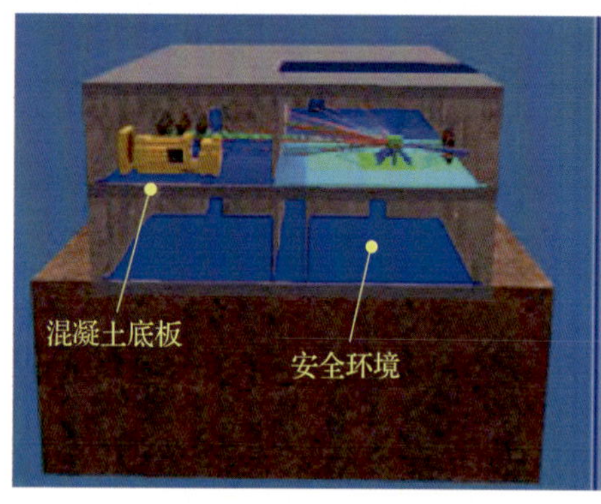

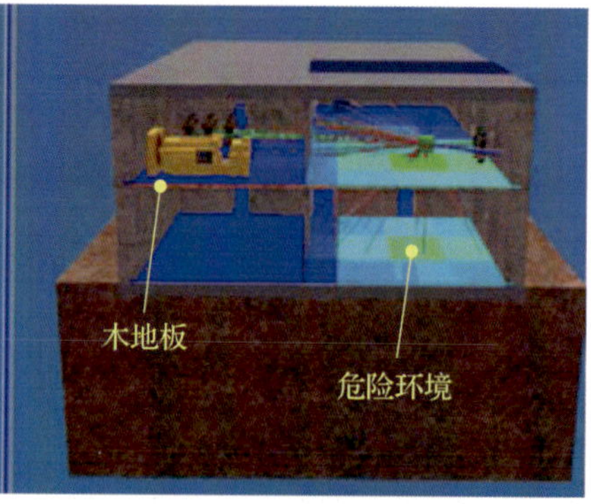

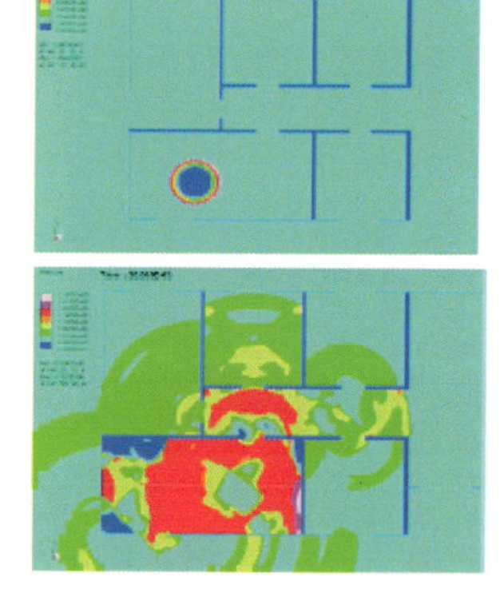

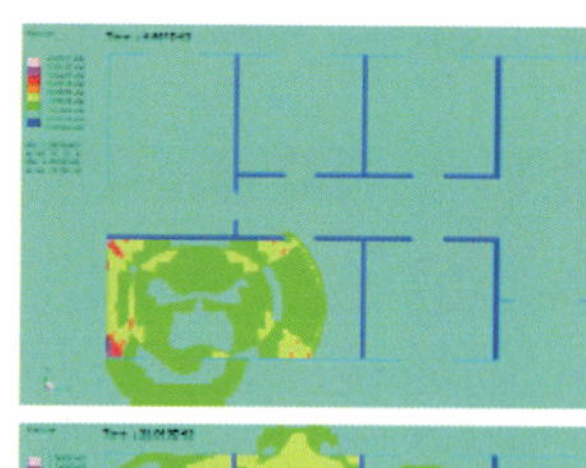

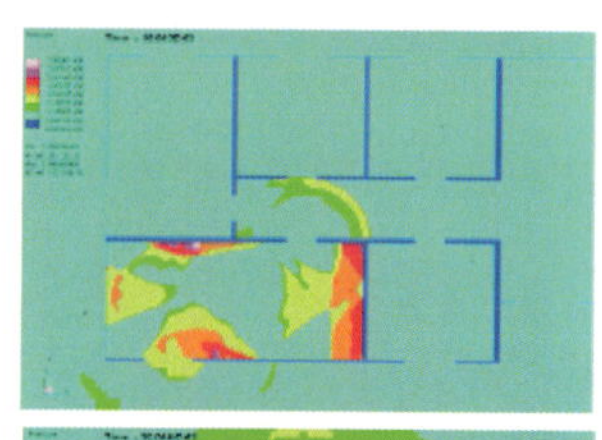

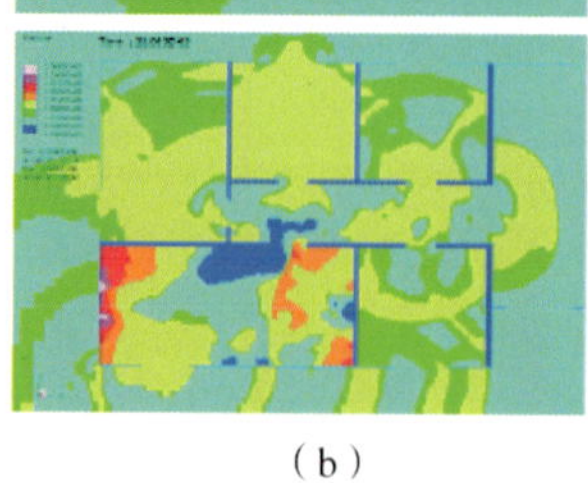

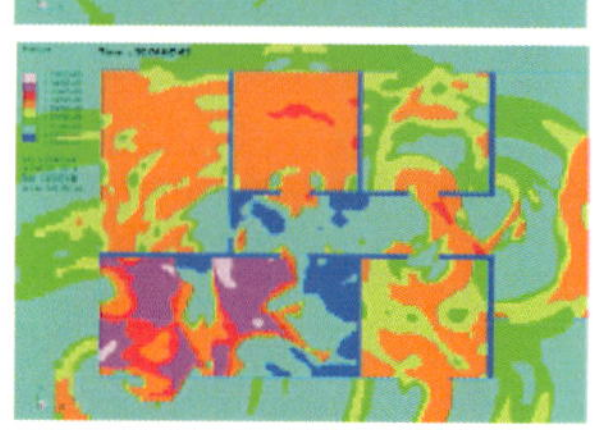

（b）

图 1－7　应用于爆炸安全计算的国外大场景毁伤仿真软件（续）

（b）房屋内爆炸威力场

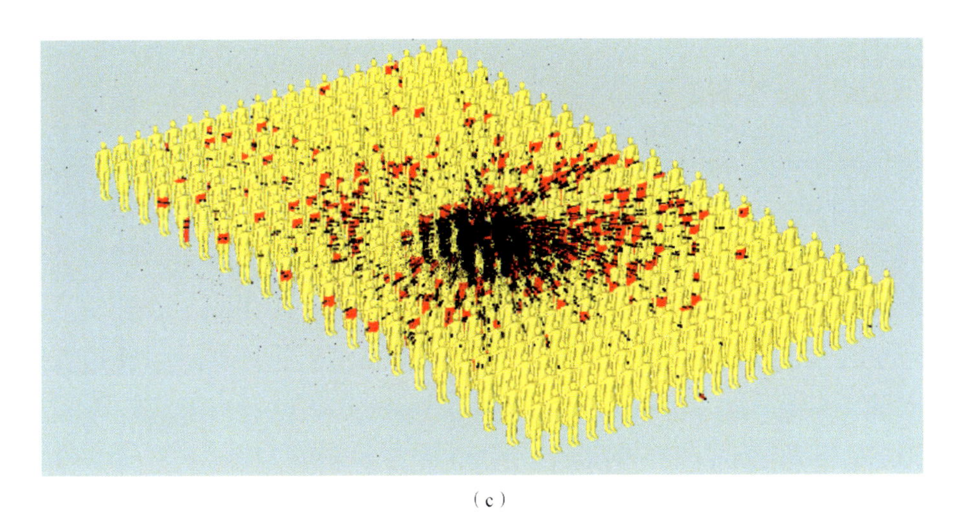

（c）

图 1－7　应用于爆炸安全计算的国外大场景毁伤仿真软件（续）

（c）人群中爆炸威力

（a）

（b）

图 1－22　典型的动态威力评估

（a）侵彻弹通过动态威力评估掌握侵彻深度；（b）杀爆弹通过动爆威力评估试验掌握破片场

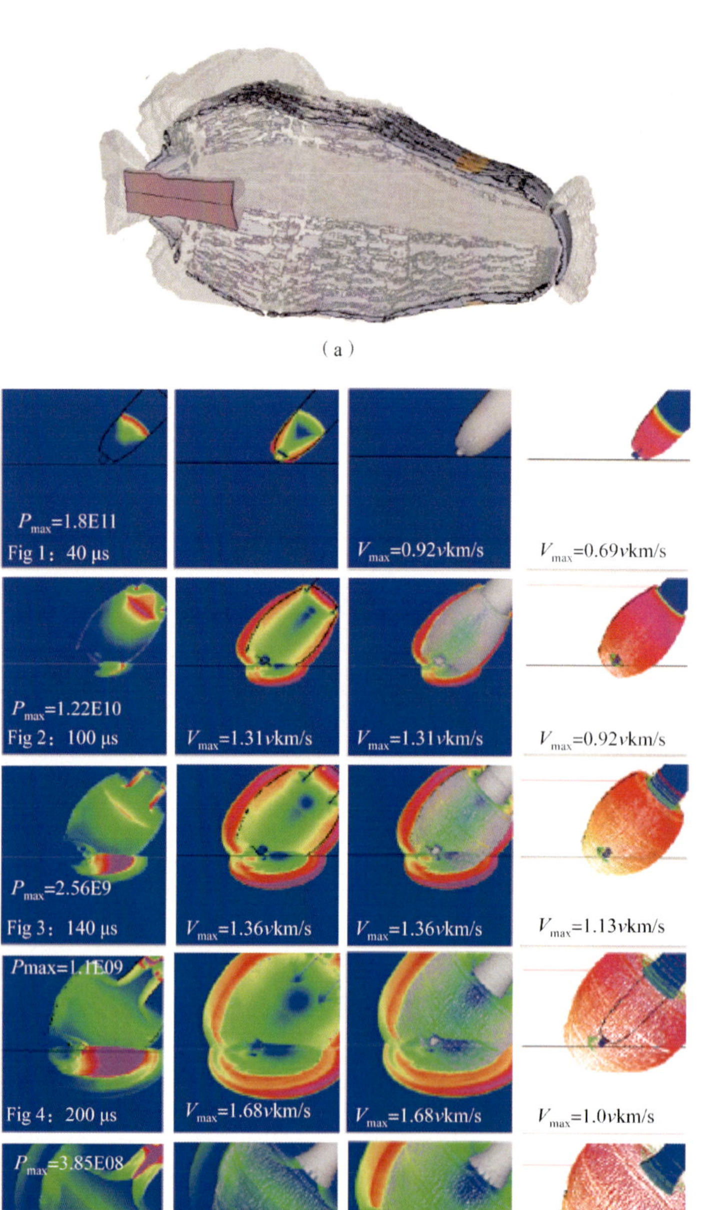

（a）

（b）

图 1－23　战斗部威力的数值仿真

（a）爆炸驱动下的弹体破碎；（b）杀爆弹药近地面爆炸威力场

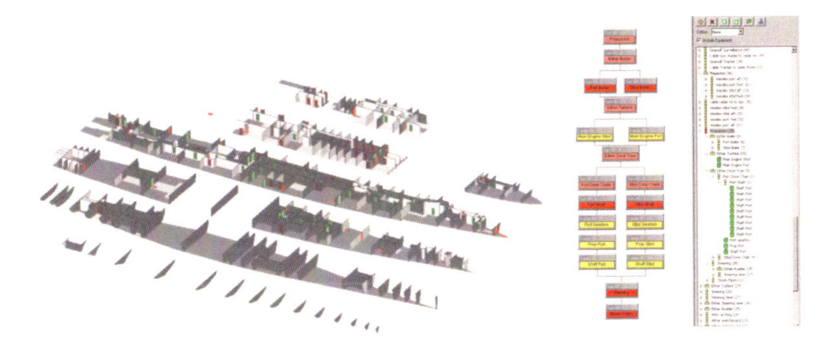

(a)

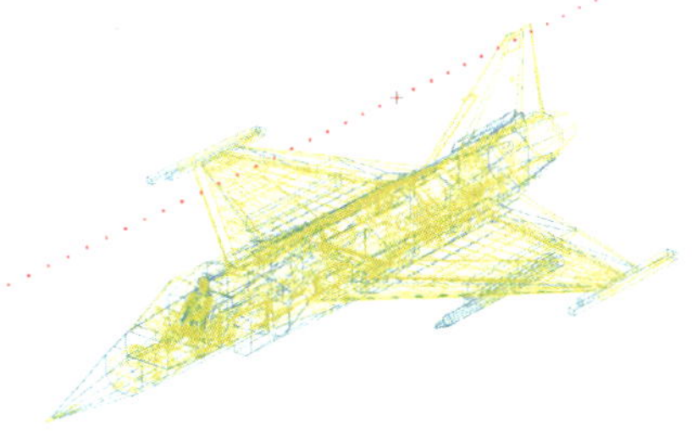

(b)

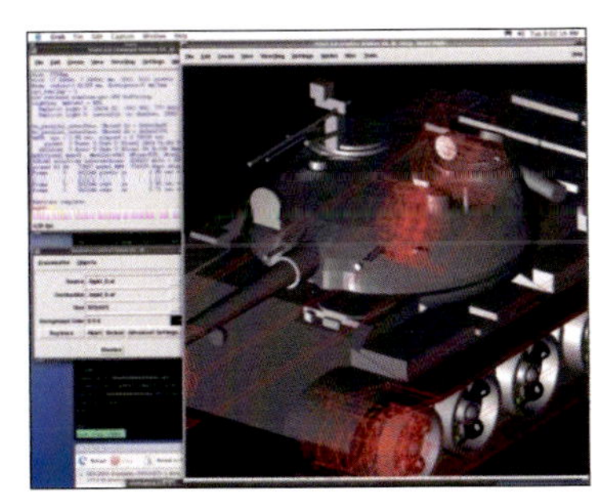

图 1-24　典型目标易损性模型

(a) 舰船；(b) 战斗机

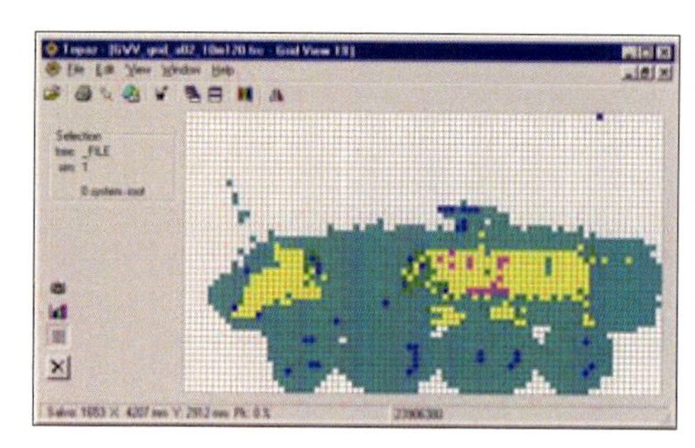

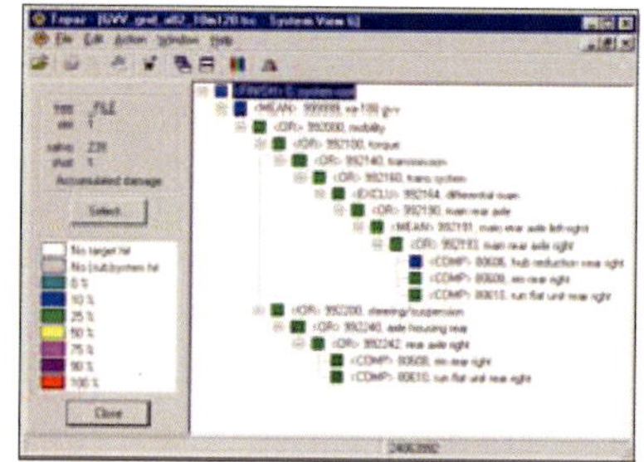

（c）

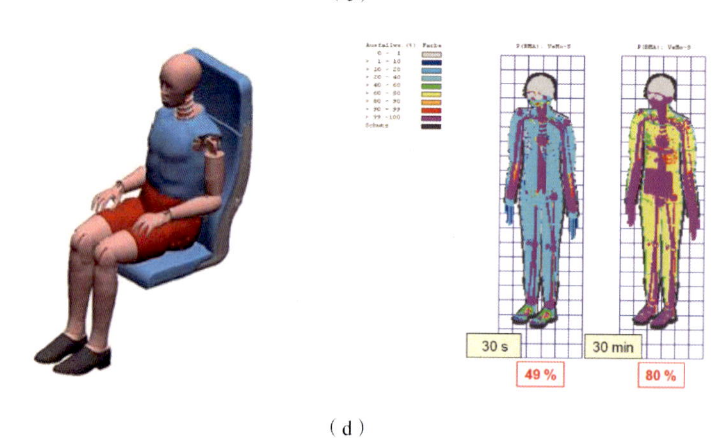

（d）

图 1－24　典型目标易损性模型（续）

（c）装甲车辆；（d）人员